U0237912

无穷大谜题

[美] 弗兰克·克洛斯◎著　赵强◎译

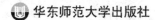
华东师范大学出版社

"老去的人将事情遗忘……但他会因荣光而记得,他那一天的壮举。"

——莎士比亚,《亨利五世》

献给马克斯和杰克

他们从虚空之中出现
是一个无穷之谜

目　录

第二部分　启示录 / 167

致　谢

感谢那些拨冗接受采访，通过书信答复询问，阅读本书底稿，以及提供档案资料供我查询的人们。

伦敦帝国理工学院档案室的 Anne Barret；牛津大学的 John Hillsdon 和博德莱恩图书馆的工作人员；Louise Johnson 提供了阿布杜斯·萨拉姆工作日程记事簿的摘要；ICTP 图书馆的 Lucio Visintin、Anna Gatti 和 ICTP 理事会在准许我获取尤其是有关阿布杜斯·萨拉姆的原始资料方面给予了宝贵帮助。加州理工学院档案室的 Shelly Erwin 找到了费恩曼 1968 年的原始笔记，泰尼·韦尔特曼提供了史蒂文·温伯格手稿的一份副本，甚至温伯格本人都以为这份手稿已经遗失了。彼得·希格斯提供了他工作日程记事簿的副本，埃里克·温伯格提供了他的博士论文。人们对于四十年前事件的回忆往往处于一片混乱之中，这两份资料帮助确认了这些事件的发生时序。

此外，我还对下列人士进行了采访或与之有通信：

Hery Abarbanel, Ian Aitchison, Tom Appelquist, David Bailin, Michael Birse, James "bj" Bjorken, Elliott Bloom, David Boulware, Stan Brodsky, Robert Brout, Hugh Burkhardt, Nicola Cabibbo, John Cardy, John Charap, Geoffrey Chew, Bill Colglazier, Bob Delbourgo, Norman Dombey, Hans-Peter Duerr, Gosta Ekspong, John Ellis, Francois Englert, Graham Farmelo, Tom Ferbel, Michael Fisher, Gordon Fraser, Jerome Friedman, Mary K Gaillard, Fred Gilman, Shelly Glashaw, Nigel Glover, Terry Goldman, Jeffrey Goldstone, Gerald Guralnik, Dick Hagen, Andre Hassende, Tony Hey, Peter Higgs, Gerard t'Hooft, Chris Isham, Roman Jackiw, J Divid Jackson, Cecilia Jarlskog, Bob Johnson, Louise Johnson, Marek Karliner, Tom Kibble, Andy Kirk, Peter Knight, Chris Korthals-Altes, Chris Llewellyn Smith,

Giuseppe Mussardo，Lev Okun，Giorgio Parisi，Manny Paschos，Ken Peach，Don Perkins，David Politzer，John Polkinghorne，Sacha Polyakov，Chris Quigg，Mike Riordan，Dick Roberts，Graham Ross，Ian Sample，Ron Shaw，Andrew Steane，John Strathdee，Ray Streater，John C Taylor，Richard(Dick) Taylor，Tini Veltman，Alan Walker，Eric Weinberg，Steven Weinberg，Frank Wilczek，Tony Zee，Nino Zichichi，Bruno Zumino 和 George Zweig。

　　Ian Aitchison 和 Michael Marten 阅读了全书手稿的最初版本，提出了许多宝贵的建议，他们为本书第一稿所付出的心血并不亚于我。我要感谢牛津大学出版社的 Latha Menon、Emma Marchant 和 Fiona Vlemmiks 为出版本书所做的工作，还有 Paul Beverley 对手稿一丝不苟的编辑。Patrick Walsh 是我的经纪人，他的活力与热情对这个项目的帮助贯穿始终。我深深感谢我的家人在本书调研和写作的两年期间所给予的支持和帮助。最后，我请求所有的读者仔细阅读本书的后记，并且可能的话，请帮助我提高这段历史描述的准确性。

序言:阿姆斯特丹　1971年

　　"现在,我介绍一下特霍夫特先生。他有一个理论,这个理论至少和
　我们之前听到的任何理论一样优美。"

　　"泰尼"·韦尔特曼是一个特立独行的人:性格直率,且从不回避争议。在别人要么半途而废,要么根本就怯于尝试的时候,他的勇往直前给他带来了成功。可以说,正是这个性格将他送上了通往诺贝尔物理学奖的道路。他成功的另一部分原因则是很幸运地拥有一个学生,这个学生的天才之处在于运用韦尔特曼所铸造的工具构建了一个杰出的理论。

　　韦尔特曼和他的门生赫拉德·特霍夫特有着天壤之别。韦尔特曼体魄高大,胡须浓密,嘴里经常叼着一根雪茄,或者在作报告的时候挥舞夹着雪茄的手。当他把某些竞争对手的工作斥之为"胡扯"或者"垃圾"的时候,他那近乎完美的英语会带着荷兰语元音的共鸣。这种口无遮拦的作风,再加上他对如何从事科研所持有的根深蒂固的信念很容易令人误解,便掩盖住了他敏感而体贴的性格。他的昵称"泰尼"是马丁努斯的简称,①考虑到他的体魄,这个昵称听起来有点搞笑。

　　特霍夫特相比之下身材瘦小,头发稀疏,衣冠楚楚地穿着西装打着领带,留着小胡子。这样的形象使他很容易被误认为是一名英国乡村医生或者一名会计。② 在我们的讨论中我总有一种感觉,似乎他早已知道我要告诉他的事情,而他只不过是在礼貌地等着听一点儿新奇的东西。他开腔说话的时候,轻声细语之中带着真正的力量,还有一点儿干巴巴的幽默感,让人觉得他所说的毋庸置疑都是正确的。

　　这两个人四十年前的相遇注定将改变物理学的世界。然而,作为老师的韦尔特曼如今和自己的学生特霍夫特却已经渐行渐远,虽然他的思想使得他的明星学生创造了

---

① 译者注:泰尼(Tini)是"小"的意思,一般情况下人们不会把马丁努斯(Martinus)简缩为泰尼
　　(Tini)。
② 译者注:英国乡村医生和会计在当时是颇体面的职业。

传世之作。[1] 在韦尔特曼写的关于粒子物理的书中,特霍夫特的出现仅限于一张照片和几行文字。他把特霍夫特的突破描述为"一项精彩的工作"[2],他对此"在当时"极为欣喜,这看上去挺令人费解。当韦尔特曼在 1971 年"自豪地"把他年轻的大师介绍给世人的时候,他们那时的关系正十分亲近和谐。

"无穷大"之谜

约半个世纪前,也就是在古希腊哲学家们首次构想出原子这个概念的两千多年后,人们发现作为物质基本组成部分的原子是由更加小的粒子所构成,即原子核和电子,重的原子核位于原子的中心,电子很轻,远远地围绕原子核作旋转运动。[3]

原子核能的巨大威力在日本广岛原子弹爆炸中得以展现,这之后,理解原子核的性质以及在其中起着控制作用的神秘力量便成为当时科学研究的新前沿。那时,人们已经清楚地知道原子核本身具有迷宫一般的结构,但令人惊讶的是,科学家们观察原子核的距离越近,它看上去就越复杂。更有甚者,实验观测发现,作为来自外太空的宇宙射线撞击我们头顶上大气层的结果,许多奇异的粒子从天空倾泻而下,它们类似于在地球上发现的粒子,却有着不同的行为方式。地面实验室里的科学家们未曾想到过的这些外来的物质形式,正在改变着我们对自然界的整体认识。任何想要描述宇宙的理论都必须对其给出解释。

在这段时期,物理学界掀起了追求重大突破的克朗代克淘金热。[4] 一些高能物理理论学者试图占据一席之地,他们把半吊子的研究成果发表在毫无名气的期刊上。这样做的逻辑似乎是,如果你的想法到头来证明是错的,那么没有几个人会留意,这篇论文会悄无声息地被遗忘。然而,如果以后有实验证明你的想法是对的,到时候你就可以向世人重新提起你的论文并且宣称优先权。

在这个狂热期里,始终有一个突出的问题得不到解决,这就是我称之为"无穷大谜题"的问题。当时物理学界有三个伟大的理论:19 世纪麦克斯韦的电磁理论、1905 年爱因斯坦的狭义相对论和 20 世纪 20 年代发展起来的量子力学,它们分别作出了许多意义深远的预言,并且最终都被证明完全正确。比如,将光描述成具有恒定速度的电磁波;质量转化为能量的质能方程 $E = mc^2$,其中 c 是光速;通过对原子美丽光谱的定量描述来解释原子结构的稳定性,等等。在 20 世纪 30 年代,这些理论的统一产生了描述电磁作用力,以及光与原子相互作用的完整理论——量子电动力学(QED)。一开始这个理论看上去美丽得诱人,但这个最初的"灰姑娘",很快却险些儿变成了"丑姐姐",因为当 QED 的方程被应用到最简单的近似之外时,这个理论似乎总是在预言某些事发生的机会是"百分之无穷大"。

为什么这会是一个问题呢?回答是,"无穷大"是超越认识、无法衡量的,它在这儿代表着一种认知的失败,而不是一个真正的答案。

具体而言,机会发生的概率范围是从 0(例如,我中六合彩的概率为零,因为我从来不买彩票)到绝对的必然,即 100%(死亡和纳税)。"无穷大"相比之下则是无限和不可测量的;它没有可以量化的意义。就科学家们所提出的问题而言,这个答案是毫无意义的,就好比你的计算机显示一个错误消息:"计算机冲突"或者"溢出"。发生这种情况往往意味着你犯了某种灾难性的错误——例如指示计算机去做除以 0 的计算。或者,这可能是一个信号,表明计算机出了小故障,甚至可能是计算机本身没有被正确安装。[5] 毫无疑问,"溢出"——或者我们这儿说的"无穷大"——是在告诉我们有什么东西出错了;问题是:我们对此该做些什么呢?

这并不是一个仅仅局限于原子科学中神秘部分的荒谬结果,因为这个谜团触及了我们对某些最基础的和最意义深远的现象背后的规律进行理解的能力。例如,植物因为它们的原子从光里吸收能量而生长;当电荷受到电力或磁力干扰时会产生无线电波;大部分现代电子技术涉及电磁辐射和电子之间的相互作用。所有这些现象——整个工业,还有生命本身的许多形式——都依赖于一个简单的基本机制:一个电子吸收或者放出一个光子,光子是光的基本粒子。然而,哪怕是这种最基本的过程,QED 似乎都不能与之相符。如果正如 QED 看起来所暗示的那样,一个光子被一个原子吸收的机会是无穷大,那么光合作用,还有许多化学反应就会在瞬间发生。即使生命真的曾经开始,也会在很久以前就自行燃烧殆尽了。

对于物理学家而言,无穷大就是"灾难"的代号,是你试图将一个理论应用到它适用范围之外的证据。对于 QED 而言,如果连一个光子被一个电子吸收这样基本的计算都做不到,那么这就不能算是一个理论——无穷大的问题就有这么重要。

体现这个灾难的一个特别例子是电子磁性的强度,通过实验可以测量这个物理量相对于某一个标准值的大小。物理学家们希望通过 QED 这个标准理论能计算出它的数值。这只需解出描述一个电子吸收一个光子的代数方程。

这对学物理的本科生来说算是标准练习,我清楚地记得自己在 1967 年第一次独立完成这个计算时的那种成就感。我那时觉得自己终于有资格成为一名理论物理研究者了。遗憾的是，我随后得知，这只不过是求得正确答案所需的一系列计算的第一步而已。而且，我的老师掩盖了一个很重要的事实：即使我设法完成这个重大任务，然后把所有贡献相加，得出的答案将会是无穷大！我那时并不知道，在离我几百英里以外的荷兰，一位和我同时代的名叫赫拉德·特霍夫特的人也遇到了这个神秘的"无穷大"，他将在不到五年的时间内解决这个问题从而获得科学上的不朽地位！

· · ·

之所以需要做更多的计算在于这样一个事实：根据 QED 理论，我们所研究的电子在真空之中并不是孤独的——真空并非空无一物，而是沸腾着各种转瞬即逝的物质和反物质粒子，就像气泡一样不断地出现和消失。尽管这些难以捉摸的粒子对于我们普通的感官来说是不可见的，但它们在光子和电子融合的瞬间会制造干扰，并对实验测量的数值产生贡献。

QED 理论包含逐一计算这些扰动效应的方法。这种扰动有无穷多个，除了几个比较重要的之外，其他大多数扰动的贡献都微不足道从而可以忽略——只要你愿意接受计算所能达到的精度上限。诀窍就是，从最重要的效应开始算起（这就是我在学生时代所做的计算，我那时候天真地以为这就是全部的计算了），然后加上次重要的效应，接下来不断地把越来越小的贡献值加进来，最后的总和就会越来越精确地接近"真正的"答案。

做这样的计算可能会很困难，但是原则上没有问题，因为无穷求和可以得出有限的答案（例如：$1 + 1/2 + 1/4 + 1/8 + \cdots = 2$）。把前面两项加在一起后，你就已经在 25％的误差范围内接近答案了。再加几项，你的误差就小于 10％了。至于你需要算多少项，以及你的工作量该有多大，这仅仅是一个你需要答案有多精确的实际问题。

物理学家们在关于量子力学和 QED 意义的早期探索里大约就是这么想的。然而，和前面提到的无穷序列求和得到所期望的答案"2"相比，他们发现 QED 中的序列求和却更像是 $1 + 1/2 + 1/3 + 1/4 + \cdots$

这个序列初看上去也还不错，前三项相加后与 2 之间的差别已经在百分之十以内了。但是继续把下一项 1/4 加上，你会发现总和超出了 2，变成了 2.08。加上更多的项之后，结果变得更加糟糕，可以说无限糟糕！这个序列的总和"$1 + 1/2 + 1/3 + 1/4 + \cdots$"等于无穷大。

物理学家们在追求答案精度的同时，却彻底失去了答案的正确性。如果你试图计算电子的电学性质，比如电荷大小或者磁性，你得到的答案将会是无穷大；如果你想知道当一个光子撞击一个电子时会发生什么，并且列出这种或那种可能性的话，那么每一种可能性的概率都会是"百分之无穷大"。

尽管 QED 是对光与物质相互作用的描述，但仅靠它并不能解释为什么物质本身是稳定的。这是因为还有另外两种作用力在原子核的内部和周围起着作用，即弱相互作用核力和强相互作用核力。它们的名称暗指当在地球上作用于原子时，它们的强度相对于电磁相互作用力的强弱程度。强相互作用力是将原子核绑在一起的束缚力；相比之下，弱相互作用力则会破坏原子核的稳定，并且导致原子核的一种放射现象，这种放射现象在太阳产生能量的方式中起着至关重要的作用。描述这两种相互作用力的理论也遇到了问题。

弱相互作用力理论给出一个逐项渐渐减小的序列，与 QED 类似，也产生无穷大的结果。强相互作用力则是一个更大的谜团，无穷大求和的结果在这种情形下呈爆炸式的增长。总和并不像序列 $1 + 1/2 + 1/3 + 1/4 + \cdots$ 那样缓慢地趋于无穷大，而是像序列 $1 + 4 + 9 + 16 + \cdots$ 那样使人不安，在这样的序列中，下一项总是比它前面的所有项都大。这个结果是如此令人望而生畏，以至于物理学家们断定，解释强相互作用力需要另辟蹊径。

对于 QED 的特殊情况，人们在 1948 年发现了一个从困境中提取有用数字的方法，我们将会在本书第 3 章中看到详情。下面要讲到的这个基本窍门，虽然有用，却从未使每个人都感到满意，包括那些发明这个方法的人。[6]

利用 QED 可以计算原子及其组分粒子的许多性质，每一个计算得出的结果都是无穷大。然而一个关键的发现是，无论你计算什么物理量，对于每个过程，无穷大从数学运算中出现的方式总是一样的。举例而言，当物理学家计算一个量的时候，发现了一个发散得很厉害的无穷大的项乘以一个有限的数，比如 1。然后他们计算另一个量，发现了同一个"发散得很厉害的无穷大的项"乘以另一个数，比如 2。所以理论预言第二个量是第一个量的两倍。如果实验已经测量出第一个量的真实的（有限的！）值，那么 QED 就能满怀信心地预言第二个量是第一个量的两倍，并且实验证实的确如此。于是，这个很糟糕的"无穷大"就可以被吸收隐藏起来，仿佛它不存在一样，留下的是一个表面上无懈可击的理论。就像我说过的，虽然没有人百分之百地满意，但是这么做挺管用。

这就是我们解决无穷大的办法。电子的电荷和质量的值已经被测量出来。神奇的是，这两个已知量足以为我们希望通过 QED 计算的其他任何物理量提供参照。我

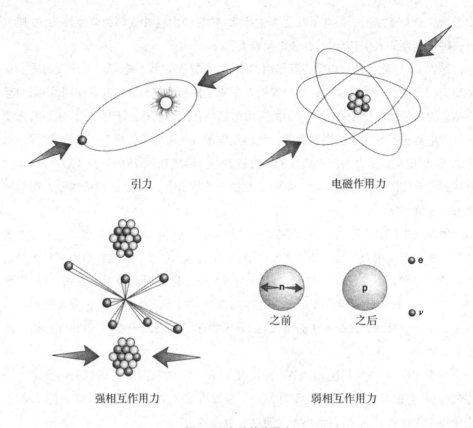

引力 电磁作用力

强相互作用力 弱相互作用力

图 1.1 自然的作用力

引力是吸引力,支配着星系、行星和掉落的苹果这样的大尺度运动。电作用力和磁作用力把电子束缚在原子的外围。它们互相吸引或排斥,在大块物质中倾向于互相抵消,留下引力在远距离起主导作用。原子核里质子之间的电排斥会阻止稳定原子核的存在,但由于强相互作用力的存在,相互接触的质子或中子之间会产生强大的吸引力将质子束缚在原子核内。弱相互作用力能把一种类型的粒子改变成另一种类型的粒子。这能够引起元素的转化,例如在太阳中心把氢转化成氦。(n, p, e, ν 分别指中子、质子、电子和中微子。)

们不能用 QED 从理论上计算电子的电荷和质量——因为这样的计算必然会得到无穷大——但是我们可以用 QED 计算相对于这两个实验测定量的其他任何物理量。奇迹是,这样得到的所有计算结果都是有限的值,而不是无穷大。更妙的是,这些结果都是正确的!现在,以这种方法计算的一些物理量,与实验结果相符的精度达到了万亿分之一,这个精度的量级相当于一根头发丝的直径和大西洋的宽度相比。

· · ·

尽管不是那么优雅,但这个为 QED 提取重要物理信息的方法是管用的。然而对于强相互作用力,爆发式激增的数值使得人们相信,解决强相互作用力的无穷大问题需要另辟蹊径——我们将会在第 13 和第 14 章中看到这个突破是如何产生的。三十多年来,人们似乎无法对弱相互作用核力和强相互作用核力进行定量描述。然而,对于弱相互作用力来说存在着一个颇为诱人的希望,即也许可以在这里复制类似 QED 的奇迹。遗憾的是,所有尝试解决这个问题的人也都很快遇到了不可逾越的障碍。

1/4 个世纪以内,物理学界最伟大的学者们在弱相互作用力的无穷大谜题上毫无进展。一些人尝试解决这个问题,但是失败了;大多数人忽略它,并希望它会自行消失。这个僵局的本质、如何得到破解,以及对于破解这个问题产生的诺贝尔奖应该优先考虑颁给谁所引发的争论,正是本书的主题。

不同于一些成功者的叙述里所描绘的凯歌行进般的英雄进程,本书讲述的传奇,是一个科学如何在现实世界中发生和发展的范例。理论思想和实验发现并不是由一根直线连接起来的,这个过程中充满很多错误的转折,片面的答案,甚至错失的论证。一些叙事史把科学描绘成一系列的重大发现和诺贝尔奖,这形成了很多人对科学领域的认识,事后看来,这么做实际上只是为了使整个故事易于讲述。事实上,科学研究充满了波折;如同其他任何行业的人一样,科学家也经历着同样的情感、压力和诱惑,并且他们做出反应的许多方式也和常人一样。

你也许刚刚经历了做出重大发现的狂喜,结果却发现别人已经抢先你一步。或者,你虽然占得先机,却还没有做好充分的准备,或者不够勇敢去冒险发表自己的成果——你也许需要更多的时间来做到万无一失,或者在那时根本就没有意识到自己成果的重要性。我们将看到,如果没有随后的实验验证,即使最顶尖的人物,也常常不知道他们所提出的是能够改变世界的理论,或者仅仅是一个不切实际的幻想。就像保罗·麦卡特尼[1]在多年后承认的,在他创作歌曲的时候,他压根儿不知道哪首歌能卖出几百万张碟,而哪首歌会无人问津。

对于作曲家或作家来说,可能的创意没有数量上的限制——可以有无穷多个!如果一个作曲家不把自己的曲谱公之于众,其他人创作出同一支交响曲的可能性微乎其

---

① 译者注:保罗·麦卡特尼(1942—　)是 20 世纪 60 年代出道的著名摇滚乐组合披头士的主要成员之一。

微。但是，对于理论物理而言，大自然的规律已经存在，想要发现这些规律的是我们。因此，描述自然规律的理论存在着一种唯一性，不是对就是错，实验或理论认识的深入进展可以最终予以揭示。发现这个正确的理论，并且第一个发表出来，功劳就归属于你。可是，如果你没有这么做，而别人后来独立发表了你本来应该发表的成果，当世人为之瞩目的时候，你会作何感想呢？在科学的伟人祠中，历史只会记录下成功者的名字；"诺贝尔奖亚军"的名字就和那些在大满贯或者世界杯中输掉半决赛的运动员一样，很快就被人们遗忘了。

这就是科学界的现实，科学家们面对压力时的情感反应可能和公众认知里的没有七情六欲的理想形象相去甚远。我们的故事，跨越了半个多世纪，会讲到上面提及的所有这些例子，甚至更多。

阿姆斯特丹，1971 年

在那些认为自己知道如何解决弱相互作用力的无穷大谜题的人当中，就包括阿布杜斯·萨拉姆和李政道。然而，真正破解这个谜题的人是韦尔特曼才华横溢的学生，赫拉德·特霍夫特。1971 年，特霍夫特让他的老师确信他的确取得了成功。韦尔特曼决定以一种戏剧性的方式来隆重推出他那位已经成长为大师的学徒。

那年的 6 月，有一个重要的国际物理学会议将在阿姆斯特丹举行。韦尔特曼作为乌得勒支大学的资深物理学家参与组织理论物理学的一个系列报告。他决定邀请李政道和萨拉姆来作报告，阐述他们对如何解决无穷大谜题的构想。

那时，美籍华裔理论物理学家李政道已经和他的合作者杨振宁因为发现镜像世界与现实世界的本质不同而分享了诺贝尔奖。他们发现，无论导致原子的放射性衰变的原因是什么，在现实世界中，这个过程是由神秘的亚原子左旋所控制的。如果把这个过程投射到镜像，看上去将是右旋。要是爱丽丝知道放射性衰变的话，她可以很容易判断自己是身处穿衣镜后面的镜像世界还是真实的世界。1956 年关于大自然是一个"左撇子"的发现，带来了巨大的认知冲击，并且保证了李政道和杨振宁在科学上不朽的地位。到 1971 年的时候，李政道决定着手解决无穷大谜题。

李政道认为他知道如何解决这个问题。但是，由于特霍夫特，韦尔特曼清楚地知道李政道是错的。

1971 年时阿布杜斯·萨拉姆还没有获得诺贝尔奖，但他对此雄心勃勃。后来，韦尔特曼会不失时机地提醒人们注意到这一点,暗示萨拉姆为游说诺贝尔奖委员会而不余遗力。萨拉姆极有创见,富于想象,思如泉涌,似乎总是处于持续的头脑风暴之中,他随时准备发表任何想法,并且对其寄予厚望。他的风格与韦尔特曼格格不入,韦尔特曼对萨拉姆的工作并没有给予太高评价。萨拉姆认为自己知道如何解决弱相互作用力的无穷大谜题,从他报告里的一些含糊不清的评述来看,他深信自己找到了答案。但是,他从未能使别人完全信服,更不用说韦尔特曼了。

那个夏天,萨拉姆认为找到解决方案的关键,在于把引力纳入到综合考虑中来。而由于特霍夫特,韦尔特曼清楚萨拉姆也是错的。他邀请萨拉姆第一个作报告。

会议地点在阿姆斯特丹议会中心大会议厅旁边的一个小房间。有两千多位科学家参加了那次大会,但只有几十人出席了这个起初看上去只是大会附属活动的小型研讨会。

萨拉姆第一个作报告,声称他相信引力是解决问题的关键。在萨拉姆的"胡扯"[7]结束之后,韦尔特曼请李政道第二个作报告。李政道介绍了他通过在理论中引入未知而具有古怪性质的粒子来解决这个问题的尝试。李政道作完报告后回答了提问,然后回到他在听众席的座位上。终于,这个历史性的时刻到来了:

"现在,我介绍一下特霍夫特先生,"韦尔特曼宣布,"他有一个理论,这个理论至少和我们之前听到的任何理论一样优美。"

特霍夫特的报告仅仅持续了十分钟,对那些尚未意识到自己刚刚见证了一个重大历史事件的听众来说,他们认为这只不过是韦尔特曼借机为自己有前途的学生博取更多关注的手段而已。听众们[8]认为韦尔特曼介绍词中所说的"之前",指的是"在这个分会中"。由于几乎没有人对萨拉姆和李政道的想法报以热情,韦尔特曼的介绍既没有显得不合情理,也没有抬高大家的期望值。然而,韦尔特曼所说的"之前"是指"在过去三十年中"。因为特霍夫特已经找到了传说中的"魔法石"。

大部分人不理解特霍夫特的报告,更不要说意识到他们正身处科学史上一个非同寻常的时刻。萨拉姆肯定没有。他在会后修改了他的报告的书面版本,[9]加上了一个注释表示"欢迎特霍夫特的理论",同时还宣传他自己在 1964 年就和同事约翰·克莱夫·沃德一起提出了"同样的理论",[10]然后补充说:"为了得到正确的数值,很有可能(需要)……引力。"然而,随着时间的推移,引力的纳入被证明是没有必要的。萨拉姆的附言显示,即使是一位专家,也不一定能领会到他刚才听到的内容的全部重要意义。

与此形成对照的是,特霍夫特并没有把他的报告整理成文。他那时还在写博士论文,想在博士论文里以周密的方式陈述所有的论证,像撰写一份法律文书那样详细阐明这些论证,从而使专家们能够检验其中的逻辑,直到他们信服这是无懈可击的。据一位亲历其事的同事多年后回忆,听众里的一些人从刚才发生在这个小型研讨会上的事情中捕捉到了一丝不同寻常的味道,他们相互询问:"韦尔特曼的学生——叫特霍夫特的——他真的宣称解决了无穷大谜题?"[11]随后在走廊上进行的讨论使他们确信他真的做到了。

消息传开以后,有两位诺贝尔奖获得者的反应很具有代表性。史蒂文·温伯格评论说[12]:"我从未听说过这个人,所以我的第一反应是:这不可能!"谢尔登·格拉肖[13]反驳道:"这家伙要么是一个十足的傻瓜(所以才口出狂言),要么是轰动物理学界的不世出天才。"

他的确是天才!特霍夫特和韦尔特曼因为这个成就分享了1999年的诺贝尔物理学奖。考虑到格拉肖、温伯格和萨拉姆对特霍夫特工作的最初反应,颇具讽刺的是,导致他们三人(不包括沃德)在1979年分享诺贝尔奖的工作,将要被特霍夫特取得的突破带到舞台中央。因为特霍夫特的出场是20世纪后半叶物理研究发展的一个关键性时刻。

简而言之,韦尔特曼扮演的角色更像是施洗者约翰,他用需要的工具、蓝图和机械设备为特霍夫特铺平了道路;特霍夫特则是真正的救世主,一位物理学界等待了多年的天才,他建立起了一套理论和架构,把物理学研究带入一个黄金时代。四十年后,他们留下的传承包括物理学领域有史以来最庞大和最具野心的实验尝试:在日内瓦欧洲核子研究中心(CERN)的大型强子对撞机(LHC)上模拟大爆炸后宇宙的最初瞬间。

两千多年来,直到特霍夫特的横空出世,哲学和科学研究的一个核心宗旨是发现构成物质的基本组分,比如原子和后来的基本粒子。在特霍夫特取得突破之后,研究的焦点改变了:我们今天引以为傲的是,我们或许可以揭示物质本身是如何产生的,以及我们的宇宙是如何形成的。

本书的前半部分将描述特霍夫特和其他科学家是怎样取得关键性的突破,并在1971年到达成功的顶点。自那个开创性时刻之后所发生的令人瞩目的进展,将是本书后半部分的主题。从阿姆斯特丹国际物理学大会的附带会议上的一个报告开始,直到一个耗资数十亿美元的国际科学合作,即有希望回答上面两个问题的大型强子对撞机实验项目,我将讲述这整个发展过程。

第一部分

创世记

第1章 无穷大的点

1946 年,阿布杜斯·萨拉姆从印度来到剑桥,出于偶然成了一名理论物理学家。保罗·马修斯告诉他原子物理的教科书已经过时了,描述原子和光的优美理论——量子电动力学——正陷入危机之中,因为这个理论的方程在计算已知有限的物理量时给出了荒谬的答案:无穷大。

————————

阿布杜斯·萨拉姆是一位杰出的物理学家,他第一次给我留下深刻印象大约是在 1960 年[1] 的一个傍晚。那时的 BBC 肩负着向公众提供资讯的使命,其每周的科学专题节目会特别邀请一流的科学家,以通俗易懂而不失严肃的方式向公众讲述科学研究的最新发现。一个冬天的晚上,我从家里那台老掉牙的无线电收音机里听到萨拉姆在描述某个重大突破,这个突破有希望彻底改变我们对自然的认知。我不太清楚这个突破到底是关于什么的,但是他的描绘极富感染力。物理学正在发生的一切,听起来是那么的激动人心。我那时就知道自己想要参与其中。

当萨拉姆在多年以后荣获诺贝尔奖时,我给他写了一封简短的贺信并且提到他的话语曾对我产生的影响。然后,我收到了一封最有魅力和最谦和的回信;他的广播节目曾经成功地激励了另一个人进入科学的美妙世界,这个事实与他即将领取的诺贝尔奖比起来对他似乎更加重要!

认识他的人都会记得这个复杂多面的萨拉姆。他是第一位获得诺贝尔奖的穆斯林科学家,一位致力于发展中国家科学研究的国际政治家和领袖,他对科学和社会的认识同样独特。他的同事对他褒贬不一,一些人认为他是一个具有深刻直觉的天才,另一些人则认为他不过是一个机会主义者。

20世纪60年代,萨拉姆在所谓的第三世界是一个偶像级人物。他精力充沛,魅力四射,政治娴熟,在他的推动之下,联合国教科文组织资助成立了国际理论物理中心(ICTP)。对于第三世界国家的知识分子,国际理论物理中心是一个科学圣地。萨拉姆的精神和他的论文集一起长存于兹。[2]

大约在1979年萨拉姆获得诺贝尔奖的时候,我曾经问过他:"为什么你选择创建一个包括粒子物理研究的理论物理中心,而不是对第三世界国家更具有实用价值的诸如工程和医药之类的研究中心?"他的回答令我震惊,他说:"这实际上无关紧要,在许多发展中国家,知识分子的大部分时间都用来力图活命了。"在这点上,萨拉姆看问题的角度如同在科学研究上一样与众不同。

* * *

1926年1月29日阿布杜斯·萨拉姆出生于当时尚属于印度的旁遮普省章县。他的父亲是一位小学教师,他要求儿子复述父母给他读过的故事,以此来训练儿子的记忆力。

萨拉姆成为一个理论物理学家纯属偶然。印度高级专员公署为剑桥大学圣约翰学院英国文学专业的一个研究生提供了奖学金。但是,这个学生在1946年8月退学了,圣约翰学院认为这份奖学金更适合一个本科生。阿布杜斯·萨拉姆当时已经在拉霍取得了数学硕士的学位,可以直接升入研究生院。但是他的家人另有计划:他们希望萨拉姆以后成为一个公务员,旁遮普大学的副校长认为剑桥大学圣约翰学院的声望可以为此铺平道路,而这可以通过去剑桥大学接受数学本科教育而获得。这是一个不容错过的好机会,只要能进入剑桥大学,即使重念一遍数学本科课程也是值得的。

萨拉姆在9月3日收到了录取通知的电报,八天之后他登上了开往利物浦的远洋客轮佛兰克利亚号,下船后搭乘火车和出租车来到了剑桥。他随身携带了一个硕大的扁平硬皮箱,里面装着他全部的个人物品——衣服和书。经过长途跋涉,他终于站在了圣约翰学院的大门口,然后发现如何把那个大皮箱搬到房间成了一个难题。在向门房求助之后,萨拉姆借到了一部独轮手推车。

来到剑桥后,萨拉姆发现所有的一切和他之前的经历都截然不同。1946年的英国仍未完全摆脱战争带来的物质匮乏,那是几十年来最寒冷的一个冬天,供取暖的煤一周只有3小桶。[3]食物短缺,购买诸如肉类、蛋、糖之类的许多食物时不仅需要现金还需要配给簿的券。萨拉姆的当务之急就是获得配给簿,而当他一拿到配给簿,学院就把它征用了：学院需要学生的配给簿来为公共食堂获得必需的食物。萨拉姆后来回忆，除了公共食堂提供的餐食之外，他赖以为生的只有无需宝贵的配给券就能买到的唯一食物——苹果，或者他的朋友保罗·马修斯家里的"违反配给制的犹太香肠和其他美味"[4]。

那时的英国社会仍然是殖民时期风格，十分保守，几乎完全由白种人组成，偏见表现为屈尊俯就而非公开的恶意。[5] 身处学术圈，阿布杜斯·萨拉姆更是不知偏见为何物。1946 年时的学院生活十分优越。学院服务人员如同私人管家一样——早上叫起，整理床铺，打扫房间，擦亮皮鞋。历史悠久长达数百年的餐厅有着高高的天花板和彩色玻璃窗，餐厅里挂着著名人物的肖像，摆放着供学院院长和学者进餐的高桌，三排本科生用餐的橡木长桌纵贯整个房间。虽然战后的清苦使得菜单十分单调，但晚餐就像中世纪的宴会一样。

由于萨拉姆在拉霍已经获得了数学硕士学位，他在剑桥的第一学年结束时不出意料地取得了一级荣誉。他决定直接修习名为第三部分的高级课程，这个课程在 1947 至 1948 学年期间包括了保罗·狄拉克的量子力学系列讲座。保罗·狄拉克是诺贝尔奖获得者，20 世纪最伟大的理论物理学家之一。这段经历改变了萨拉姆的人生历程。

在这之前，萨拉姆对未来的计划是在剑桥成功完成学业后回家，然后顺理成章地成为一名公务员。但是狄拉克的讲座向他揭示了一种深邃的美——数学的那种与物质宇宙的运行产生共鸣的神秘能力。对这位虔诚的穆斯林来说，这似乎是一种召唤，让他"去照着安拉的杰作雕刻数学的丰碑"。[6] 到 1949 年，他已准备好开始自己选择的职业——理论物理研究。

马修斯和凯默

现在我们来介绍在此时进入萨拉姆的人生并决定其未来二十年走向的两个人。

一个是保罗——"P. T."——马修斯，他和萨拉姆一样来自印度，但是除了人生的头七年外，他一直都生活在英国。他后来成为萨拉姆的研究导师，在每个学期末，他把"剑桥大学付给他的 8 个基尼指导费"[7]，都慷慨地赠予萨拉姆，并且最终成为他最好的朋友，引导他走向诺贝尔奖。

但马修斯并不是萨拉姆最初选择的导师。相反，他选的是尼克·凯默，我们要介绍的第二个人。凯默在这个故事的后半段会有重要的作用——就算实际上不是独奏音乐家之一,那也是管弦乐团的指挥。

1911年尼克·凯默生于俄国圣彼得堡,1917年十月革命前夕来到伦敦,之后再也没有回到俄国。在1936年重返英国接受帝国理工学院的工作之前,他先后在德国和瑞士待过,凯默学习语言就像学习物理那样轻松。之后过了许多年我才第一次和他见面。他在我的记忆里是一个了不起的人,是在量子力学发展初期接受的教育,总是喜欢把他共事过的伟大物理学家们的轶闻趣事挂在嘴边。

他能说多国语言,英语非常好,以至于他很喜欢玩填字谜游戏。有一次,他在打招呼时问我是否认识《卫报》字谜游戏的编制者,因为他在一条字谜提示里看到了我的名字。我对此一无所知,表示愿闻其详。那条字谜提示是"给弗兰克·克洛斯的早餐[4,6]","[4,6]"表示答案由两个单词组成,第一个单词有四个字母,第二个单词有六个字母。然后他揭晓答案是"corn flakes(玉米脆片)",笑着问我有没有意识到自己的名字是一种早餐谷物的字谜。我不得不坦白自己是头一次听说,看到我尴尬的样子,他补充道:"好吧,永远记住,那种谷物的包装盒上在玉米脆片的字样下印着'正宗最好'。"[8]

凯默在20世纪30年代是沃尔夫冈·泡利的研究生,这位个性强势的奥地利理论物理学家分配给凯默的研究课题是如此棘手,以至于凯默差一点儿在当时当地就放弃了理论物理。这段经历把凯默吓得不轻,为了不让学生们重蹈自己当年的覆辙,他压根儿不愿意向他们提出任何研究课题的建议。相反,他主张学生们通过阅读文献自己寻找研究课题。

尽管萨拉姆的本科成绩单显示出他会是一个潜在的明星,但凯默很谨慎,并且他的学生已人满为患,他建议萨拉姆去伯明翰在核物理学家鲁道夫·派尔斯的手下工作。但是终于适应了剑桥生活的萨拉姆不愿意去别的地方,他请求凯默做他的导师,"即使是间接的指导也行"。作为折衷的方案,凯默建议萨拉姆去和马修斯谈谈:"他今年将完成博士学业。问问他有没有什么问题剩下来。"[4]

于是马修斯第一次见到了年轻的萨拉姆。了解到萨拉姆正在学习一本量子力学教科书之后,马修斯向他指出,物理研究正在发生许多令人兴奋的进展,比如有关如何消除量子电动力学中出现的无穷大,教科书已经过时了。他对萨拉姆解释说,必不可少的新的阅读资料是像费恩曼和施温格这样的权威写的论文,这些论文不在书店里,而是在物理图书馆以"物理评论"为目录标题的书架上。

认识到教科书涵盖的是已经确立的理论而没有包括前沿的新进展,乃是本科生成长为研究生的必经之路。成长过程的关键在于,从能够指明方向的行家那里获得建议。萨拉姆找到了他的导师——马修斯。

原子条形码

教科书或许已经过时,但并不是毫无价值。随着知识的进步,新的理论把旧的理论纳入进来,但很少证明它们是"错误的"。以这种方式,爱因斯坦的狭义相对论包含了作为一个特例的牛顿经典力学,而量子力学的发现把这些理论的应用扩展到了微观世界,例如原子及其组分。萨拉姆 1949 年在剑桥书店里读到的原子物理教科书,讲述了当时正确的理论,这些理论到今天也依然正确。

在大众的想象里,一个原子经常被描绘成一个迷你的太阳系。在这个简单的类比中,原子核就像太阳,而电子则像遥远的行星。引力主导了太阳系的运动,而异性电荷的吸引——正电荷的原子核和负电荷的电子——把原子束缚在一起。

对类比进行过分的引申是十分危险的,行星式的电子就是一个警示:照这种方式构建的原子如果遵循艾萨克·牛顿的力学原理,就连一刻都不能存在。支配行星运动的同一个引力,会在漫长的时间里降低行星的轨道。太阳系浩瀚无边,而引力相对微弱;作为结果,行星轨道的侵蚀非常缓慢,甚至连最灵敏的仪器也探测不到。[9] 相比之下,原子极其微小而电作用力比引力强大得多。其导致的电子轨道变化将会发生得很快——快很多。如果原子里的电子围绕在中心的原子核像行星围绕太阳那样沿轨道运行,并且遵循牛顿力学原理,仅在几分之一秒内它们就会飞旋着掉进原子核。那么原子一旦形成,则几乎立即在一瞬间就自我毁灭。包括你我在内的物质,将不能存在。

我们仍然存在这个事实表明,非常微小的物质如原子及其组分遵循的是不同于牛顿力学的规律,牛顿力学解释的是大到足以被看见的物体的行为。现在我们认识到了这些规律。电子并不能在原子里任意运动,而是受到限制的,就如同一个站在梯子上的人一次只能踏在一个梯级上一样。原子里的电子遵循着一个基本的排列规则,即每一个梯级都对应着一个状态,在这个状态电子具有独特的能量。继瑞士教师约翰·巴耳末在 1885 年出色的观察之后,丹麦物理学家尼尔斯·玻尔在 1912 年夏天发现了这一点。

· · ·

光，即缤纷的色彩或色谱，是由电磁波构成的，其电磁场每秒振荡数百万亿次。我们看到的色彩其实是大脑对不同频率振荡的反应。阿尔伯特·爱因斯坦——以其相对论而广为人知——获得诺贝尔奖，是因为他揭示了光线并非一道连续的流，而是由粒子——光子的断续迸发所构成。光子没有质量，但是具有能量，以每秒 30 万公里的速度传播。光子的能量和频率成正比，因此，一个位于彩虹的高频紫色端光子所具有的能量是低频红色端光子的大约两倍。[10]

热钠灯或汞灯发出特有的黄色或蓝绿色调光。灯之所以发光是因为热量摇动光子，使它们从原子的电磁场里逃离出来；灯显示出特有的色调是因为这些逃离出来的光子带着钠元素或汞元素母原子所特有的能量或频率。

这些颜色表明了这些原子里的电子可以获得的能级模式。当一个电子从高能级降到低能级时，多余的能量会被一个光子带走。反之，如果一个原子被一个光子撞击，而这个光子所携带的能量恰好等于两个能级之间的能量差时，原子就会吸收这个光子，同时在这个过程中使电子提升一个能级。

像所有的恒星一样，灼热的太阳发出的电磁辐射覆盖了整个光谱。太阳周围有许多气体，包含了各种元素。在太阳光里那些携带的能量恰好匹配原子中能级之差的光子会被这些元素的原子所吸收，永远到达不了地球。在第一眼看上去是一道连续的色谱之中，这些"消失"的光子会使其呈现出暗色的线条。衍射光栅是一片刻有许多密集凹槽的玻璃，透过它来观看星光的话，就能把光分解为不同颜色成分，从而看到清晰明亮的线条。[11]

这些线条就如同对太阳或其他恒星里存在的元素进行识别的基本条形码。能够知道太空的成分是极具开创性的。在 19 世纪，光谱的美妙及其在恒星物理学上强大的应用，不仅引发了测量这些线条模式的实验，还启发了一个问题：是什么导致这些特有的线条？为什么每一个原子元素都有其独特的特征？

今天，我们知道氢原子是由一个电子围绕着含有一个质子的原子核运动所构成。这种基本的简单特性使得氢原子成为破解原子条形码的罗塞塔石碑。

1885 年巴塞尔的一位教师约翰·巴耳末发现了氢原子光谱一个引人瞩目的特征：它的谱线频率符合一个简单的公式，频率正比于一个常数乘以两个数值之差，这两个数值本身也遵循一个简单的规则。这两个数值是 1/4——写作 $(1/2)^2$——和 $1/n^2$，n 等于 3，4，5，等等。这种匹配是如此完美，以至于巴耳末雄辩地宣称，这些频率是"一种物质的振动"导致的，并且形成了"一个独特主音的泛音"。[12]他对自己的公式十分自信，进而预测，公式（$1/m^2$）—（$1/n^2$）里的 m 和 n 取任何值都有相对应的谱线存在。[13]

巴耳末的简单公式完美地描述了氢原子光谱，但没有给出其产生的原因。出于运气或者是判断力，巴耳末无意中发现了一个了不起的真相。问题是，他的神奇规则为什么会管用？

1912 年，尼尔斯·玻尔找到了解释，而这个解释来自量子理论。根据量子理论，所有的粒子都具有波的特性。光子和电磁波的那些人们熟悉的特性，也同样适用于电子。[10]我们可以把原子里的电子波想象成在一段绳子上的晃动。当绳子像套索一样卷成一圈的时候，为了使波完美地匹配绳圈的周长，在圈内的波长数就必须是一个整数。请把这个圈想象成钟的正面。如果波在 12 点达到高峰，在 6 点降到低谷，下一个高峰将会完美地出现在 12 点——波与圈"匹配"。但是，如果波在 12 点达到高峰，继而在 5 点降至低谷，那下一个高峰将会出现在 10 点，这就不符合波的节拍——用物理的术语来说就是"不同相"：波不匹配。

在原子内循环运动的电子并不能想去哪里就去哪里，而只能去它们的波与套索完美匹配的那些路径。巴耳末发现的数值——n 和 m——实际上是在一个圈内的波长数。一个波长数（n = 1）对应的是楼梯上最低梯级的电子；两个波长数对应倒数第二个梯级，三个波长数则对应第三个梯级，依此类推。玻尔提出的梯级能量奇迹般地解释了巴耳末的发现：当电子从高能级降到低能级时，能量差会以光的形式被辐射出来，这与巴耳末的公式相一致。[14]

玻尔的模型并没有考虑到相对论。1928 年，狄拉克通过其著名的方程把量子力学和狭义相对论结合起来，完善了电子的图象。同时，电子显示出一种奇怪的二元性，[15]它的行为表现得就像一块具有南北磁极的迷你磁铁那样。狄拉克的方程以优雅自然的方式纳入了这一点。他的方程还预言，精确测量的结果与巴耳末公式的计算结果会有细微的偏差，事实的确如此。[16]

然而，狄拉克并不情愿去深究方程隐藏的含义，他害怕这些含义也许会与大自然的运行相违背，从而毁掉这个用诺贝尔奖得主弗兰克·韦尔切克的话来说"美到令人心碎"的创造，这个方程所展示的对称和平衡"简直可以用性感来形容"。[17]狄拉克其实无需焦虑：他的方程在今天被公认为是一粒种子，其中蕴含了构成化学、生物甚至生命本身的一切基础。事实上，狄拉克完成了一个伟大的统一，提出了一个关于电子和光的相对论量子理论,即"量子电动力学",简称 QED。[18]

阿尔法

QED 的美妙之处在于它统一了光和物质的性质。在 QED 里,由于光波的行为表现得像粒子一样,而物质粒子比如说电子,则表现得像在一定空间区域传播的波一样:爱因斯坦和玻尔所描绘图象的实质就自然而然地出现了。大多数物理学家,包括我在内,发现设想迷你弹子球比发散的波要容易得多——粒子物理因此而得名。把电子和光子想象成按照量子力学规律玩亚原子台球游戏的微小粒子,你就掌握了 QED 的实质。

真正的弹子球会一直存在,而某些亚原子粒子则可以产生或消失。你之所以能看到这一页书是因为它的原子们包含有光的粒子——光子。不仅原子,带电荷的粒子也具有辐射或吸收光子的能力。例如,在空间中某一点上的电子可以发射出一个带有能量和动量的光子,当这个光子碰撞到了另一个带电粒子,就会引发这个粒子的运动。因此在 QED 里,电磁作用力是通过光子的运动,[19]即光子碰撞和推挤其他粒子进行传输的。

由于光子和电子在宇宙舞台上相聚、融合与分离,QED 把它们产生相互作用的可能性编码在一个被称为"阿尔法"的量中。[20]阿尔法建立了大自然的标度——原子和原子构成的一切事物的大小、光的强度和颜色、磁性的强度,还有生命本身新陈代谢的速率。可以说,它控制着我们所看到的一切。

实验测出阿尔法的值是 0.007 28,这个数值看上去毫不起眼,直到你注意到 1 除以它差不多得到一个整数:137。在发现这一点之后,这个数字几乎立即呈现出了一种神秘感,物理学家们自那时起就为之着了迷。很显然,科学在 137 这个数字里发现了大自然的密码。

20 世纪 30 年代,英国剑桥的天文学家阿瑟·爱丁顿爵士受到数字命理学的影响,对 137 这个数字产生了毕达哥拉斯学派式的崇拜之情。[21]曾经有恶搞把 137 同《圣经》里的"启示录"联系起来;[22]量子电动力学的创始人之一朱利安·施温格,把 137 作为他跑车的拉风牌照;[23]80 年过去了,我们当中有许多人还在收到毛遂自荐的论文,这些论文的作者相信对这个数字的解释使他们发现了真正的开悟之道。物理学家沃尔夫冈·泡利与心理学家卡尔·荣格合作,试图找到这个数字的深刻意义,结果一无所获。[24]理查德·费恩曼本人把这个数字描述为"物理学上最大的谜团之一：一个神奇的数字来到我们身边，带着不为人类所知的含义"，并且补充说如果是"上帝之手"写下了这个数字，那么，"我们并不知晓上帝是如何运笔的"。[25]

对"上帝之手"的惊鸿一瞥已经吸引了物理学家和神秘主义者八十年。最近，我们才发现从何处寻找解释。后面我们将会看到，大型强子对撞机实验也许可以揭晓答案。

无穷大的出现

尽管阿尔法数值大小的起因是一个谜团，但是对理论家们来说，实验测得阿尔法的数值很小则是上天的恩赐。QED 的方程里包含了阿尔法，有时是一个，有时不止一个——比如阿尔法的平方，阿尔法的立方，或更多。当你对一个很小的数字求平方，你所得到的结果甚至会比这个数字更小。例如，1/2 的平方是 1/4。阿尔法的取值是 1/137，所以阿尔法的平方还不到 1/10 000。这启发了简化求和的一种方式：作为一阶近似，只计算那些仅包括阿尔法的贡献，而忽略包括阿尔法的平方、阿尔法的立方或更高阶次的贡献。每一个额外存在的阿尔法都只是略微改动了之前的估算。

通过这个技巧，到 20 世纪 20 年代末，量子电动力学成功地解释了许多现象：当一个光子从一个电子上弹回会发生什么，带电粒子如何互相散射，电子在磁场里如何运动，等等。这些开创性的计算都使用了所谓的"一阶近似"——忽略掉阿尔法出现超过一次以上的所有项。被最初的成功所吸引，理论家们把在一阶近似中忽略掉的贡献包括进来，开始计算对于之前的结果本来应该是很小的"修正"。

他们这样做是希望获得更精确的预言。但正好相反，计算的结果令他们大吃一惊。第一个"修正"的结果包括阿尔法这个很小的数乘以一个量，如同我们将看到的那样，量子电动力学理论预言这个量是无穷大。下一级的修正结果是，一开始的一个更小的数——阿尔法的平方——再一次乘以无穷大。有关电子的质量、电荷和你能想到的任何电磁作用过程发生的可能性，所有的计算结果都是无限的大。到 20 世纪 30 年代中期，人们开始对量子电动力学产生了深深的怀疑，这个理论往好处说是一个近似，只对少数特定情况下的光子、电子和正电子才有效，而往坏处说，它具有致命的缺陷。灾难就这样上演了。

· · · ·

氢原子光谱线能被狄拉克方程美妙地解释,就像在巴耳末公式里被编码那样。问题是,在其最初的形式中,狄拉克方程进行编码的是一个本来处于空无一物的空间之中的孤立电子的性质。这是能想象到的最简单的情况,也是一个诱人的自然而然的出发点。但是,这种看似简单的情形在实际中从未发生,因为空无一物的空间虽然容易想象,在现实中却是不可能的。[26]

一个巨大的物体如太阳或地球,向所有方向都均匀地伸出了引力的触须,在原本"空无一物"的空间里产生了一种被称为引力场的张力。引力场通过对碰巧在它周围的物体产生力的作用而表现出来。一个带电粒子产生的电场也会有类似的表现。[27]

作用力是如何发生在两个明显没有关联的物体之间的呢?场的概念为揭开这个秘密提供了线索。确切地说,什么构成了场是一个哲学问题,而描述场的效应则属于物理学的范畴。但是,深究这些思想的含义,在某些情况下会导致明显荒谬的结论。为了理解这一点,我们可以从手电筒或收音机里熟悉的电池说起。

这样的电池提供几个伏特的电压,把它的正负电极板隔离成只有一毫米的间距,极板之间所形成的电场强度可达到每米一千伏特。在高能粒子加速器中,可产生每米数千万伏特的电场。这一技术产生的电场强度比一个简单的电池里产生的电场巨大得多,但是和原子内部产生的电场相比起来,却显得微不足道。在氢原子内部,电子和质子之间的电压差大约有 10 伏特,而它们的间距平均而言只有一百亿分之一米。由此而产生的电场强度超过我们宏观上凭借技术手段所实现电场的 1 000 倍,但如此巨大强度的电场仅限于原子维度。[28]

现在我们遇到了谜团。在狄拉克方程里,电子表现为一个基本的、不可分的、带电荷的点,在紧邻这个没有物理大小的电子的周围,电场会变得无限强大。

倘若不是因为其物理意义的话,这一点也许会被当作是有趣的数学现象而不予考虑。电子与它自己的场相互作用,就像一条咬着自己尾巴的蛇,获得所谓的"自能"。对于狄拉克的理论中所描述的电子,这个自能是无穷大。爱因斯坦的狭义相对论告诉我们,能量 E 相当于质量 m 乘以 c^2,其中 c 是光速。自相矛盾的结果是,电子和它自己的电磁场发生相互作用,从而获得了无穷大的惯性,或者质量。由于电子的质量已经被实验测出,这个无穷大的理论结果明显是一个荒谬的结论。[29]

雪上加霜的是,在 QED 里,真空中还沸腾着许多转瞬即逝的物质粒子和反物质粒子。这些寿命极短促的粒子不能被我们直接感知,然而根据 QED,它们影响了粒子的运动和性质，比如电子的质量以及作用于粒子的力。

沃尔夫冈·泡利意识到所有这些贡献因素都必须被考虑进来。在 1929 年，他把这个任务交给了刚到苏黎世与他共事的一个新来的研究助理。这位理论学者就是 J·罗伯特·奥本海默，后来因其在研制原子弹的曼哈顿计划中所发挥的作用而闻名。他思维敏捷却性格急躁，有人觉得他充满魅力，也有人觉得他极其讨厌。他脑筋转得飞快，计算得更快，不停地犯错。他充满自信，泡利提议他用 QED 计算氢原子光谱，而不是用狄拉克方程，因为已经有人这样计算过了，而且得到的结果非常漂亮。

奥本海默的计算必须考虑到一种情况，即在 QED 里，电子能发射光子，然后把这个光子重新吸收掉。这在经典物理学中是不可能的，因为能量是守恒的，这个短暂或"虚"的中间步骤需要一个能量来源才能发生。但在量子力学中，至少在极其短暂的时间跨度内，能量无需守恒。[30] 由伴有一个光子的电子构成的中间态可以存在，而且可以具有任意数量直至无穷大的能量。因此总的效应就需要对所有的这些可能性求和。[31] 奥本海默和泡利希望求和的结果将是有限的，如 $1 + 1/2 + 1/4 + \cdots = 2$。然而，奥本海默得出了一个令人不安的答案：求和的结果是无穷大。[32]

他的数学计算是正确的。当电子从一个能级移动到另一个能级时会发出具有特征颜色的光，QED 非但没有得出这个结论还暗示了一个谬论：电子会发出无穷大的能量；原子光谱也不存在。在最朴素的近似中，先被巴耳末和玻尔，后来被狄拉克方程完美描述的原子条形码，按照 QED 更复杂的版本，消弭成了单一的灰色。

作为对物理现实的描述，整个 QED 理论看上去开始变得荒诞可笑。泡利是一个激烈的批评者。他在写给狄拉克的信中表示，他认为 QED 已毫无用处，他对这个理论虚幻的承诺感到如此沮丧，以至于他甚至考虑放弃物理改行写小说。[33]

过时的教科书

在 1949 年萨拉姆所能读到的教科书中，知识状况或者知识缺乏的状况就是如此：QED 这个神奇的理论，它的缩写看上去曾是如此贴切，但已经被无穷大的困扰破坏了。但是，马修斯接下来把教科书尚未包含的事情告诉了萨拉姆：一切都发生了翻天覆地的变化，在过去的 12 个月里，量子电动力学已被改头换面，无穷大被消除了，而且电磁作用力也得到了理解。QED 现在可以如此精确地解释原子里电子的行为，以至于在所有情况下实验和理论的结果都一致。马修斯解释道，萨拉姆需要学习与此有关的一切，我们将在第 3 章里看到有关的详情。同时，QED 的无穷大谜题已成过去；马修斯已经进入到新的前沿——原子中心的神秘原子核，在那里另外的作用力发挥着作用。

在诸如铁、金和铅等元素的原子核内部，大量的质子被紧紧地挤压在一起。每个质子都带正电荷。然而电作用力的黄金法则是相似的电荷互相排斥，原子核的存在就产生了一个悖论。原子核幸免于电作用力引起的分裂是因为在"核子"（质子和中子）之间存在着一个强大的吸引力，即所谓的强相互作用力。

由于电磁作用力是以粒子（即光子）为媒介的，强相互作用力的情形为什么不能与此类似呢？1935 年，日本理论物理学家汤川秀树提出强相互作用力也是如此，并且预言了一种粒子——介子的存在，它正是强作用力的传递者。1947 年，实验发现了介子，马修斯的博士论文第一次尝试把介子纳入强核作用力理论，取得了类似于 QED 在描述电磁作用力上的成功。

正是马修斯的突破促使凯默把萨拉姆介绍给了他。凯默告诉萨拉姆："QED 里的所有理论问题都已经被解决了。保罗·马修斯对（介子）理论做了几乎同样的事。"这抓住了萨拉姆的兴趣。由此引出了凯默意义重大的进一步建议："问问他有没有什么问题剩下来。"

事实上马修斯确实还留下了问题，因为他尚未确信 QED 的无穷大谜题已被完全解决。在与谜题解决方案的一个主要缔造者讨论过后，他变得充满怀疑。他会在适当的时候告诉萨拉姆他的理由以及他们该怎么做。首先，萨拉姆需要了解这个谜题是如何被解决的，并且学习那些教科书里所没有的新思想。

第 2 章　谢尔特岛和 QED

无穷大被消除了；由于"重整化"的发现，QED 管用了。两位年轻的
物理学巨人费恩曼和施温格竞相登场。施温格首先用一场华丽的表演
震惊了科学界，但在几次尴尬的挫败之后，费恩曼赢得了最后的胜利。

我们搭建出了现代的粒子和力的终极理论框架，如果说有一个时刻标志着它的开始，那就是美国人威利斯·兰姆于 1947 年 6 月在纽约的谢尔特岛传奇性会议上上台发言的那一刻。

谢尔特岛会议是二战后物理学家们的首次集会，目的是为了评估物理学研究的现状和发展前景。今天人们很难意识到，铀和钚制造的投向广岛和长崎的原子弹在当时对国际科学界的剧烈影响。原子弹的爆炸不仅是物理学上的也是思想上的，它不仅终结了一个二战战场，而且向全世界的物理学家们展现了释放出原子核内部所蕴含力量的真实效果。当时在世界范围内，对于理论如何变成现实，存在着一种敬畏。实际上，在与会代表们乘坐巴士前往会场的途中，一个骑摩托车的警察把他们拦下并问道："你们是科学家吗？"当得到肯定的答复后，这位警察拉响警笛行驶在前，为他们开路护送。原来这并非安保措施，而是出自那个警察的谢意，他曾在太平洋的海军部队服役，对科学家们研制出了原子弹心怀感激。但对于这个说法，存在不同的意见，一位与会者回忆说："他也许不是去感谢我们的。"[1]

然而，并不是所有的物理学家都曾参与了原子弹的研制。兰姆在第二次世界大战期间从事雷达微波的研究工作，和平恢复以后，他意识到利用微波技术可以比以前更

加精确地测量原子内部电子的能量。他做到了，并且无可置疑地成功确认，氢原子里的电子能量和狄拉克方程的预言相比有微小的位移。① 这就是他带到谢尔特岛会议的新发现。

量子力学解释了原子能量阶梯上能级之间的间距，并且预言了电子从一个能级转换到另一个能级时发射或吸收的辐射频率。按照在 1947 年时最为先进的狄拉克方程，氢原子里这两个能级具有恒定的能量。[2] 但是，兰姆的测量却显示，它们之间存在着百万分之一的差异。这个细微却意义重大的差异和狄拉克对氢原子的描述并不相符。

兰姆的实验是如此精确，它揭示了原子的电磁场精细的量子物理效应，原子的电磁场能短暂地转化成物质和反物质——电子和它的幽灵，即正电子。这些粒子几乎瞬间就消失了，但在它们蜉蝣般短暂的生命里，它们轻微地改变了原子电磁场的形状，从而影响电子的运动，导致了兰姆所测量到的能量轻微位移。

兰姆因此成了在实验上观察到真空非空的第一人，这和狄拉克方程隐含的假设形成对照，真空其实沸腾着生命短暂的电子和正电子。这正是 QED 曾经想要解释的。但是，就像我们所看到的，QED 预言这种扰动的量级应该是无穷大而不是微不足道的。在谢尔特岛，兰姆宣布他已测出了这种扰动的数值。这个数值是微小的百万分之一，不是狄拉克最初的方程所要求的 0，也不是 QED 所暗示的无穷大。兰姆的发现促使物理学家们开始重新思考量子理论应用于电磁领域背后的那些基本观念。

J·罗伯特·奥本海默在 1929 年揭示了 QED 的无穷大谜题。具有讽刺意味的是，在十八年和一场世界大战之后，当兰姆在会议上提到这个谜题时，奥本海默正是会议主持人。奥本海默的讨论报告记录着，第一天上午兰姆的报告表明"物理学的一个新篇章已经揭开"。挑战将是计算兰姆发现的数值；而"无穷大"的答案不会被接受。

这个接力棒被传给了新一代的理论物理学者。谢尔特岛会议上有两个最年轻的听众，他们尚不满 30 岁，却已经是刚刚结束的科学大战里的老兵，他们就是未来的大师朱利安·施温格和理查德·费恩曼。直到后来人们才知道，日本的朝永振一郎已经完全独立地解决了这个谜题。

----

① 译者注：这里的位移，指能量值的偏离。

费恩曼和施温格

朱利安·施温格和理查德·费恩曼完全是同龄人。他们俩都于 1918 年在纽约出生，都是杰出的理论物理学家，但他们俩所有的共同之处也就仅限于此。

来自上曼哈顿的施温格，是一个壮实的小个子，衣着讲究，无需讲稿就能滔滔不绝，灵巧的双手能左右开弓地在黑板上写满方程。他凡事追求优雅，并且成功地做到了这一点。相比之下，费恩曼类似于一个街头的机灵小孩，爱开玩笑，反权威到了执着的地步。他的回忆录《你一定是在开玩笑吧，费恩曼先生》，充满了他大胆不羁和不谙世故的例子，而他与生俱来的聪明总能确保他在所有的冒险活动中拔得头筹。一个同事曾经把他描述为"一半是天才，一半是滑稽演员"。[3]

朱利安·施温格是一个名副其实的神童。他就读于汤森德·哈里斯高中，这是当时纽约的一流中学。1932 年，年仅 14 岁的他聆听了狄拉克的一个讲座，这激发了他对量子场论的兴趣。15 岁时，他被纽约城市学院录取为本科生，很快就和他的老师们一起撰写研究论文，而这些老师曾是纽约哥伦比亚大学的博士研究生。他开始声名鹊起，汉斯·贝特[4] 对 17 岁的施温格极尽溢美之词："他的量子电动力学功底绝对和我一样深厚，他在不到两年的时间内几乎全靠自学掌握了这么多知识，我简直不能理解他是如何做到的。"[5] 并且说："施温格已经知道了 90％的物理学，剩下的 10％应该只需要几天。"[6]

凭着这封热情洋溢的推荐信，施温格转学到了哥伦比亚大学。到 1937 年，年仅 19 岁的施温格就已发表了 7 篇研究论文，尽管他还没有参加本科学士学位的考试，却已经满足了获得博士学位的资格。甚至在他本科生阶段，极具名望的物理学家如恩里科·费米和沃尔夫冈·泡利，都乐意和他一起讨论物理研究前沿的问题。泡利素来以看不起人而闻名，在批评那些思维草率的人时极尽刻薄嘲讽之能事，能够在他面前侃侃而谈显示了施温格是如何备受器重。

施温格不得不等到 1939 年才获得博士学位，因为校方坚持在校时间和校规方面的要求必须得到满足。这时，施温格已离开哥伦比亚大学，转到了伯克利与奥本海默合作。[7] 这使他正面接触到了 QED 里的无穷大之谜。然而，第二次世界大战即将打断他正在蓬勃发展的事业。

事实证明年轻的费恩曼也具有非凡的数学天赋，但过着比较正常的青少年生活——用现在的话来说就是"闲荡",搞恶作剧。他在数学和科学课程上取得了完美的分数,但在其他科目上的表现却没这么好。当施温格在哥伦比亚大学把整个物理系都迷住的时候,费恩曼投向哥伦比亚大学的入学申请却被拒绝了:在 20 世纪 30 年代,美国大学对犹太学生有录取名额上的限制。于是他去了麻省理工学院。

尽管人们曾为爱因斯坦举行过盛大的欢迎仪式,但在第二次世界大战之前,理论物理并不是美国大学的热门专业。到 1941 年,施温格开始找工作,可能是由于长期以来的反犹太传统,他的求职遭受了冷遇。[8] 他接受了普渡大学的一个低等职位,条件是他的物理课得排在中午之后。校方同意了。

到美国参战的时候,费恩曼和施温格两个人都已成为公认的明星。那时施温格大概已经学完了物理学"剩下的 10％";至于费恩曼,贝特认为在新一代的所有物理学家中,他的排名"仅次于施温格"。费恩曼被临时调派到洛斯阿拉莫斯参与原子弹的研制,而施温格对研发原子弹的工作感到不舒服,改为在麻省理工学院辐射实验室帮助研制微波雷达。

战争一结束,制造了原子弹的物理学的地位就彻底改变了。美国政府向物理研究投入大量经费,物理学家们成了英雄。之前被描述为一个数学家的爱因斯坦,现在也被重新塑造为物理学家。对犹太人大浩劫的认识,和犹太科学家在赢得战争胜利方面所起的作用,让各个大学摒弃了长期以来的偏见,竞相聘用这一对最耀眼的物理明星。1946 年 2 月,施温格接受了哈佛大学的教授职位,而费恩曼则成了康奈尔大学的教授。

施温格和费恩曼凭借已经建立的声誉,顺理成章地被选为年轻一代物理学家的代表,在学年结束的时候,和其他少数精英一起相聚于谢尔特岛。

尽管战争结束才几个月,他们却已经分别盯上了这个无穷大的谜题。他们截然不同的解决方法体现了他们各自的性格。施温格数学功底深厚,知识渊博,他的论证十分复杂,精雕细琢得犹如律师的辩护状,要说还有点儿什么的话,那就是过于严谨。如果非要给他挑点儿错,那就是他的工作似乎更多的是为了显示他的所能,而不是为了让别人也能重复他的壮举。相比之下,费恩曼被物理的直觉所驱动,不用自己的独特方式来解决问题就决不罢休。量子力学就是他这个特点的一个完美示例。事实上,他在直觉和形式数学的共同引导下,由下至上重新设计了量子力学。

费恩曼的作用量

经典力学的挑战是：如果你知道物体现在所处的位置，在未来某一时刻物体的位置会在哪里？——比如确定行星的运动。17 世纪，艾萨克·牛顿阐明了运动定律：在没有外力作用的情况下，物体以匀速运动；反之，施加一个外力会给予物体加速度。这启发了能量的概念：比如说，和运动有关的能量叫"动能"，而物体所处状况使其有可能获得动能时，它就具有隐藏的能量或"势能"，势能和动能之和是守恒的。这就是我们很多人最初接触力学时学到的定律。我们学习牛顿的方法，运用能量守恒定律，弄清楚物体是如何移动的。

牛顿的经典力学适用于大的物体，但是在原子尺度上，它得让位给量子力学。量子力学的最初构建模仿了牛顿的方法。然而，出生于意大利的法国数学家约瑟夫-路易斯·拉格朗日在 18 世纪发明了另一种技巧去解决经典力学问题。1942 年，费恩曼采用拉格朗日的方法，在剑桥数学家保罗·狄拉克十年前的开拓性工作的基础之上，重新构建了量子力学。

拉格朗日考虑的是动能和势能的差，而不是关注动能和势能的（守恒的）总和。在物体运动轨迹上任意一点的这个差值被称为拉格朗日量。然后你只需把这个路径上的拉格朗日量的数值从头至尾全部加起来。这个总和，或者"积分"，被称为作用量。[9]一个显著的特点是，一个物体在规定时间内从一点到另一点经过的路径就是作用量最小的那一条路径。[10]

最小作用量原理引出了拉格朗日运动方程，借助这个方程，学生们能够轻松解决经典力学里的问题，而这些问题如果使用牛顿的方法将会极其复杂。在所有情况下，这两种方法得出的结果都是一样的。[11]

我们往往认为大物体的行为是显而易见的，而量子世界里物体的行为却神秘莫测。因此，弹子球以特定的方式——实际上以作用量最小的方式——相互弹开，而原子束在某些方向的散射却比另一些方向更多。原子最后总是分布在或密集或稀疏的区域，就像通过一个开口衍射出来的水波既有波峰也有波谷。我们像孩子一样感受宏观世界，并建立相应的直觉，但波一样的原子并不在其中。但是，作用量的概念揭示了存在于看似熟悉的现象中的意外秘密，并且使得那些原本显得神秘的现象合乎情理。聚焦于作用量使量子世界显得相对自然，而且也揭示了经典力学定律源自于作为其基础的量子力学。

在经典力学中,作用量的意义实际上相当怪异。一个物体真的是在首先尝试了所有可能的路径,计算了它们的作用量,选定了神奇的解决办案之后,才沿着一条唯一的指定轨迹运动的吗?没有生命的物体像蚁群一样设法派出侦察队,这个想法似乎很不真实。然而,系统仿佛事先就知道该怎样去往它想去的地方。在没有外力作用的情况下,一个物体的自然趋势就是沿着直线运动,而不是沿着有无限多种可能的 Z 字线或曲线运动,如此想来这确实挺神秘。费恩曼的天才之处在于,他意识到这一点对量子世界比宏观世界更有意义,并且洞见到发展量子力学的新途径。[12]

量子世界之所以显得陌生而古怪,是因为粒子似乎能去到任何地方——只是机会问题。费恩曼以此作为出发点:他假设所有的路径都是可能的,不仅仅只有那些作用量最小的路径。蚂蚁到处散开。费恩曼想象时间被分成片段并且设问:如果一个粒子在零时刻位于某一点,那么它在指定的未来时刻位于另一个点的概率有多大?在他的公式里,概率是一个复数的平方,被称为概率振幅,仅仅和作用量相关。[13]

这里的思路是首先计算每个路径的作用量的值,包括那些在正常的经验里显得很荒谬的运动轨迹。在费恩曼并合了相对论的图象里,甚至包括粒子在时间里向前和往后的运动轨迹。事实上,在量子力学里,单个粒子有无穷多种可能的运动路径。但是,当一群粒子聚集在一起形成一个大的物体比如一个分子时,除了非常接近经典的那些路径以外的所有路径,它们各自的振幅会互相抵消。而对于一个真正宏观的物体,例如一个行星,只有经典力学的唯一运动轨迹会得以幸存。

这些想法也许看上去很奇怪,但实际上我们是相当熟悉的:它们类似于从一个辐射源向所有方向辐射出的电磁场,其呈起伏传播的波中会出现有序的几何形状的光线。[14]费马在 17 世纪发现了一条黄金法则:在从一点到另一点的所有可能的路径中,光实际上采取的是所费时间最短的那一条。[15]向所有方向传播的波,比方说,如果碰到一面镜子,也会从所有方向被反射回来。不同的波汇合,在一些方向叠加,在另一些方向抵消。在被镜子反射的情况下,除了沿直线到达镜子的那些波,所有叠加的波相互抵消掉了,它们会从同样的角度被反射回来。沿着这条路径,波看上去就像单纯的"光线"。[16]

费恩曼洞见到,可以对电子的量子力学建立一个类似的模型。在费恩曼看来,大自然是完全民主的,对电子去哪里没有施加任何限制。在他的理论里,一个电子可以尝试时间和空间里所有可能的路径。波将会在除了最短"光"路的所有地方互相抵消殆尽，由此呈现出以光线方式传播的表象，就像粒子那样。然后，他专注于这些轨迹，围绕它们建立他的理论。对粒子射线或轨迹作出的图形表示，最终让他在与施温格的竞赛中获胜，但在那之前，他遭受了好几次挫败。

图还是普鲁斯特？

在 20 世纪 50 年代，儿童漫画书里的故事常常以不止一种版式出版。你可以阅读传统书籍那样的纯文字版，也可以浏览连环画，这些连环画把文字减到最少，只限于必须的对话框和很有感染力的插图。连环画更受孩子们的欢迎。多年以后，甚至连学习英国文学的大学生都承认，他们对英国文学的接触始于连环画版本。

如果说施温格发展的 QED 犹如阅读普鲁斯特的长篇巨著，那么费恩曼的工作就是其漫画版。今天，学生们遇到的是费恩曼的图形方法，然后从这些示意图里推导出相应情景的数学表达式，施温格的方法基本上已成为历史。

费恩曼用实线来表示电子的路径，用波浪线表示电磁作用力的效应，波浪线象征着一个光子在所涉及的两个带电粒子之间的传递。这些漫画对粒子的产生、活动和湮灭给出了令人满意的形象化表达。然而这些图的作用还远不止于此：这些象形文字乃是或简单或复杂的数学方程的编码。使用他的象形图，费恩曼可以在几分钟之内就计算出问题的答案，而对于同样的问题，施温格冗繁复杂的数学方法则需要好几页纸才能搞定。

今天这些"费恩曼图"属于基本的工具，但在 1948 年，尽管费恩曼知道自己在做什么，但其他人却不明所以。他用了好几个月为量子力学的工具箱构建一套全新的器材。他知道如何选择必要的部件，把它们组装在一起，并使其运转起来；他能够开动这个机器，但是没有人明白机盖下面到底是怎么回事。

到谢尔特岛会议召开的时候，费恩曼和施温格对量子电动力学的新表述都已经进入最后的完成阶段。在正式的报告期间，施温格相当安静，聆听着兰姆的新发现，以及电子磁性强度——"磁矩"的测量结果。这些消息也令费恩曼激动不已，在晚饭后的非正式讨论中，他将展示他的看家法宝，用它们以闪电般的速度进行计算。阿布拉姆·派斯当时是谢尔特岛会议上又一位比较年轻的杰出的物理学家（他后来成为一个备受尊敬的科学史学家），他回忆道："无论他在做的是什么，肯定都很重要——只是我理解不了。"[17]

重整化

狄拉克方程假设,电子不过是在空无一物的空间里某一点的一个电荷。而 QED 暗示着,当你朝这个难以捉摸的实体行进时,你的周围存在着一大群看不见的幽灵般的旁观者。这些旁观者包括围绕在电子周围的电磁场,还有真空里此起彼消的电子和正电子。"物理"电子和狄拉克方程的理想电子并不一样。相反,实验家们把电子的质量理解为狄拉克的裸电子与它自己的电磁场,还有弥漫在真空里的"真空极化"发生相互作用的结果。一个"真实"的电子比狄拉克方程描述的要复杂得多。[18]

在 QED 的电子质量或电子电荷计算中出现无穷大暗示着,如果你能以无限完美的分辨率来进行测量的话,你将看到的就是狄拉克的理想电荷点。要达成这样的目标是一种虚幻的追求,我们可以拿澳大利亚南部贫瘠的纳拉伯平原来举个例子,这个平原在双眼可及的所有方向都平坦地延伸出去。横贯这片荒原的是世界上最长的直线铁路轨道,300 英里长的平行铁轨一直延伸至地平线,远远望去它们似乎在远处的热雾里交汇。但是,当你沿着铁轨前行时,地平线以及轨道的明显交汇点会以你接近它们的速度向后退去。

就如同两条平行线的交点实际上是虚幻的,点的概念也是如此。一个球是三维的,一个圆是二维的,一条直线是一维的,而一个点是没有维度的。这是真正虚无和不存在之所。把一个圆无限缩小直至成为一个点,就像是试图到达纳拉伯铁路在远方的交汇点:如同彩虹的尽头,它永不可及,在真实的世界里并不存在。

在实践上,你实际测量到的电子的电荷和质量的数值才是重要的。即使最强大的显微镜也不能探测到真正无限小的距离。一般来说,电子的性质取决于你观察的距离有多近。为使 QED 变得实用,这些测量的细节必须设法考虑进来。解决方案就是所谓的重整化——尺度从无限小改变为在实验里实际相关的大小。

重整化的哲学思想是所有粒子物理理论中最棘手也是最饱受争议的一个,然而它奠定了现代粒子物理理论的基础。如我之前所言,类比是危险的,下面将通过类比的方式让读者对重整化思想有所了解,但这些思想的具体实施要深奥得多。

确定氢原子构成,或者像测量一个自由电子的质量或电荷这样简单的实验,可以类比为查看计算机屏幕上的东西,其图象是由像素组成的。在低分辨率下你能看到某个层次的细节,而如果你提高像素的密度,图象会变得更加清晰。例如,如果只有几个像素的图象显示为一条河流，那么由许多像素构成的同样图片会展现出河流漩涡这种更详细的细节。同样地，在低分辨率的情况下，我们仅能辨认出氢原子包含了强大的电场，这个电场把一个电子束缚在原子的外缘。可以看到这个电子本身是一个模糊的电荷团，它占据了一个像素，似乎刚刚超出了分辨率的极限。

为了看清楚这团朦胧电荷的真容，我们观看的距离必须再靠近一些。假设我们把像素的密度提高一百倍，于是之前每一个单独的大像素，现在都包含了一百个细粒像素。在电荷之前所在的那个大像素的地方，我们现在看到电荷位于其中心的一个迷你像素里，周围的 99 个迷你像素包含了正极和负极，即真空中虚的电子和正电子的漩涡。

现在我们再次把像素密度提高一百倍。之前占据了一个迷你像素的电子电荷，现在集中于一个中心的微型像素里，它的周围是更多的真空漩涡。之前的迷你像素图象里显示的每个漩涡，都被揭示出包含有更加精细的漩涡。这样一直继续下去。电子的图象就好似一个分形，在更精细的细节上一遍又一遍地重复，直到永远。电子的电荷集中在一个规模不断缩小的像素里，周围是无法想象的充满了虚的电子和正电子复杂相互作用的真空。

我想象不出那是什么样，我猜，其他任何物理学家也不能。我们满足于追随数学和实验数据所揭示的一切。不管怎么说，我们这里关心的并不是周围的真空，我们追逐的对象是原来的那个电子的电荷。

随着我们朝内核不断放大，模糊的电子电荷团被浓缩在一个越来越小的像素里，电荷的密度则会不断增加。电荷密度随分辨率尺度变化的关系被称为"贝塔函数"。电荷密度增加时，函数曲线往上，斜率为正，电荷密度减小时则函数曲线向下，斜率为负。[19]

在 QED 里贝塔的斜率为正，这意味着随着你的显微镜不断放大，电荷会越来越浓缩。按照 QED，如果像素的尺寸变成无穷小，我们将发现电荷完全处于无穷小的一点之中。因此，它会变得无限致密。

得出无穷大这个答案的 QED 中的计算，在某种情况下做了同样的事，因为它们计算了所有尺寸——从大的尺度一直到无穷小的极端——像素的贡献的总和。但这并不是一个真实的实验所进行的测量。在实验中，你所观测到的东西取决于你的显微镜的分辨能力。

在我们进入内部空间的旅程里，现有的技术使我们能够分辨尺度在一个氢原子大小的十亿分之一的物质。这当然非常小，但还不是真正的无穷小。实践上，我们想计算的是在这个特定分辨率尺度上的测量数值。对所有尺寸像素的贡献求总和，就像是一个旅行社向你收取去外太空的旅行费用，在账单里把那些现在尚不可能到达的外来目的地也包括进来。比如，你也许到国际空间站去了一趟，这是旅行社目前提供的最远的旅行项目，你表示在可行的时候，你对月球探险甚至火星之旅也很感兴趣。旅行社把这些项目，连同现在还属于科幻的 21 世纪深太空之旅都一并计入了账单。由于这些外推至无限期未来的可能旅行，你的账单总计就达到了无穷大。

无论任何理由，这都是荒谬的。你真正想知道的是去月球或火星的旅行费用。为此，我们可以和会计达成一致，去空间站旅行的报价（把去往无限远的其他目的地可能的未来旅行作为一个附加选项）是某个数额：X。然后，对于去月球或火星的旅行费用，我们可以期望得到一个合乎情理的答案，以 X 的倍数来表示。事实上，这个答案将由这些目的地之间有限的距离差额来决定。

类似地，QED 的典型求和出现无穷大，是因为计算里包括了无穷小的长度尺度（像素大小，如果你愿意）的效应。事后看来，这也是荒谬的。和旅行账单的例子一样，在 QED 里我们需要某种方法去计算我们所能进行的测量，而不是把我们视野之外的那部分内部空间的奇观包括在总和里。如果我们有某个参考点，在这一点我们知道正确的数值，它相当于是去往空间站的已知费用，那么我们就能够计算出和这第一个量相关的另外的一个量。这就是费恩曼和施温格所发展的新方法的核心内容。

利用已知的数值如电子电荷（在我们的比喻里是去空间站的费用），计算其他数值如电子磁性（去月球或火星的费用），这个技巧被称为重整化。[20]

回合一：施温格

谢尔特岛会议结束四天之后，施温格结婚了。他在蜜月期间反复思考电子磁性的实验结果，这个精确的实验测量结果和狄拉克理论预言的数值并不一致。诚然，这只是一个很小的差异（大约千分之一），但依旧是实质上的不同。吸引施温格的是，解释这个差异为他的 QED 新相对论方法提供了理想的验证机会。

与此同时，费恩曼也在尝试用自己的技巧计算兰姆位移的数值。到那年底，费恩曼对他的理论充满了信心。费恩曼现在知道如何用实验可观测的物理量如电子的质量和电荷来改写以前给出无穷大答案的方程。通过把这些已知的物理量代入他的方程,他在没有任何其他调整的情况下计算了兰姆位移的答案。最终,得出的结果是有限的。

. . .

你如何用罗马数字来做乘法?这又难又慢,不过你最后还是能做出来。幸亏我们有十进制,它的符号要有效得多。施温格的量子场论方法就好比使用罗马数字。

这并非意味着施温格有点笨拙,恰恰相反,他是 20 世纪最有深度和最杰出的理论物理学家之一,认识他的人都说他是一个英雄。费恩曼富有魅力的个性在提升他的公众形象方面肯定起到了作用,但是对物理学家们来说,这场竞赛更多的是符号如何成为胜利关键的一个范例。

在这个比喻中,费恩曼创造了十进制的类似物。如果没有费恩曼,QED 和理论物理学其他很多方面的进展会缓慢得多,甚至在某些情况下不可能有进步。今天,费恩曼的示意图和技巧是所有物理学生的必修课,也是专业人士解决问题的实用方法。我在学生时代学会了费恩曼规则,然后在做理论物理学者的四十年职业生涯里使用它们。我得坦白,在我为本书的写作做调研之前,我从未读过施温格的论文。我询问过研究物理学的同事们,他们的相关经历与我类似。没有必要。有一个数学上的达尔文主义在发挥作用,适者生存,那就是费恩曼规则。

但是,这种情况并非一直如此。施温格是建造这个理论大厦的第一人,他确立了程序,向公众发表了他的革命性结果,这些结果和兰姆位移、电子的反常磁性还有其他方面的实验测量结果是一致的。

具有讽刺意味的是,施温格的工作通过费恩曼的漫画最易于得到理解。费恩曼用一条实线表示一个电子,用一条波浪线表示一个光子,你可以想象这代表了它们在时间和空间里的运动,从左至右。对一个电子产生其电磁场的最简单近似就是它发射出一个光子(图 2.1a)。电子对电磁场作出反应,被表示为一条波浪线——光子——被这个电子吸收(图 2.1b)。在费恩曼的图形里,一个电子和它自己的电磁场发生相互作用的图解是,这个电子发射出一个短暂的光子,随后又吸收了这个光子,就像飞盘运动员们接住他们自己扔出去的飞盘而不是别人的飞盘(图 2.1c)。

用狄拉克方程计算电子的磁性实际上对应着只计算最简单的图 2.1b。那就是多年前我做学生时干过的活,天真地以为我算出了准确的答案。事实上,这个一阶近似计算得出的答案和实验测量结果仅有不到百分之一的差异。

施温格感兴趣的是计算电子和磁体(如图 2.1b)连同它自己的电磁场(图 2.1c)之

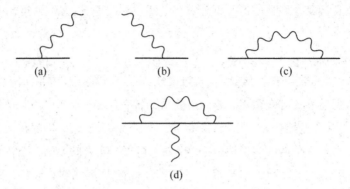

图 2.1　费恩曼图里的电子和光子

　　一个电子(实线)发射(a)或吸收(b)一个光子(波浪线)。在(c)中,电子
发射然后吸收同一个光子;这对电子的自能有贡献。在(d)中,光子对电子
自能修正时电子同时与一个磁场发生相互作用,这个磁场用一个从下面进
入电子线的光子波浪线表示。想象时间和运动的方向是从左至右。在图
(c)和(d)中波浪线和实线分开后又闭合到一起只是为了形象表示相互作用
而已,并不能认为这就是真实的物理。

间的相互作用。把这两者放到一起,相应的费恩曼图就如图 2.1d 所示。

　　每当图里的线形成一个或一个以上的闭合圈,无穷大的弊病就会爆发。从图 2.1c
可以看到问题是怎样出现的。在这种情况下,电子的能量和动量被这个电子和一个光
子分享。分享的方式有无穷多种:一个粒子带有所有的能量,或者两个粒子各占一
半,或者以其他的比例。这些可能性的每一个都必须被计入最终的计算。这就是无穷
大总和的来源,无穷大谜题的问题就出现在这里。

　　光子和电子在短暂状态分享运动的无穷多种可能的方式会产生磁性上的贡献,对
所有的这些贡献求和事实上就是施温格所从事的理论体系接受的挑战。[21]在施温格的
计算里(图 2.1d),无穷大出现的方式和图 2.1c 中无穷大的表示是相似的。但是,后者
对电子的自能或质量产生了贡献,而电子自能或质量已被实验测出。所以,施温格可
以通过用这个已知和有限的物理量去代替那个无穷大的表达式来"重整"他的计算。

　　由于度蜜月和安家占用了整个夏天,施温格直到 9 月才能开始细致的计算工作。
到 11 月底,他得到了计算结果。

　　费恩曼从小道消息听说了施温格的工作。他也听说施温格的方法极其困难和费
时。费恩曼对于通过学习施温格的"语言"来努力追赶对手不感兴趣,相反,他使用了
自己的技巧,轻松地验证了答案。用自己的方式取得成功让费恩曼相信,只要你在诠

释诸如电子的质量和电荷之类实验测出的物理量时加以小心,就一定能得到有限的结果。

你测量得到的是一个在任何情况下都正确无误的数值,还是说你的测量结果取决于你在测量中使用的显微镜的空间分辨率?费恩曼,还有施温格,都意识到后者才是事实。费恩曼在构建他的方程时把这个情况纳入了考虑。这些方程以直接的方式做到了这一点,证实了他的技巧的强大。然而,只有费恩曼才明白他自己所做的工作;在1947 年末,施温格受到了各方的关注。

·　·　·

1948 年 1 月,一个星期六的上午,施温格的理论在纽约召开的美国物理学会的会议上首次亮相,引起了轰动。报告厅人满为患,而且他被要求在当天下午把报告再做一次。他下午的报告再次让听众们如醉如痴,其中还包括好几位上午已经听过的听众,他们希望再听一次,以便理解更多。

施温格使用了传统的工具,但是以一种新颖的方式。他的方程包括含有希腊符号的括号,括号带着大写字母的上下标,在许多人们不熟悉的地方还有奇怪的花体字与求和符号。对于外行人来说,整个方程看上去就像是玛雅文字,难以理解。黑板左边的一批符号与黑板右边的另一批符号用任何人都能辨认出的等于符号"="连接起来,然而究竟是什么等于什么还需要解码。

他解释了电子的磁性是如何受到与自己的电磁场相互作用的影响。电子的反常磁性——实验发现大约是千分之一——作为基础物理量的一个美妙结合在施温格的计算中出现:电磁相互作用的普适强度,即阿尔法 1/137 除以 2π。这与实验数据非常符合。[22]

《纽约时报》很快进行了报道:"理论学家们把(施温格)看作是爱因斯坦衣钵的当然继承人,并且认为他在能量和物质相互作用方面的成果是近二十年来最重要的进展。"[23]

费恩曼坐在听众席上,第一次听到施温格阐释他的理论。在报告结束时,费恩曼宣布他也得到了同样的结果。话音未落,他立刻觉得自己很傻,就像一个叫嚷着"老爸,我也做到了"的小孩。[24]费恩曼急需展示他自己的工具。在谢尔特岛的后续会议上,机会来了,他将于 3 月 31 日作报告。虽然对他而言这是一个不错的机会,但如果他的报告被安排在 24 小时之后的 4 月 1 日愚人节也许会合适得多。

谢尔特岛 2：波科诺山

谢尔特岛会议结束后的一年内，在 1948 年 3 月 30 日到 4 月 2 日，奥本海默再次组织了其后续会议。这次会议是为了报告最新的进展，会议地点位于宾夕法尼亚波科诺山脉的波科诺庄园酒店，这个地方提供了和谢尔特岛第一次会议一样安静的环境。除了第一次会议的原班人马之外，量子革命的两位奠基人尼尔斯·玻尔和保罗·狄拉克也参加了会议。

会议第一天的报告集中于在宇宙射线中发现的"奇异粒子"。还有伯克利粒子加速器首批实验结果的新闻发布。[25] 没有多少人意识到他们正在见证一门新学科——高能粒子物理学——的诞生，这点我们后面会详细说到。会议的重头戏是在第二天，[26] 议程安排了朱利安·施温格新的 QED 相对论理论的报告。

施温格阐释了他论证的每一个步骤，就像一个公诉人毫无遗漏地出示证据那样。而听众则不时打断他，像辩护人那样提出反对意见，或者像法官那样对模糊之处要求澄清。报告持续了整个上午，直到午餐休息。但是，施温格的报告还远未结束，在午餐结束之后他从中断的地方继续讲述。他首先说明了他的方法的基础，然后计算了电子的自能。他证明了电子自能的总和是发散的——就像 $1 + 1/2 + 1/3 + 1/4\cdots$——并且这个结果和电子的运动无关。这是他运用相对论的结果，其本身就是一个重大的新进展。

接下来，他转向电子在外部磁场运动的情况，引出了兰姆位移。这包含了他在电子自能计算里发现的同样的发散表达。通过把电子自能的发散表达式诠释为实验已知的电子质量，他最终展示了他计算兰姆位移的公式。在所有的铺垫完成之后，施温格推出了高潮部分：把实验测得的数值代入他的公式后，所求得的总和与兰姆在谢尔特岛会议上报告的实验测量值取得了一致。

施温格的报告一直持续到下午的晚些时候，令他的听众既精疲力竭又印象深刻。费恩曼的报告被安排在其后，他也忍受了这场高超的马拉松式的表演。费恩曼如同板球比赛中的击球手，一边在三柱门边等着轮到自己，一边看着开球手在大半天的时间里控制了对手。终于轮到他了。在这种情况下，在 n 个小时积累起来没有得到释放的紧张之后，新来者的失败并不罕见。毫不奇怪，费恩曼本人很紧张：他即将第一次阐述自己的理论，他面对的听众包括两打世界上最杰出的物理学家，而他们刚刚听完施温格如小夜曲般优美的报告。

　　科学本身是纯粹的思想，但是其从业者和其他任何人一样具有七情六欲。像许多卓有成就的人一样，费恩曼也争强好胜，感到施温格获得了所有的关注，先是有 1 月在美国物理学会听众爆满的两场报告，现在在波科诺又重复了他华丽的表演。费恩曼现在有了一个展示他所取得成就的机会。

　　到波科诺会议召开的时候，费恩曼已经有一些神奇的宝石要展示，他成功地把 QED 的理论改写成了自己的语言，并且是一种他可以飞快计算出答案的形式。遗憾的是，他的报告使其看上去更像一幅漫画而非一种语言，因为他在根本的意义上取消了电磁场并将其归并到象形图之中。他的优势在于，他得到了许多结果——QED 的相对论表达，电子质量的重整化，电子和光子相互作用的各种结果的概率计算规则——从这一切可以推导出电子的反常磁矩，以及兰姆位移的大小。但是，以上的一切他尚未公开发表，因为他并没有关于这些方法的数学证明。

　　于是费恩曼必须不仅演示他的计算，而且要阐述这些计算所基于的量子力学复杂的新构造。令他压力备增的是，他的听众当中还包括狄拉克和玻尔这两个最先帮助建立了量子力学的人。施温格也感受到了竞争，他渴望听到他的对手的首次工作报告，并将其和自己的结果进行对比。

　　就像费恩曼本人后来承认的，[27] 他整个的思维都是物理的，他的计算都是以他自己发明的"试凑法"来进行的。他在那个阶段发现了一个数学表达，他所有的示意图、规则和公式都来自这个数学表达，但他确定这些公式有效的唯一方式，就是运用这些公式得到了正确的结果。他记得听众们不停发问——"那个公式从何而来？"，对此他只能回答这并不重要，坚称"这是个正确的公式"。"但是你怎么知道它是正确的呢？"回答："因为它给出了正确的结果。"接下来这又引出了问题："你怎么知道这些结果是对的呢？"对此他的回应是："我会用它一个接一个地解题演示给你看。"

　　就像象棋冠军之间的对战，开局阶段是不假思索的攻与守，直到棋子的位置显出某种新颖的布局，这时比赛才真正开始。然而，费恩曼没能设法走得那么远。他的思想过于与众不同和激进，以至于大宗师们要么无法理解，要么对费恩曼认为是理所当然的基本依据持反对意见。在他们的世界观里，过去和未来在直观上是有区别的，并且在量子力学中分别扮演着严格定义的角色；然而费恩曼把它们同等对待，认为电子可以在时间里自由地向前或向后运动。狄拉克提了一个问题，这个问题按常规观点来说是有意义的，但是费恩曼却回答不了，因为在他的新设想里没有类似的情况。接下来玻尔对一些技术性问题提出了反对，当费恩曼试图回应时，玻尔接管了黑板，展开了他自己长达好几分钟的论述。[28]

这时，费恩曼意识到他输了：他的基本思想实在过于与众不同。在他自己的回忆里，每位听众出于不同的原因，都认为他的报告含有"太多的噱头"。与施温格的报告留下的印象相比，听众们对他的报告感到十分困惑和不以为然。

施温格也觉得费恩曼进行的是直觉的猜测，缺乏数学的严谨。但是，他们在会议主要议程之外的午餐时间和晚上进行了讨论，对比了笔记，尽管他们都不理解对方的方法，但还是高兴地发现他们获得了同样的结果。毫无疑问，费恩曼和施温格各自都找到了 QED 计算的有效方法。至于其原因和方式，尚没有人知道。

· · ·

意识到自己正在见证一个历史性事件的恩里科·费米，对施温格的报告做了大量笔记。他返回芝加哥之后，几个博士生用了整个 4 月和 5 月来整理消化这些笔记，逐渐理解了施温格的工作。在这些博士生之中，有一个优秀的美籍华人杨振宁①，施温格的报告让他犹如醍醐灌顶，引导他进入了这个传奇——我们将会在第 5 章看到详情。

在整理关于施温格报告的费米笔记的六个星期之后，有一个学生回想起来，有人曾提到费恩曼也作了报告。他们向费米询问费恩曼讲了些什么；费米和另外两位与会的同事[29]都记不起来了。他们所能想起的就是费恩曼使用了一种特殊符号。这个相当有代表性的回忆，正是人们在 1948 年时对费恩曼的 QED 工作的持久印象。

没有几个人——如果真有谁的话——预见到费恩曼的技巧最终将成为物理学的常用工具。也没有任何一个参会者知道，在解决 QED 无穷大谜题的创造方面，费恩曼和施温格并不是仅有的两个人。我们下面将会谈到，在一种很不寻常的情况下"第三个人"进入了这个故事，以及他的存在被人们知晓的背后所蕴含的讽刺。

---

① 译者注：杨振宁那时尚未加入美国国籍。

第3章　费恩曼、施温格……和朝永振一郎(以及戴森)

不独只有费恩曼和施温格,朝永振一郎在日本也解决了无穷大谜题。

弗里曼·戴森证明了这三个理论从根本上都是一样的。费恩曼、施温格和

朝永因为 QED 的研究成果获得了诺贝尔奖,戴森却与其失之交臂。

————————

朝永振一郎使日本的理论物理学研究在战争期间得以延续。1943 年,在学术上与世隔绝,纯粹被理论所驱动的朝永,创建了一个解决 QED 无穷大谜题的数学框架,并以日语发表了这个成果。这时,兰姆位移和电子的反常磁矩尚未被实验测出;实际上,那时正在为美国战事出力的施温格和费恩曼的同事们仅仅是发展了后来兰姆的测量所用到的实验技术。

朝永最初获悉谢尔特岛会议上宣布的激动人心的实验结果,并非通过科学文献的正式论文,而是从日本报纸的一篇新闻报道中看到的。他把实验结果和他的理论进行了对比,发现两者是一致的,于是立即给奥本海默写了一封信。

多么讽刺啊! 朝永在日本创建他的理论时,奥本海默正带领着费恩曼,间接地也有施温格,致力于使日本屈膝投降的工作,即原子弹的研制。在这项工作完成之后,他们才腾出手来提出了这个理论的美国版本。现在,奥本海默成了把日本理论物理学研究的果实带给美国科学界领军人物的中转人。

继那封信之后,朝永及其学生的论文的英文翻译版也接踵而至。信息变得很清楚:现在关于如何令无穷大成为有限有了三个理论,而在几个月前一个理论也没有。年轻的英国数学家弗里曼·戴森在这时出场了。

弗里曼·戴森

我与戴森邂逅是在 1986 年,那时我和他,还有科学家兼作家保罗·戴维斯作为阿德莱德大学邀请的嘉宾,都将在庆典活动¹中作报告。报告地点是一个巨大的礼堂,最多能容纳一千人。在我自己作报告时,我很开心地看到会议厅坐满了至少一半,但是轮到戴森时,整个大厅只剩下站位了。后来才发现,这么高的上座率原来并不完全出于戴森的知名度,而是因为关于他的报告宣传里出现了一个打字错误。

他的报告基于他的回忆录,题目为《扰乱宇宙》。这些回忆录包括他对与费恩曼和施温格共度时光的追忆,他也正是因此对 QED 的阐释做出了伟大的贡献。但是由于广泛分发的报告通知上的一个打印错误,他的报告主题变成了"扰乱大学",①当时正值学生闹事期间,因此他的报告显得格外激动人心。

待弄清楚他的报告是和物理学相关而不是和政治动乱相关后,报告厅的人数立刻有所减少。社会革命者们因而错过了一件乐事。戴森和我们分享了他在漫长科学职业生涯里的许多故事,并且在私下里细说了他关于早期 QED 的回忆。

在 1947 年和 1948 年间,费恩曼会与任何愿意倾听的人谈论他的理论。戴森在康奈尔待了九个月,从 1947 年 9 月到 1948 年 6 月,并且洗耳恭听。初夏,费恩曼要到新墨西哥去,戴森和他一块儿从克利夫兰到阿尔伯克基,进行了一次完全是计划外的为期三天的驾车旅行。在这次旅行期间,他和费恩曼一起连续相处了二十四小时²,开始理解费恩曼的思想体系。

之后,戴森前往位于安娜堡的密歇根大学,而施温格正好于 7 月 19 日至 8 月 7 日在那里的暑期学校讲授兰姆位移和他的 QED 方法。讲座被安排在上午,这使戴森可以在上午记笔记,在白天剩下的时间里思考理解,然后在晚上就晦涩难懂的地方向施温格追问。

他记得,讲座的内容如同一个"令人困惑的泥沼",但晚上的讨论却非常易懂。他发现施温格在公开和私下的人物形象大不相同。在这个系列讲座结束后,他一共花了五个星期和施温格谈论其理论,直到他终于对施温格的技巧有了深入的理解。

在这个阶段,他设法证明了朝永和施温格的方法是非常相似的,而费恩曼的方法

---

① 译者注:将"Universe"错写为"University"。

却是截然不同。但是，这三个方法都给出了同样的结果。很清楚，它们是一样的，但为什么会一样却一点儿也不清楚。

在 8 月底，戴森到加利福尼亚度假，他自始至终仔细琢磨着这些理论。在从加州到芝加哥的回程巴士上，他最终明白了费恩曼的理论究竟为何物。戴森能够看出，费恩曼和施温格事实上谱写了同一首交响曲，尽管使用了不同的音调和不同的乐谱。得益于和费恩曼的频繁接触，他意识到他能够把费恩曼的理论改写成其他人能够理解的形式，并且为费恩曼的"试凑法"提供理论依据。这使得戴森写出了他的著名论文，[3]证明了费恩曼、施温格和朝永以他们各自不同的方式发现了同一个基本原理。这篇论文的影响极其长远和深刻。

记得在 20 世纪 30 年代，QED 给出了定性上的成功，直至被运用到一阶近似以外给出了毫无意义的无穷大答案。许多物理学者在二战前的那些日子里都已准备放弃这个理论，并且在没有任何其他选择的情况下，甚至准备放弃物理学研究。当时的观点认为，"无穷大"的出现表明 QED 的整体构建中存在某种根本缺陷。

戴森取得了巨大的进展，他证明在费恩曼、施温格和朝永的理论里，不仅对于兰姆位移和电子的反常磁矩，而且对你想计算的涉及光和电子的任何过程，无穷大的问题都可以被解决。戴森认为[4]，这三个理论所取得的成就是"无需任何彻底的变革就挽救了 QED……（这）是保守主义的胜利"。戴森所说的意思是，费恩曼、施温格和朝永保留了狄拉克的基础理论，仅仅只改变了"数学的上层建筑"。

今天，QED 经受住了六十多年的时间考验。戴森把这个理论描述为所有物理学的"中间地带"。如果不考虑这个中间地带两翼的引力和核力，QED 描述了原子和分子结构的定律；电磁辐射的产生，传播和吸收；还有被电磁力束缚在一起或以电磁力为基础的所有结构。这些包括固体、液体和气体的物理学；激光；电子技术；还有化学，主要是生物化学；生物学和基因密码。在实践中，从 QED 的基本原理并不能推导出氨基酸的性质，但这不是 QED 方程的缺陷，而是除了在相对简单的情况下，QED 的方程无法解决这样的问题。例如，工程师并不需要 QED，但是应力和应变的经验规则归根结底来自 QED 的基本定律。

费恩曼图

到 1949 年，弗里曼·戴森证明了费恩曼、施温格和朝永的研究成果是互相等同的,并且他们的工作在消除QED理论无穷大的最终证明方面取得了进展。在美国,施温格的百科全书式的体系吸引了所有的掌声,不过似乎只有戴森一个人对此进行了彻底钻研。费恩曼的图表体系更加容易应用,将永远地成为学生的常用工具。

在1949年1月美国物理学会的会议上,费恩曼发现他非同寻常的创造让他"走在了世界的前面"[5]。一位名叫默里·斯洛特尼克的物理学者给了一个报告,结果却遭到了奥本海默的无情碾压,奥本海默对所有听众宣布斯洛特尼克绝对是错的,因为他的工作"违反了凯斯定理"。没有人知道凯斯定理是什么,这主要是因为肯尼斯·凯斯——奥本海默研究所的博士后——尚未发表他的"定理"。斯洛特尼克备受打击,无法答复。奥本海默宣布说,凯斯会在第二天作一个关于他的定理的报告。

费恩曼"对斯洛特尼克的尴尬感到愤怒"[6]。那天晚上,他自己做了计算并且验证了斯洛特尼克是对的。第二天早上他拉住斯洛特尼克告诉了他。斯洛特尼克大吃一惊:他在这个问题上花了两年的时间,包括六个月冗长的计算,而费恩曼采用自己的方法仅用了一个晚上就完成了整个课题。[7]

斯洛特尼克和费恩曼加入了凯斯报告的听众行列,在报告结束时,费恩曼站起来宣布他证实了斯洛特尼克的结果。凯斯的"定理"自此再没有人提起。

然而,费恩曼知道他创造出了特别之物。对他来说,那一刻他感受到了"激情"[8],这甚至超越了他获得诺贝尔奖时的喜悦。1949年4月11日至14日,在距纽约城以北四十英里处休斯敦的欧德斯通,召开了探索QED解决之道的第三次会议,伴随着重新找回的自信,费恩曼在会议上占据了上风。

到这个时候,重整化的问题被解决了。之前我们遇到了像素、旅行社,还有需要已知参考值的比喻。在QED里,实验测量出的电子电荷和质量的物理量正是这样的已知参考值的两个例子。事实证明,涉及光和物质之间相互作用的一切都和这两个物理量的一个或另一个相关。电荷和质量足以使QED重整化,意味着在我们旅行账目的比喻里,仅有两个代理人在工作:一个计算电荷的总和,而另一个计算质量的总和。由于它们在实验上的数值都已被测出,通过对比,你就有了足够的信息去计算任何其他物理量的真实数值。这正是QED的神奇之处——可以通过重新调节或者"重整"账目来确定真实和有限的总和。[9]

最终,所有的计算都给出了有限的答案。从那时起,这就只是一个准备多干些活,通过计算更多的"费恩曼图"来获得更高准确度的问题了。费恩曼意识到实际上有无穷多个图,如果要得到准确的答案,就必须计算所有的图。但是,他的图形成了一个等级体系,根据这个体系,一些图比其他图更重要。策略是计算那些最重要的图,忽略掉那些微不足道的图。处理的方法就是这样。

费恩曼把物理学和他的漫画融为一体。一个光子的能量可以物质化为一个电子和它的反粒子,即正电子。因此,在图 3.1a 中,波浪线(光子)分裂成两条直线——电子和正电子。电荷是守恒的,所以一个电子会永远存在,除非它遇到一个正电子——它的反粒子——并湮灭,然后它们的能量转移到随之出现的光子上。最简单的图包含一个光子(图 3.1b)。如图 3.2a 所示,一个光子短暂地转化成一个电子和正电子,然后湮灭,再次留下一个光子。

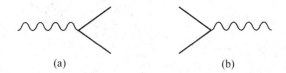

图 3.1　具有单个相互作用交叉点的费恩曼图

(a)一个光子分裂成电子和正电子;(b)电子和正电子
湮灭产生一个光子。

图 3.2　具有两个相互作用交叉点的费恩曼图

将图 3.1 的两个模板合在一起可以得到(a)一个光子分裂成电子
和正电子,然后两者重新融合成一个光子。(b)一个电子发射一个光子
后再重新把光子吸收掉。

按照费恩曼规则,每多一个光子链接到电子线上,相对的概率就减少阿尔法倍即 1/137。因此,光子-电子的链接越多,图的贡献就越不重要。

费恩曼图的经验法则是,画出那些链接最少的图,进行计算,把结果看作完整答案的近似值。然后,画出存在次少的阿尔法的图;得到的答案比之前会是更好的近似。这个过程被称为“微扰”理论——你从几个图里计算出一个数,并且假定所有更复杂的图充其量“微扰”了答案。正是这个基本思想启动了我们在本书第 1 章读到的 20 世纪 30 年代的努力,但是费恩曼图把这个物理思想明确地体现了出来。

当一个电子和一个电磁场发生相互作用时,最简单的图是仅有一个光子从代表电子的线上萌发出来。我们在图 3.1b 中看到这种情形;这个图对应于“一阶近似”,它对初始时期的 QED 是极其成功的。和阿尔法的立方成正比的"修正",包含了三个交叉点。[10]如图 3.3a,b 和 c 所示,这存在三种可能。

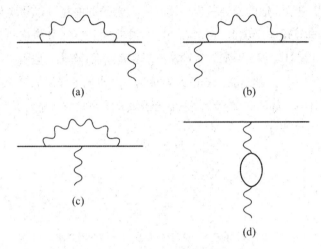

(a)

(b)

(c)

(d)

图 3.3　具有三个相互作用交叉点的费恩曼图

(a)一个电子首先发射一个光子,接着把光子吸收回来,然后再和一个电磁场发生相互作用。(b)电子在发射和吸收一个光子前先和电磁场发生相互作用。(c)电子与电磁场的相互作用发生在它发射和吸收光子的过程之间。(d)电磁场在与电子发生相互作用前先转化成虚电子和虚正电子。

这些图的每一个都包含一个光子加入一个电子线的三个地方。它们在"阿尔法立方的阶"上分别对图的总和有贡献;这意味着忽略有着四个或四个以上交叉点的图,只包括有一个、二个或三个交叉点的图。一个电子和一个电磁场发生相互作用的这个例子还有另一种可能,包含了三个这样的交叉点。这种情况是,光子在被电子吸收之前,短暂地转化为一个电子和一个正电子(图 3.3d)。这些图的每一个都包含了一个闭合的圈,这导致对每个单独的图的数学表达都会受到无穷大难题的困扰。只有在把它们全部考虑进来后,一个有限的答案才会出现。

这种计算处理方式使得讨人厌的无穷大消失了;此外,有限的数就像是从魔术师帽子里变出来的兔子一样出现了,被证明不仅正确而且精确——因此才有了本书序言里的那个比喻,这就像测量大西洋的宽度直至精确到一根头发丝的程度。

在 QED 里计算到这样的精确程度,需要求得有许多闭合圈的图的数值。这在数学上极其复杂,得借助计算机进行计算。1972 年我在斯坦福参加了一个讲座,一位访问学者讲述了他仅对一个图进行的计算。这个计算耗费了好几个小时，导致讲座有可能被严重拖堂。费恩曼是听众之一。在报告人开始谈到重整化以得出最后结果的过程中，费恩曼愈加不满。他终于受够了——一个带有明显布鲁克林口音的声音响起："这个重整化是怎么回事？"报告人没有意识到插话的人是费恩曼本人，像对待一个相当愚笨的学生那样开始解释重整化。费恩曼打断了他："当我在二十五年前发明了这一切时……"意识到他是谁的报告人脸色变得苍白，费恩曼继续概述着他的不满：在解决 QED 的问题方面，没有更好的方法，除了使用微扰理论，计算越来越多的图，然后借助重整化得到一个合理的答案。

费恩曼和当时及以后的许多物理学家一样，从未对重整化完全满意过。[11]尽管如此，它很奏效。经过冗长的计算，最后理论计算得出的数值和实验数据精确地符合：量子电动力学真正无愧于它的缩写——谨此作答①。

在谢尔特岛到波科诺会议的两年中，这个理论被确立，并且为之后建立粒子和作用力的基本理论铺平了道路。奥本海默宣布会议的目的已经实现，便结束了这次系列会议。

差不多二十年后，费恩曼、施温格和朝永分享了 1965 年的诺贝尔物理学奖。也许，这个延迟是因为诺贝尔委员会难以决定在这四位当之无愧的科学家之间如何应用"最多三名"的规则。如我们将看到的，第四位应该获奖的候选人没能入选，这并不是最后一次。至少，在 QED 的情况下，诺贝尔委员会一定觉得费恩曼、施温格和朝永谱写了交响曲，而戴森更似一个诠释了这首交响曲的指挥。而另一些人，包括一些备受尊敬的物理学家，则认为更符合事实的比喻是前面三个人谱写了各自的旋律，而戴森才是从中创造了交响曲的那个人。不给戴森颁发诺贝尔奖的决定，在过去的六十年里，一直是一个令人伤感的失误。

---

① 译者注：谨此作答（quod erat demon-strandum）亦缩写为 QED。

幕间休息 1950年

我们来到了 1950 年。

QED 的无穷大问题被消除了，它成功地描述了光和物质的相互作用，以及受电磁作用力支配的现象。

阿布杜斯·萨拉姆现在知道了详情，理解了 QED 的机制。

但是，马修斯怀疑在 QED 可行性的证明中存在一个漏洞，这个漏洞被萨拉姆解决了。

萨拉姆在新的前沿开始了他的研究——追寻在 QED 范围之外的强和弱相互作用核力的理论。

第 4 章　阿布杜斯·萨拉姆——一个强劲的开端

　　马修斯说出了他的怀疑；萨拉姆和弗里曼·戴森会晤；萨拉姆和马
修斯解决了强相互作用力问题——然而大自然却出人意料。

————————————

　　萨拉姆掌握了 QED 研究的最新进展，即重整化这个神奇的要素解决了 QED 的无穷大谜题。马修斯告诉萨拉姆，他自己正在试图证明，重整化也同样能够解决强相互作用核力理论里的无穷大问题。这是尼克·凯默在二战前开始的一个研究项目的最终阶段。

　　到 1935 年，人们已经知道原子核是由质子和中子构成的：它们好似双生子，唯一的差别是质子带有电荷，而中子不带电荷。1936 年，那时尚在伦敦帝国理工大学的凯默认识到，如果汤川提出的 π 介子是强相互作用核力传递者的理论成立的话，那么就必须存在 π 介子的三重态，它们唯一的区别就是所带的电荷不同——一个带正电荷，一个带负电荷，还有一个不带电荷。1947 年带电荷的 π 介子被发现，加上不久之后 QED 的顺利重生，这给予了凯默罕见的信心向学生推荐一个研究课题。[1]

　　二战后，凯默从帝国理工大学转到剑桥大学，成为保罗·马修斯的研究导师。他向马修斯布置了一项挑战性的任务：创建一个包含介子和"核子"（即质子和中子的总称）强相互作用核力的理论，弄清楚无穷大是否可以被驯服；这个理论是否可以重整化？

　　马修斯成功地完成了这个课题的第一步，但是在可重整化的证明方面尚存在几个漏洞有待解决。他建议萨拉姆阅读弗里曼·戴森的论文，看看戴森设法完成的 QED

重整化的证明方法是否可以适用于强相互作用力理论。

交叠无穷大的情况

萨拉姆阅读了戴森的论文,几天之后,他冲进马修斯的办公室,宣布他解决了这个问题。马修斯礼貌地听萨拉姆说完,然后温和地指出萨拉姆所证明的早已为人所知了,而尚未解决的关键问题是"交叠无穷大"。

无穷大的存在方式可以有无穷多种。量子电动力学中的最简单方式是,一个电子发射出一个光子,然后又把这个光子吸收回去(图 4.1)。如我们所看到的,在量子理论里,能量守恒可以搁置一个短暂的时间;能量账户被透支得越多,光子在被发射和重新吸收之间的时间间隔就越短。对这个过程的总的计算包含了所有可能的时间跨度的总和:持续时间极短的大的能量错配,一直到持续时间稍长的小的能量错配。这个无穷大的总和给出了无穷大的贡献,但是戴森及其他人已经演示了如何把无穷大从计算中消除掉,即 QED 的重整化。对发射继而吸收的连续情况,他们的方法依然奏效(图 4.1b)。

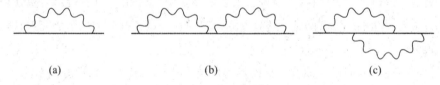

(a)　　　　　　　　　　(b)　　　　　　　　　　(c)

图 4.1　包含圈图的费恩曼图

(a)一个电子发射和吸收一个虚光子。(b)电子发射和吸收虚光子的过程连续发生。(c)发射和吸收光子交叠发生。

但是,这里仍有另一种可能性,即逐次的发射和吸收交叠在一起(图 4.1c)。和之前按顺序"借出"然后"归还"的例子不同,交叠的情况类似于在"归还"第一次的"借出"之前就进行第二次"借出"。这里的数学要棘手得多;每一个单独的泡泡都对无穷大有贡献,都有各自的数学总和,每一个数学总和都是无穷大,在路径上彼此纠缠。

如果这样的概念让你脸色发白的话,那么感到害怕的不单单是你一个人。这是一个在技术上十分复杂的概念,如同它的名字——交叠无穷大——暗示的那样。一般认为戴森已在 QED 的案例中解决了这个问题,现在马修斯亮出了他的底牌。

马修斯告诉萨拉姆,戴森最近担任了他博士论文的评审人,在博士论文答辩的过程中,他问马修斯是否考虑到了交叠无穷大的情形。马修斯很惊讶,因为他以为戴森已让所有人确信,数学上复杂得吓人的这团乱麻实际上已不再是一个问题。马修斯在自己的研究工作里认为这是理所当然的,并且引用了戴森发表的论文作为依据。马修斯想,多奇怪啊,当一切看上去都被解决了的时候,戴森居然提出了这样一个问题。

戴森没有再就此发问;博士论文答辩结束了,马修斯通过了答辩。然而,他心里感到不安。在戴森研究的 QED 里,这些讨厌的东西是罕见的,但是在马修斯探讨的描述强相互作用力的方程里,它们到处都是。由于马修斯在去普林斯顿工作前要度假,他建议萨拉姆利用夏天钻研戴森对 QED 的交叠无穷大的解决方法,看看能取得多少进展,然后在马修斯度假结束回到剑桥,出发到美国之前的短暂时间里,他们可以一起总结工作的进展情况。

约翰逊博士有句名言称,知识分两种:知道真相,或者知道去哪里找到真相。因为戴森通常待在美国,但恰好那时在伯明翰访问,萨拉姆决定请教这个先知。他于是给素未谋面的戴森打了电话,求教关于交叠无穷大的问题。

想象一下,正准备出发回美国的戴森,接到了一个完全不认识的陌生人打来的电话。戴森对锲而不舍的萨拉姆说,他第二天就要离开,如果萨拉姆想讨论这个问题的话,最好立刻赶过去。

萨拉姆得到了一个不容错过的好机会。他立刻出发,登上了去往伯明翰的火车。

这是一趟让萨拉姆受益匪浅的旅程,因为当他请求戴森阐释交叠无穷大问题的解决方法时,戴森的回答让他大吃一惊:“我没有解决这个问题的方法。我仅仅只是做了一个猜想。”[2]

猜想并不是胡乱的猜测,而是基于在完成其他证明中所获得的经验而坚信,尽管尚缺乏技术上的证明,但实际的结论会和预期的一样。为什么戴森如此确信?不幸的是,在这个节骨眼上,戴森声称他真的必须出发去机场了。从伯明翰到伦敦需要坐两个小时的火车,萨拉姆于是决定和他一起上路。

那时,英国的火车有单独的包厢,人们可以在包厢里面对面舒服地坐着,火车引擎喷出的蒸汽袅袅飘过窗外。在这个 19 世纪科技的巅峰之作创造出的小小私密空间里,戴森向萨拉姆阐释了他对 20 世纪量子物理前沿的看法,包括他的猜想背后的推理。他们道别后,萨拉姆又继续坐了一个半小时的火车回到剑桥。在最后的这段火车旅程中,他开始考虑如何来完成这个被戴森一语带过的证明。在马修斯度假结束回到剑桥时,萨拉姆解决了这个问题,并在 1950 年 9 月向《物理评论》投出了他的第一篇重要论文,这篇论文在 1951 年 4 月得到发表。[3]

一个强劲的开端——暂时而言

1950 年秋季期间,[4] 萨拉姆和戴森书信来往讨论他的工作,其中有一封日期为 1950 年 11 月 8 日的信很特别。戴森在新泽西普林斯顿的高等研究院工作。奥本海默那时是高等研究院的院长,戴森向他提起了萨拉姆。

戴森告诉奥本海默,萨拉姆和马修斯关于强相互作用力的方案也加入到了 QED 的胜利中来。他补充说,这个工作很快就能"进展到可以和实验进行对比的阶段"。这使得萨拉姆获得了前往普林斯顿的正式邀请,戴森在信中敦促道[5]:"毫无疑问你必须(来),因为拒绝这样一个机会是十分荒谬的。"他加上了一段批评,说马修斯和他一致认为萨拉姆的一篇关于 QED 的论文草稿"写得很糟糕"。戴森特别提到"这项工作要诉诸文字是极其困难的",而且对尚为一名研究生的萨拉姆来说,他还有待学习掌握研究论文的写作技巧。戴森建议萨拉姆重写整篇论文,劝他不要急于求成,因为关于这项工作并没有人会赶在他的前面。戴森进一步劝导说,萨拉姆应该"全面完成(这项研究工作),然后用心将之整理成文以便人们能够理解",这对萨拉姆作为一个科学家的声誉是至关重要的。显然,萨拉姆把这些都记在了心里:遭到戴森批评的这篇论文最后大约是在两年之后发表,[6] 而且他以后职业生涯里的论文都以流畅的风格著称。[7] 最后,戴森给学生萨拉姆送上另一句金玉良言:"总是给予别人比他们应得的还要多的赞扬,你永不会为此后悔。"

萨拉姆于 1951 年初如期来到普林斯顿。到 1951 年 6 月,他和马修斯完成了他们的强相互作用力理论,至关重要的是,他们能够证明这个理论是可重整化的。看上去,萨拉姆和马修斯提供了精确描述原子核的方法,可与 QED 在描述原子里的电子上所取得的成就相媲美。

在证明完成之后的一年里,他们俩非常欢欣鼓舞。他们相信自己建立了解释强相互作用力的那个理论;QED 和强相互作用力理论里的无穷大在五年的时间里都被消除了,为原子和核物理的"万物理论"铺平了道路。

但是,事情并未如人所愿,尽管这不是马修斯或萨拉姆的过错。他们的工作在数学上是正确的,但是物质的宇宙比任何人想象的都要丰富得多。在这两个人认为他们已经解释了整个强相互作用力时,实验物理学的发现很快揭示出,他们仅仅勘察了广袤之地的一个小小角落。

在 20 世纪 40 年代，从太空里涌来了清晰的信号，这些信号是地面上的实验室意想不到的。宇宙射线揭示了未为人知的粒子种类，如所谓的"奇异"粒子，或 μ 子——看似重质量版的电子。物理学家伊萨多·拉比惊呼道："谁订购了那个粒子？"他的物理实验室曾做出了关于电子的一些最重要的精确测量工作，从而促进了 QED 的革新。（几十年后，人们依然在寻求他提出的这个关于 μ 子问题的答案。）粒子加速器也开始模拟宇宙射线撞击地球大气层的效应，新的粒子在这个过程中得以产生。

马修斯和萨拉姆的强相互作用力理论只包括了 π 介子和核子，没有别的。在普林斯顿的高等研究院，他们和实验是脱节的，在一个理论的泡泡里与世隔绝。在宇宙射线里发现的"奇异"粒子已经暗示了一个比他们理论中的宇宙更加丰富的宇宙。1953年，芝加哥的一项实验发现一个 π 介子和核子能够融合形成一个寿命短暂的新粒子，称为"德尔塔共振"，这个发现标志了他们的失败。马修斯-萨拉姆的理论里并没有这个德尔塔的一席之地。大自然以不同曲调歌唱的事实毁掉了这些美妙的数学。

柴郡猫的微笑

尽管马修斯和萨拉姆的强相互作用力理论只解释了原本更为复杂的全景中的一小部分，QED 却依然强大。没有人知道电子为什么会有 μ 子这个质量重得多的同胞，但是适用于电子的 QED 对 μ 子同样完美适用。

不是所有的人都相信 QED 的档案可以封存起来了。甚至连狄拉克也从未完全满意过，他在 1951 年宣布："只有在我们能够明确其界限的情况下，才能对（QED 的）价值做出最终的评判。"问题是重整化，虽然有效，但他觉得这只是一个经验法则而不是基本原理的真正部分。当戴森——重整化的主要缔造者之一——征求狄拉克的意见时，他回答"如果重整化不是这么丑陋的话"会接受它。1981 年，狄拉克告诉今天被普遍认为是他的继任者的埃德·威滕，物理学最重要的挑战就是"消除无穷大"。[8] 费恩曼对重整化也不满意，尽管他曾对此说过一句著名的话，即重整化"把无穷大扫到了地毯下面"，这句话是他在 1965 年由于对 QED 创建所做的贡献而获得诺贝尔奖时说的，是为了回应媒体对金句的执着迷恋，诸如"请在三十秒内"描述他的诺贝尔奖工作之类的要求。费恩曼在绝望之中最终回答道："如果我能在三十秒内描述它的话，那它就不值得获诺贝尔奖了。"[9]

我们将看到,重整化在今天不再被视为一个威胁,而是一个机遇。无穷大被如此精妙地抵消了,以至于通过抵消无穷大提取出有限的数值就像是在尼亚加拉大瀑布上面走钢丝一样。QED构建中的最轻微误差都会导致灾难的发生,对那些想要成为查尔斯·布朗丁的人也是如此。[10] QED的成功运用是这样一个奇迹,以至于在寻求关于整个大自然的终极理论时它成为范式。[11]

然而,这个理论依然存在一个严重的心腹之患,它暗示着在平息了无穷大的祸害之后,这个方法的成功却对QED整个理论的逻辑基础构成了毁灭性的威胁。狄拉克对此也非常清楚,但在20世纪50年代中期以最尖锐的形式提出这个问题的则是列夫·朗道,他是苏联最具影响力的理论物理学家之一。他认识到,如果通过假定位于中心像素的密度是有限的,以此试图避免无限致密的电荷这个毫无意义的概念的话,它的效应会被周围的真空漩涡所抵消。在物理学上,这意味着电子的电荷会被完全屏蔽,它的电效应归于无效,因而对于其他带电粒子它变成了不可见的(这些带电粒子本身也会同样变成中性的)。例如,在一个氢原子里,在中间的原子核和远处的电子之间,真空中沸腾的物质和反物质的虚粒子效应,将会覆盖并实际上消灭中心质子的正电荷和远处电子的负电荷。由于把原子束缚在一起的是电子和质子之间的电磁吸引力,这样一来就会得出原子和物质无法存在的结论。

朗道表明,量子电动力学的成功就像是柴郡猫脸上的微笑。在QED计算真实物理量的能力谜一般地得以保持的同时,它的逻辑基础彻底消融了,把原子,你和我,还有柴郡猫也一并带走了。

朗道相信,他用这个论证摧毁了用来协调量子力学和狭义相对论的量子场论。在朗道的影响下,一代俄国物理学家忽略了量子场论。

没有人预见到的是朗道的论证中存在一个漏洞。在他考察的每一个数学案例中,贝塔斜率(见本书第2章)的符号都是正的——和QED里一样,这代表着电荷越来越浓缩到最里面的像素里;他从未考虑过贝塔斜率为负的那些理论。对这些贝塔斜率为负的理论而言,如果你放大更深处的内部空间,在最里面像素的电荷量会逐渐稀释。这类理论不会产生无穷大的密度或者作用力消失的悖论。然而朗道没有注意到这一点,主要是因为在20世纪50年代人们并不知道这样的例子,更不用说认识到这就是大自然采用的理论。

· · ·

剑桥的一个研究生罗纳德·肖将发现解决朗道悖论的理论。他的导师是尼克·

凯默，但是凯默在 1953 年离开剑桥，成为爱丁堡大学的教授。他设法使那时已成为明星的萨拉姆被任命为他的继任者。于是，连同这个职位一起，萨拉姆"继承"了凯默的学生肖。

　　肖将做出一个极其重要的发现———一个解决朗道悖论的理论，这在今天是理解粒子和作用力的基础。然而，在其他人独立做出了同样的工作之后，肖和萨拉姆才认识到这个理论的重要性。当萨拉姆认识到他的学生所取得成就的重要性时，为时已晚。

　　如果萨拉姆有阿喀琉斯之踵的话，那就是在评估思想的真正价值方面。他在之后的职业生涯里一直对罗纳德·肖事件耿耿于怀。这些情况或许也有助于解释二十年后萨拉姆本人成为诺贝尔奖候选人时的一些行为。但下面先讲述罗纳德·肖的故事。

第5章 杨-米尔斯……和肖

> 罗纳德·肖作出了重大发现,却没有去发表。杨和米尔斯在一个月后独立地提出了同样的洞见,发表了他们的成果,于是被誉为创造了"杨-米尔斯理论"——这是关于基本作用力现代思想的关键。

———————————

罗纳德·肖 1929 年出生于特伦特河畔斯托克,那里是英国的陶瓷工业中心。也许人们万万没有想到肖后来会进入学术界,因为在他父母的屋子里连一本书也没有。[1]位于皮茨山的一栋联排房屋,和其他三栋房屋共用一个外面的厕所,体现了那时制陶厂工人的典型生活状况。富人们居住在镇子西边的小山上,他们的宅邸像小岛一样位于陶窑排放出的雾霾之上;像肖家这样的工人们则生活在雾霾之中,被污染的沟渠和工厂近在咫尺。

艺术家雷金纳德·哈格的画作描绘了一个世纪之前的制陶厂,那时正是肖的父母成长的年代。他们在十二岁就离开了学校,他的父亲不久就假报年龄在一战中参军,在战争中幸存下来,战后成了一名保险推销员。罗纳德·肖的母亲是一个聪明的女孩,也在同样的年纪离开了学校,尽管辍学非她所愿,因为就像罗纳德告诉我的,"她是一个女孩"。[2]

尽管以现代的标准,人们也许会认为罗纳德·肖有一个贫困的童年,但他记忆里的童年生活却是快乐的,这得益于他在学校里的出色表现。他的母亲经常带他去滕斯托尔公园,在那里,三岁的他着迷地看人们玩木球,观察运动的物体如何在草地的斜坡上相互碰撞。他很早就显露了有关对称性的天赋。六岁时,他被指定管理学校的牛奶登记簿。他注意到,星期六上午的那一页是完全空白的,于是他"为了图案的完整就在那一页填满了虚构的条目",为此他"被狠狠训斥了一顿"——那时的英国小学更注重死记硬背,而非鼓励学生的个人天赋,即使他们能认识到学生的天赋。

1940 年,肖升入汉利高中,两年后的化学课引发了他对于科学的兴趣,或者说至少是对于验证学校教科书里有关炸药的知识是否正确有了兴趣。一个注意到了他的非凡天赋的物理老师为他报名,让他参加了剑桥大学三一学院的入学奖学金考试。之所以选择三一学院,完全是因为那位老师对该学院最著名的校友艾萨克·牛顿十分景仰。

肖在 1949 年来到剑桥,搬进了可以俯瞰耶稣巷的 K9 号房间。这个房间没有什么出奇的地方,只有一个巧合,它的前一任居住者是弗里曼·戴森。三一学院一直是众星云集之地,那一年也不例外。肖的同学中包括:迈克尔·阿蒂亚,后来成为著名的数学家;约翰·波尔金霍恩,未来的剑桥大学教授,后来因其在科学和宗教方面的贡献获得了坦普尔顿奖;罗杰·菲利普斯,后来成为英国卢瑟福实验室的理论主任,也是我自己研究职业生涯前二十年的老板。

肖在剑桥读书时成了一个桥牌高手,他"大部分时间"都在玩桥牌,甚至还参加了全国比赛。他对"仙灵象棋"也挺着迷,这种象棋游戏中,棋子的走法可以无限继续,从棋盘的边上反折回来,还有其他巧妙复杂的可能性。这其中包括,马可以翻倍地跳,成为"霹雳马"。肖"在午夜之后花上好几个小时试图解决如两个霹雳马能不能将死一个孤零零的王这类的问题"。六十年后,肖对我说:"我强烈地感觉到不能把棋将死,但不能够下权威性的断言。"这正是驱动他深入研究的那一类谜题的代表。约翰·波尔金霍恩记得肖是一个聪明且淡泊的人,他没有明显的个人野心,纯粹为好奇心所驱使并且热衷于想法。

在取得本科学位后,他于 1952 年继续攻读研究生,师从尼克·凯默。

凯默不怎么情愿向学生建议研究课题,这与肖独立求知的风格一拍即合,但一年后,毫无进展的肖希望凯默也许可以给些提议。然而,凯默在那时离开去了爱丁堡大学。1954 年初,肖成了萨拉姆的学生。

在肖的记忆里,萨拉姆正好与凯默相反。他告诉我:"我每次拜访时,萨拉姆建议的研究课题往往都大不相同。"他决定对萨拉姆敬而远之,继续走自己的路。

1954 年 1 月的一天,他在图书馆偶然看到了一篇被别人"随意乱放"的施温格的论文。那是一个预印本,即在发表之前送到选定的研究机构的论文副本。肖记得那篇论文副本具有 20 世纪 50 年代常见的典型风格：用淡紫色的油墨通过模板复印机印刷在相当劣质的纸张上。[3] 在这篇论文里，施温格证明了描述电子的方程的一个特殊性质依赖于电磁场的存在和随之而来的作用力。[4] 这并不新颖，但触动肖的是，其数学包含了两个方面，反映了电子的南-北双重磁极。这看起来和他从凯默那里学到的东西莫名地熟悉却有微妙的差异。

凯默在 1936 年预言，π 介子因其所带的电荷不同而分为三种，作出这个预言使用了称为 SU_2 群论的数学，在其中，数字被包含有两列和两行的阵列——矩阵所代替。细节在这里并不重要，我们会在之后再次提及，但正是这个"二重性"给予肖重要思路。他告诉我，当他读到施温格的论文时，他在"一瞬间"就想到了这个思路。他可以把施温格方程中的二重结构替换为数学矩阵 SU_2。[5]

他计算出了结果，并在 1954 年初拿给萨拉姆看。他记得他向萨拉姆展示结果的时候"实在没把这当一回事"，因为他认识到他的方程暗示了无质量却带电荷的如同光子的类似物的存在。对肖来说，问题在于大自然并不存在这样的粒子。我询问了他的同学们是否还记得与此相关的事；约翰·波尔金霍恩告诉我，他记得萨拉姆评论说这个数学非常有趣，[6] 但在物理学意义上看起来毫无价值，所以他没有鼓励肖去发表这个成果。

遗憾的是，那时候没有人认识到肖所做工作的深远后果。肖本人肯定没有，由于萨拉姆是在几年之后才开始宣传这项成果的，很明显他也没有看到这项工作的意义。肖的数学游戏在无意中发现了不仅仅是解释强相互作用力，而且是解释所有基本作用力的关键。

他发现的方程构成了今天被称为"杨-米尔斯理论"的基础。讽刺的是，杨和米尔斯那时尚未进行这个工作。[7]

杨-米尔斯理论

杨振宁于 1922 年出生在中国，在第二次世界大战期间离开中国到美国芝加哥大学学习，师从恩里科·费米。他依照本杰明·富兰克林的名字，给自己取了一个英文名弗朗克。[8] 他的父亲是一个数学家，对数学充满激情。杨振宁很像他的父亲——他所有的工作都表现出了对物理理论的数学之美的认识。

1948 年，在谢尔特岛会议和波科诺会议带来巨大兴奋的时候，我们在本书第 2 章提到过,杨振宁是仔细整理有关施温格报告的费米笔记的研究生之一。施温格理论构建耐人寻味的特点之一,在于他坚持 QED 的结果不依赖于特定计算方案——即一种被称为"规范不变性"的性质。

比如说,无论你看的是英文版、中文版还是其他语言的翻译版,本书的信息都是一样的:这叫"语言不变性"。然而这并非逐字逐句地做简单替换。例如,中文里的概念和英文的不一样;意思的细微差异不一样;一些比喻也许在一种语言里要比另一种语言易懂。规范不变性也是如此。无论你用什么方案来进行计算,最后得出的结果都是一样的,只不过在计算过程中,一些方面在一个规范里比较容易理解,而别的方面在另一种规范里比较容易理解而已。

如果你想要艺术的美,那么汉字会是一个不错的选择,但如果你是在键盘上构思文本的话,使用字母文字会更容易。

规范不变性极其重要,它对什么是可能的施加了严格的限制。在谢尔特岛会议的报告里,施温格证明规范不变性是一个原则,它既使电磁作用力得以存在,又保证了光子的零质量。[9] 规范不变性、作用力的存在和光子质量的消失这三者之间的联系是一个意义重大的成果,它将在今后产生极其深远的影响。

杨振宁被施温格对规范不变性的运用深深吸引。因而杨振宁在接触物理研究的最初阶段沉浸于这个思想之中,逐渐地,他开始意识到规范不变性也许比那时大多数物理学家们所认识到的更加深刻。

因此,让我们先绕道而行,去看看规范不变性的核心特征。

规范不变性

纽约的中午 12 点是伦敦的下午 5 点,但是无论你的表设置成格林尼治时间还是美国东部标准时间,飞越大西洋所花费的时间是一样的。你可以选择不同的时区时间。而旅程与你的计时选择无关。

计算或测量的方案(在这个例子里是格林尼治时间或美国东部标准时间)被称为规范;现象(飞越大西洋)和规范的选择无关被称为"规范不变性"。这个概念现在是我们描述大自然基本作用力理论的基础。

对引力而言,当一个物体从桌子上掉落,它撞向地面的速度是一样的,不管这张桌子是在一楼,还是在一个高层建筑顶楼的房间里。重要的是引力势能——从桌面到地板的高度——的变化,而不是桌子和地面各自的绝对海拔高度。类似地,电流的流动需要电压的变化。无论是 240 伏到 0 伏,还是 1 240 伏到 1 000 伏,你的电源插头都会同样完美地工作。[10]

对以上任何一个例子,所需要的只有一个数即高度或伏特数。我们把这种用一个数就足以描述的势称为"标量"。下一个复杂层次涉及矢量,即同时具有大小和方向的量。这里有一个熟悉的类比,即气压和风速。气压给风提供了"势"。风速取决于不同地方之间气压的差异:密集的等压线意味着高速狂风;而稀疏的等压线则和温和的天气联系在一起。但现在方向也很重要——北风和南风给我们的感觉是不同的。

风图经常绘制为布满许多箭头的区域,箭头的大小代表风速,并且它们指向风的方向。这些箭头就是一组我们所说的"矢量"。

气压和电压相似:电压的差异产生了电荷的"风",即电流。方向在这里也很重要:电场(电"风"的速度和方向的图)是一组矢量。磁场也是如此。

天气图上每一点的气压你只需要一个数来界定,然而对于电场和磁场,你需要四个数,即空间的三个方向加上时间的一个方向。我们说这个势是一个"四维矢量"。虽然计算更加复杂,但基本思想是一样的。然而,犯错的可能性也增加了。

如果你感到理解起来有些力不从心,那么并不是你一个人才这样。学物理的学生消化这些概念也需要时间,我们得感谢规范不变性,它是对我们没有偏离正确道路进行检查的一个方法。

就好像这还不够似的,在量子力学里原子和构成原子的粒子具有波的特征,这使得事情更加复杂了。为了计算这些波混在一起的结果,例如为了确定强度波峰和波谷的位置,描述原子粒子之间相互作用的数学因此必须对单个波的起伏进行编码。每个单独的波上升至顶峰然后下降,不断自我重复。所以,计算时必须跟踪任一个单独的波在上升和下降时所行进的距离。

为了在量子场论里做到这一点,在空间的任意一点我们需要两个数字。我们可以在一张纸上将这一对数表达为对应于沿着水平轴方向的距离的第一个数,和代表沿着垂直轴方向距离的第二个数。或者,如果你愿意,你可以把这两个数表示为距离 0 点的径向距离,以及相对于水平轴的角度。

径向距离代表了大小,显示波峰是柔和的还是突兀的,角代表"相位",显示位于两个波峰之间的位置。如果用时钟来表示从 0 到 360 度角的范围,那么相对于 12 点钟的位置,90 度对应的是 3 点钟,180 度对应 6 点钟,依此类推。那么,像前面说过的,一个波的周期可以表示为在 12 点到达顶峰,在 6 点降至低谷,在 12 点又回到顶峰,不断重复。这些可能性如图 5.1 所示。

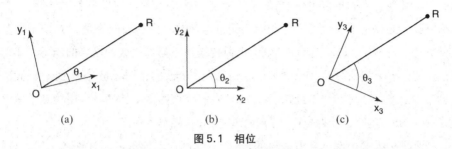

图 5.1 相位

在三个示意图中 OR 这条线是相同的,每一种情形所选取的参照系的"横轴"和"纵轴"用 x 和 y 表示。OR 相对于横轴的转动角对于任何满足 x 和 y 正交(夹角为 90)的参照系而言可以是任意角度,这个转动角 $\theta_{1,2,3}$ 就叫做每一个参照系的"相位"角,对应的参照系就相当于所选择的"规范"。

在图中画成水平和垂直的轴是一种"规范"的测量选择。你还可以选择把轴画成其他不同角度;只要它们彼此垂直;它们的方向无关紧要。电磁效应对于相位选择的不变性是电磁"规范不变性"的根源;本质上,这个对称性意味着你可以自由任意地决定轴的方位——当你在看图时,无论你旋转的是书本还是你的头,线条图案都是一样的。

相位的差[11] 是我们必须确认的,但其实际取值则可以选择:时钟上差六个小时——角度 180 度——总是对应着"异相"的两个波,而重合或差十二小时对应正好"同相"的两个波。两条"同相"的波交汇会产生一个大水花;而两条最大限度不同相的波则会互相抵消。

对于 QED,我们必须跟踪所有的这一切,即四维矢量势和量子相位。在计算中有大量出错的机会,而一些检查计算的方法会大有帮助,这就是规范不变性对理论物理学家们施以援手的地方。

验证结果的方法之一是以两种不同的规范进行计算,确认它们都得出了一样的答案,尽管在计算过程中各自的步骤也许看起来大相径庭。例如,在图 3.3 中,任何单个图的大小取决于所选择的规范,只有所有阿尔法出现次数相同的图的总和才给出了固定的"规范不变性的"量。

对施温格和费恩曼的工作进行对比,困难在于他们偏好不同的规范。在构建QED 理论的早期阶段,规范不变性主要被用作检查计算的一种方法。但是,施温格意识到，除此之外它还具有更为深刻的意义：规范不变性暗示着电磁作用力的存在。

如果规范不变性在宇宙中的每一个位置都成立，那么即使我们改变一个位置的规范而保持其他位置的规范不变，电磁学的定律会保持不变。如果只有电子存在，那么这种"局部"的规范不变性是不可能的。保持电荷的不变性要求有联系这两个位置的某种方法，也就是说实际上有向别处的电荷传输规范局部改变的信息的能力。局部的规范不变性要求把信息从一个电子传递到另一个电子的作用者是一个无质量的粒子，它具有方向感，因此称为"矢量粒子"。光子具有全部的这些特征——用物理学术语来说，它是无质量的"矢量玻色子"，更通常地被称为"规范玻色子"。[12]

把光子加入这个理论是不必要的，规范不变性自动地迫使方程纳入了它。这样，电磁场的存在及其衍生物电磁辐射，就是规范不变性的结果。如果我们从未看到过光子，但已经发现了电荷的规范不变性原理，方程就会预言光子必定存在。因此，在遥远恒星的一个电子发射出的光能够被你的虹膜里的另一个相同的电子接收到，根本上是由于规范不变性的对称性使然。光子本身把能量和动量从一个电荷传递到另一个电荷，在空间中传递运动。简而言之，规范不变性导致了作用力和动力学。

事实上，规范不变性也为爱因斯坦的引力理论——广义相对论提供了基础。由于这个原理必然地导致了自然界四大基本作用力中两种最为人熟悉的作用力得到成功描述，杨振宁开始琢磨[13]，是否可以用规范不变性来创造其他两种作用力（即弱和强核相互作用力）的理论。

杨振宁遇到米尔斯

杨振宁关于规范不变性是创建其他作用力理论的关键的想法是正确的，但在1948年，他对这个工作的开展准备不足。于是，他完成了他的博士论文，转到了新泽西普林斯顿高等研究院。

他的想法蛰伏了五年。在1953年，当杨振宁在纽约长岛的布鲁克海文国家实验室访问时，这个想法终于结出了果实。他在访问期间和来自纽约哥伦比亚大学的博士生罗伯特·米尔斯共用一个办公室。当一个理论物理学者遇到另一个理论物理学者时，他们的谈话很快就集中到各自的学术兴趣上。杨振宁告诉了米尔斯他未完成的想法，他们都认为这是一个值得探索的问题。

规范不变性并非可以随意使用的。带有这个数学特征的理论要成功，就必须描述某种物理实体守恒的现象。爱因斯坦在空间和时间的织物上编织了他的引力理论,在这个案例里,能量和动量是守恒的。对于 QED,电荷是守恒的。杨振宁和米尔斯认识到强相互作用也包含了一个守恒的量,他们将其作为理论的基础。

为了更容易地领略杨振宁和米尔斯理论的精妙之处,我们先来说说什么是不守恒。质子的数量和中子的数量都是不守恒的。凯默在 1936 年认识到,质子和中子能够通过吸收或发射带电荷的 π 介子来互相转化,所以一般来说是不可能守恒的。但是,凯默的洞见提供了必要的线索。

中子和质子具有差不多同样的质量,在许多方面看起来都一样,只是质子带有电荷。质子所带的电荷影响了质子对电磁作用力的反应,但对于质子和极其强大的强相互作用力之间的密切关系毫不重要。一对质子之间的强核作用力和两个中子之间或者一个中子和一个质子之间的强核作用力是一样的。由于强相互作用力看不出中子和质子的不同,他们的理论把这一对粒子当作是一种粒子——称为核子——的两个版本。在强相互作用里,核子数是守恒的。[14]

杨振宁和米尔斯为这一对核子构建了规范不变性的数学,其除了 QED 的所有工具之外,还有更多其他的工具。在 QED 里,一个电子的单个电荷是守恒的;相比之下,在强相互作用里,核子的守恒有四种可能的方式。一个中子可以仍然是一个中子,或转化成一个质子;反过来,一个质子可以继续是一个质子,或转化为一个中子。就像两面神一样,核子有两个头,作为 QED 基础的工具——四维矢量和相位——必须做出修改以把这一点考虑进来。对这些变量进行编码的方法使用了 2×2 数字阵列,即凯默在 1936 年使用的同一个 SU_2 矩阵。杨振宁和米尔斯与肖的思路是一致的——通过用 SU_2 矩阵替代数字来推广 QED 方程。

他们发现这是可能的,即采用电磁学的方程,允许 QED 核心的四维矢量势有三倍的项数(因此 12 代替了 4)。从这里开始,所有的东西都和 QED 类似了,而且由于三倍项数而更加丰富。

这个相对于 QED 的三倍化具有直接的物理推论,和电荷规范不变性产生的无质量、不带电荷的光子不同,在杨-米尔斯的强相互作用力理论里,存在三个这样的无质量的"规范玻色子"。其中一个像光子那样电荷为零,而另外两个粒子带有电荷:一个带正电荷,另一个带负电荷。

他们的理论因此得到了一个清楚的预言:必然存在无质量的带电荷的玻色子来传递强相互作用力。不幸的是,实验显示这样的粒子并不存在;在现实世界里也没有这样的粒子,尽管它们是杨-米尔斯方程的产物。对大多数人来说,这具有一个清楚的信息:你可能创作了一曲美妙的旋律,但它并不是大自然采用的那一曲。或者直白一点说:不能描述大自然的数学在物理学上毫无价值。但是,杨振宁感到这音乐过于美妙而舍不得抛弃。有时候,理论看上去是如此优雅,以至于人们一厢情愿地对个别的经验问题故意视而不见,期盼着有一天证明过程中的漏洞会被发现,这个理论从而达到圆满完备。在 1954 年,这种希望的迹象一丝也没有——我们会在本书第 9 章看到,解决办法在十年后才会出现——但受到这个美妙数学鼓舞的杨振宁,在普林斯顿作了一个关于这个理论的报告。

泡利的打断

杨振宁不知道的是,沃尔夫冈·泡利这个尖刻的理论物理学家,在几个月之前也曾有过这个想法。他也得出结论,必然有这种无质量粒子的存在;他也知道这样的粒子不存在。所以,尽管这是一个有趣的数学游戏,但泡利认定它仅仅是一个游戏,对现实世界毫无意义,然后他就把这个念头抛诸脑后了。

至少,直到 1954 年 2 月 23 日之前他都是如此。那一天,泡利参加了普林斯顿每周一次的专题报告会。报告人是杨振宁——借用泡利的一句无情的名言,"如此年轻且已经如此默默无闻了"。杨振宁在他的《论文集与评注》里痛苦地回忆了这件事。[15]

他刚一开始讲他的强相互作用力理论,就被泡利打断了:"这些矢量玻色子的质量是什么?"数学暗示这个问题的答案是零,但是杨振宁知道得很清楚,大自然没有这种无质量的带电荷粒子,于是他回答说他不知道。

泡利愠怒了大约一分钟,然后重复了这个问题。这次杨振宁闪烁其辞,说他和米尔斯思考过这个问题,但这十分复杂,他们尚未得出任何确切的结论。十年后,答案会被发现,但在 1954 年人们的认识还没有达到这样的深度。泡利发出了致命的一击,他咆哮道:"这并不是个充足的理由。"

杨振宁被吓着了。过了一会儿,他觉得自己无法继续他的报告,就坐下了。在一片尴尬之中,主持讲座的奥本海默说他们应该让杨振宁继续。杨振宁作了报告,泡利没再说什么。第二天,杨振宁收到了来自泡利的一张便条,上面写着:"很遗憾你令我在讲座后没法和你继续讨论了。致所有美好的祝愿。谨上。W. 泡利。"

值得注意的是,杨振宁的自信虽被粉碎,但他的职业生涯并未在当时当地过早地结束。泡利的名声就像一个故事里讲的那样,当他临终的时候得以被上帝特别接见,而上帝会对泡利活着时没能解决的一个问题揭晓答案。如同我们看到的,泡利对 137 很着迷,于是他要求得到关于 137 的解释。上帝开始阐释,但泡利只听了一会儿,就习惯性地打断了上帝:"不! 你犯了一个错误。"

泡利的名声就是如此,在人们的想象中他甚至会去纠正造物主的错误,那么杨振宁是如何挺过来的呢? 答案是他对数学的热爱,对他而言数学拥有的魅力比物理更甚。在杨振宁看来,"思想本身的美就值得关注"[16]。在肖向萨拉姆展示了自己的方程并决定不予发表之后的一个月,杨振宁和米尔斯继续推进,最终在 1954 年 10 月发表了这项成果,尽管它与实验并不相符。

杨-米尔斯和肖

在 1954 年 1 月,虽然萨拉姆很欣赏他的学生罗纳德·肖的理论的美妙之处,却没有认识到其深远意义。那一年的晚些时候,他看到了杨振宁和米尔斯的论文,并把它拿给肖看。

他后来在一封给肖的信[17]中回忆道:"我仍然记得让你发表这个成果,你那时十分犹豫,因为杨-米尔斯已经发表了它,尽管你的工作是独立完成的。"肖从未发表过他的成果,除了在他的博士论文里。从此以后,萨拉姆一直对此耿耿于怀;多年后,他总是使用"杨-米尔斯-肖"理论的提法。

在杨振宁和米尔斯的论文发表后,萨拉姆对绊脚石——大自然没有无质量的带电荷粒子——的态度似乎有所改变。被这个数学的美妙所激励,萨拉姆决定把矢量玻色子的质量之谜留待将来解决,依然沿用这个理论模式。凭着这种模糊的感觉,物理学家的某种第六感,尽管遭到泡利的强烈批评,杨振宁和米尔斯还是大胆发表了他们的成果,而肖也完成了他的博士论文。

事实会证明杨振宁和米尔斯是正确的,尽管他们创建强相互作用力规范理论的尝试失败了。他们的努力找错了目标。电子是基本粒子,电磁作用力的来源和 QED 表达的一样,但是强相互作用力的基本粒子不是质子和中子。今天我们知道质子和中子是由更小的粒子即夸克构成,在宇宙洋葱的这一层上,杨-米尔斯和肖的理论才在自然界里实现了。但在 1954 年,人们尚不知道,甚至做梦也没想到夸克的存在。杨-米尔斯强相互作用力理论的辉煌巅峰终将到来,但是还需要经过近二十年。

对一个理论宣称所有权,需要将其清楚地表达出来并且认识到其重要性。至少,杨振宁从一开始就推广了这个理论,哪怕是面对着来自泡利这样强大的反对。没有证据表明肖和萨拉姆看到了这项工作的重大物理意义,仅是在多年后,当杨-米尔斯理论的深远含义被承认时,萨拉姆才习惯性地把肖的名字加在他们后面。现在,这些理论被统称为"杨-米尔斯理论"。

今天,肖对于他在那个灵感突发的一刻中所扮演的角色表现得极为谦虚和乐观。他的博士论文写道:"本章中所描述的工作完成于⋯⋯1954 年 1 月,但并未发表。1954 年 10 月,杨振宁和米尔斯独立地采用了同样的假设并得出了相似的结果。"他的观点是,尽管他们的发表时间是 1954 年,在他完成自己的工作之后,但是"杨振宁和米尔斯应该享有优先权,因为他们的研究似乎完成于 1953 年。"[18]

十四年后,在 1967 年,萨拉姆自己也遭遇了类似的经历,未能认识到工作的重要性,并且没有发表成果被别人抢了先。我们会在后面看到,或许正是这种似曾相识的感觉,再加上萨拉姆对自己工作的积极推广,才导致了后来大相径庭的结果。在 1954 年之后,无论何时人们提起杨-米尔斯理论,萨拉姆都执着地补充说"还有肖",尽管如此,肖还是很快被人们遗忘了。肖对此并没有明显的遗憾,他说:"我实际上对此挺高兴的! 我喜欢平静的生活,要不然在几十年里,指望我掌握了最新进展的研究者们会拿很多问题没完没了地来烦我,我不会以这样的日子为乐的。"

一个错失的机会

1954 年,人们所知的基本粒子是电子。QED 是建立在电子电荷之上的规范理论。两年内,电子的不带电荷的同伴被发现了,称为中微子;在 1930 年就预言了中微子存在的人正是沃尔夫冈·泡利。

电子和中微子是一对被称为轻子的基本粒子,轻子是指那些感受不到强相互作用力的粒子。但是,它们能感受到弱相互作用力。与电磁作用力和强相互作用力一起,这是第三个也是最后一个显著影响单个粒子的作用力(除了对大块的物质外,引力的作用微不足道)。弱相互作用力把一类物质转化成另一类物质,如同在贝塔衰变里,一个中子转化成一个质子,同时也产生一个电子和一个中微子。

电子和中微子像同胞一样对弱相互作用力作出反应,类似于质子和中子被强相互作用力视为双胞胎。事后看来,弱相互作用力把电子和中微子当作一个对称对,类似于质子和中子被强相互作用力感知的方式,这本来可以让杨振宁和米尔斯获得启发而构建一个弱相互作用力的理论。但事情没有这样发生。

这是一个很能说明贯穿我们故事主题的例子。科学的历史进程不像是一路高歌猛进的胜利行军,——我们着手探索研究就能通过一系列直接的逻辑步骤达到目标。相反,我们对科学家和他们在研究中所犯错误的关注程度并不亚于对他们了不起的洞察力的关注。事后看来,当杨振宁和米尔斯提出他们原创性的想法时,在 20 世纪 50 年代已经具备了产生一个弱相互作用理论的条件。我们将看到的却是,这个理论的最终出现虽然得益于杨振宁和米尔斯构建的理论框架,但这并非他们的初衷。他们最初的动机是为了解释强相互作用。

在 1954 年,对他们理论的反应最多算是平平。无质量的带电粒子不存在,这似乎判决了用来解释强或弱相互作用的杨-米尔斯理论的失败。杨振宁开始被弱相互作用的其他性质所吸引,即它分辨现实世界和镜像世界的古怪能力,所谓宇称不守恒——为此他和他的美籍华裔合作者李政道分享了诺贝尔奖。[①] 至少对杨振宁而言,杨-米尔斯理论进入蛰伏。但将来会发现,这类理论是我们现在彻底理解大自然的基本作用力的关键。

---

① 译者注:那时李政道尚未加入美国国籍。

第6章 约翰·沃德恒等式

介绍约翰·沃德——量子电动力学的一个巨头，自封的英国氢弹之父。沃德有一个关于如何构建弱相互作用力理论的想法，并联系了阿布杜斯·萨拉姆。

————————————

现在我们来介绍萨拉姆的长期合作者，偏执而复杂的物理学家约翰·克莱夫·沃德。他在量子电动力学领域取得的成果令安德烈·萨哈罗夫将他称为现代物理学的六大"巨头"之一。据一位1964年时的年轻博士后回忆，沃德那时作为一位资深学者令人印象极其深刻，他告诉我："在物理学界有很多非常聪明的人，你需要一些时间才能认识到他们是谁，但是你一眼就能认出沃德，他散发着智慧的光芒。"[1] 我在牛津大学的一个前同事，也告诉了我他在20世纪50年代关于沃德的回忆，那时沃德刚刚完成了他关于QED的杰作，从牛津大学毕业。在我朋友的印象里，沃德"迷人而矜持，极其聪明，是一个来自上流阶层为兴趣而工作的人"，他是那个时代风尚人物的典型——"看似不费吹灰之力就取得了辉煌成就。"[2]

他的确是一个"巨头"。其他三个"巨头"费恩曼、施温格和朝永，都因为他们对量子电动力学的贡献而在1965年获得了诺贝尔奖。沃德从未获得诺贝尔奖，尽管他在1980年获得了丹尼·海涅曼奖（美国在数学物理学方面的最高荣誉），并且在1983年获得皇家学会休斯奖章。

虽然沃德从未获得诺贝尔奖，但是在20世纪50年代，他很可能因为其在QED方面的工作已被列入诺贝尔奖候选人的名单。他接下来所做的在统一电磁作用力和弱相互作用力理论方面的奠基性工作,毫无疑问可以让他成为诺贝尔奖的竞争者。沃德是 20 世纪后半期理论物理学两大传奇之间的支点。

沃德的职业生涯和成就充满了谜团。他做的许多工作让其他人获得了诺贝尔奖的荣光,但他没能分享诺贝尔奖的原因究竟为何,至少到 2029 年之前这个问题的答案会一直隐藏在诺贝尔奖评审委员会的档案里。关于沃德的更多秘密也许被埋藏在了白厅①,因为他在 20 世纪 80 年代联系了英国首相玛格丽特·撒切尔夫人,要求他自称是"英国氢弹之父"的说法得到承认。虽然这个说法被认为是一种夸张,但毫无疑问,他的确发挥了重要作用,这带来了一个讽刺——他未来的长期合作者、朋友和对手,萨拉姆也密切参与了巴基斯坦的核发展计划。

但是我们有点儿超前了。为了有可能解释为什么沃德遭受到了人们普遍认为的不公正待遇,我们首先需要了解他在自己不同寻常的职业生涯中展示出来的个性。半个世纪之前,他看起来几乎注定要从一个灾难走向另一个灾难,像那个时代流行电影中的主角一样在最后一刻绝处逢生。

· · ·

1924 年 8 月 1 日,沃德出生于伦敦的伊斯特曼,直到四岁时才说出了一个完整的句子,而在此之前他一直没有开口说过话。有些人虽然理解他们周围所发生的事情,但在社交方面却有困难,从这里我们已经看到了相关的迹象。他随后接受的教育对此几乎没有帮助。

1938 年,沃德被送到一所寄宿学校,冷水浴和体育运动在那里是家常便饭,这使得不喜欢运动并且不合群的他极不快乐。在他看来,这个学校的宗旨是为了防止孩子们养成比如说"独立思考"之类的坏习惯。由于他在人文学科方面没有天赋,所以他被分配到了理科,但因为老师们"似乎对科学知之甚少"[3],于是他在图书馆自学。沃德已经是一个坚定的局外人,但是这种独自沉思的习惯"成了他一生的财富"。这个习惯初见成效,给他带来了进入牛津大学默顿学院的奖学金。

他觉得牛津大学是个"令人讨厌又让人着迷"的地方,在这里他似乎跟所有人都合不来。这种情况一直持续到他认识了新任命的理论物理学教授莫里斯·普莱斯,他与莫里斯·普莱斯合作写出了他的第一篇重要的研究论文,解决了一个难住狄拉克本人的问题。

---

① 译者注:指英国政府。

除了这个工作，沃德在牛津的五年里似乎没有其他建树，这时候他感觉自己已经进入了一个死胡同。他没有写博士毕业论文，"绝望"之中他申请了澳大利亚悉尼大学的一个数学讲师职位。澳大利亚人一定对他求贤若渴，因为"在对方的回信中"，他获悉自己得到了这份工作。他如期逃离了牛津，等他到达澳大利亚时才发现，一切似乎并不是那么回事：他的工作其实根本就不在大学里。相反，他发现，他只是一个脆弱的大学协会下属学院的教师。

他感觉上当受骗，有点幻想破灭，于是在享受悉尼的海滩和开设一些数学课程的过程中消磨时光。等到这一年结束后，他准备辞职。然而，他的雇主并不愿意让他轻易离开。他们提醒他，由于他们当初期望这会是一个长期的合作，所以他们替沃德支付了从英国前往澳大利亚的所有费用；如果沃德要解除合约，那么他的赞助者要求他偿还从英国到澳大利亚的差旅费用。显然，他压根儿就没有注意到这个条件。由于他现在还不得不自己买一张机票回家，所以他落得身无分文。

于是沃德在1948年返回牛津大学物理系，在那里他仍然得完成并提交他的博士论文。由于他和普莱斯发表了那篇高度受好评的论文，他并不担心毕业的要求。实际上，约翰·惠勒（费恩曼的导师）在美国独立地解决了同一个问题，并且因为这个成果赢得了一项国家级奖项。再者，在沃德看来，他自己的解决方法比惠勒的高出一筹且更为完备。

沃德两年前在剑桥就他的这个成果作过报告，那时剑桥的人也曾尝试但未能解决沃德所完成的挑战。他作报告那天的主持人是尼克·凯默。由于凯默十分清楚沃德的先驱性（在过去的两年期间，其他人在沃德和普莱斯奠定的基础之上添砖加瓦，使这方面的研究得到了进一步发展），并将是沃德博士论文的评审人，所以怎么都不会出问题。[4]

看上去大概如此，如果沃德提交的是一篇常规的博士论文，可能会一切顺利。但是，他的论文因其奇特的性质从此成了一个多年来在牛津学生中流传的传说。

在牛津大学，一篇博士论文不仅需要原创性，还需要学术研究的展示，在所研究领域的范围内确立研究工作，以及其他诸如此类的细节。沃德没功夫写这些。他的博士论文的内容跟他发表的论文相差无几，并且没有把他的工作放到相关研究领域的背景中，至少在学生的传言中，他的博士论文总共还不到十页。这不是一个好的开始，而且事情变得更糟：由于凯默未能成行，所以伯明翰大学的教授鲁道夫·派尔斯取代了凯默作为论文评审人。派尔斯宣布，沃德的博士论文不适合获得博士学位。

据沃德说,博士论文答辩一结束,派尔斯就把他拉到一边,私下给他提供了在伯明翰大学的一份临时工作作为安慰奖。沃德"出于原则拒绝了"。但是,像连环漫画里的英雄一样,沃德绝处逢生了。牛津大学校方决定,尽管有派尔斯的报告,沃德的博士论文仍然是可以接受的,用沃德的话说,"派尔斯在比赛中受伤退场"。

之后过了大约二十年,我成了牛津大学的一名学生,而派尔斯那时是牛津大学教授兼理论物理系主任。他并没有证实——至少对我而言——沃德的论文篇幅只有几页,并且公开的信息是他的博士论文答辩持续了将近一整天。我不知道这是事实,还是他为了确保 20 世纪 60 年代的学生不重蹈沃德覆辙的一种努力。看到沃德的论文之后,在我看来,他对于这些事件的叙述有些自我吹嘘和过分夸大。[5] 可以确定的是,在他的博士论文成功通过之后,在普莱斯的支持下,沃德获得了一份政府奖学金。这让他得以在牛津大学再待两年,在此期间,他取得了首个令他一举成名的成果。

沃德恒等式

在 1949 年,沃德一头扎进了新兴的量子电动力学的深海。威利斯・兰姆在谢尔特岛会议上宣布了他观测到的兰姆位移;费恩曼推出了他的新研究技巧,戴森展示了如何把这些技巧与现有的研究方法联系起来。在这个过程中,戴森发明了一种以图形来记录数学表达式的方法,这种技巧被费恩曼发展为今天所说的"费恩曼图"。这些工具都是现成的,等待着人们来使用。

戴森已经展示了如何通过参照电子的电荷和质量,魔法般地消除那些曾经污染 QED 的无穷大发散项,沃德把这看作是"一个惊人的成果"。另外,正如我们之前看到的,戴森猜想,但没有给出证明,从特定图形里出现的无穷大即"交叠无穷大"将会抵消。

现在沃德加入了战局。在篇幅短小却影响巨大的一篇论文中,沃德宣布了一个发现,这个发现自此之后被称为"沃德恒等式"。导致 QED 里无穷大发散的许多复杂表达式之间并不是相互独立的,在证明这一点上这些恒等式起到了关键性的作用。实际上,许多复杂的表达式是相等的,正是这些恒等式使重整化奇迹得以发生。沃德恒等式是整个重整化大厦的基础。[6]

还有"交叠无穷大"的问题,即戴森留作猜想的缺失的一环。戴森说过"读者可以自己证明"这些无穷大发散项确实可以抵消,但是沃德不无讽刺地怀疑究竟有多少读者尝试过，因为就连他本人都"费了九牛二虎之力"才得以成功证明。正如我们在前面看到的，萨拉姆在纠缠了戴森两天之后才证明了这个问题，并且由于发表他的解答而声名鹊起。

沃德恒等式引起了强烈反响。沃德被邀请到剑桥大学作关于重整化的报告，对此他的回忆里有两个亮点。一个亮点是他在三一学院睡在了一张四柱床上，这张床曾经被伊丽莎白一世用过，其床垫"似乎可以追溯到同一时期"；另一个亮点是在1950年的这次报告上，他命中注定地结识了阿布杜斯·萨拉姆。

漂泊和困境

正如我们所看到的，1950年萨拉姆也正致力于重整化的研究，并即将和P. T. 马修斯去普林斯顿高等研究院工作。沃德也是P. T. 马修斯的朋友。当沃德在牛津大学的合同结束时，马修斯和萨拉姆对普林斯顿校方的游说取得了良好效果：沃德获得了普林斯顿高等研究院1951至1952年为期一年的聘任合同。

在研究院，沃德得到了一间办公室，被留在那里按照自己的想法开展工作。无论如何总得有科研灵感，写出些科研论文，否则就会前途黯淡。他发现在普林斯顿的生活很孤独，至少牛津还有酒吧，然而普林斯顿似乎还停留在禁酒令后的清教徒时期毫无变化。至于他的未来，他发现在大学里工作的想法难以接受，因为理论物理正处于动荡时期。

直到20世纪40年代，科研的方式一直是某个人才得到一位教授的指导，并作为助理与这位资深科学家一起工作。到了1950年，政府意识到物理学在二战中发挥的作用，向大学的研究投入了大量资金。教授们用这些资金去雇佣研究生。这些研究生们为本科教学工作提供了廉价的劳动力，把教授们从这个繁重单调的工作中解放出来，从而使他们能够花更多的时间在科研工作上。这会导致更多科研论文的发表，获得更多的政府资助合同。其结果就是通货膨胀，特别是在理论物理学研究方面。[7]

教授的数量在增长，与之俱增的还有那些传播他们研究成果的期刊。一些期刊对论文发表收取费用，称为"版面费"，然后这些期刊被卖给大学的图书馆，而正是这些大学首先支持了研究工作。沃德觉得这一点也不适合自己，于是选择接受了新泽西州萨密特贝尔实验室的一份工作。

如果对于一个单身汉来说，普林斯顿的生活相对于牛津是孤独寂寞的话，那么在萨密特的生活则更加糟糕。再一次，沃德决定必须离开。莫里斯·普莱斯给他提供了一个牛津大学为期五年的职位，然而沃德为了安稳起见，认为阿德莱德大学的高级讲师职位更具吸引力。于是他开始了到澳大利亚的第二次冒险之旅。

这次旅程并没有比第一次好到哪里去。他刚到不久就和系主任闹翻，然后辞职。看似从一个灾难漂泊到另一个灾难，沃德返回普林斯顿待了一年。随后，爱丁堡的尼克·凯默和牛津的莫里斯·普莱斯都给沃德提供了职位，但沃德没有接受，因为他当时觉得缺乏创意，如果自己做不出好的工作，就不能体面地接受朋友提供的职位。

然而，就是这样一个"才思枯竭"的人，继沃德恒等式的丰碑之后，在物理学的其他领域再次作出了突破性的工作！他是国际公认的一流理论物理学家。正如我们前面看到的，安德烈·萨哈罗夫后来把他称为量子电动力学的"巨头"之一，他的贡献堪与狄拉克、费恩曼和戴森比肩。然而，支撑他作出非凡物理学成就的独特个性却有消极的一面：已经可以看出，沃德无法安定下来，他对人际关系的反感使他脱离了物理学研究"大家庭"的主流。

英国氢弹之父

在沃德的祖国英国，大人物们对他也有很高的评价，并且注意到了他的研究工作的非凡特质。在牛津大学担任物理系主任的彻韦尔勋爵对他格外推崇。除了大学的职务，彻韦尔勋爵还担任当时英国首相温斯顿·丘吉尔的科学顾问。由于这一系列的关系，沃德返回了英国，到奥尔德马斯顿工作，研发英国的氢弹。

为了在国际舞台占据"一席之地"，丘吉尔指示位于奥尔德马斯顿的英国原子武器研究机构研制一枚氢弹。在 1954 年之前，英国的武器专家一直能够通过他们对曼哈顿计划的参与而获益。然而，1946 年的《美国原子能法》（麦克马洪法案）使美国政府停止与其他任何国家共享核武器信息，其中包括英国。于是英国不得不独立解决这个问题。随着美国和苏联有关禁止核试验条约的谈判开始，时间变得非常紧迫。英国原子武器研究机构急需顶尖的理论物理学家来参与研制，因而招募了沃德。

据沃德描述，他在 1955 年初接受了（武器）项目负责人的职位，并且"惊讶地"发现

"我被委以一个不可思议的任务，即揭开'乌拉姆-泰勒构型'（氢弹技术思想）的秘密……'乌拉姆-泰勒构型'这个天才的构思远远超出了奥尔德马斯顿员工的能力。"

在美国和苏联，参与热核计划的顶尖科学家有：贝特、费米、泰勒、萨哈罗夫和金兹伯格，他们全都是诺贝尔奖得主；[1]冯·纽曼和乌拉姆则是当时最伟大的数学家。英国原子能机构确实在 20 世纪 50 年代中期聘请了一些杰出的理论物理学家，毫无疑问，沃德在其中最为优秀。根据沃德的回忆录，他对这些事件的版本是，他独自一人在六个月之内解决了辐射内爆的工作原理，这是美国氢弹装置的重要技术特征。

为了将这个原理付诸实践，需要一个大型工程项目。如果是在战时，这个项目可能会得到实施，但英国原子武器研究机构的主任和沃德之间的感情始终都不融洽。沃德随后宣称他的想法遭受了冷遇。由于没有得到支持，他心灰意冷，辞职回到了美国，到马里兰大学工作。[8]

沃德继续过着漂泊的生活。在马里兰大学工作的那一年，他发展了适用于量子物理的统计学数学方法，这在今天已成为标准方法。哪怕是在他继续认为自己"不会再有建树"的时候，他"再次推陈出新"，启发性地开拓了新的道路。

1956 年有一个轰动性的发现，即弱相互作用在现实及其镜像之间提供了一个绝对的区分——"宇称破坏"。这一发现赋予了沃德灵感，使他回到粒子物理学领域。他以前曾在 QED 的前沿作出了重要工作，自那之后的八年以来这个学科得到了蓬勃发展。这一次，他斗志昂扬。宇称破坏之谜把物理学家的注意力聚焦到了弱相互作用力，沃德受到启发写了一份与此相关的笔记并寄给萨拉姆。沃德和萨拉姆命中注定的合作已成定局。

弱核作用力

今天我们所看到的太阳熠熠生辉，这是一千多个世纪之前发生在太阳内部核反应的结果。太阳的燃料由质子即氢原子核构成。强相互作用力把四个质子挤压成紧密的团，然后弱相互作用力把它们转化成氦核。这个从氢到氦的转化过程还以光子的形式释放出能量。然后，这些光子在炙热的太阳内层来回弹射，为去往太阳表层慢慢努力。这些光子需要大约十万年的时间才能到达太阳表层，接下来它们就自由了。仅在

---

[1] 译者注：原文如此，但爱德华·泰勒并不是诺贝尔物理学奖获得者。

8 分钟之后,它们就作为太阳光抵达地球。

　　弱相互作用力的微弱本质使质子向氦原子核的临界转化很难实现。即使在 50 亿年后,太阳燃料也只燃烧了一半。如果把太阳的寿命比作二十四小时的一天,智慧生命大概在正午的前一分钟才会出现。所以,如果弱相互作用力哪怕稍微强上一丁点儿,我们的太阳就会更快地燃烧它的氢燃料,远在智慧生命有时间形成之前就燃烧殆尽。如果弱相互作用力更弱一点,太阳可能根本无法使燃料进行燃烧。如果真是这样,像太阳这样的恒星就不会发光,使得宇宙成为一个黑暗而毫无生气的地方。

　　弱相互作用力还会产生放射性。这种放射性最常见的形式就是 β 衰变,正如我们已经看到的,在这个过程中,一种元素的原子核通过辐射能量自发地转化成另一种元素的原子核,所辐射出的能量以一个电子的形式表现出来,即 β 粒子。最初,人们认为这个电子事先存在于原子核内部,但今天我们知道,事实并非如此。相反,它产生自放射性衰变释放的核能。

　　到 1932 年,中子被发现,沃尔夫冈·泡利随后提出存在第二种中性粒子——中微子或“小中子”,这为恩里科·费米提出 β 衰变的首个理论作了充分准备。费米提出,质子、中子、电子和中微子这四种粒子可以在时间和空间的某个点上短暂地共存。在这个特别的位置,弱相互作用力破坏了中子并把它转变为一个质子,从而将电荷从中性(中子)改变为正(质子)。为了保证总的电荷守恒,费米提出,一个(带负电荷的)电子也会同时产生,而为了所有这些粒子总的角动量守恒,同时还会有一个中微子产生。

　　费米把他的论文以《试论 β 射线》为题投给了《自然》杂志,而《自然》的编辑很快否决了这篇论文,其理由是该论文“包含的猜想离现实过于遥远而不能引起读者的兴趣”。数年以后,一个继任的编辑将承认这是他们最大的失误。

　　由于不带电荷,并且主要通过微弱的“弱”相互作用力来发生相互作用,中微子犹如精灵,它们能够轻易地穿过地球就如同子弹穿过一片浓雾。成功捕获并识别出哪怕一个中微子,还要经过二十多年。1956 年的春天,中微子的发现最终使费米的弱衰变理论得以被重视。

　　费米仿照电磁理论建立了他的弱相互作用力模型。电磁作用力使粒子在空间中运动,粒子在运动时携带着电荷。相比之下,弱相互作用力使电荷从一个粒子转移到另一个粒子(图 6.1)。在费米的想象中,弱相互作用力类似于电磁作用力,只是伴随着电荷的转移而已。

　　然而,到 1956 年,弱相互作用力看起来比费米的理论描述要更加微妙。在费米的

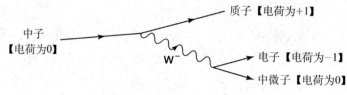

图 6.1 弱作用力中的电荷转移

中子通过短暂存在并带有电荷的 W 粒子作用而转化为质子，同时伴随产生电子和中微子。

模型中，一切都发生在同一个点，并且对空间里的方向没有偏好——用术语说这是一个"标量"。而相比之下，电磁场既有大小也有方向——它们是矢量场。此外，人们在 1956 年发现，β衰变（即处于作用中的弱相互作用力的原型范例）破坏了宇称性——它显示了在左右之间的绝对区分——这和电磁作用力不一样，电磁作用力没有这样的能耐。这一切意味着，弱相互作用既不是最初费米所提出的标量，也不是电磁相互作用那样的矢量。

为了理解接下来所发生的事情，以及约翰·沃德重现江湖，我们这里要绕开一下话题，先简要地说说标量、矢量或其他可能性是如何被确定的。

如果你用步枪射击，枪柄的后坐力是在子弹飞出的相反方向。对于一个粒子死亡、衰变为一对粒子的情况，这同样成立：所产生的两个末态粒子会背对背地飞出。在β衰变中会产生三个粒子，而不是两个：质子、电子和中微子。它们在飞出的方向上比只出现两个粒子的情况拥有更多的自由。在三个粒子的情况下，它们中的一对可以沿同一方向飞出；或者这三个粒子可以更均匀地沿圆周分布。对这种"三粒子衰变"事例进行的数以百万计的实验测量揭示了这些末态粒子的"角分布"。一旦知道这些衰变产生的末态粒子的角分布，以及其他性质比如自旋，那么就能够把弱衰变过程分为五种不同可能性中的一种。这五种可能性被称为 SPTVA，是标量（scalar）、赝标量（pseudo-scalar）、张量（tensor）、矢量（vector）和轴矢量（axial）的简写。这个分类给出了关于引起衰变的作用力的重要信息。[9]

完全由电磁相互作用支配的过程总是表现为 V 类（矢量）。这与电场和磁场不仅有大小而且关键还具有方向是紧密相关的——"矢量"因此而来。在量子理论层面，电磁作用力是靠光子传递的。光子带着自旋飞行，自旋大小为 1 个普朗克常数单位的角动量。这种自旋的大小正是一个"矢量"粒子的特征。所以对电磁现象的实验测量表明它们全都属于 V 类，从更深层次来看，这是因为电磁作用力的传递者即光子，本身是一个自旋为 1 的矢量粒子。

当约翰·沃德第一次听到弱相互作用宇称破坏时,他就意识到,如果弱相互作用被归类为 V 类和 A 类的混合,宇称破坏就会发生。V 类和 A 类的这种组合现在被称为 V－A(读作"V 减 A")。他不是唯一一个意识到这一点的人:沃德很快发现,美国人罗伯特·马沙克也持有相同的见解[10]。

1956 年时,沃德就职于马里兰大学。有一天,马沙克前来访问,由于他是弱相互作用方面公认的权威,沃德问他 V－A 是否可能。马沙克立即问沃德为什么会提出这样的想法,沃德回答道,弱相互作用的某个方面能被电磁相互作用共享的话,会是件很美妙的事。V 的存在确保了这样的情况,然后宇称破坏迫使 A 的存在伴随着 V。

马沙克对沃德解释说,实验数据并不支持这个想法。沃德问道:"我们在多大程度上能够相信这些实验数据?"马沙克对此的回答是,如果答案是 V 减 A 的话,那么至少有 4 组单独的实验数据一定是错误的。

弱相互作用力的分类看起来一团糟,一些实验结果暗示了 S 或 T,而其他一些实验数据则赞同 V 或 A。情况很快被澄清了。宣称 S 或 T 的实验被发现有缺陷,并且新的实验数据支持 V 和 A 的组合。马沙克和几位同事讨论了这个问题,其中包括一位年轻的理论物理学家默里·盖尔曼,他几乎是单枪匹马地重新界定了粒子物理的前沿。然而,这是我们将在后面看到的内容。

与此同时,理查德·费恩曼那年夏天在巴西旅行,对这些进展全然不知,但他也意识到 V－A 提供了一个数学上很诱人但在经验上看似毫无用处的可能性。他一回来就请一些加州理工学院做实验的同事向他简要介绍有关弱相互作用的实验进展。他们告诉他,盖尔曼认为 S 解读的证据看上去很可疑,而实验数据更多地指向正确的分类是 V。对于费恩曼而言,突然之间一切豁然开朗。从 S 和 T 的老观念中解放出来,他意识到 V 和 A 是可能的。事实上,V－A 将与所有实验观测完美相符。

费恩曼以他自己的方式达到了顿悟,盖尔曼对另一种 S 解读表示怀疑的消息最终让他确信了自己的理解。他既不知道盖尔曼和马沙克之间的讨论,甚至也不知道马沙克对这个问题的关注。

之后不久,费恩曼在美国物理学会的一次会议上作了一个报告,在报告中发表了他的见解:V－A 与所有的实验证据相符。在这之前,他与盖尔曼讨论了这个问题,并且他们俩合作的论文已进入发表流程。费恩曼的报告一结束,马沙克就抢过话筒,"含泪"对那些准备聆听的人们申辩说"我是第一个,我是第一个"。[11]费恩曼真诚地回应说，他只知道自己是最后一个。

• • • •

有时候，好的想法就像是在风中传播的种子，几乎是同时在好几个地方生长开花。我们已经看到马沙克是如何被别人抢占了先机。另一个已经认识到 V－A 提供重大契机的人是约翰·沃德；事实上，沃德相信是他在 1956 年向马沙克所提的问题启动了这列火车。

沃德本人从未发表过 V－A 的思想，因为他从未把他的问题转变成一个带有足够可靠的根据的答案——那将是费恩曼和盖尔曼对物理学发展史的贡献之一。相反，沃德看到的是，V－A 指向了理解弱相互作用和电磁作用力本质的另一个重大可能性。

沃德意识到，随着 V－A 作为弱相互作用分类的确立，就有可能创建一个与成功描述电磁相互作用的 QED 相似的理论。当时沃德没有注意到杨振宁和米尔斯的工作，只是凭直觉认为，也许可以把 QED 规范不变性原则的应用推广到弱相互作用力这个更为丰富的论坛。他预见，如果这样的话，这个理论将预言一个类似于光子的带电荷粒子的存在。1957 年，他把这些想法写信告诉了萨拉姆。[12]

V－A 这一现象的发现给了沃德一个十分诱人的暗示：导致放射性的弱相互作用力和把原子束缚在一起的电磁作用力，就像两面神的两张脸，是一个单一实体——"电弱"相互作用力——的两种表现形式。如果沃德对这段历史的回忆是准确的话，正是他，在这封信中首先向萨拉姆提出，规范不变性有可能导致一个将弱相互作用力和电磁作用力联系起来的理论，并且在无意中把萨拉姆送上了通往诺贝尔奖的道路。萨拉姆的回应是积极的：是的，QED 的这种推广是可能的，正如他的学生罗纳德·肖在其博士论文中所证明的那样。我们在前面看到，在萨拉姆面前对"杨-米尔斯"的任何提及都会得到一个"和肖"的提醒。

自 1954 年以来，杨振宁和米尔斯（加上或不加肖）的思想在很大程度上一直被忽略。突然之间，一切都改变了。到 1957 年，V－A 作为弱相互作用分类的到来不仅启发了沃德，也启发了其他人，使他们认识到在杨-米尔斯方程中隐藏着一个让物理学获得重大进展的可能性。

然而，要穿过杨-米尔斯的"丛林"存在着许多可能的路径。默里·盖尔曼也辨别出了 V－A 选项，他在 1958 年到 1959 年期间花了大量时间试图统一弱相互作用力和电磁作用力，但未能找到一个符合所有实验结果的模型。[13]而萨拉姆和沃德在相聚并一起发展这个想法上则相对动作缓慢。我们将看到,他们的第一个尝试和大自然并不一致。到他们找到大自然实际采用的方案时,他们输给了一个学生。谢尔登·格拉肖是朱利安·施温格的学生,他遵循杨-米尔斯的思想,找到了统一弱相互作用力和电磁作用力的方案,并且他的博士论文将在数年之后让他获得分享诺贝尔奖的资格。

第 7 章　弱相互作用力和电磁作用力的结合——至 1964 年

　　创建弱相互作用力理论并将其与电磁作用力结合在一起的最初尝试。介绍谢利·格拉肖，他第一个构建了相关理论，然后将其抛诸脑后。三年之后，萨拉姆和沃德重新发现了这个理论。

─────────────

　　彩虹的颜色和 β 衰变的放射现象之间似乎并没有什么相似之处，实际上它们却是同一个基本机制的不同表现形式。首先，它们都是辐射的结果。自从 1860 年麦克斯韦提出他的方程组，电磁辐射就得到了认识；而对于放射性，其名字本身就足以表明它的辐射本质。电磁场是矢量场，其辐射量子即光子是矢量玻色子。随着实验最终证实弱相互作用的数学基础也包含矢量，所有的线索都已齐备：弱相互作用力的辐射量子也可以是矢量玻色子。最终，这两个此前毫无关联的现象具有了定量上的相似性。曾在构建量子电动力学中发挥了关键作用的朱利安·施温格，现在朝着电磁作用力和弱相互作用力的最终统一理论率先迈出了一大步。

　　自他开始研究 QED 理论以来，规范不变性就给施温格留下了非常深刻的印象。规范不变性最重要的意义就是带电物体之间必然存在电磁作用力，并且这个作用力需要一个传递者——"矢量（或规范）玻色子"，即无质量的光子。

　　在这类思想的启迪之下，施温格于 1956 年 11 月在哈佛大学作了一个系列讲座。QED 中的电磁作用力方程是源自于建立在数之上的规范不变性，比如一个电子所携带电荷的库仑数。当时，杨振宁和米尔斯已经将规范不变性的概念从数推广到了矩阵，并且将其运用到强相互作用。施温格意识到，矩阵可以提供一个自然的方式来记录电荷在粒子之间的转移,比如贝塔衰变的过程。他猜想,通过使用类似杨-米尔斯的理论,也许能够推导出弱相互作用力的存在及其性质。并且他进一步提出,弱相互作用力和电磁作用力很可能是一个单独基本理论的两种不同表现形式,其中,对于弱相互作用力,一个未知的粒子——"W"玻色子——起到了类似于 QED 中光子的作用。[1]

由于弱相互作用力不仅使粒子运动,而且还转移电荷,所以施温格的 W 玻色子也必须携带电荷。他的理论要求存在两种可能,称为 W$^+$ 和 W$^-$,上标表示它们所携带电荷的符号,其大小分别等于一个质子和一个电子所携带的电荷。(除非有必要区分所带电荷的正负,我将把它们统称为 W。)因而在施温格的理论中,W 玻色子的作用如同一个带有电荷的光子(见图 7.1)。

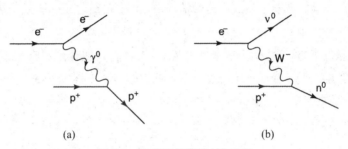

图 7.1　W 粒子就像带电的光子

　　(a)带负电荷的电子(记为 e$^-$)通过交换一个光子(记为 γ^0)与带正电荷的质子(记为 p$^+$)碰撞。光子 γ^0 的上标提醒我们光子不带电荷。(b)带正电荷的质子和带负电荷的电子可以消除它们各自的电荷而转化为电中性的中子(记为 n^0)和中微子(记为 ν^0)。在此过程中传递弱作用力的中介粒子将把电子的电荷转移到质子从而把它们变成各自的中性伴随粒子,这个带负电的中介粒子记为 W$^-$。

从施温格到谢利·格拉肖

自施温格在二战之前的学生时期起,他就为统一电磁作用力和弱相互作用力的可能性而深深着迷。虽然他的灵感最初和数字命理学差不多,但是从这粒思想的种子里绽放出了对大自然如何真正运作的现代理解。

我们已经看到,QED 中的计算受到阿尔法这个数的支配,阿尔法的值是 1/137。尽管学生时期的施温格不能解释这个数字的大小为什么如此,但他意识到阿尔法可能与一个支配着弱相互作用力强度的类似参数有关。贝塔衰变是由弱相互作用力引起的,然而,在贝塔衰变的费米模型中,这个类似参数的量并不像 1/137 那样是个纯粹的数字,它的大小是以质量来表示的。其数值微不足道,仅是电子质量平方的十亿分之一。正是这个相对于 1/137 微不足道的值,导致这个作用力被认为是"弱"的。

施温格最初的观点相当简单:电子的质量在设定弱相互作用力强度的标度中非常重要,但为什么非得用电子的质量呢? 在贝塔衰变中,一个轻的电子被产生,但一个重得多的中子被转化成了一个质子。施温格选择使用大得多的中子质量取代电子质量来设定强度标度,这样一来这个数的值就会上升到大约 1/100 000。[2] 虽然这个数值依然很小,但不再是完全可以忽略不计的。然后他意识到,类似于光子在 QED 里发挥的作用,如果一个粒子——W 玻色子——在贝塔衰变中起媒介作用,那么也可以用 W 玻色子的质量来设定强度标度。在这种情况下,如果 W 玻色子的质量非常大,弱相互作用力强度参数的值就能变为神奇的 1/137。

在这种情况下,这个作用力从根本上说并不弱;它只是看起来弱,这是因为 W 玻色子的大质量和由此导致的产生这样一只巨兽的困难。无质量的光子能够穿越星际空间,例如作为星光被我们察觉到,然而大质量的 W 玻色子甚至连一个原子核都不可能穿过。因此,从远处看,与无处不在光子相比,W 玻色子的效应的确显得"弱"。

当施温格在 1941 年第一次提出这个想法的时候,他还是一个学生。他的研究导师 J. 罗伯特·奥本海默对此持怀疑态度,在他看来这仅仅是一个数字游戏。我们在之前看到,"137"这个神秘的数字曾令爱丁顿着了迷,他对这个数字提出了一些怪诞并且完全是错误的看法。爱丁顿对数字命理学的痴迷已成了笑话。奥本海默批评施温格掉入了类似的陷阱。然而,到 1956 年情况有了很大的变化。这时施温格已经世界闻名,并且他对自己的判断更具信心。而且,实验结果也开始表明,如果一个粒子传递着弱相互作用力,那么它的自旋将和光子一样等于 1。如此高的相似度简直不容忽视,施温格发表了他的观点,即 W 玻色子是贝塔衰变中的作用粒子,其作用类似于 QED 中的光子。

根据实验观测到的弱相互作用力的性质,施温格推断 W 玻色子的质量非常大,至少是中子质量的四十倍。后来计算的改进把这个倍数提升到接近九十倍,这远远超出了当时实验的观测范围,这也解释了为什么实验上一直没有看到这个粒子。要到 20 世纪 80 年代才会出现能够观测到 W 玻色子的实验装置。我们在第 16 章将会讲到,W 粒子的存在于 1984 年得到正式确认,其质量大约是中子质量的九十倍。

电磁作用和弱相互作用之间的严格对称似乎意味着 W 玻色子像光子一样是没有

质量的。但是,我们已经看到,这不是大自然的运行方式——并不存在任何带电荷的无质量粒子,更不用说 W 玻色子。施温格完全清楚,W 玻色子的质量破坏了这个完美结合的对称性,所以他谨慎地避开了"统一"这个词,而把弱相互作用力描述为电磁作用力的"同伴"。

在 20 世纪 50 年代,从实验上进行弱相互作用力研究在技术上十分困难,因为它的效应被更加强大的强相互作用力和电磁作用力的效应掩盖了。作为其结果,关于弱相互作用力存在着许多互相矛盾的实验数据和混乱的理解。一些物理学者认为在没有清楚确立弱相互作用力的性质之前,构建一个弱相互作用力的理论是毫无意义的。除此之外,或者也许在一定程度上由于这个原因,施温格的同行们对他的观点反应冷淡:并没有任何实验数据需要这样的解释,而施温格这么做的唯一动机似乎是受到了统一电磁作用力和弱相互作用力这个想法的诱惑。

在这种氛围下,再加上实验对这个问题作出非此即彼裁决的可能性很小,施温格把自己的注意力转移到了其他地方。然而,他并没有完全放弃这个他钟爱的课题,他向一位研究生推荐了这个课题,即谢尔登·李·格拉肖(谢利·格拉肖)。多年之后,在格拉肖因这个课题的研究成果获得诺贝尔奖后,他回忆说[3]:"施温格叫我去考虑(统一弱相互作用力和电磁作用力)。我就这样做了。这个问题我考虑了两年。"

格拉肖的故事

当格拉乔斯维斯基家族作为移民从白俄罗斯抵达美国时,移民局官员将这个姓氏音译成了格拉肖。谢尔登·格拉肖于 1932 年出生于曼哈顿,是三兄弟中最小的一个。他对科学的兴趣是在二战期间被他哥哥山姆唤醒的。[4] 山姆是个滑翔机飞行员,他向格拉肖展示了经典力学生死攸关的应用。山姆解释道,当一架低空飞行的飞机投掷下大量炸弹时,这些炸弹会以和飞机同样的速度沿着飞机前进的方向继续向前移动。从飞机上看,这些炸弹是笔直下落的,如果飞行员不采取规避动作的话,炸弹会在飞机的正下方爆炸。

格拉肖进入布朗科斯理科高中学习,史蒂文·温伯格是他在那里的同窗好友之一。格拉肖和温伯格一起读完高中,接着一起去了康奈尔大学读本科,并最终在 1979 年分享了诺贝尔物理学奖,尽管在此期间他们发展的道路各不相同。温伯格获奖是因为他在 1967 年所作的工作,那时他已是一名成熟的理论物理学家;而格拉肖的获奖工作却包含在他的博士论文里。从康奈尔大学毕业后,格拉肖去了朱利安·施温格所在的哈佛大学,成为一名博士研究生。

格拉肖花了两年的时间来"考虑"施温格给他的提议,即统一弱相互作用力和电磁作用力的可能。格拉肖在最终撰写博士论文时,作了一个评论——一个可重整化的弱相互作用力理论将要求把弱相互作用力与电磁作用力联系起来。这个评论更多是基于年轻人的大胆鲁莽而不是真知灼见,格拉肖的理由是:W 玻色子带有电荷,这使它们自身能够发射和吸收光子,因此电磁相互作用不能被简单地忽略。这个观点毫无疑问是对的,但凭此就假定一个可重整化的理论必然要求这两种力的结合,这未免有些牵强,并且事实将证明,这个推论甚至不是正确的。

在完成博士论文期间,他获得了来自国家科学基金会的奖学金,为他的研究提供了两年的资助。他在 1958—1960 年这两年期间去了哥本哈根的尼尔斯·玻尔研究所,在博士论文的基础之上继续工作。

鉴于施温格已经建立了他的模型,并且将其与数据进行拟合——因此创造了一个带电荷的 W 玻色子以符合实验观测——格拉肖认为杨振宁和米尔斯的思想很可能是一个成功理论的基础,其必然意味着 W^+ 和 W^- 玻色子的存在。致命的是,杨-米尔斯理论预言这些 W 玻色子的质量为零——当泡利在 1954 年听杨振宁作报告时,这个难以忽视的事实曾经激怒了他。格拉肖决定忽略这一点。相反,他修改了方程以考虑 W 玻色子具有质量的情况。当然,他这样做的结果是抛弃了最初激发他灵感的杨-米尔斯理论。这是激进的第一步,但如果他的混合式理论有任何正确的机会的话,它将必须是可重整化的。这正是问题开始出现的地方。

· · ·

出于和量子电动力学里"无穷大"产生的差不多相同的原因,包含 W 玻色子的弱相互作用力的量子场论给出了"无穷大"的荒谬答案。但是,通过重整化消除无穷大的技巧,在 QED 中被证明是如此成功,对弱相互作用力却根本不奏效。在 QED 中,重整化的要求之一是光子没有质量。所以,要构建一个类似于 QED,却带有大质量的 W 玻色子的弱相互作用力理论,这个希望似乎注定会失败。

要解决无穷大谜题,就必须找到能解释 W 玻色子的质量而又不破坏重整化的某种方法。这里有必要说明,为什么这个看似微不足道的差异——质量——扮演着如此独特的角色,因为当我们在后面探讨这个论点的细节以找出漏洞时,这会很重要。

QED 能够被重整化的证明依赖于沃德恒等式。这些恒等式表明,QED 理论里只有两个独立的无穷大来源,可以通过参考电子的电荷和质量的实验测量值予以消除。如果没有沃德恒等式,消除一个无穷大的任何努力都会导致另一个无穷大在方程式的其他地方出现;消除新出现的无穷大,又将导致另一个无穷大的出现,如此下去永无休止。所以,沃德恒等式是重整化的根本基础所在。沃德恒等式的关键特征是其本身依赖于规范不变性。

因此,规范不变性不仅导致了电磁作用力,为电磁作用力的相对论量子理论(QED)提供了支持,而且也意味着规范玻色子——在 QED 的情况下为光子——是没有质量的。后一个性质是 QED 能够重整化的关键:规范不变性、重整化和无质量的光子三者是关联的。

QED 重整化的关键到底是无质量的光子还是规范不变性?这有些类似于先有鸡还是先有蛋之谜。由于这两者是如此紧密地融为一体,在 QED 的实际运用中这并不是个核心问题,可是当我们试图把相似的思想应用于弱相互作用时,这个问题就变得比较重要了。

因为规范不变性不仅是杨-米尔斯理论的引擎,而且还是重整化的根基。然而,规范不变性似乎暗示着规范玻色子——在弱相互作用情况下是 W 玻色子——没有质量。如格拉肖所做的那样,在方程式中下令引入有质量的 W 玻色子,就会破坏规范不变性,进而破坏重整化。用比喻来说:忽略无质量的规范玻色子就像是将浴盆里的婴儿和洗澡水一起倒掉。

沃德认识到了这一点,曾经从事过重整化研究的萨拉姆也一样。然而,到 1958 年 11 月,格拉肖说服了自己,认为他的理论事实上是可重整化的——后来被证明是错误的。他写了一篇论文,并在 1959 年元旦发表于《核物理》期刊上。[5]

在 1958 年期间,萨拉姆也在尝试统一弱相互作用力和电磁作用力。沃德提议他们一起来构建一个弱相互作用的理论,他响应了这个提议,邀请沃德来帝国理工学院和他一起工作。他们读了施温格那篇认为大质量的 W 玻色子存在的论文,他们自己也一直在努力统一弱相互作用力和电磁作用力。他们论文的完成时间几乎和格拉肖的一样,并在 1959 年 2 月发表。[6]

格拉肖的论文探讨了一个包含"光子"或规范玻色子的三重态的模型,在这个模型中,一个常规的光子和两个带电荷且具有大质量的同胞兄弟一起合作。在这个关键点上,萨拉姆和沃德的做法也与此相似。

1959 年春天,当格拉肖来帝国理工学院作报告时,到处漫游的沃德已经离开学院旅行去了。格拉肖在报告中宣称他的理论是可重整化的。问题是萨拉姆和沃德这两个重整化研究专家没能消除无穷大，无穷大在他们的计算中如雨后春笋般不断涌现。因此，当这个"年轻男孩"[7]宣称他的理论是可行的——可重整化的——时候，萨拉姆大吃一惊。

在格拉肖到访之后紧接下来的日子里，萨拉姆十分焦虑，他和同事们仔细检查了那些论证。萨拉姆和沃德到底遗漏了什么？事实上，他们并没有遗漏任何东西。格拉肖关于他的理论是可重整化的宣称是完全错误的，如果格拉肖正确地进行了计算，他将证明无穷大是不可避免的，这和他认为的正好相反。

格拉肖感到极其尴尬。多年以后，他对这段经历作了如下回忆：[8]

> 任何熟知量子场论的人都能看出我的错误。尽管如此，阿布杜斯·萨拉姆邀请我到帝国理工学院报告我的工作。我的报告挺受欢迎，报告之后萨拉姆还请我去他家吃了一顿美味的巴基斯坦晚餐。但当我回到哥本哈根时，等着我的是两份帝国理工学院的预印本，指出我错了。难道萨拉姆就不能直接把我的错误告诉我吗？[9]

无论这件事情的细节如何，萨拉姆的反应是复杂的。一方面，他和沃德并没有遗漏掉如此基本的东西，他对此一定感到如释重负。毕竟，他们是世界一流的两位重整化专家，如果他们自己错过了这个发现而让一个研究生来揭示这个重要理论的话，这会粉碎他们的士气。另一方面，这是他们和格拉肖的第一次接触，这使萨拉姆对格拉肖多少有点轻蔑。萨拉姆有一点把人进行归类的倾向，并且一旦确定就不再改变。这件事情就是一个很典型的例子，萨拉姆声称[10]，他因此再也没有看过格拉肖的任何论文，尽管后来他自己承认这是一个错误的做法。

· · ·

格拉肖明智地放弃了他的理论是可重整化的轻狂断言，但仍继续着他对弱电统一理论的追求。第二年即 1960 年，他在巴黎作了一个专题报告，默里·盖尔曼是听众之一，这之后，好运降临在他的身上。盖尔曼只比格拉肖年长三岁，但已经有了极高的声誉。到三十岁的时候，他引入"奇异"粒子的概念来解释在宇宙射线中观测到的奇异现象；并已经在着手建立一个宏大的分类体系，将那些参与强相互作用的粒子——强子——归为不同的种类，最终把强子解释为由被称为夸克的更加基本的粒子所构成；

他还发展了一个被称为流代数的计算方法来解释这些粒子的行为。此外,正如我们所看到的,他认识到了 V－A 对于弱相互作用编码的重要性。所有这些工作已经超过大多数物理学者毕生的成就了;但对于盖尔曼而言,这仅仅只是个开始。盖尔曼的思想似乎是无止境的,他也在思考如何统一弱和电磁相互作用。当时,盖尔曼正处于加州理工学院的学术休假中,在巴黎法兰西斯学院访问,他邀请格拉肖和他共进午餐,以继续他们在报告会上未完的讨论。

盖尔曼点了鱼,格拉肖通常并不喜欢鱼,但他觉得不好拒绝。[11]半个世纪后,格拉肖仍然对此记忆犹新,他告诉我说:"那鱼很不错!"很幸运,他喜欢这顿午餐。盖尔曼对他的客人肯定有着类似的好印象,因为他邀请格拉肖在那年秋天来加州理工学院工作。最终让格拉肖获得诺贝尔奖的那篇论文在那次午餐后的几个星期内趋于成熟,并在他抵达加利福尼亚时得以完成。[12]这项研究遵循了施温格最早提出的思路,但包含了一个关键的新成分,即把镜面对称性或"宇称"纳入考虑。

宇称把一个粒子的量子波和它的镜像联系起来。在经验上,由电磁相互作用支配的过程所显示出的镜像关系与贝塔衰变过程的不一样。后者被称为"破坏了宇称对称性"——它能区分左和右,而电磁相互作用则遵守宇称对称性,对左和右一视同仁。为了符合实验数据,格拉肖把宇称破坏强行引入到他包含了 W⁺ 和 W⁻ 的贝塔衰变方程里,但这么做遇到了一个迫在眉睫的问题:那些涉及 W 玻色子的中性伴随子即光子的现象也将破坏宇称。这与电磁相互作用不符,在电磁相互作用中宇称是守恒的。

在这个关头上,格拉肖本来可以得出结论认为,这就是他关于统一理论的希望注定要破灭的证据。他已经大胆地忽略了一个问题,即传统的光子与带电荷的 W 伴随子的质量不同,他将这个问题描述为一个"我们必须忽略的障碍",现在,他的方程暗示了关于电磁相互作用镜像对称性更多的荒谬结论。然而,他并未把这个关于宇称的另一个问题视为威胁,而是通过提出他的重要见解,把它转变成了一个机会:"我们必须超越只有(带电荷的 W 玻色子和中性的光子)这个三重态的假说,引入一个额外的中性(成员)。"[13]

格拉肖如此提供了缺失的一环,即电荷为中性且破坏宇称的 W⁺ 和 W⁻ 的伴随子,并不是光子。相反,他假设,存在一种具有以上性质的大质量中性玻色子,他将其命名为 Z⁰。

到这个阶段,格拉肖就像个醉汉,从一个障碍猛冲进了另一个障碍。通过引进 Z⁰ 玻色子,他不但没有达到统一弱相互作用力和电磁作用力的初衷,反而实际上分开了这两种力——带电荷的 W 玻色子的中性同胞不再是光子,而是某个迄今为止不为人所知的讨厌的东西。不过,至少他修复了一些对称性。贝塔衰变所显示出的弱相互作用力性质暗示,带电荷的 W 玻色子必须具有非常大的质量,通过虚构出一个具有大质量的 Z^0 玻色子,格拉肖创造了一组三个大质量的粒子,它们除了电荷不同,其他性质都一样。

借助这一组背离所有规律的粒子,格拉肖出于侥幸——或者说灵感——找到了穿过迷宫的路径。通过引入 Z^0 玻色子即"重光粒子",格拉肖无意中发现了他通向不朽殿堂的门票。

格拉肖最后得到的模型与最初给予他启迪的杨-米尔斯方程组相去甚远。在杨-米尔斯规范理论中,这三种规范玻色子具有相同的质量——零。然而,格拉肖的模型除了 QED 无质量的光子以外,还包含三种大质量的规范玻色子,即 W^+、W^- 和 Z^0,它们和光子不再有关联。

这整个设定看起来是如此随心所欲,以至于他的坚持很不同寻常。的确,统一电磁相互作用和弱相互作用的初衷已荡然无存:电磁相互作用(光子)和弱相互作用(W 和 Z 玻色子)被拆散了,而不是如他所愿的那样结合在一起。

然而,并不是所有的一切都失去了。他与盖尔曼的交流帮助加深了他对支撑杨-米尔斯规范理论的数学原理的理解。在这样做的过程中,他发现了怎样合并这两种作用力。量子力学的深奥性质实际上把光子和 Z^0 玻色子联系了起来。

为了知道其中的原因,我们需要转移一下话题,作一个简短的说明。

"SU_2乘以 U_1"

在 20 世纪 60 年代初期,默里·盖尔曼开始对被称为"群论"的一个数学分支感兴趣。它把具有共同属性的事物划分为家族——群。当时,从粒子加速器实验中涌现出的大量强相互作用粒子让盖尔曼意识到,它们当中的许多粒子属于同胞,其身份和性质可以通过数学的群论关联起来。在关注强子的同时,盖尔曼也考察了支撑杨-米尔斯理论方程的数学群。

法国数学家埃利·嘉当在 19 世纪末对数学群进行了分类,这其中有一组被称为特殊幺正群(special unitary,其首字母缩写就是"SU"的由来),其大小用 N 来标记,N 是任意整数。当 N = 1 时,这个群仅仅是简单数字的集合。对于数学家来说,这种情况极"不特殊",所以被简单地归类为 U_1。只包含唯一光子的 QED 理论,从数学上来说是一个 U_1 规范理论。杨-米尔斯和肖的原创理论的方程,包含有三个规范玻色子,数学上对应着一个 SU_2 群。[14]格拉肖关于弱相互作用力和电磁作用力的模型,包含有 W^+、W^-、Z^0 和光子,因此被称为 $SU_2 \times U_1$ 理论(读作"SU_2 乘以 U_1")。

这些玻色子属于什么谱系呢?带电荷的 W^+ 和 W^- 明确无疑是 SU_2 家族的孩子。然而,鉴别那两个电荷为中性的玻色子——Z^0 和光子——的传承却不是那么简单。量子力学允许它们具有复杂的血统,以致 U_1 和 SU_2 两个家族都可以对这两个玻色子提出部分主张。因此在现实中,光子主要是来源于 U_1 家族,但是含有一些 SU_2 家族的基因组成;相反地,Z^0 主要来源于 SU_2 家族,同时携带着光子并不具有的 U_1 基因。我们称它们分别是 SU_2 和 U_1 的"混合物",SU_2 和 U_1 的混合含量传统上由被称为"温伯格角"的量的大小来表示,尽管是格拉肖首先引入了这个量。[15]

1960 年 9 月,格拉肖完成了他的论文,该论文于 1961 年发表。[16]格拉肖在论文中指出:"尽管我们不能解释为什么弱相互作用破坏了宇称(对称性)而电磁相互作用却没有,但是我们展示了如何将这种性质嵌入到统一这两种相互作用的模型中。"他颇有预见性地描述道,关键在于 Z^0 的引入,为把电磁作用力和弱相互作用力统一起来,这是"我们必须付出的代价"。他的这种做法是一笔明智的投资。

尽管格拉肖没有统一这两种作用力,但也没有完全把它们弃之不顾。相反,他把这两种作用力彼此关联了起来,用"角"来衡量这两种作用力的混合程度,这为寻求一个关于所有作用力的大统一理论的现代研究奠定了基础。[17]

中性弱相互作用力

Z^0 的预言暗示,存在着一种从未被观测到的弱相互作用力形式。揭示该作用力形式的关键是不起眼的中微子,这种幽灵般的粒子不带电荷,因此感受不到电磁作用力;但是,如果格拉肖是正确的话,它会对这种弱相互作用力的新形式有所反应。一个新的预言是:作为 Z^0 玻色子交换的结果,中微子会从物质中反弹出来。这个预言远远超出了当时实验观测的可能,至少在 20 世纪 60 年代是不可能做到的,因为中微子很难被探测到。但是,Z^0 玻色子的提出还有另一个推论,不幸的是这个推论似乎在出生的那一刻就排除了 Z^0 玻色子的假说。

20 世纪 50 年代,在宇宙射线和粒子加速器中发现的大量粒子中,有一些粒子具有盖尔曼所确认的性质,即"奇异性"。一些奇异粒子不带电荷,除了具有奇异性和不同质量以外,它们和更常见的"非奇异性"电中性粒子完全相同。比如,存在一种西格玛粒子,除了质量比中子大 20％左右并且具有关键的奇异性之外,它与中子并无二致。根据格拉肖的理论,这个西格玛粒子可以转化成中子。但是,这种转化从未被观测到。经验上,"奇异性转化的中性弱相互作用"并不存在。然而,根据格拉肖的理论,这种弱相互作用应该存在。

这似乎是最后的一根稻草。格拉肖统一电磁相互作用和弱相互作用的尝试起初因为宇称破坏问题而失败。通过虚构 Z^0 和一个角度来使 Z^0 与光子混合,他得以跳出了樊笼。但是,这样的结果是预言了一种弱相互作用的新形式,这种新形式暗示着一种奇异性转化中性过程的存在,然而,实验观测已经排除了这种可能。他在结论中软弱无力地写道:"遗憾的是,我们的考虑似乎缺乏决定性的实验结果。"

格拉肖放下了这个方向的工作,在迁到加州理工学院之后,他受到盖尔曼把群论应用于强子的研究兴趣的启发,把注意力转移到了其他领域。有十多年,他对自己的 $SU_2 \times U_1$ 模型不再表现出任何兴趣。

正如我们所看到的,阿布杜斯·萨拉姆在 1959 年与格拉肖的第一次接触,导致他忽视了格拉肖之后的工作。在 1961 年,不仅仅是萨拉姆,物理学家们总的来说几乎都没有留意到格拉肖的思想。然而,格拉肖无意中发现的 $SU_2 \times U_1$ 理论是正确的选择,这是大自然实际上所遵循的方案。人们认识到这一点还需要好几年,并且得归功于其他人的工作。

萨拉姆和沃德:第一幕

在 1958 年,格拉肖的博士论文在加州理工学院之外并不为公众所知,所以毫无疑问,萨拉姆和沃德对这个领域的首次进军是完全独立于格拉肖的工作的。1958 年 12 月,他们向意大利《新实验(Il Nuovo Cimento)》期刊投出了名为《弱电相互作用》的论文,于 1959 年 2 月见刊。他们和格拉肖一样,受到了施温格的启发。但是他们出发的方向却和格拉肖不同。

萨拉姆和沃德仿照杨-米尔斯理论建立了他们的模型,所构建的实际上是一个 QED 理论,但在这个理论中,无质量的光子除了通常的中性版本外,也可以携带正或负电荷。[18]

他们声称"这个理论是可重整化的",并进一步说"这也许是唯一的可被重整化的带电荷矢量玻色子理论"。然而，没有迹象表明他们真的证明了这一点；实际上，鉴于萨拉姆对格拉肖宣称证明了一个类似模型的可重整化感到惊讶，应该可以肯定萨拉姆他们并没有完成证明。相反，他们理论的可重整化似乎只是个猜想，这个猜想是基于一个事实，即这是个带有无质量玻色子的规范不变理论，而无质量的规范玻色子是 QED 可重整化证明的核心所在。

接着，他们提出了一个离奇的看法，即宇称破坏现象使带电荷的"光子"具有质量成为可能。他们承认，无穷大的幽灵——由于缺乏重整化——会因此出现，并且说"我们打算在后续的论文中进一步讨论这个问题"，但是据我所能发现的资料表明，他们根本没有这样做。他们的模型并不具有 $SU_2 \times U_1$ 结构，也没有混合角。该模型和我们现在所知的弱电相互作用力实际表现出的现象并没有真正的重叠。尤其是，他们的理论里没有 Z^0 玻色子的迹象。

这就是格拉肖首次出场在帝国理工学院作报告的时候，萨拉姆和沃德所持有的见解，而且这个报告令萨拉姆无视了格拉肖以后的论文。在 2010 年，格拉肖告诉我[19]，当他访问帝国理工学院时，他已经留意到了萨拉姆和沃德的论文，并且"知道它是错误的"。尽管在这篇论文中弱相互作用力看起来破坏了宇称，但"实际上并没有"。格拉肖将这篇论文描述为"在错误方向上的大胆一步"。

萨拉姆和沃德似乎也对他们的初始模型失去了信心，当沃德在 1964 年访问帝国理工学院时，他们又一起提出了一个更加成熟的最终理论。萨拉姆看上去并没有读到格拉肖后来的论文，因为在他们 1964 年的工作成果里，萨拉姆和沃德引用了格拉肖 1959 年关于重整化的论文，这篇论文和他们的工作仅是边缘相关；他们忽略了格拉肖 1961 年的论文，而这与他们研究的问题非常接近。而且，正是格拉肖 1961 年的论文给他买到了通往斯德哥尔摩诺贝尔授奖典礼的门票。

就像在他们之前的格拉肖一样，萨拉姆和沃德在此过程中发现，他们需要一个之前从未被发现的中性玻色子，这导致了一个 $SU_2 \times U_1$ 的数学结构。他们将这个重中性玻色子称为 X（这就是今天通常所说的 Z 玻色子——Z 代表 zero[1]，因此我以下都将称之为 Z）。在 9 月 24 日，他们完成了论文，提出了一个弱电相互作用模型，其中包含了具有质量的 W 和 Z 玻色子，但是没有任何关于如何避免无穷大难题的解释。

于是，萨拉姆和沃德最终独立地发现了大自然的选择，尽管三年之前格拉肖就已经建立了这个模型并将其发表。取得这个突破似乎是因为他们发现，如格拉肖一样，理论中的中性相互作用破坏了宇称。这个发现排除了光子是该中性玻色子的可能，因为众所周知电磁相互作用显示了这种对称性。因此他们引入了一个新的中性粒子和一个角度即 θ，这和格拉肖之前所做的实际上是一样的。关于这个新的中性粒子，他们对 Z 玻色子的出现作了一个评论，这个评论与格拉肖三年前所说的惊人相似：这是"为实现弱电相互作用统一而必须付出的最小代价"。

萨拉姆和沃德对不受欢迎的奇异性交换中性现象问题提供了一种"解答"。他们说，关于奇异性粒子行为的普遍观点"与我们现有的这个理论并不一致"，而不是直接承认他们的理论与意大利人尼古拉·卡比玻的模型不一致，因为卡比玻的模型正是奇异性粒子行为的普遍观点的基础。[20] 正如后来格拉肖所指出的，卡比玻的模型是正确的，传统的观点虽不完善但并不是错误的。[21]

于是到 1964 年，格拉肖、萨拉姆和沃德都建立了一个统一宇称破坏弱相互作用和宇称守恒电磁相互作用的 $SU_2 \times U_1$ 理论，所付出的"代价"是引入了一种新的宇称破坏的弱中性相互作用力，这种力由"重的光子"以 Z^0 的形式来传递。但是，萨拉姆和沃德的论文与格拉肖已经发表的论文相比，并没有什么超越之处。

和格拉肖的故事相比，最后一个相似之处是，萨拉姆和沃德也放弃了对弱电统一理论的继续探寻。萨拉姆的兴趣转移到了强相互作用和引力，有好几年他发表的成果主要是关于这两个方面的，而沃德则远离了粒子物理领域。这里有一个最大的讽刺，尤其对萨拉姆和沃德而言：他们并不知道，那一年夏天，他们在帝国理工学院的三个同事——汤姆·基布尔，格里·古拉尔尼克和迪克·哈根——已经找到了在统一弱电相互作用的尝试中所缺失的一环。

在萨拉姆和沃德的手稿完成的三周内，汤姆·基布尔、格里·古拉尔尼克和迪克·哈根研究小组在 1964 年 10 月初投出了他们关于"隐藏对称性"的开创性论文，解释了规范玻色子如何在保持规范不变性的情况下获得质量。这为最终解决弱相互作用中出现的无穷大谜题铺平了道路。1964 年的夏天，萨拉姆和沃德无意中发现了 $SU_2 \times U_1$，而在走廊的另一头，他们的同事找到了如何摆脱无质量规范玻色子束缚的方法，但是在帝国理工大学，似乎没有人把这两者联系起来。

半个世纪之后，"隐藏对称性"的概念已经成为理论物理学的焦点。研究这种隐藏对称性在粒子物理中的表现，是欧洲核子研究中心（CERN）大型强子对撞机（LHC）的目标，在公众心目中这和彼得·希格斯的名字联系在一起。但事实上，大自然在各种各样的现象中都利用了隐藏对称性，以至于对称性及其自发破缺或"隐藏"可被列入我们宇宙的重大基本原理之中。

幕间休息　1960 年

我们已来到 1960 年。

萨拉姆和马修斯构建一个可行的强相互作用力场论的尝试失败了,因为大自然事实上比我们预期的更加丰富多彩——要到 20 世纪 70 年代人们才会找到解答,见第 13 章和第 14 章。

QED 在极短距离或极端能量下存在缺陷,但其他作用力的理论有望在将来为这个谜团提供解决办法。

杨振宁、米尔斯和肖发现了 QED 的一个数学推广,这带来了建立描述弱相互作用力和强相互作用力理论的诱人可能性;然而经验上的问题是,这个理论显然要求传递作用力的粒子不具有质量——像 QED 里的光子那样。

实验发现,弱相互作用力表现出了和 QED 相同的一些特征,因此很可能包含一个"矢量"作用力传递粒子,这启发了格拉肖和沃德去探讨构建一个统一弱相互作用和电磁相互作用的理论的可能性,尽管存在粒子质量的问题。

沃德联系了他的朋友阿布杜斯·萨拉姆,并建议他们一起开展这方面的研究。

第8章　对称性破缺

大自然是怎样在雪花、超导体和粒子物理之中隐藏了对称性。杰弗里·戈德斯通发现了一个定理，表明创建包含有隐藏对称性的弱相互作用力理论的这种希望不可能实现。萨拉姆和史蒂文·温伯格证明了这一点。但是，菲利普·安德森注意到超导体设法规避了这个定理，这为彼得·希格斯的成名作了铺垫。

———————

即使我们不是数学家，当看到对称性的时候我们都能意识到它的存在。泰姬陵的对称性之美无以伦比。我家乡的彼得伯勒大教堂的正西面，则是对称性破缺的例子。大教堂的正西面有三个被肯·福利特形容为"巨人之门"的哥特式拱门，往这些拱门的后面看，你会在北面找到一座塔，而南面则没有。[1]

破坏对称性有两种方式。对称性从未真正存在是人们最熟悉的方式，彼得伯勒大教堂就是这种方式的例子。第二种方式的例子人们不那么熟悉，但仍然十分普遍。它被称为"隐藏对称性"，在这种情况下，基本规则显示了对称性，而大自然却没有表现出这种对称性。

拿漩涡星系来举个例子。引力在所有方向均匀分布：这是"球对称"。个体的恒星，如太阳，从远处看本身也是球对称的，因此显示出球对称性。但是，一个漩涡星系比如我们的银河系，远非球状，更像是一个平盘，其结构是二维的，在第三个维度几乎没有分布。在这种情况下，引力的基本球对称性就被隐藏了。

这种隐藏对称性现象，虽然陌生，却广泛存在。

图 8.1 对称性和非对称性

(a) 彼得伯勒(Peterborough)大教堂。大教堂西门——一个非对称性的例子。(图片来源：© Arcaid/Alamy)

(b) 引力具有球对称性，然而大尺度的结构可能将这个对称性隐藏起来，例如旋臂星系 NGC1300 并不显示出球对称的特征。(图片来源：NASA)

希格斯玻色子的故事就是隐藏对称性的例子，这个玻色子正是目前关注的焦点。尽管这个传奇在 1964 年达到顶峰，但其起源始于更早些时候。所以，为了充分理解其在粒子物理中的革命性影响，让我们先来看一些例子。

隐藏对称性

是什么造就了一幅杰作？当皮埃尔·奥古斯特·雷诺阿绘制《海景》的时候，他从简单的一笔开始画起，这一笔本身和你或我画的不会有什么区别。即使在多添上几笔颜色之后，也还是很难区分。但当画布上有大量的画笔笔触时，虽然图象从近处看上去是一个抽象的混合物，但从远处看，却呈现出了一幅美丽的图画——至少，如果这个画家是雷诺阿的话。

图画的出现是印象派画家精心安排组织的结果。大量的画笔笔触创造出的美好事物是单笔的颜料涂抹所不能企及的。类似地，单独的电子和质子是无趣的——每一个都和另一个完全一样，十分乏味。它们的相互电吸引能构建一个原子，这个原子又吸引其他原子。把足够多的原子组合在一起，它们就能形成一个有组织的整体，显示出单独的原子并不具有的特质——比如说，思考的能力。但是，我们不需要进入意识的神秘领域来说明这一点。组织的性质在像水这样熟悉的事物上，已经显而易见了。

集中在水分子 H_2O 里的大量氢原子和氧原子能组成不同的状态，如蒸汽、水或冰。具体的状态取决于诸如温度和气压之类的条件。滑冰者和因纽特渔夫相信他们脚下坚冰的硬度,然而温度稍微上升就能使冰融化。他们的安全依赖于单个分子的组织。当分子们被紧密锁在一起时,合成物是固体。温暖提供了能量,使单个分子轻微摇晃,离开它们在固体晶格的指定位置。最初,这种偏离非常微小,整个集合体仍然保持坚硬,但进一步加热,它们的摇晃就会剧烈到使集合体无法继续完整地存在。组成集合体的分子们溃散流动;固体就变成了液体。[2]

温度是衡量物质里能量的指标,尤其是其分子的动能。温度越高,不规则运动越强。反过来,液体越冷,它的分子运动得越慢,直到零摄氏度——“冰点”——水分子趋向于锁在一起。

在液体状态下,个体分子不带偏见地朝所有方向自由移动。它们的运动体现了分子动力学基本规律的旋转对称性。但在零摄氏度,分子会进行重组。原子拼图形成了结晶式样,就像冬天在玻璃窗上看到的霜的结构。于是,在水结冰的时候,由于分子组织方式的巨大变化,这个基本规律就被隐藏起来了。

如果你以 60 度角的倍数旋转如图 8.2 中那样的任何一朵雪花,它看起来都是一样的,显示了旋转状态下的“六角对称性”。

图 8.2　雪花和隐藏对称性

(a)低温或低能量条件下显示出来的结构源自于高能量情况下所具有的旋转对称性。平静的水面从任何角度观察都是一样的——也就是说水面具有旋转不变的旋转对称性。一片雪花只有以 60°的整数倍角度旋转的时候才会看上去保持不变。这样一片雪花仅仅是无穷多可能的雪花旋转取向的一个例子。(b)单片的雪花隐藏了更深层次的旋转对称性,而大量的雪花冰晶聚集在窗玻璃上则能保持整体的旋转对称性。(图片来源 © K. Libbrecht/Science Photo Library)

然而,在室温下,融化了的雪花是一滴水,无论从什么方向上看都一样。在这种情况下,水显示了完全的旋转对称性,这也是支配水分子行为的基本规律的性质。但是在雪花状态下,只有六个不连续的旋转得以幸存,基本的完全旋转对称性的证据消失了。在某种程度上,它失去了原始的对称性。用物理学的术语来讲,我们说对称性被隐藏了或"自发破缺"了。

"隐藏"描述了一个事实,即如果我们的经验被限制在零度以下的温度,我们看到的会是雪花的不连续六角对称性,而其分子基本的完全旋转对称性就不会为我们所知。"自发破缺",指的是从液体状态表现出的完全对称性到固体状态的较少对称性这种谜一般的变化。

• • •

几百年来,对称性和非对称性之间的矛盾早已为人熟知。传说,14 世纪关注自由意志困境的哲学家布里丹,思考了一头位于两捆一模一样的胡萝卜中间的毛驴的情形。[3] 这种情形的对称性暗示着,对于本身是对称的毛驴——哲学家们可以想象有这样完美的毛驴,它没有选择左边胡萝卜而不选择右边胡萝卜的理由,反之亦然。结果是这头毛驴会饿肚子。

即使有这么一头完美对称的毛驴,我们也很难相信这种事情会在现实中发生,但是搞清楚这种事情不会发生的原因可以引出更深刻的道理。

在现实中,某微小的干扰——也许是一缕微风,就会打破僵局。结果是一捆胡萝卜在一边,一头吃饱的毛驴在另一边;而不会是一头饿死的毛驴隔开两捆一模一样的胡萝卜这种对称的情形。

再举一个建立在毛驴困境基础之上的更真实的例子:在一次正式的晚宴上,客人们的座位围绕着圆桌均匀放置。[4] 客人与客人的中间放着餐巾。因此,你类似于布里丹之驴,在你的左边和右边都有一块餐巾,直到你决定选择其中一块餐巾,晚餐才会开始。一位比其他人更主动的客人选择了他的餐巾。这个举动打破了对称性,迫使每个人选择桌子上相应的餐巾。晚餐终于可以开始了。

餐巾的例子包含了关于对称性破缺讨论的另一个情形。如果客人们非常近视,只有紧挨着那位主动客人的两位能看到哪一块餐巾被选定了。他们作出自己的选择,这相应地使他们的邻座也照样行事。最终结果是,拿起餐巾的举动像一道波传遍了整个圆桌。这道波就是被称为戈德斯通玻色子的类比,当对称性在真实的物理体系中[5] 隐藏起来时,戈德斯通玻色子就会出现,剑桥理论物理学家杰弗里·戈德斯通第一个分析了这种可能性,这种玻色子因他而命名。

为理解这些原则,物理学家喜欢把一个问题还原至其本质。我们可以设想一个红酒瓶底部的形状,把它作为一个模型。它包含一个中间的隆起,隆起的周围是构成底部的环形山谷,垂直的瓶身形成了山谷的外壁。

在隆起的顶端上把一个小圆球放稳。从上面看,这具有完全的旋转对称性:从任何方位的视图都是一样的。但是,这个球处于亚稳定状态,只要受到最轻微的干扰,它都会滚下坡而使其引力势能最小化。一旦到达谷底,它的势能处于最小值;我们说它达到了"基态"。但是,对应于小球可能停留的环状山谷里不同的点,有无限多个可能的基态。

这时从上面看,我们有了不对称性——也许球会位于最南端的点。但是原始的对称性仍然存在,即使它现在被隐藏了。把这个实验做上几千次,并且记录下小球的落点。在几次试验后,你会得到一个车轮,其指向某些方向的辐条会比其他方向要多。在更多次的重复后,整个圆会逐渐填满。于是,大量的实验会使球的落点均匀分布在整个环形山谷,证实了初始情况下的旋转对称性。任何单独的落点都会破坏对称性,导致原始对称性的隐藏。

· · ·

这个红酒瓶底部隆起的例子,就是后来与杰弗里·戈德斯通和彼得·希格斯的名字联系在一起的理论的核心。

这个模型里有三个维度,每一个维度都发挥了作用(图 8.3)。垂直的维度决定了势能的量,它在隆起的顶部大而在山谷的底部最小。我们最感兴趣的是水平面上的两

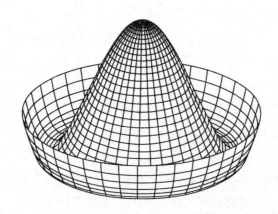

图 8.3 自发对称性破缺:红酒瓶底或墨西哥草帽型的位势

　　小球停在山顶将处于一个亚稳状态,当它滚落到山谷中的稳定状态时,它能选择沿着谷底的任何位置——这对应于"戈德斯通玻色子",小球能在径向上沿着山谷的壁做上下振荡——这对应于"希格斯玻色子"。另见图 9.1.

个维度。我们可以把任何一点的位置用两个量来概括：一个是距中心的径向距离，另一个是它相对于某个任意选定方向的朝向。

当球从中间的小山坠落，它最终会沿着山谷壁沿径向的方向上下振荡。这个有限的频率对应着一个最小的能量。相比之下，球随机掉落，停在环形山谷范围内任何一点的可能性都是相等的。在山谷底部没有力在起作用，所以没有角振荡。

无论小球最终停在环形山谷的什么地方，它都具有相同的能量，即对应于谷底高度的势能。对于在这个环形小山和山谷模型里的小球来说，每一个位置都是一个可能的"基态"。由于这些无穷多个可能的基态中的每一个都具有同样的能量，从一个基态到另一个基态并不需要耗费能量——毕竟这仅仅是一个角度的旋转而已。

在量子场论里，能量由粒子传递。在这个示例中，从一个可能的基态旋转到另一个可能基态所耗费的能量为零，所以与之相关的粒子质量为零。这个无质量的戈德斯通玻色子就是原始对称性破缺的后果。从原始的更加对称的状态所淘汰出来的单个对称性破缺版本的集合，就是关于原始对称性的记忆。戈德斯通玻色子是连接它们的纽带。

对于在径向方向的振荡，有一个最小能量，这在量子场论里对应于一个无自旋而有质量的玻色子。在粒子物理学中，这个玻色子已经和彼得·希格斯联系在了一起。

尽管这些思想在 20 世纪 60 年代引起了粒子物理学界的强烈关注，但它们其实并不新鲜。最早的类似思想是沃纳·海森堡 1928 年的铁磁性模型，这个模型起初并未被人们如此认识。[6] 最终让粒子物理学家们"发现"了这个概念的事件是对于超导体现象的解释。

超导性

1911 年荷兰物理学家海克·卡末林·昂尼斯发现，当冷却到 - 269 摄氏度时，固态水银的电阻就会突然消失。这个现象即"超导性"后来在其他材料里也被发现了，比如锡和金属合金。在超导材料做成的线圈里，电流无需施加任何电压就可以流动多年。几十年来人们都无法解释这种令人惊讶的现象。

1933 年德国人瓦尔特·迈斯纳想知道，超导体里的电流是不是由已知的粒子（在那时仅知电子和离子）所传递。在寻求答案的过程中，他发现了第二个重要的性质：超导金属把所有的磁场从其内部排斥出来。[7]

直到 1956 年，超导性才得到解释。超导并不需要新的粒子；相反，这个现象是电子穿过离子化原子的晶格的结果。超导性是许多电子集体作用时产生的现象；这种现象是突然发生的，就如同雷诺阿的画作之美是从有组织的众多画笔笔触里浮现出来一样。

我会首先解释超导性是如何出现的，然后着重讲述在这个事例中，隐藏对称性所具有的深刻并且如事实所表明的富于启发的重要性。[8]

一个电子在穿过带正电荷的离子网格时受到电的吸引，这引起了网格的轻微扭曲。如同钟被敲击之后会继续鸣响一样，这种网格的扭曲在电子通过之后会在短时间内持续。第二个穿过的电子发现的是一个扭曲的网格，并与之相互作用。如果时机、速度和自旋运动都合适，与网格发生的这两个相互作用会使这两个电子在磁力上互相吸引。它们协同行动，像一个单独的粒子，而其组成电子的两个自旋或各自的磁性则互相抵消了。

美国人利昂·库珀在 1956 年第一个认识到这种可能性，从那时起，这些电子对就被称为"库珀对"。它们的组成电子是费米子——自旋为半整数的粒子，它们在量子动力学里表现得像布谷鸟，同一个巢里不能容纳两只。在一个库珀电子对里，两个费米子总体具有整数自旋，像玻色子那样行为。相比之下，玻色子则像企鹅，大量的企鹅组成一个群体进行合作。玻色子能够聚集到最低可能的能量态——一个被称为玻色-爱因斯坦凝聚的效应，这两个科学家的研究工作使这个现象得到了解释，因此这种效应以他们的名字命名。玻色-爱因斯坦凝聚出现在奇怪的现象里，例如液态氦能流过狭窄的开口而不发生摩擦的"超流"现象，还有超导现象。在超导体里，库珀对表现得像玻色子，一起造成了"玻色凝聚"。

有电阻和会变热的传统导体与测量不出电阻的超导体之间的差别，就好比人们在狂野的夜总会里跳舞与专业剧团在舞台上表演舞蹈之间的不同。[9] 在夜总会熙熙攘攘的舞池里，几百个单独的舞者剧烈地摇摆，挥舞手臂，左右晃动，彼此碰撞。这就像是电子在金属里的状态。为模仿电场，设想舞池向一边倾斜，像在一艘轻微倾斜的邮轮上一样。引力会把舞者温和地推向房间的一边。他们一边穿越房间，一边继续跳着舞，整个群体表现得杂乱无章。碰撞越多，浪费的能量就越多。

这就是电场把电子推向一个方向时它们在一块温暖金属里的表现。电子向电场所决定的方向运动，同时彼此碰撞，以热的形式失去能量。舞者们的整体运动——在这个例子里是电荷——随之产生；电流流动，但是一路上有许多阻碍。

　　超导体里的库珀对就像专业交谊舞舞者们作为一个剧团进行演出，而不是作为单独的对。但是，在这套特别的舞蹈动作里，你的舞伴没有和你面贴面地跳舞，而是远在房间的那头，他的动作和你的动作精确到一模一样。在你和你的舞伴之间可能有大量的舞者，他们每一个都依次和人群中某处的另一个配成对。整个剧团的表演浑然一体，整个舞厅井然有序。

　　任何在第一个例子中妨碍一名舞者的干扰，在第二个例子中会影响全体舞者。有组织的剧团的集体力量能使其不受妨碍继续舞蹈；它们的运动——对现实情况中的电子而言，即电流——不会失去能量。

　　要发生这种情况，便需要存在有组织的配对。舞蹈编排的动力学会精确决定它们的配对方式，但是这个概念本身只取决于电子配对的能力。今天我们知道这种强大的配对关系就是自发对称性破缺的一个范例；对现实情况中超导体里的电子来说，被隐藏的对称性就是电磁的规范不变性。

　　这项研究工作将会产生两个诺贝尔奖。

　　在明确了配对的概念之后，库珀和他的同伴美国人约翰·巴丁和约翰·施里弗，提出了成熟的超导体理论，此后被称为"BCS 理论"。他们在 1972 年因这项工作荣获诺贝尔奖，那时 BCS 理论已在过去的十五年里给物理学家们带来了许多灵感，因为它优美地示范了大自然包含有我们不曾预料到的许多可能性。

　　他们发现了一个成功的舞蹈编排——这本身就是一个重要的突破——但并未找到隐藏的对称性的基本韵律，及其在规范不变性里的深入应用。1959 年，美籍日裔理论物理学家南部阳一郎，揭示了这些赋予 BCS 理论生命的特征。正是南部的洞见铺设了粒子物理学在半个世纪以来的道路，他也因此在 2008 年获得诺贝尔奖。

超导性和对称性隐藏

　　1971 年，南部阳一郎和我都在芝加哥附近新建的国家加速器实验室工作，今天被称为费米实验室，他在那时引导我进入了恒星的世界。他有一个功能强大的可折叠天文望远镜，装在一个小盒子里。在观星时，他把打开的望远镜放在一个小三脚架上，然后把三脚架支在车的引擎盖上。和南部交谈的感觉，正如通过天文望远镜看向遥远的太空。来自伯克利的理论物理学家布鲁诺·朱米诺曾说过[10]，他认为听南部说的可以让他遥遥领先别人十年。但是，等到他终于搞懂南部所说的东西时，十年已经过去了。

南部于 1921 年生于日本东京。他在东京帝国大学学习物理,1942 年获得科学学士学位。1950 年,他成为大阪大学的教授,但他的天赋已受到国际关注,1952 年他受邀加入普林斯顿高等研究院,两年后就职于芝加哥大学成为教授。

1956 年的一天,他在芝加哥大学听了罗伯特·施里弗的讲座,其内容是关于后来成为 BCS 理论的思想。南部对他们的大胆印象深刻,也为这个理论似乎和规范不变性不一致而感到烦恼。BCS 理论的论文在 1957 年正式发表,但出于令南部烦恼的同样原因,许多人对此表示怀疑。在两年的研究之后,他似乎成了认识到规范不变性在 BCS 理论里依然有效只不过被隐藏了的第一个人。他确认了一个深刻的事实:当温度足够低的时候,电磁的基本模式——规范不变性——会被隐藏,作为其结果,奇怪的事情就会发生,例如具有玻色子特征的库珀对的出现。

于是,通过 1959 年对超导体 BCS 理论的研究,南部受到隐藏对称性概念的启发,随后发现了其在物理学其他领域的深远意义。以此,他缔造了过去五十年最激动人心的一系列发展。

在一个超导体里,基态包含了库珀对。拆散任何一对并释放出单个电子都需要耗费能量。一旦被释放,电子会具有更高的能量,电子这时的能量与它们原来结合成对时的能量差被称为“能隙”。被释放的电子接收了这个能量差,而这通过 $E = mc^2$ 使它们看起来获得了质量。这赋予了南部一个想法:如果宇宙本身像一个超导体,粒子的质量能否通过某种类似的机制产生?

南部研究这个可能性的方法是,猜想质子或中子的质量基本为零,而它们通过某种对称性的自发破坏获得质量。为实施这个方法,他把“手征对称性”作为重点。“手征”这个词来自希腊语的“手”,其名词形式“手征性”指的是左手性和右手性之间的区别。这是手征对称性和质量的关联之处。

一个质子的自旋方向可以是顺时针或逆时针,我们可以把这想成向左或是向右,就像扭动开瓶器的两个可能性一样。现在想象你追上然后超过这个自旋时,它看起来会是什么样。如果你接近它的时候,它是顺时针方向,那么在你超过它往后看时,它看上去会向后或向逆时针方向旋转,也就是它的手征性会改变。这是对于一个有质量的质子的情形,但对于一个无质量的粒子,情形则大不相同。任何无质量的粒子总是以光速运动,光速是自然界的速度限制。没有什么能比这更快,所以如果你看到一个向左或是向右自旋的无质量粒子,你不可能超过它然后往后看,即它的手征性保持不变。

基本规则是,无质量粒子的手征性守恒,有质量粒子的手征性不守恒。南部假设,支配核子(质子和中子)的强相互作用的基本法则是手征性守恒的,然后他探究如果这个对称性自发破缺的话,会发生什么情况。

结果和他在超导体的情况下所发现的相似:从方程里出现了有质量的核子。比方说,如果一个核子的自旋向左,它的反物质的对应物就是自旋向右的。在自发破缺的手征对称性里,核子和反核子发生"凝聚"即协同行动,形成了超导库珀对的类似物,不带手征性。

从南部的数学里出现了一个无质量的粒子。[11]在手征对称性的特殊情况下,这个无质量的粒子被称为"伪标量"玻色子,因为如果从镜子里观看的话,它的量子波改变了信号[12]——这个信号的改变反映了已经消失的手征对称性。

南部发表于 1960 年的论文,是一个非凡的成就,因为具有这些特别性质的玻色子已被知晓,即把质子和中子束缚在原子核里的强相互作用力的传递者 π 介子。严格地说它并不是无质量的,但它远远轻于任何其他强相互作用的粒子。[13]南部因此证明了,要理解原子核和维系原子核的强相互作用力所需的所有基本参与者,都可以通过手征对称性破缺来获得。一切看上去都很好。[14]

对称性隐藏和粒子物理

南部关于对称性隐藏的思想让粒子物理学家们激动不已,其中包括阿布杜斯·萨拉姆和史蒂文·温伯格。最初,他们各自独立地发现这个思想极具启发性,很可能为粒子物理中一直困扰人们的"近似"对称性难题提供解决办法,而在这其中——至少对那时的萨拉姆而言——存在着电弱统一的希望。然而,乐观的情绪只是昙花一现。

随后的停滞是由杰弗里·戈德斯通写于 1961 年初的一篇论文造成的。[15]在完全确信自己是对的并且言之有物之前,戈德斯通总是持高度怀疑态度,不情愿发表任何工作成果。这种态度理应适用于所有从事研究的科学家,但是戈德斯通将其发挥到了极致,在他漫长的职业生涯里,他发表的论文仅有几篇,而每一篇都影响深远。[16]在 1961 年的论文里,他认为无质量玻色子的出现是对称性自发破缺不可避免的结果。南部关于手征对称性的论证和 π 介子的出现,在戈德斯通看来,只是一个普遍现象。[17]

在他的对称性自发破缺的研究里,戈德斯通确认有两个[18]玻色子起了作用:一个有质量,另一个无质量。由于不具有自旋的内禀量子性质,它们和光子或 W 玻色子并不相同。对没有自旋的 π 介子的情况来说这没什么问题,但对电弱相互作用却是灾难性的。这些作用力的传递者是有自旋的——它们是矢量玻色子——而真正致命的是，经验的证据表明，和弱相互作用有关的无质量、无自旋的带电戈德斯通玻色子并不存在。这样的粒子本来应该是容易看到的，却毫无迹象。

戈德斯通清楚地表明，对称性隐藏将意味着存在一个经验上并不存在的无质量粒子。因此其后果就是，南部关于对称性隐藏的美妙思想，虽然在手征对称性和 π 介子的情况下是成功的，但对粒子物理学家们实现更大的希望却毫无用处。

· · ·

1961 年的那个夏天，萨拉姆和温伯格参加了威斯康辛麦迪逊的一个研讨会。温伯格后来告诉我，他在此期间"和戈德斯通有过几次谈话"。[19]温伯格在美国工作，但在这次初步讨论之后，他那年秋天都在伦敦帝国理工大学和萨拉姆一起工作。戈德斯通给出了示例，但在萨拉姆和温伯格看来，他没有给出无质量玻色子必须存在的严格证明。

当温伯格找到答案时，萨拉姆去了苏黎世。[20]温伯格给他寄了一封航空信，说："你刚离开，我就找到了证明戈德斯通'定理'的方法，这个方法十分基本并且明显很严格。我希望它是错的。"但它是对的，并且构成了他们论文的核心部分。温伯格告诉我[21]："萨拉姆和我得出了两个严格的证明，其中一个证明很大程度上基于我从戈德斯通本人那里所学到的东西。"所以，在论文起草完成后，1962 年 3 月 29 日，温伯格写信告诉戈德斯通，论文手稿已投到《物理评论》，虽然他们在论文中作了和他有关的引用和致谢，但是"在论文完成之后，我们突然意识到你的名字应该被列为作者之一"。[22]

那时这篇论文正处于校对阶段，所以温伯格提醒戈德斯通，如果他希望被列为作者，他应该在 4 月 6 日之前发电报回复，因为温伯格将于那天离开伦敦，而萨拉姆届时已在巴基斯坦。我在的里雅斯特的档案里找到了这封信，还有一封戈德斯通回复给温伯格的西联电报。这封电报于 4 月 5 日下午 6 点送达帝国理工大学，刚好来得及，电报上写着："列我为作者因而修改致谢。谢谢你。戈德斯通。"

先是在格拉肖的不断督促之下，戈德斯通写出了关于这个主题的第一篇论文，[23]现在，这封在最后一刻送达的电报使他成了对他的理论给予证明的论文的共同作者之一。

这篇 1962 年的论文似乎使所有利用对称性自发破缺来理解大自然的"近似对称性"的希望都破灭了，尤其是构建一个统一电弱相互作用理论的希望，在这个理论中，W 和 Z 玻色子会由于对称性隐藏而获得质量。一个有质量的 W 玻色子或许可以出现，但这个理论要求另一个无质量、无自旋的带电荷玻色子的存在，而大自然中并没有这种粒子，这似乎使一切化为泡影。

然而在八年之内，萨拉姆和温伯格将会援引对称性隐藏作为解决弱相互作用力情况下无穷大谜题的灵丹妙药。经过十几年，到 20 世纪 70 年代初期，物理学界采纳了这个思想。这期间发生了不少事情。

前进的道路是美国理论物理学家菲利普·安德森在 1962 年发现的，相关的论文发表在 1963 年。[24]他的突破源自于一个教学实例：当电磁辐射遇到某种媒介比如等离子体和超导体时会发生什么，或者我们现在认识到的，当电磁辐射穿过充满真空的量子泡沫时会发生什么。安德森考虑了前两种情况，并且证明了规范不变性可以严格保持，却又允许相关的矢量粒子——光子——表现得像有质量一样。今天，大型强子对撞机（LHC）的粒子物理正在研究第三种情况——W 和 Z 玻色子由于穿过真空从而获得质量的可能性。[25]

安德森的等离子体

在我们头顶上方的一百多公里，太阳辐射冲撞大气层最外面的部分，把电中性空气中的原子分离为带负电荷的电子和带正电荷的离子。这种物质状态被称为"等离子体"，大气层的这个区域被称为电离层。电离层最有名的性质就是它对无线电波传播的影响方式。

在我们能够感知的五颜六色之外，还存在众多的电磁波，它们以光速传播但以不同的频率振动。红外线和紫外线首先被发现；随后是无线电波；之后是 X 射线和伽马射线。这些都是电磁波，仅在振荡频率上有所不同。在术语里，紫外线指的是高频率，而红外线——英文字面意思是"低于红色"——指的是相对低的频率。

由于所有电磁波以同样快的速度传播，波长越短，穿过你的波峰就越频繁。因此，低频率振荡对应着相对长的波长辐射。超出红外线之外众多的长波长组成了大致而言的无线电波。根据它们的相关特征，这些无线电波可分为：长波、中波和短波；低频、中频和高频。

当短波或中波无线电信号到达电离层的下边缘时，它们会被折射，像可见光被水面折射一样，或者甚至被反射，像光被镜子反射一样。当朝地面方向折回之后，它们撞到地球的表面，向上反弹，再次被电离层反射。通过这个来回往复的运动，波可以掠过成千上万英里，令业余无线电发烧友大为欣喜。

在使用互联网和卫星的现代通信时代，和过去相比这更多的是一种书呆子的乐趣。然而，尽管这些现象对无线电业余爱好者或双向式无线电通信使用者而言最为常见，我们大多数人也时不时会注意到，无线电接收的质量从白天到晚上，或在强烈的太阳活动期间会有所不同。所发生的情况是，电离层里在白天被电离的原子，会在晚上"愈合"；反过来，宇宙射线、流星雨或太阳风暴都能使大气层里的原子电离，改变电离层的结构，进而改变电离层对无线电波的影响。

等离子体传输电磁辐射的能力依赖于辐射的波长和等离子体的密度。对辐射波长的依赖很容易解释：哪怕在最极端的情况下，当无线电通信中断时，电离层对可见光依然是透明的——哪怕 AM 调幅无线电波不能穿过，我们也能看见星星。

当电磁波在空间传播时，它们会与位于其传播路径上的任何物体发生互相作用。值得描述的是，当它们遇到等离子体时会发生什么，因为其产生的现象为最终解决 W 和 Z 玻色子如何获得质量的难题提供了灵感，并且导致了对希格斯玻色子的探寻。

· · ·

一道电磁波由互相缠绕的电场和磁场构成，它们推挤着带电荷的粒子，如电子和离子。根据经验我们知道，一个作用力并不会使所有事物同等加速——例如，推动一辆轻便的自行车比一辆沉重的小汽车要容易得多。同样地，轻飘飘的电子被电磁波踢来踢去，而沉重的电离原子则几乎不为所动。

如果等离子体里所有带负电荷的电子在相对少量的大质量正离子的作用下发生位移，相反电荷的吸引力会把它们拉回到原来的位置。但由于惯性，电子会继续行进，超过它们的起始点，然后被再次拉回来。结果是，等离子体里的电子围绕它们的平衡位置来回振荡，在等离子体自身内部产生一道波。这道波以被称为"等离子体频率"的速度振荡，它的值依赖于等离子体的密度。这个频率相对于入射电磁波频率的大小，决定了入射电磁波是被原路反射回去（如同被一面镜子反射），还是相反继续穿过等离子体，尽管在强度和其他方面有所改变。

可见光的频率比无线电波高得多，所以一道无线电波的频率有可能低于等离子体频率，而可见光的频率高于等离子体频率。在后一种情况，构成可见光波的电磁场极其迅速地改变方向以至于等离子体里的电子还来不及作出反应：波的通过没有遇到干扰，星光于是穿过电离层。相反地，如果等离子体振荡压制了频率低很多的无线电波,无线电波的能量被反射。

　　等离子体频率的大小和等离子体的密度成正比。因此在低密度的等离子体里,如气态的电离层,这个频率是比较低的,于是等离子体切断无线电波,而对星光保持透明。把这和金属的情况作对比,在金属的情况下,电子的密度足够高,等离子体频率在紫外线区域内。[26]不仅无线电波,现在甚至连可见光都被反射了,这赋予了金属其闪亮的外表。

　　只有高频率的波能穿过等离子体,而频率低于等离子体频率的波会被切断,这个性质让菲利普·安德森洞察到光子有时能表现得像有质量的粒子的微妙方式。

　　想象我们生活在等离子体内部。我们只能觉察到振荡得比等离子体频率还快的电磁辐射。爱因斯坦告诉我们,一道电磁波里每个光子的能量与这道波的频率成正比。因此最低的频率对应着最小的能量。粒子所能具有的能量下限就是有质量粒子的一种性质。[27]简而言之,等离子体的存在阻碍了光子,并且实际上赋予其惯性——质量。

· · · ·

　　这只是故事的一半。安德森注意到和波振动的方式有关的另一个特征,对光子获得能量具有进一步的重大意义。

　　描述电磁场性质的麦克斯韦方程预测,对于在真空中传播的光,电磁场仅在垂直于传播方向的两个维度上发生改变,而不是所有的三个维度(图 8.4)。因此,自由空间里的电磁波被称为"横波"。电磁波未能用上所有的三个可用维度是意义深远的;这与麦克斯韦方程的规范不变性和光子没有质量这个事实紧密相连。如果光子有质量,这些波会向所有方向振动,即波传播方向的横向和平行向。[28]

　　沿着其路径振荡的波被称为"纵波"。对于声波(这是物质比如空气中高压和低压区域交替的结果),地震之后在岩石中传播的地震波,或大海的波浪,纵波是它们的正常状态。但是,对于真空里的电磁波而言,纵波是缺失的。

　　安德森现在认识到,在等离子体内部,电磁波重新找回了这个"消失的"纵向组成部分。突然之间,所有的三个维度都用上了,并且,光子具有了一个有质量矢量玻色子相关的全部特征。更不寻常的是,这一切的发生并没有破坏这个理论的基本规范不变性。所以如果我们生活在等离子体内部,我们关于电磁波的经验会使我们得出一个认为光子具有质量的规范不变性理论。[29]

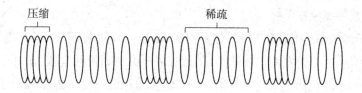

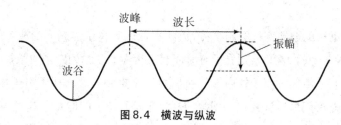

图 8.4 横波与纵波

上面的图显示了其密度沿传播路径振荡的一列波，即纵波。下面的图中，这列波可以发生在相对于页面的任何角度，但在其传播方向上具有同样的形状。这样的波是一列横波。

. . .

在 1962 年底，[24]安德森用这个例子回答了施温格曾经提出的关于规范不变性和质量的问题。规范不变性是施温格所构建的 QED 理论的核心。所有人，包括施温格，都相信规范不变性及其与电荷守恒之间的紧密联系，自动暗示了光子不具有质量。由于这在经验上似乎也是正确的，有好几年，人们曾以为这是实验所观察到的光子独特和无质量性质的深层原因。但在 1962 年初，施温格重新考虑了这一点。

他的证明依赖于一个经验的事实，即电子和光子的电磁相互作用是微弱的。[30]然后，施温格试图找到一个无需这个假设的更普遍的证明，但没能成功。他突然醒悟到，这种性质并不是普遍存在的，这意味着规范不变性和一个有质量的作用力传递者能够同时存在。以等离子体中的电磁波为例，安德森找到了一个例子，但是这个例子已经足以证明这一点：如果有其他粒子如等离子体存在，则对规范玻色子（即杨-米尔斯理论里具有 1 个自旋的作用力传递者）的质量并不存在普遍的约束。

事后看来，弱相互作用力的 W 和 Z 玻色子（在那时仍然是假设）成为这种情况实例的可能性，是一个显而易见的问题。有没有这种可能，即电磁相互作用和弱相互作用之间潜在的对称性能够产生没有质量的 W、Z 和光子，并且类似于等离子体的情况，真空的性质隐藏了这种对称性，在这个实例中赋予了 W 和 Z 质量同时保持光子无质量？这个固定下来的思想是，尽管杨-米尔斯理论方程里的规范不变性让人们预期一个无质量的矢量玻色子,但大自然在实践中可以推翻这一点,产生一个有质量的玻色子。我们将看到,距人们把这个思想实际应用到弱相互作用尚需要一段时日,因为人们的注意力最初集中在强相互作用上。但首先,戈德斯通的无质量、无自旋玻色子的绊脚石依然存在,它似乎注定要出现,如同盛宴上一个不受欢迎的客人。

戈德斯通无质量玻色子的消失

安德森在其论文结论段落的开头部分,先阐释了等离子体如何实际上赋予了光子质量,以及"杨-米尔斯类型的矢量玻色子不需要具有零质量"的总体评论。然后他提问,是否有什么不允许现实世界的真空有诸如等离子体或超导体实例那样的行为。他认识到这些自发对称性破缺的例子似乎暗示了一个无质量的——和不受欢迎的——戈德斯通玻色子的存在,但他接着提出了一个关键的问题:"情况必然总是这样吗?"

安德森回答:"明显不是。"他作出的肯定并非基于任何数学定理,而是基于经验的证据。超导体的现象包含了库珀对,但这些库珀对具有能量,并非令人忧虑的无质量戈德斯通玻色子。而且,迈斯纳效应——超导体内磁场的消除——意味着光子表现得像获得质量一样。于是,由于自发对称性破缺,超导性看似包含了"有质量"的光子,而不包含任何无质量的戈德斯通玻色子。

这个关于迈斯纳效应令人费解的评论需要一些解释,因为这将是未来发展的关键。

不同类型的物质影响电磁场的方式不同。一个绝缘体如玻璃或砖块,至少对一定频率范围内的电磁场是透明的:玻璃允许光的通过,而一个没有窗户的房间不容光进入但可以收到无线电信号。然而,如果有许多金属存在,情形就不再是这样。当你的车穿过一个用金属加固的混凝土隧道时,无线电接收会变差。这是因为金属是导体,排斥电场。不过,一个普通的导体允许磁场进入——你接收的无线电信号也许变差了,但指南针仍然指向北方。然而,超导体既排斥电场也排斥磁场。这个"禁止进入"的规则并不是即刻发生的;电磁场能够进入一小段距离,在表面的薄层之内存在。

在量子场论里,一个作用力的力程和传递它的粒子的质量成反比。因此,和光子没有质量的事实相对应的是,电磁作用力的力程可以是潜在的无穷大:地球的磁场覆盖了数千公里,而太阳的磁场覆盖了数亿公里。但在超导体内,电磁作用力的力程仅限于薄薄的表皮。如果作用力的传递者光子实际上获得质量的话，就能解释这么短的力程。

BCS 理论解释了超导体所有的这些性质。它因而也是一个关于自发对称性破缺的理论，包含了库珀对和表现得像有质量一样的光子——这个理论中并没有无质量的玻色子的身影。安德森的结论是，最初引发了所有兴趣的超导体，也证明了戈德斯通定理不可能是一个普遍真理。

安德森相信这是一个通向乐土的路标，他在 1963 年的论文里探讨了大自然是如何规避这个定理的。他注意到在 BCS 理论里，光子表现得像获得质量一样，尽管它通常是无质量的。然后，安德森提出了他的解释。支撑超导体 BCS 理论的 QED 基础理论，是以无质量的光子开始的，并且，自发对称性破缺的数学也应该在过程中产生一个无质量的戈德斯通玻色子。但是，BCS 理论里没有任何无质量的戈德斯通玻色子的迹象；实际上，根本连无质量的粒子都没有，因为光子本身都表现得像有质量一样。安德森猜想，两个无质量的实体——QED 的无质量光子和自发对称性破缺的无质量戈德斯通玻色子，"似乎能够'互相抵消'，只留下具有有限质量的玻色子"。[24] 随着戈德斯通玻色子消失和光子获得质量，光子和无质量的戈德斯通玻色子以某种方式混合到了一起。

我们了解到了安德森关于电磁波穿过等离子体并且表现得像光子有质量的实例。这个教学模型也显示，无质量光子的两个横波振荡是如何获得了第三个——纵向的——模式，而纵向模式是有质量的情况所需的。以此为基础，安德森现在提出了他的解释，戈德斯通玻色子通过被光子吸收，为一个有质量的矢量粒子提供了"消失的"纵向振荡。

尽管安德森找到了前进的道路，却未能真正发现戈德斯通论据中的任何缺陷。[31] 完整的解决方案尚有待发现。

讽刺的是，答案的关键已经出现在南部的一篇开创性论文里。1961 年南部和他的合作者乔瓦尼·乔纳-拉希尼欧在论文里甚至预示了安德森的洞见，他们评论道[32]，"在没有库伦（静电）相互作用的情况下"，超导体里会存在南部-戈德斯通玻色子。实际上他们认识到，戈德斯通定理仅适用于没有长程作用力如电磁作用力存在的情况。反过来，在存在电磁作用力的情况下，戈德斯通的无质量玻色子就消失了。但是，最终明白这一点要等到三年之后，而在大型强子对撞机上追寻其非凡的意义则要等到半个世纪之后。

第 9 章 "以我名字命名的这个玻色子",即希格斯玻色子

彼得·希格斯——和其他许多人——是如何发现产生质量的"希格斯机制"的。希格斯玻色子——为什么它在今天对粒子物理学家如此重要,为什么它以希格斯的名字命名,以及希格斯是如何在三周内一举成名的。

"哎呀!大到没法说了,不过它在理论上非常重要[5,5]。"希格斯玻色子是如此出名,以至于它的字谜出现在了尼克·凯默钟爱的卫报填字游戏里。[1]

当问起日内瓦的欧洲核子研究中心(CERN)为何花费数百亿美元[2]建造大型强子对撞机时,通常的回答会是"为了寻找希格斯玻色子"。然而,谁是希格斯?由于这个昂贵的玻色子是以他的名字命名,一旦希格斯玻色子被找到,人们普遍认为他肯定会得到诺贝尔奖。至少,这是媒体在"大爆炸日"至泄漏事故这段时期内的说法。大型强子对撞机于 2008 年 9 月 10 日启动运行,这一天被大肆渲染为"大爆炸日"[3],而在 2008 年 9 月 19 日大型强子对撞机发生了液氦严重泄漏事故,这个事故将其运行推迟了一年多。虽然媒体在文章和播出节目中把希格斯誉为被一些人轻蔑地说成"所谓希格斯机制"的发现者,但是未来的诺贝尔奖会花落谁家就像股票市场一样难以预测。

胜利者往往是那些经过漫长的接力赛,手持接力棒冲过终点线的人。目前的情况更像是一场障碍赛,其中由戈德斯通、萨拉姆和温伯格设立了障碍。在施温格和安德森找到清除障碍的方法之后,其他一些人几乎是同时到达了终点。

希格斯毫无疑问是其中的一员,比利时人弗朗索瓦·恩格勒和他的美国同事罗伯

特·布劳特也名列其中。阿布杜斯·萨拉姆对"希格斯-基布尔机制"提法的坚持令人困惑,这种提法忽略了布劳特、恩格勒,以及汤姆·基布尔的两个合作者——美国人杰拉德·古拉尔尼克和卡尔(迪克)·哈根。从《CERN 快讯》在 2008 年刊登出的基布尔三人组的一封来信可以看出,基布尔本人很长时间以来一直对这种提法感到尴尬。2008 年 9 月的《CERN 快讯》刊登了一篇专注于布劳特、恩格勒和希格斯的文章,基布尔三人组的信是为了对那篇文章作出回应。古拉尔尼克、哈根和基布尔小组认为那篇文章中唯一提到他们的地方——"伦敦帝国理工学院的讲座向学生们讲授基布尔-希格斯机制,这里指的是古拉尔尼克、哈根和基布尔后来发表的一篇论文"——"相当无礼"。[4]

由物理研究所代表 CERN 出版的《CERN 快讯》被许多人认为是国际粒子物理学界的内部刊物。有些人把这篇文章发表的时间选择,看作是在 2009 年诺贝尔奖评选中为欧洲人而不是美国人进行造势宣传的证据。[5]这种阴谋论忽视了一个事实,布劳特——被认为得到"宣传"的人之一——来自美国,而基布尔——受到伤害的小组成员之一——本人是英国人。

混淆和误传不胜枚举。BBC 网站宣传的版本是,"希格斯玻色子"是"由物理学家彼得·希格斯、弗朗索瓦·恩格勒和罗伯特·布劳特在 1964 年提出的"[6]。确实,布劳特和恩格勒比希格斯提前两周发表了论文,在 2004 年和希格斯分享沃尔夫奖(被普遍认为是仅次于诺贝尔奖的殊荣)的时候他们的贡献得到了承认;然而,我们将会看到,尽管他们的确提出了希格斯场的概念,但在论文中并没有明确提及任何有质量的"希格斯玻色子"。[7]

每年一度由美国物理学会颁发的樱井理论物理奖,在 2010 年授予了"六人组",即布劳特、恩格勒、古拉尔尼克、哈根、希格斯和基布尔。[8]在这之前还从来没有超过三个人共享这一奖项。就诺贝尔奖而言,一个奖项的获奖者不得多于 3 人,所以关于获奖者的猜测仍在与日俱增。被设计用来发现"这个玻色子"(无论它以谁的名字命名)的实验装置大型强子对撞机在 2009 年启动,加剧了这种猜测。无论最终被邀请前往斯德哥尔摩的会是谁,荣誉的分配都不可能没有争议。

樱井奖的颁奖词提到了在相对论场论中发现"产生矢量玻色子质量的机制"。其中并没有提及"这个玻色子"。[9]

我们先来了解一下关于"这个玻色子"和"这种机制"普遍存在的误解,这对我们随后的讲述会有帮助。起作用的有两个概念,许多文章和媒体报道把这两个概念混为一谈,给人留下它们是一回事的印象。诚然,这两者关系密切,就像是地球表面的经线和纬线,相关但不相同。以此类推,在首先引发了这些研究问题的杰弗里·戈德斯通的模型中,如果产生质量的"这种机制"是你在围绕赤道的旅行中发现的,那么"这个玻色子"则是沿着格林尼治子午线旅行的结果。在第 8 章的示例模型和图 9.1 里,前者涉及围绕谷底的旋转;后者则来自沿谷壁上下的径向振荡。

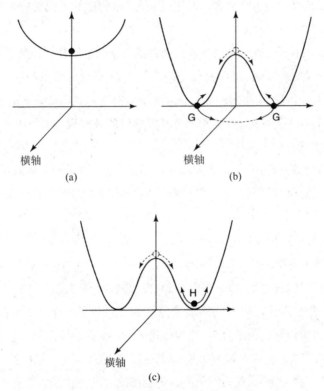

横轴

(a)

横轴

(b)

横轴

(c)

图 9.1 戈德斯通和希格斯:旋转振荡和径向振荡

(a)在壳体内滚动的小球最终将停在底部,在那里小球具有最低的能量。(b)假设某个恶魔把这个区域从偏离中心的位置向下推,使壳体的形状变成(b)(c)中所示。初始的稳定点现在具有了比谷底更高的能量。小球将会滚入山谷底部的某个随机点。围绕山谷底部的振荡——(b)图中的 G 模式——不耗费能量,但是沿山谷壁上下的振荡——(c)图中的 H 模式——需要耗费能量。G 模式类似于无质量的戈德斯通玻色子;H 模式通常是指有质量的希格斯玻色子。

"这种机制"涉及一些规范玻色子——应该像光子一样无质量的矢量粒子如 W 和 Z 粒子——通过"吃掉"戈德斯通无质量的标量玻色子而设法获得质量的方式。[10]这就是我们通常说的希格斯机制或者希格斯-基布尔机制,它破坏了电弱相互作用和弱相互作用之间原本的对称性。[11]然而,由于授予六人组樱井奖的表彰,也由于希格斯本人第一个对此予以强调,"这种机制"便具有更广泛的出处。

尽管有好几个人发现了矢量规范玻色子借以获得质量的这个机制,布劳特和恩格勒是最先发表相对论证明的人,但只有希格斯注意到一个大质量标量粒子的相应存在,这个粒子现在以他的名字命名。其出处是"戈德斯通的其他玻色子",出现于戈德斯通的原始模型。

公平地说,并不是彼得·希格斯本人把他的名字和这个粒子连到了一起。他谦虚地将其称为"以我的名字命名的这个玻色子"[12]。它被如此命名的原因、方式和时间是我将要讨论的几个问题。渴盼出现一个诺贝尔奖得主的英国媒体对希格斯的名字进行大力宣传,而且对那些推动大型强子对撞机项目的人来说,"希格斯玻色子"也已成了一个方便的响词儿。

菲利普·安德森对这类溢美之词却有着不同看法,他认为希格斯只是"一个相当次要的角色"。而且他写道,所谓的希格斯现象"事实上,已于1963年被我在(BCS)理论中发现并且应用到了粒子物理中,这比希格斯的伟大灵感早了一年"。[13]

就使得W粒子这样的规范玻色子产生质量的"机制"而言,这确实是对的。安德森就是希格斯本人称为"ABEGHHK'tH"机制里的"A",[12]这个完整的首字母缩写词指的是安德森、布劳特、恩格勒、古拉尔尼克、哈根、希格斯、基布尔和特霍夫特这八个人。当我们在2010年爱丁堡艺术节的活动中间一起讨论到这个事情时,希格斯补充道:"但是,我确实为希格斯玻色子负责;我相信我第一个让人们注意到了它在自发破缺规范理论中的存在。"[14]大型强子对撞机项目正在研究"这个玻色子"在粒子物理中的性质。虽然关于"这种机制"优先权的争论也许会持续下去,但"这个玻色子"则是另一个问题。所以,让我们首先来了解"这种机制"的传奇故事。

整体对称性和局域对称性

如果你读过菲利普·普尔曼的《暗物质三部曲》,[15]你会很熟悉通过牛津北部的一个"空气孔"消失而重现于牛津市中心的那只猫。用物理学术语来说,这与"猫的整体守恒"相符合,意味着这只猫在所有时刻都存在于世界上的某个地方:某一时刻在牛津北部,下一时刻在市中心。[16]然而,这不是猫的行为方式。至少,我自己的虎斑猫"酋长女士"从未做到过这样。它和菲利普·普尔曼家的猫来自同一窝幼崽。从牛津北部到市中心,酋长女士能够一步一步地走过去,或者被装在猫笼里在去看兽医的途中路过。这种情况下,它连续性地从一个位置移动到下一个位置。用物理学术语来说,这是"猫的局域性守恒"。对于构成猫的原子和构成那些原子的粒子,这也同样适用。整体对称性适用,但局域对称性也适用,并且更加严格——例如它不允许猫通过空气孔消失。

南部的模型和戈德斯通的示例,比如小球在红酒瓶底部滚动的示例,是对称性整体破坏的例子。无质量的戈德斯通玻色子对应于沿着山谷从一点滚动到另一点的小球。这相当于你重新定位了自己的视角,即将酒瓶底整体转动了方向。

尽管这种整体对称性在物理中发挥着应有的作用,但是在许多实际情况下,潜在的动力学则是受局域相互作用支配。电荷理论中局域规范不变性的约束意味着电荷守恒并且带电粒子之间存在作用力,即电磁作用力。例如,量子场论里,氢原子中的电子和质子间的电吸引是它们之间交换光子的结果。首先,处于特定位置的电子和光子之间存在局域相互作用;然后光子穿越间距空间,来到质子的位置并向质子传递相互作用。因此,支配电磁相互作用的对称性是一种局域对称性——相位(见第 5 章)可以随时间或空间中的不同位置而转动,但是现象保持不变。

因此,电磁作用力本身是局域对称性的结果,局域对称性还产生了光子。那么,如果这种局域对称性自发破缺,会发生什么呢?戈德斯通定理适用于整体对称性自发破缺的情况;而局域对称性则包含了规避戈德斯通定理的线索。

对于具有局域对称性,而非简单的整体对称性的理论,研究结果表明,并不要求零质量戈德斯通玻色子的存在。局域对称性是零质量的矢量规范玻色子产生的原因。如果这种对称性自发破缺,这个无质量的矢量玻色子会吸收"潜在的"戈德斯通玻色子,然后自身变得具有质量。同时,无质量的戈德斯通玻色子会消失不见。这个过程发生的证明为此后半个世纪的粒子物理学研究确立了方向。

这种同类相食事实上正是安德森推测可能发生的情况。但是,当施加了相对论的限制后,关于这个过程的确会在量子场论中发生的证明,则变得相当微妙。几个独立的理论组最终完成了这个证明的不同方面,包括前面已经提到的六人组。今天,这些思想是学生物理教育中的主要部分,事后看来这并不令人意外。但是半个世纪之前,在这些思想的孕育过程中,却普遍存在着困惑。

今天的一些争议是那时困惑的残留,其本身是科学研究本质的一部分。有多少想法存在于潜意识中,只是在别人将其清楚地表达出来的时候才得到了理解?有些评论的内容的确显而易见,却在当初被忽略掉以便简化那时的主流讨论,又有多少这样的评论在后来成为讨论的核心话题时令人耿耿于怀?只有那些身处风暴中心的人才能真正知道,并且往往连他们也不知道。这段故事就是一个范例。

错过的机会

我们在本书第 8 章简要提到,朱利安·施温格在 1962 年提出了一个预见性的问题[17]:"对于一个矢量场规范不变性的要求……是否意味着一个对应的零质量(矢量玻色子)的存在?"人们普遍认为答案是肯定的,这导致了泡利在 1954 年对杨振宁的叱责(见第 5 章)。到 1962 年,施温格对这种普遍接受的观点,即他本人在 12 年之前引入物理学的这类概念,提出了质疑。

现在,施温格充满讽刺地引用了他十年前有关 QED 的开创性论文,这使他承认:"(答案)总是肯定的。"他然后继续道:"作者已经相信,这种必然的含义并不存在。"施温格作为一位伟大的缔造者,在他理论构建的基础上发现了一个缺陷。正是这个思路引出了从规范不变对称性中产生大质量的 W 玻色子的"ABEGHHK'tH机制"。

20 世纪 60 年代早期,世界上有几个人朝着这个重大突破迈出了第一步,但在这之后畏缩不前,或者干脆放弃了。施温格本人要么没能回答他自己提出的问题,要么没有继续深究。

菲利普·安德森深入研究了这个问题。正如我们已经看到的,他在 1963 年的论文中给出了物理中自发对称性破缺的实例,并且是最先认识到其重要性的人之一,但是他距离发表一个证明电弱和弱对称性破缺的相对论场论尚有一步之遥。安德森的论文说明了固体媒介中发生的情况,但忽略了相对论的限制,这篇论文几乎没有引起粒子物理学者们的注意。

同时,在苏联,著名的固体物理学家阿纳托里·拉金向两个优秀的理论物理专业本科生萨夏·波尔雅科夫和萨夏·米盖尔提出了一个具有挑战性的问题:"在场论中真空像一种物质,那里发生了什么?"

他们回答了拉金的这个挑战性问题,证明辐射量子——在基本方程中起初是无质量的规范玻色子——能够变得具有质量。资深的同事们立即嘲笑他们为幼稚。米盖尔回忆:"在我们试图讲述这项研究工作的每一个研讨会上,我们都被踩到了地上。最恼人的事情是,甚至没有人争论这个问题——只要一提起'自发对称性破缺'就会引发哄然大笑,终结对话。"[18]

米盖尔回忆,他们是苏联政治哲学污染科学思想的受害者。"自伽利略以来,对物质结构的探索第一次由于政治原因被停止了。(质子)内部空无一物,(必须存在)完全的核民主——一切由其他的一切构成。不要问帽子里是否有兔子,你只被允许计算它会跳多远以及跳往哪个方向。"

弗拉基米尔·格里波夫和列夫·奥肯是广受尊敬的自由主义者和自由思想者,但就连他们这种地位的物理学家,"都不会(跟我们)谈论杨-米尔斯理论",波尔雅科夫回忆说,"在俄罗斯,这整个研究课题都不受欢迎,我们的文章拖了很久。"[19]等到他们说服别人他们事实上是正确的时候[20],另外的六个人——包括希格斯——已经独立地发现了这种现象。

· · ·

杰拉德·古拉尔尼克是最初到达终点线的人之一,却未能足够快地发表工作成果。

1962 年,古拉尔尼克还是哈佛大学的一个学生,他的导师沃尔特·吉尔伯特那时正在研究两种无质量粒子的数学理论的性质,其中一种粒子具有光子的特征,另一种粒子带电荷无自旋(一种"标量"玻色子)。他的研究表明,如果这一对粒子发生相互作用,类似光子的那个粒子会变得具有质量。古拉尔尼克与吉尔伯特谈论了这个模型。[21]多年以后,在一次公开报告上,他回忆道:"从这儿到……希格斯模型只需轻而易举的一步。事后看来,描述希格斯现象所需的一切在 1962 年的哈佛大学都是现成的。"[22]

接下来的那一年,古拉尔尼克转到了帝国理工学院,他在那里得到了阿布杜斯·萨拉姆和汤姆·基布尔的启发。他和基布尔"经常在午餐时"展开长时间的讨论,"就着糟糕的白煮蛋,和浇着黄色蛋奶酱的甜点——几乎所有其他东西都浇着蛋奶酱"。他们讨论戈德斯通定理在超导体中的明显失效——同样的观察曾激发了安德森的提议,尽管他们那时没有留意到安德森的工作。[21]经历了一系列的错误和争执之后,和基布尔的讨论取得了成果,因为古拉尔尼克最终发现了真相:在粒子局域守恒——如前面举例的猫——和考虑了狭义相对论的理论中,戈德斯通定理[23]无需适用。在这种情形下,传递弱相互作用力的 W 玻色子,可以通过吞噬戈德斯通玻色子而变得具有质量。

古拉尔尼克在 1963 年首先认识到了这一点,但是他的论证并非无懈可击,直到 1964 年他的老朋友迪克·哈根到帝国理工学院访问时,他们才把内容全部理清楚。到 1964 年夏末,他们"差不多万事俱备,但对一些小细节仍有疑虑"。[24]他的前任导师沃尔特·吉尔伯特当时在科莫湖的暑期班讲课,于是古拉尔尼克专程去了一趟科莫湖,告诉吉尔伯特他们所取得的进展。

正如我们将要看到的,吉尔伯特那时刚刚发表了引发希格斯出场的一篇论文。就在古拉尔尼克和吉尔伯特交谈的时候,希格斯的论文已经在起草过程之中。这一点要到后来才会清楚;在当时缺乏心灵感应,无法建立起事情之间的联系。

· · ·

在此期间,并且在古拉尔尼克、哈根和基布尔的论文写出之前,萨拉姆和约翰·沃德正在距离他们几个房间开外的一间办公室内完成结合电磁相互作用和弱相互作用的工作。这三个人对此毫不知情。反过来,萨拉姆和沃德也没有意识到他们的同事正在阐释的深刻洞见,即如何赋予规范玻色子质量,而这正是他们自己工作的最后一道障碍。

那时古拉尔尼克是个初级研究员,而沃德则是一位英雄。古拉尔尼克告诉我他对沃德的印象:"每个人都知道沃德恒等式和 QED。他出没不定。你和平常一样待在系里,突然之间你会看到沃德沿着走廊走过来,他从澳大利亚或者某地出发,途中经过帝国理工学院顺访阿布杜斯·萨拉姆。"

"他和我习惯于一起谈论物理的那类人不太一样。"但是,他平易近人,"看上去总是有点儿严厉,有点儿坏脾气,但是一旦他开始说话,他就会很健谈"。[25]

古拉尔尼克告诉我,沃德和萨拉姆对他们的工作守口如瓶。其他人感受到某件令人激动的事情正在发生的唯一迹象是,有一箱香槟突然抵达了帝国理工学院,因为沃德和萨拉姆"预计他们将因目前的工作而获奖"。(萨拉姆最终的确获得了诺贝尔奖,但沃德没有。)古拉尔尼克的同事约翰·查拉普在回忆这个事件的时候,告诉了我一个相同的故事。一天深夜,他正在系里工作的时候,约翰·沃德邀请他去他的办公室喝点香槟。查拉普记得,沃德把香槟冰镇在一个结实的废纸篓里,确信"他们(沃德和萨拉姆)已经克服了目前工作中的某个障碍"[26]。查拉普没有询问细节,"我们是小年轻,也不知道正在发生的那些大事",他补充说,"我肯定确有此事:我喝了香槟酒!"

这之后不久,古拉尔尼克和沃德在一个当地的酒吧共进午餐,古拉尔尼克开始谈论他尚未完成的关于隐藏对称性的工作。"我没讲多久(沃德)就阻止了我。他进而教训我不应该随意谈论自己未发表的想法,因为别人会窃取这些想法,并且往往会在我有机会完成相关的工作之前发表它们。"作为这次告诫的结果,古拉尔尼克没有向沃德问起他和萨拉姆正在进行的工作。

古拉尔尼克发现,戈德斯通玻色子的幽灵事实上可能是圣杯,而远非一个困难。沃德不知道的是,古拉尔尼克已经证明,当诸如光子或者 W 玻色子之类的规范玻色子存在时,不受欢迎的戈德斯通玻色子就不会出现,并且这些规范玻色子能够变得具有质量。同时,萨拉姆和沃德终于也发现了结合弱相互作用和电磁相互作用的正确模型,但是他们不知道如何从理论上解释 W 玻色子具有质量的经验要求。

古拉尔尼克回忆,在 1964 年夏天的帝国理工学院,有可能产生一个完整的弱电相互作用力理论所需的全部材料都已齐备。今天,他认为在那个决定命运的午餐之际,他和沃德之间拥有的"信息足以有希望当场解决弱电统一问题"。如果古拉尔尼克和沃德彼此更加坦诚一些的话,他们本可以共享诺贝尔奖,将萨拉姆、温伯格和格拉肖打入失败者的行列。

$\cdots$

没有意识到这颗更加珍贵的珠宝近在咫尺,古拉尔尼克和哈根起草了一份手稿,把它拿给基布尔看,请他提意见。命运即将给予他们残酷的一击。

在 1964 年期间,英国爆发了一系列的邮政罢工,延误了信件递送。接下来发生的事情如几篇文章中所述[20],他们记得,当他们正要把手稿的最终版本投给《物理评论快报》时,基布尔走进来说积压的信件里有"三篇论文,一篇是罗伯特·布劳特和弗朗索瓦·恩格勒的论文(他们和安德森一样是固体理论方面的专家),另外两篇是彼得·希格斯的论文"。这三个人似乎也已经发现规范玻色子如何变得具有质量。

在轻微的恐慌之中,哈根和古拉尔尼克阅读了这些论文。当我在 2010 年和他们交谈时,我提出,这一定是他们科研生涯中最糟糕的时刻。古拉尔尼克的回答十分坦率:

> 你知道,只有在回首往事的时候,它才是一个糟糕的时刻。事实是,我并没有觉得这些论文具有重大意义。我的反应是,布劳特和恩格勒做了非控近似,而希格斯没有提出我们所发展的深入见解。我小觑了这些论文。45 年后,事实证明你错得是多么离谱。我在仓促之中带着年轻气盛作出了这些评论。[25]

古拉尔尼克、哈根和基布尔的工作论证严谨，并且包含了深入理解这些新思想的独特洞见。[27]但令人难过的事实是，他们被别人抢了先。由于所发生的情况，他们在文本中加入了对这三篇论文的引用，但没有对其他内容进行改动或补充。他们将手稿寄给《物理评论快报》，《物理评论快报》在 1964 年 12 月 12 日收到了这份手稿。[28]

古拉尔尼克继续说道："我挺傻，但很诚实。回想起来，我希望我们那时加上一段真实的陈述，即在这个工作完成后，我们注意到了其他人的相关工作。"由于这个疏忽，他们含蓄地把自己放到了比赛的亚军位置，而在这个势均力敌的比赛中，人们从未检查过终点的影像来确定到底谁才是冠军。

古拉尔尼克、哈根和基布尔是赋予规范矢量玻色子质量的"ABEGHHK'tH 机制"中的 G、H 和 K。他们的论文中并没有提及大质量的"希格斯玻色子"。[29]

布劳特和恩格勒

罗伯特·布劳特和弗朗索瓦·恩格勒在 1959 年相遇并立即成为朋友，他们此后一直合作。布劳特 1928 年出生于纽约，最初是一位化学家，但是到 1959 年时，他已经成为固体物理（也就是今天所说的"凝聚态物理"）方向的著名理论家。当 27 岁的恩格勒从他的祖国比利时来到康奈尔大学做布劳特的研究助理时，布劳特已经是康奈尔大学的教授。恩格勒记得布劳特是如何开着他的"近百岁的老别克车"去机场接到他的。他"带我去喝酒，一直喝到半夜。离开时，我们就知道我们会成为朋友"。

他们的风格相得益彰。布劳特喜欢将抽象的概念转化成直观的思维图象，而恩格勒则更习惯正规的法国-欧洲传统，在这种传统中图象相对于形式数学来说是次要的。对一些人来说，这种差异会带来困扰，但对于布劳特和恩格勒来说这却取得了显著的成效，使得他们联合起来的洞察力比他们个体的洞察力之和更加强大。

他们发现彼此有着共同的兴趣，即大量物体自我组织的方式，比如在固体和液体中，或者更重要地，在从一种组态到另一种组态的相变中。他们对铁磁性和自旋波尤其感兴趣。

电子进行自旋，并且表现得像小小的磁铁。一个大型物体内磁力的简单理论模型可以设想为一排沿着一条线均匀分布的自旋电子。每个电子表现得像一个微小磁铁，它的北极或者南极指向某个选定的方向。

想象一个挂着许多衣夹的晾衣绳。每个夹子好比一个电子。在日常的情况下，地球引力决定了夹子的方向朝"下";但在我们上面的磁铁类比中,没有上、下或者侧向——它就像外太空里宇航员的晾衣绳。绳子上的单个夹子可以指向任意方向,这种情形是旋转对称的。

对于磁铁(即自旋电子)而不是衣夹的真实例子,这同样也成立。加上第二个电子(它会和第一个电子相互作用),然后继续下去,设置出一整行电子——这就是布劳特和恩格勒关注的情形。

每个电子会与其近邻相互作用,就像两个磁铁根据它们的相对方向感受到一个作用力。在这个特殊的模型中[30],如果这对电子的自旋方向相反,则作用力是排斥的;如果它们的自旋方向一致,则作用力是吸引的。系统总的磁能于是取决于整个集合体的相对方向。

在高温下,电子具有很高的能量以致它们的自旋轴剧烈转动,所以总体上,这个由许多电子组成的整体遵循旋转对称性。但是,随着温度下降,它们彼此的相互作用趋向于使其自旋方向一致。在最低能量即基态的情况下,所有的自旋都朝着相同的方向。在这个状态中,旋转对称性的基本规则就被破坏了(图 9.2a)。

自旋指向的方向是任意的。如果我们旋转所有的自旋,例如通过我们视线的不同来定向,我们将会看到另一个具有相同能量的基态(图 9.2b)。这里,我们再次得到一个具有引出戈德斯通玻色子所有特征的经典例子。在这种情况下,玻色子由自旋里的波构成。电子自旋的方向在自旋过程中会发生周期性转动。转动所有的自旋根本不消耗能量,因此在电子自旋波长非常大的情况下,只需极少能量,就能使电子自旋的方向进行缓慢的周期性改变。如果这个由电子组成的整体无限大,那么随着波长本身变成无限大,能量会趋近于零。这种情况下,这些无限长的自旋波就是戈德斯通玻色子。

这是当相互作用只存在于相邻的电子之间时发生的情况。然而,如果相互作用的范围更大,所产生的效应会大相径庭。研究发现,如果力程无穷大,那么戈德斯通玻色子就会被消灭。恩格勒和布劳特意识到,当量子场论中存在长程作用力(如电磁力)时,所发生的情况可能与此类似。

截至 1961 年,他们的合作一直非常成功,但是恩格勒的奖学金即将终止。康奈尔大学给恩格勒提供了一个教授职位,但他心系欧洲,回到了布鲁塞尔。此后不久,布劳特获得了古根海姆研究基金,他和他的妻子也来到了布鲁塞尔。社交生活和总体良好的人际关系赢得了胜利:布劳特从康奈尔大学辞职,接受了布鲁塞尔的一个职位,自

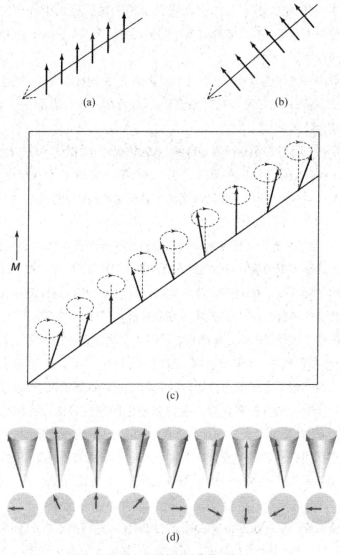

图 9.2　自旋电子磁体的列向

(a) 在基态下的排列。

(b) 在不同方向上的排列但能量相同。这两个例子通过透视角度的旋转——一种"整体的"旋转简单地关联起来。它们具有的能量相同。从一个方向旋转到另一个方向类似于图 9.1 中的 G 模式。

(c) 一列带有能量的自旋波，即一个"磁振子"，类似于图 9.1 中 H 模式的径向运动。

(d) 为了以另一种方式说明径向和角度的各种可能性，我们可以从上方观察这个磁振子。这显示了沿电子列向发生的旋转；这个图象可以设想为在超出书页平面外，将磁振子沿着列向进行任意角度的转动。

此一直留在了那里。

于是，在布鲁塞尔，他们重新开始了关于对称性破缺的研究。

他们要回答的问题是：如果在一个无质量的矢量规范玻色子（如光子）存在的情况下——这会产生一个长程力，对称性自发破缺，那么戈德斯通玻色子是否会被这个无质量的规范玻色子吸收，从而提供把这个无质量的规范玻色子转化为一个有质量的矢量粒子所需的纵向振荡——类似于安德森的等离子体振荡？他们找到了答案：是的！这与安德森在等离子体实例中的发现相同，但是现在布劳特和恩格勒把这个证明提升成了一个完整的相对论场论。[31]

布劳特和恩格勒的分析成功地证明，一个类似光子的无质量规范玻色子是如何能够在获得质量的同时保持相对论场论中的规范不变性。他们是最先发表这一开创性结果的人。他们引入了一个场，这个场类似于戈德斯通场，能够生成有质量的标量玻色子，但是并没有明确提到后来被称为希格斯玻色子的那种粒子。

彼得·希格斯出场

彼得·希格斯 1929 年出生于英国纽卡斯尔，他的父亲是英国广播公司（BBC）的一名电机工程师。后来他们一家人搬到了伯明翰。但在 1941 年，由于每晚都在发生空袭，他父亲的雇主们认为布里斯托尔会更加安全。德国人的飞机刚刚把布里斯托尔古老的市中心夷为平地，他们就搬到了这个"安全的地方"。

彼得·希格斯和三十年前的保罗·狄拉克一样，就读于布里斯托尔的同一所小学。他告诉我："我在学校的光荣榜上多次看到他的名字，就想知道他做了什么。"[32] 了解狄拉克生平和成就的过程帮助他在小学毕业前就培养起了对物理学的兴趣。于是，出于偶然，希格斯发现他自己成了量子电动力学奠基人狄拉克的继任者。

希格斯阅读了他父亲的课本，在这些课本中他接触到了数学和牛顿的微积分。"这意味着我走在老师们的前面，每个人都认为我将来会进入工程领域。"（这一点和保罗·狄拉克不可思议地相似，狄拉克本人在转到理论物理之前是工程学出身。）但是，希格斯的兴趣转向了物理。

1945 年，布里斯托尔大学的物理学教授——内维尔·莫特和塞西尔·鲍威尔，两个未来的诺贝尔奖获得者——作了关于广岛和长崎原子弹爆炸科学背景的报告。听者云集，希格斯也在其中。继这个报告之后，鲍威尔作了一个系列公共讲座，主题是关于在宇宙射线中发现的"奇异"粒子。这些报告大大增强了希格斯对物理的求知欲,他升入了伦敦国王学院,成为"攻读新设立的理论物理专业科学学士学位的第一个人",1949 年毕业后,他想攻读粒子物理理论的博士。伦敦国王学院的教授库尔森不知道费恩曼、施温格、朝永和戴森已经解决了 QED 中的无穷大难题,向希格斯传达了错误的信息:"QED 理论处于一个非常糟糕的状态。你可能一事无成,也可能获得诺贝尔奖。"因此,希格斯决定"谨慎从事",成了国王学院分子物理研究方向的博士生。

他的办公室与莫里斯·威尔金斯和罗莎琳德·富兰克林的办公室在同一个走廊。他在 1953 年是威尔金斯研究组里的"第四个人",威尔金斯后来因为解码 DNA 结构的工作和克里克、沃森一起分享了 1962 年的诺贝尔生理学或医学奖。在 1950—1954 年间,希格斯写出了他关于分子螺旋结构的首批论文——尽管不是关于 DNA 本身。然而,他的首要兴趣还是粒子物理,在获得博士后奖学金后,他得以转到爱丁堡大学,尼克·凯默是那里的主要负责人并且"是一个伟大的灵感源泉"。

· · ·

1955 年新年,希格斯搬到了爱丁堡。他在那里第一次遇到了汤姆·基布尔,基布尔那时是大学四年级的本科生,正在参加研究讲座。但是,接下来的那年,希格斯获得了一份前往伦敦大学学院的奖学金,然后在一次和阿布杜斯·萨拉姆会谈的鼓舞之下,转到了伦敦帝国理工学院。终于,经过一系列运气不佳的遭遇后,他最后回到了爱丁堡大学,这一次是永远。[33]

2000 年,当我们在爱丁堡大学的职工俱乐部享受苏格兰酿造的传统麦芽啤酒时,希格斯告诉我,他曾申请过伦敦的一个职位,凯默为此提供了"一份含糊不清的推荐信,充满了造成许多疑惑的三重否定"。爱丁堡大学也有一个职位,凯默告诉希格斯,"当然,如果你申请爱丁堡的职位也无妨",希格斯以为凯默是在礼貌地劝阻他。希格斯后来了解到,事实上,凯默的本意是出于鼓励。

汤姆·基布尔从爱丁堡大学毕业后去了加州工作,他在 1959 年带着一份研究基金来到了帝国理工学院,而本来在帝国理工学院的希格斯,获得了爱丁堡大学的职位。希格斯开玩笑地跟我说,这个情节是"真正的希格斯-基布尔机制"——一个产生就业机会的机制,而不是产生质量的被普遍误称为希格斯-基布尔的机制。希格斯对质量产生机制的参与,开始于他在爱丁堡大学安定下来的最初几个月。

· · ·

参加苏格兰大学暑期班是在爱丁堡大学学习和工作的一个额外福利,这个暑期班被广泛认为是最令人愉快的高级讲习班,特别是因为暑期班在晚餐时供应的大量葡萄酒。

苏格兰大学暑期班的历史到今天已经跨越了半个世纪,这个系列暑期班的第一期举办于1960年,历时三周。在这一期暑期班上,有一位授课老师在最后一刻退出,于是由另外一位来自加州的接替。主办方为这位授课老师的旅费作了六百美元的预算,但在仓促之中没有时间来安排购票细节。这位授课老师在暑期班开始的前一天到达,并且表明他已经从美国国家科学基金会获得旅费补助,因此无需暑期班报销。暑期班的财务主管突然发现自己幸运地有了六百美元的余钱,这在当时是很可观的一笔钱,而且为使暑期班受益,这笔钱急需花掉。解决方案妙极了:用这笔意外之财在晚餐时为参加者们免费提供葡萄酒。这个传统就这样开始了,此后一直延续至今。

彼得·希格斯被赋予了选酒师的重任,这使得他受到了所有学生和授课老师的欢迎。

苏格兰大学暑期班每年都会举行,我作为学生参加了1970年的那一期,那一年暑期班的举办地点在爱丁堡南部的米德尔顿公馆。彼得·希格斯那时外出参加在基辅的一个会议,直到1973年我访问爱丁堡大学作报告时,我才第一次遇见他。尽管如此,第一次参加苏格兰暑期班的经历在我心中占据了一个特殊的位置。[34]参加1960年暑期班的第一次经历对彼得·希格斯而言也极其令人难忘,因为在那期暑期班,三位未来的物理学英雄将第一次相逢。

1960年暑期班的举办地点设在纽拜特尔庄园,这是一个可以追溯到16世纪的豪宅,建造于一个教堂的旧址之上。这个庄园带有地窖、落地式大摆钟和城垛,很适合作为拍摄阿加莎·克里斯蒂神秘谋杀案的理想场所。据我所知,那里没有秘密通道,但对于那些富有想象力的人而言,它确实有一些藏身之处。1960年,在那些最具有创造力的学生之中,包括了谢利·格拉肖和泰尼·韦尔特曼。韦尔特曼后来和他的学生赫拉德·特霍夫特一起,在建立电弱理论的可重整化方面发挥了开创性的作用。当然,在1960年,这一切还远未发生:尽管格拉肖不久前完成了他的论文,但萨拉姆、沃德和温伯格尚未进入电弱理论的框架,希格斯的贡献也尚在四年之后。然而,思想开始形成,得益于葡萄酒和这个庄园的布局。

从庄园的入口大厅有一道楼梯通往地下室,那里是地窖和餐厅的所在。地窖和餐厅的房间入口彼此相对,入口之间有一个傲然靠墙而立的庞大落地大摆钟。地窖已经被改造成了休息室,学生和授课老师可以在这里会面和交流。

用餐时的服务员是临时聘请的当地人。他们会为每一桌分配三瓶葡萄酒,无论桌上全是成年人还是包括儿童在内的参加者的家属。格拉肖和戴夫·杰克逊(杰克逊后来写出了历来最好的经典电动力学——不同于量子电动力学——教科书)发现,如果与家属们同坐一桌,他们就可以在用餐时悄悄把一两瓶红酒放到桌子底下,然后在离开餐厅时再把酒藏在落地大摆钟的底部。纽拜特尔庄园的前门在晚上 10 点钟上锁,钥匙的叮当声就成了把酒从其藏身处取出并在地窖聚会的信号。

那些在地窖聚会的人们享受着葡萄酒,辅以麦芽威士忌,格拉肖和韦尔特曼也在其中。他们各抒己见,畅所欲言——格拉肖在聚会中描述了他结合弱相互作用力和电磁作用力的新理论——以至于如希格斯告诉我的,“他们会讨论到深夜,然后在讲座上迟到”。希格斯不得不保持清醒,因为他在暑期班的职责不只是选酒师,还要求他早起。“我就这样错过了格拉肖的模型”,他解释说。

六年后的 1966 年 3 月 16 日,希格斯在哈佛大学作报告,主题是质量产生机制。格拉肖出席了他的报告。在随后的交谈中,他们愉快地回忆起在苏格兰的快乐时光,格拉肖说,“彼得,这是一个漂亮的模型”,却没有认识到希格斯的报告可能使他自己的理论得以完备,结果错失良机。希格斯和格拉肖的论文那时都已发表,但他们俩都没有留意到对方的洞见。就像希格斯后来跟我说的——他用了第三者的语气,仿佛是在承认这个情形的戏剧性讽刺——“如果彼得·希格斯和谢利·格拉肖那时交流得当,后来就决不会有温伯格和萨拉姆什么事了。”

那么,希格斯和他的机制如何进入了科学词典呢?

希格斯的玻色子

“我得以成名的工作只用了我生命中相当小的部分——1964 年夏天的三个星期。如果《物理快报》(欧洲的期刊,希格斯向其投出了他手稿的第一个版本)那时接受了那篇论文的话,本可以只用两个星期。但他们起初拒稿了。”希格斯对编辑回信的解读是“他们没有理解这篇论文,因为它是用一种废弃的语言——废弃的场论语言——写成的。”[35]

20 世纪 60 年代早期,人们普遍认为“场论是一个死胡同”。然而,希格斯最终因其 1964 年的论文而成名,这篇论文的第一稿被拒,对物理学研究的进程具有意义深远的后果。希格斯决定,为了提高论文的可信度,他应该“补充一些这个理论的实践意义。这用了一个星期,就是 1964 年的那第三个星期,并且这次补充把(希格斯)玻色子加了进来。"所以,正是这篇论文的最初被拒,使得希格斯补充了那个令他从众人之中脱颖而出的要点。

· · ·

与布劳特和恩格勒、古拉尔尼克、哈根和基布尔一样,希格斯在 1961 年也被南部关于隐藏对称性的洞见和戈德斯通无质量玻色子的困境深深吸引。但真实情况是,他的确是在 1964 年夏天短短的几个星期之内一气呵成完成了相关的工作。

回想一下,戈德斯通定理断言,当任何"洛伦兹不变"理论中的对称性被破坏时,就会出现无质量无自旋的玻色子。洛伦兹不变性保证了狭义相对论,并且在本质上表明,物理规律的表现相同,和运动状态无关。用物理学术语来讲:宇宙中"没有绝对的静止状态"。这立即暴露出了戈德斯通定理中的漏洞,在安德森对于超导体中没有戈德斯通玻色子这个观察的解释中,电子的运动是相对于超导体的,所以存在着绝对的静止状态——处于这种状态的团就是固态超导体本身——这违反了洛伦兹不变性的关键要求。

人们普遍认为这是一个漏洞,并且实际上导致了一个普遍的共识——后来被证明是错误的——即戈德斯通玻色子的存在与否完全取决于洛伦兹不变性的存在与否——无论这个理论是相对论的还是非相对论的。人们对此普遍深信不疑,但没有人真正证明了这一点。

1964 年 3 月,阿贝·克莱因和本·李作出了关键性的干预。[36] 他们从数学上证明,戈德斯通定理在非相对论性的理论中不成立。如果仅此而已的话,他们的论文只具有教学价值,最终证实了人们普遍相信的观点。但是他们注意到,他们的论证似乎也适用于相对论场论,这提出了戈德斯通定理在相对论场论中也将不再适用的可能性。因为粒子物理正是建立在相对论场论的理论之上,这个可能性意味着戈德斯通定理有一个漏洞。

本·李是韩国人,后来加入了美国国籍,在接下来的十年间,直至他因车祸英年早逝之前,他的介入帮助确定了粒子物理的未来。1964 年的这篇论文,只是他许多重要贡献中的第一个。然而,沃尔特·吉尔伯特宣称克莱因和李的论文是错误的,这帮助引发了革命。

吉尔伯特是美国人,他在 1953 年来到剑桥大学成为尼克·凯默的研究生,当尼克·凯默到爱丁堡大学工作后,他成了阿布杜斯·萨拉姆接手的那批学生中的一员。

在此期间,吉尔伯特遇到了美国同胞吉姆·沃森,沃森与弗朗西斯·克里克共事,研究DNA结构。吉尔伯特受到这项研究的启发,在毕业之后来到哈佛大学(他在那里与沃森重逢),自己开始了分子生物学研究,最终在1980年因其在DNA分子量方面的工作获得了诺贝尔化学奖。他是人类基因组计划背后的灵感来源之一。而在完全转到分子生物学方向之前,他对克莱因和李的论文进行了回应,正是这次关键性的干预推出了彼得·希格斯。

· · ·

讽刺的是,吉尔伯特和希格斯的职业生涯是如此的互为平衡。当吉尔伯特作为一名物理学生与克里克和沃森一起工作时,希格斯正在伦敦攻读生物物理学,与莫里斯·威尔金斯和罗莎琳德·富兰克林同在一条走廊。接受了生物物理学训练的希格斯,选择了粒子物理学研究;而接受了物理学训练的吉尔伯特,却从事了分子生物学研究。[37]

由于吉尔伯特对克莱因和李的论文的回应,他们的职业生涯即将产生戏剧性的交会。

到1964年,吉尔伯特在分子生物领域发表论文已经有三年了。正如我们在古拉尔尼克的经历中所见,吉尔伯特对规范不变性和质量之间关系的兴趣在1962年期间被引发,导致他写了一篇论文,这篇论文短暂地打断了他在生物学领域日益增长的系列论著。[38] 1964年6月22日,他最后一次在粒子物理领域发表了一篇论文,这篇论文[39]证明,当施加相对论的限制条件后,在非相对论情况下规避了戈德斯通定理的方法并不适用。这与克莱因和李认为这个定理可能在相对论场论中也不成立的观点是相反的。

登载吉尔伯特论文的期刊在7月16日到达了爱丁堡。[40]到这个阶段,彼得·希格斯思考戈德斯通定理已有两年时间,所以吉尔伯特的论文引起了他的注意。他很快意识到,尽管吉尔伯特处理克莱因和李观点的方法是正确的,但是仍有另一个漏洞没有得到解决。在短短几天内,希格斯证明,如果相对论场论中包含规范场,并且进而包含规范玻色子,吉尔伯特的观点对于相对论场论就不成立,由此他设法堵上了这个漏洞。

7月24日,希格斯完成了一个短短的笔记,[41]扩充为仅仅一千字的论文,这篇论文证明,与吉尔伯特的主张相反,只要规范玻色子也存在,在相对论场论中消除戈德斯通玻色子是可能的。在论文的最后一句,希格斯承诺,"在后续的论文中",他将证明这会导致"粒子本质的质变";事实上,无质量的规范玻色子由于吸收了戈德斯通玻色子而变得具有质量。

他将这篇论文投给了 CERN(欧洲核子研究中心)。雅克·普兰特基是 CERN 理论组的负责人,也是《物理快报》期刊的编辑。普兰特基习惯于在决定是否发表论文之前将论文发给组里其他成员以征求意见。这篇简短的论文批评了吉尔伯特的反驳,并证明戈德斯通的无质量玻色子可以被消除,它被接受并于 9 月 15 日刊出发表。

然而,除了结尾处那个神秘的暗示,论文里并没有赋予规范玻色子质量的机制或者"希格斯玻色子"的任何迹象。这些内容出现在一个星期后他的第二篇论文中,完成于 7 月 31 日。正是这篇论文遭受了拒稿,编辑表示:"如果你深化这项工作并写一篇更长的论文,你可以考虑把它投到《新实验》。"

这个建议传达了复杂的信息,因为《新实验》期刊在当时是以根本不用审稿人而闻名的。[42]希格斯采纳了第一条建议,在论文中补充了一些实践意义,这让他"额外多用了一个星期"。他在结尾加了几句话,提到标量玻色子的存在,这和描述它们行为的一个方程一起构成了现在所说的希格斯玻色子的最初线索。希格斯觉得《物理快报》不会接收这篇论文,又不愿意投给《新实验》,于是他将修改后的论文投给了《物理评论快报》。[43]

· · ·

在其物理学研究职业生涯的晚期,在转变成一个生物学家的过程中,吉尔伯特在他人取得荣耀或者遭受不幸的时刻不知不觉地扮演了重要角色。古拉尔尼克对相关事件的书面记载回忆起,他在 7 月去科莫湖造访了吉尔伯特[44],如果他的记忆准确的话,对规避戈德斯通僵局的方法"几乎已是"[45]胸有成竹。同时,吉尔伯特刚刚在几个星期前(6 月 22 日)发表了他关于这个主题的论文。当希格斯看到这篇论文时,他在48 小时之内,[46]独自发现了这个漏洞,并在几周之内写出了令他一举成名的两篇论文。

如果在这么久之后关于这些事件的记忆是准确的,那么令人不可思议的是,在科莫湖的会面中吉尔伯特和古拉尔尼克当中没有一个人立即迈出这最后的一步。古拉尔尼克对于这次会面情形的回忆并没有让人感觉到,在他和他的妻子与吉尔伯特共度的那个下午期间,曾经闪现过一个顿悟的时刻。[47]

古拉尔尼克向吉尔伯特指出,他的想法与吉尔伯特和博尔韦尔两年前的工作相关,[48]并且"详尽地"介绍了这些想法的全部内容,只除了哈根后来做的一些技术贡献。他告诉我,吉尔伯特[49]"问了一些问题,看上去理解了我的工作",而且尽管他"有点儿不置可否",但"并没有作出否定的回应"。在和吉尔伯特交谈之前,古拉尔尼克本来打算发表论文,虽然这次谈话并没有发生什么令他困扰或沮丧的事情,但他想进一步探讨基布尔早先提出的有关固态物理的一些问题。[50]这花了几个星期,并且似乎只是推迟了论文的发表,而没有对论文产生实质性的影响。

吉尔伯特从古拉尔尼克那里得知了一个消息,即戈德斯通定理可能在相对论场论中失去作用的情况,但是他似乎没有真正意识到这个消息的意义。后来,当吉尔伯特收到彼得·希格斯两篇论文的预印本时,他在 8 月 27 日给希格斯写了一封信,首先对他表示感谢,然后继续说:"遗憾的是,我相信你的结论是错误的。"[51]这封信提到了一些技术性问题,但是并没有显示出吉尔伯特接受了这个根本的结论,即,当规范场存在时可以规避戈德斯通定理。

如果古拉尔尼克关于质量机制的工作在当时如他回忆的那样成熟的话,那么遗憾的是,与吉尔伯特——当时研究该课题的重要学者之一——的会面并没有产生更积极的结果。相反,希格斯在吉尔伯特对克莱因和李的批评中看到了漏洞,并早在古拉尔尼克、哈根和基布尔觉得可以果断投出论文之前的两个多月就发表了他的论文。

在这个阶段,六人组的所有成员追逐的是同一个猎物,他们各自的配方也是一样的:材料里包含了一个无质量的 W 玻色子,它被放进隐藏对称性的烤箱里,然后一个无质量的戈德斯通玻色子冒出来,立即被 W 玻色子吞噬。作为吞噬了戈德斯通玻色子的结果,W 变得具有质量。

正如我们所看到的,《物理快报》的编辑在 1964 年 7 月 27 日收到了希格斯的第一份手稿,并且予以接受发表。他的第二篇论文在一个星期之后被收到并且被拒稿,修改后的版本在 8 月 31 日送到了《物理评论快报》编辑的手中。布劳特和恩格勒的稿件在 1964 年 6 月 26 日到达了《物理评论快报》编辑的办公室,这比希格斯完成他的第一项研究成果早了一个月。

这个故事中的另一个巧合是,《物理评论快报》的编辑在布劳特和恩格勒的论文发表的同一天收到了希格斯的手稿。当希格斯的论文在 10 月 19 日最终刊登出来时,布劳特和恩格勒惊奇地看到希格斯的论文包括了对他们自己论文的一个引用:"他不可能看到我们的论文,那他是怎么知道的呢?"[52]希格斯解释说:南部是这两篇论文的审稿人,"他提醒我注意布劳特和恩格勒的工作。我补充了关于他们工作的一个评论。"

他们的研究是真正独立完成的;在 1964 年,手稿是用打字机打出来,然后通过普通邮件投稿。如果那个年代存在互联网的话,布劳特和恩格勒可能会把论文提交到一个网络文库,他们的工作成果会立即向全世界发布,之后的历史就会不同。

毫无疑问,布劳特和恩格勒是首先完成并公开发表工作成果的人。那么,与这个有质量的玻色子联系起来的为什么是希格斯的名字,而不是恩格勒或布劳特的呢?

答案是,到目前为止,大家一直在解决戈德斯通的无质量玻色子所发生的情况。然而,戈德斯通的另一个——有质量的——玻色子的问题仍然存在。希格斯发表在《物理评论快报》的那篇修改后的论文,独一无二地包含了这个问题。两年后,他在一篇更长的论文里发展了这些思想[53],引发了使其成名的那些事件。

· · ·

我向布劳特和恩格勒确认了在 1964 年各种论文发表时呈现出的物理图象。首先,围绕着红酒瓶底部位势的振荡不会消耗能量,是无质量的戈德斯通玻色子。第二,一个长程力存在时,这些无质量的戈德斯通玻色子会被规范玻色子吸收,使规范玻色子具有质量。第三,也就是那个缺失的环节,"希格斯"玻色子是从酒瓶底部中心径向波动的结果——如果无质量的戈德斯通玻色子是围绕瓶子底部环形山谷的振荡模式,那么希格斯玻色子则是沿着山谷壁上下振荡的模式。无论是否存在一个长程力,这第三个特殊的现象都成立。[54]

我询问,为什么他们的论文没有纳入有关这一点的任何评论。他们对于如何看待1964 年相关研究情况的解释如下:"'希格斯玻色子'是相当明显的[55]。一旦存在一个场,那么在量子力学中,这个场的波动就会表现为粒子。"例如,我们已经了解,在量子理论中,电磁场如何表现为粒子——光子。同样,希格斯场会发生颤动——由于量子不确定性,山谷底部会变得模糊不清——这时,粒子——希格斯玻色子——就会出现。

恩格勒继续道:"对我们来说,这是显而易见的,我们认为在引入(现在通常所称的)'希格斯场'之后,就没有必要明确提出这一点。[56]事实上,在物理学的其他领域,人们已经知道了'希格斯玻色子'。'希格斯玻色子'实际上和规范不变性无关:它是整体对称性破缺的一个普遍性质。"[57]

具有讽刺意味的是,布劳特和恩格勒没有提到如今是现代粒子物理核心的这个玻色子。希格斯也同意,有质量玻色子的思路是显而易见的——当我就此向他提出质疑时,他立刻大声说:"我同意!"[55]事实上,这个思路是如此明显,以至于要不是因为审稿人的干预使得他补充了一些实践意义——特别是这个有质量的玻色子,他也可能不会在论文中对此有所提及。

从构思到诞生,在他的第一篇和第二篇论文之间三个星期的过渡期间,希格斯在论文里纳入了这个玻色子。2000 年,我出席了在彼得·希格斯 70 岁生日后几个月举行的一个宴会,他在宴会上回忆了他对"希格斯玻色子"的创造。他总结道:"劳动量相当小,但是其后果令我感到震惊。"

古拉尔尼克、哈根和基布尔

所以,布劳特、恩格勒和希格斯都已经发表了论文,而此时古拉尔尼克、哈根和基布尔还在写论文,由于英国的邮政罢工,他们对事态发展一无所知,直至基布尔宣布消息的那个决定命运的时刻。

那时人们普遍认为,这个研究领域是一个废河道——"场论是一条死胡同"的口头禅广为流传,这种态度也许有助于解释这一系列错失的机会,而那些身处其中的人将对此难以释怀。

古拉尔尼克随后在几个地方作了关于他们工作的报告,结果却被斥为无稽之谈:"有人直截了当地告诉我,说我不懂电磁理论或量子场论。"当听到一个关于隐藏对称性现象的报告时,大多数观众的反应就像看到一个魔术师漂浮在空中一样:你知道这是一种假象,尽管你无法解释这是如何做到的。对许多人来说,隐藏对称性似乎是凭空出现的,就像变戏法一样。其结果看上去很可疑。要么是你被骗倒,要么是演讲者在自欺欺人,如果他们真的相信自己所做的工作。这种反应让人联想到俄罗斯的"小学生们",即米盖尔和波尔雅科夫所得到的回应。

在德国召开的一次会议上,"海森堡和其他名人认为这些想法是垃圾,并且明确表示出了他们的看法。我那时还年轻,所以这种驳斥很可怕"[58]。他从海森堡那里所经历到的正是对这些想法典型的普遍消极反应。他以前的导师朱利安·施温格,也参加了那次会议。施温格没有对古拉尔尼克的报告发表任何意见,但在之后主动提出用自己崭新的伊索·里伏塔跑车载他一程:"朱利安记得我从哈佛时起就是一个汽车发烧友,他知道我对那辆令人艳羡的跑车会非常感兴趣,那辆车花费了一大部分他那年晚些时候即将领取的诺贝尔奖金。"爱德华·泰勒的妻子和他们一起,坐在前座。施温格的驾驶极其娴熟,在车离开弯道进行加速时的换挡很利索。对于古拉尔尼克来说,在经历了海森堡的批评之后,这算是提供了一些安慰;对于施温格来说,他明显对他的新玩具很满意;但是,泰勒夫人仅仅说了一句:"在美国,如果你买一辆如此昂贵的车,那么它会带有自动变速装置。"

· · ·

在古拉尔尼克的伦敦奖学金到期后,他获得了纽约州罗契斯特市的一份临时合同。罗伯特·马沙克是那里的研究团队领导,他在早期为弱相互作用的发展作出了几项重大的贡献,尤其是认识到了掀起一场革命的 V - A 的重要性。古拉尔尼克向马沙克讲述了自己的研究计划,这个研究计划"回想起来,通向日后的弱电相互作用统一模型"。马沙克对古拉尔尼克的工作持怀疑态度,这呼应了当时对于这类想法普遍的消极回应。马沙克还敏锐地意识到对于大学终身职位的激烈竞争(那时的情况和现在一样),建议古拉尔尼克"如果(他)想继续从事物理研究的话,他必须改变研究方向"。

四十年之后,古拉尔尼克的反应很达观:"因为他在弱相互作用方面和就业市场方面都是专家,所以我听从了他的建议。我现在仍然相信他是正确的。"这确实是个乐观的看法,因为在那次谈话的几年后,马沙克在一次会议上(会议地点在谢尔特岛,无穷大谜题的诞生之地)遇到了古拉尔尼克。马沙克极其郑重地"向我公开道歉,因为他阻止了我在对称性破缺方面的工作",古拉尔尼克记得马沙克的话,"可能阻止你(古拉尔尼克)得到诺贝尔奖。"

46 年后

大约在 1964 年,六人组和"俄罗斯小学生们"发现,在一个起初没有质量的相对论场论中质量如何产生。这个结果超越了任何特定的模型。当今粒子物理面临的挑战,在于通过实验确定大自然是如何以及在多大程度上实际运用了这个机制。

汤姆·基布尔回忆说:"事实上(在 1964 年),没有人把希格斯玻色子视为一个特别重要的特征。(那时的)兴趣是规范玻色子获得质量并在这个过程中吃掉戈德斯通(无质量的)玻色子的方式。现在,它当然很重要,因为它尚有待实验观测,并且对它的实验观测将确认这个理论的有效性。"[59]

1966 年,希格斯跟进他早先的工作,并且写了一篇较长的论文,[60]在其中,他考虑了这个有质量的玻色子的衰变。这篇论文表明,如果矢量玻色子由于自发的对称性破缺而获得了质量,那么这个矢量玻色子的质量越大,它和希格斯玻色子的关系就越密切。1967 年,史蒂文·温伯格认识到电子也可以通过这个机制获得质量。如果自发对称性破缺赋予所有的基本粒子质量——不管它们是大质量的 W 和 Z 玻色子,还是诸如电子、更大质量的电子的同胞 μ 子,甚至更重的 τ 介子[61]之类的费米子——那么证明这一点的将是希格斯玻色子衰变成这些各种不同粒子的模式。[62]按照这个理论,希格斯玻色子往往更容易产生一代给定粒子中的重味粒子,而不是它们轻的对应物。我们后面将会看到,这就是大型强子对撞机寻找的衰变模式。

基布尔过去认为希格斯玻色子无足轻重的看法,和其他人的回忆是一致的,这些回忆是在 2010 年这六个人一起获得樱井奖时被披露的。恩格勒和布劳特表示:"这是我们在场论的第一篇论文,我们有一点孤立。我们根本不知道格拉肖(关于弱电相互作用力的 $SU_2 \times U_1$ 模型)的工作。"他们成功地消除了戈德斯通的无质量玻色子。他们的专业方向主要是凝聚态物理,他们了解戈德斯通的有质量玻色子的方式和安德森大致相同,认为这是"如此明显"以至于没有对此做任何评论。[63]只有希格斯一个人在1964 年和 1966 年将其纳入进来,对这个玻色子在粒子物理中的唯象意义做了一些有限的研究。

而对当今许多粒子物理学家而言,这个玻色子是核心。

1966 年,在伯克莱举行的高能物理国际会议期间,本·李明确提到了"希格斯玻色子"和"希格斯机制"。哈根出席了这次会议,他在会议后"给大约 20 个最著名的参会者写了一封信,在信中极力主张重新考虑这个命名。令人遗憾的是,那封信的副本现在已无法找到。"[64]由于包括哈根在内的 GHK 小组的论文完成时间是在希格斯的原创性论文发表之后,而且由于希格斯于 1966 年期间在之前的基础上对这个有质量的玻色子如何衰变做了进一步研究,李当时的评价也许并不是不合理的。不管怎样,哈根的信似乎收效甚微。我们会在下一章看到,1967 年,史蒂文·温伯格写出了他开创性的论文,[65]这篇论文利用这些思想建立了一个现在被确认可行的弱电相互作用力理论。温伯格的论文显要地引用了希格斯的论文,最终成为理论粒子物理领域引用率最高的论文。

在粒子物理学界,希格斯的名字频繁地与"以(他名字)命名的那个玻色子"联系在了一起。这种称谓很可能会这样保持下去。科学史学者也许会认为,正如一些人认为的那样,使用不恰当的名称会污染历史记录的特定部分。属于戈德斯通的无质量玻色子也许更公正地应归功于南部,并且实际上经常被称为南部-戈德斯通玻色子。粒子物理中被命名为希格斯的有质量玻色子,可以追溯到戈德斯通的原创论文。汤姆·基布尔记得,曾有人提议,希格斯玻色子"应该被称为戈德斯通玻色子,而戈德斯通玻色子应该被称为南部玻色子——不过这会非常令人迷惑!"

铭刻在肯尼迪总统墓碑上的话语将会一直属于他,尽管写出这些话语的人是特德·索伦森。多年来,这些话语的影响和共鸣既来自作者也来自演讲者。所以,这个玻色子的传承或许也是如此。如果仅仅考虑希格斯粒子有可能在某次粒子物理实验中被发现,那么它就该被叫做"希格斯"粒子。

但是,这里存在着一个削弱这个现象所具有的深刻本质的危险。自发对称性破缺在整个自然界都很普遍,超越任何具体的学科,它是科学普遍性最美妙的例子之一。我们期待看到,大自然如何精确地运用它把电弱对称性分为单独的电磁作用力和弱相互作用力,赋予物质结构并且使生命本身得以存在。这就像肯尼迪的演讲一样,无论写出了这些词句的人是谁。

幕间休息　20 世纪 60 年代中期

我们来到了 20 世纪 60 年代中期。

一个结合电磁作用力和弱相互作用力的理论已经建立，并且，对于明显需要无质量作用力传递者的早期忧虑也得到了平息。

这源自人们已经在科学的其他领域认识到的对称性隐藏的思想，这个思想随后被应用到相对论量子场论，即粒子物理学。人们最初认为，杰弗里·戈德斯通提出的一个定理证明了这种应用是不可能的。六位物理学家独立地发现了这个定理中的漏洞，他们在 1964 年夏天的几个星期之内纷纷发表了自己的工作成果，这个漏洞导致了一种可能性，即在起初没有质量的理论中质量可以自发产生。彼得·希格斯是这六人组的其中之一，今天他的名字和粒子物理上的这个理论进展联系在了一起，并且因为这个理论尚未被证实的后果而广为人知，即"希格斯玻色子"的存在和性质。虽然这是当今粒子物理研究的核心焦点，但后面的章节将显示，在 1964 年这些设想被普遍视为有趣的数学发现，有待于实际的应用。

第10章　1967年：从基布尔到萨拉姆和温伯格

汤姆·基布尔把希格斯机制变成了一种有用的工具，并且把这个思想传授给了萨拉姆，然后萨拉姆将这种思想纳入到描述弱电相互作用力的萨拉姆—沃德模型中。温伯格也采用了这种机制，并发表了一篇论文，这篇论文使他获得了诺贝尔奖。萨拉姆看到温伯格的论文，意识到自己已经被温伯格抢了先。与此同时，几乎其他所有人都忽视了这些思想。

────────────

春天

到1964年夏天，统一电磁和弱相互作用力理论所需的材料都已唾手可得。在伦敦帝国理工学院，对萨拉姆和沃德而言，只需纳入基布尔、古拉尔尼克和哈根的发现就能使他们的理论得以完备。但是，他们并没有恍然大悟。我问汤姆·基布尔："那时人们互相聊天吗？"他大笑，承认道："不如他们应该做的那样多。"[1]

基布尔的印象是，1964年的时候，萨拉姆还没有真正注意到关于对称性破缺的论文，或者至少还没有理解它们："沃德本人是个极其守口如瓶的人，多疑，容易认为人们可能会窃取他的想法。所以他很少和别人聊天。但是，萨拉姆经常和别人聊天，不过我不确定他是否一直在听。"

萨拉姆在1964年似乎对基布尔及其同事们所取得的成果置若罔闻，而在1967年一切却发生了巨大的变化。在这三年期间，基布尔坚持从事自发对称性破缺研究，进行深度探索,并尝试将这些思想与粒子和作用力的实际联系起来。毕竟,虽然这个机制显示了规范玻色子如何获得质量的基本原则,但在 20 世纪 60 年代,唯一已知的规范玻色子是光子,而它是无质量的。人们预言了大质量的 W 和 Z 玻色子,但对它们的探测远远超出了当时的实验能力。是什么规则决定了哪些玻色子获得质量,而哪些玻色子如光子又保持不变?

作为首先认识到如何赋予规范玻色子质量的那些人中的一员,基布尔努力把这个理论朝着真实世界的需求进行推广。正如在十二年前,杨振宁、米尔斯和肖通过采用数学 SU 群这个更为丰富的条件推广了规范不变性的思想,现在基布尔也在对"质量机制"做同样的事情。布劳特和恩格勒的原创论文中隐含了他所取得的一些成果,但是完备的理论——包含了将自发对称性破缺应用到粒子和作用力的真实世界所需的所有材料——是基布尔在 1967 年提出的。

他的成就在于表明了当赋予规范玻色子质量时,大自然是有选择性的。他用数学方程的形式表达了这一过程是如何发生的。为了便于读者理解,他还描述了一个简单的模型,当大自然从大质量的 W 和 Z 玻色子的汤里过滤出一个无质量的光子时,它实际上几乎就是使用了这个模型,虽然并不完全是。基布尔的灵感似乎更多的是源于数学之美而不是任何实际的现象学。

2010 年,当我们坐在帝国理工学院他的办公室里时,基布尔告诉我,他"在 1967 年和萨拉姆有过一两次关于质量产生机制的相当漫长的谈话。[2] 我认为,不知出于什么原因,谈话的内容得到了他的理解,而早先的相关工作则未能如此。"

由于这些私下的个别辅导,萨拉姆开始欣赏这个思想的美丽和强大。与基布尔的这些谈话产生了如此重大的影响,以至于多年后,萨拉姆总是与众不同地提到"希格斯-基布尔机制"——基布尔坦率地承认这一点一直令他感到尴尬。

相比起他在 1964 年时的漠不关心,是什么让萨拉姆在 1967 年如此激动?为了弄清楚这一点,我们需要知道萨拉姆真正的兴趣所在。

萨拉姆的全部著作显示了他在群论方面的终生兴趣。特别是,他一直被杨-米尔斯理论所吸引,并且一直无法摆脱关于他的学生罗纳德·肖的那些回忆,罗纳德·肖曾经向萨拉姆展示了将群论加到 QED 中的强大影响。萨拉姆也着迷于寻找可以对强相互作用的性质进行编码的对称群。在他的支持下,以色列的理论学家尤瓦尔·尼曼在 1961 年将 SU_3 群确定为描述强子性质的一种方式——默里·盖尔曼也独立发现了这一特性。1965 年,萨拉姆一度认为他找到了强相互作用的终极描述,在一个被称为

"U-旋转-$_{12}$"的华而不实的数学方案中把 SU$_3$ 群与相对论结合起来。英国媒体把这宣扬成万物的终极理论，但是实验上的证据早已破坏了这个理论的基础，于是它寿终正寝了。群论的确是萨拉姆非常关注的一个方面。

我相信正是群论引发了萨拉姆在 1967 年的觉醒。尽管自发对称性破缺在 1964 年没有对萨拉姆造成影响，但是 1967 年基布尔在这些思想中纳入了群论，这引起了萨拉姆的共鸣。他和沃德建立的弱电相互作用模型本身就深深扎根于群论。经过基布尔的辅导之后，萨拉姆认识到如何把质量机制植入他们的模型之中。

在此期间，基布尔因休学术假离开了伦敦，他在 1967 年夏天期间先去了布鲁克海文，接着又去了罗切斯特。所以 1967 年夏天和秋天，一系列互不相关的事件在帝国理工学院和比利时发生时，基布尔正好不在。那一年在帝国理工学院发生的事件，在 12 年后为萨拉姆提供了一张诺贝尔奖门票，这些事件长期以来一直笼罩在神秘和争议之中；我们后面将会对这些事件进行解读。更为直接和公开的突破集中于 10 月在比利时的一次会议和史蒂文·温伯格在 11 月发表的一篇论文，这篇论文最终让他分享了诺贝尔奖。

夏天

温伯格在科德角度过了 1967 年的夏天，研究关于 π 介子强相互作用的一个新理论，这个理论的基础是自发对称性破缺的思想。

南部最初的研究探讨了孤立状态下的每一种 π 介子类型。他并没有考察这三种形态（带正电荷、负电荷或零电荷）的 π 介子，在彼此发生相互作用时如何分享它们共同的"π 性"。这种共性，或者对称性，数学上可以用 SU$_2$ 群表示。

温伯格以这种对称性作为他的出发点，试图建立一个强相互作用力理论，在这个理论中核子和 π 介子发生相互作用。质子和中子（统称为核子）本身构成了潜在的 SU$_2$ 群的两个"面"。此外，它们在运动时可以表现为左旋或右旋。π 介子和核子相互作用的经验行为表明，SU$_2$ 群的潜在对称性倾向于独立地依照向左或者向右的概率发生作用。由此产生的方程的数学结构被称为 SU$_2$×SU$_2$，就是温伯格所使用的。

但是，在大自然里这种对称性并不是完美的。这种不完美是因为核子具有质量。如果它们没有质量，它们能以光速运动，向左和向右的概率真正彼此独立地发生作用——在这样的情况下，这个对称性能够成立。但是，核子确实具有质量，使得左和右混淆，手征对称性被破坏。实际上南部在 1959 年就研究过这个问题，只是缺少 $SU_2 \times$ SU_2 数学结构，未能使研究结果显得更加丰富。

1965 年左右，温伯格一直在研究这个更为复杂的理论，起初成果斐然。他推导出了解释 π 介子和核子在低能情况下（例如核物理）相互作用的行为定理。他能够预言 π 介子彼此散射时的行为。通过假设自发对称性破缺是 $SU_2 \times SU_2$ 的数学仅仅作为强相互作用的一个近似对称性的原因，温伯格率先发展了低能强子物理的完整理论。

这个理论被证明是如此成功，以至于有一阵子它降低了对布劳特、恩格勒、希格斯和帝国理工学院小组研究工作的兴趣。1964 年，他们已经说明如何消除不受欢迎的无质量的戈德斯通玻色子，但是温伯格的工作说服了他自己和其他许多人，π 介子本身就是一个自发破缺的 $SU_2 \times SU_2$ 的戈德斯通玻色子。当希格斯的第一篇论文发表时，温伯格想："嗯，很好。他找到了一种消除戈德斯通玻色子的方法，但是现在我已确信 π 介子就是一个戈德斯通玻色子。"[3] 远非不受欢迎，戈德斯通玻色子已经出现在了舞台中央。

然而，希格斯、基布尔和其他人都已经证明，杨-米尔斯理论中的矢量玻色子可以变得有质量而不破坏基本的规范对称性。这开启了一种可能性，即可以建立一个完整的强相互作用的杨-米尔斯理论。除了众所周知的 π 介子，能够感受到强相互作用力的大质量矢量粒子的实例也被发现了，特别是 rho 介子。像 π 介子一样，rho 介子也具有三种普遍的电荷形态：正电荷、负电荷和零电荷。从表面上看，这些 rho 介子都具有作为强相互作用规范玻色子的所有特征。并且它们具有质量，这会是应用自发对称性破缺的场所吗？

这个想法乍一看上去非常有希望，却未能与数据匹配。对于一些现象，这个对称性在经验上是破坏的，但是对于另外一些现象，这个对称性作用完美。[4] 当这些模式并入到数学中时，rho 介子固执地保持无质量，这和现实相违背。泡利多年前训斥过杨振宁的那个问题——"这些无质量的矢量介子在哪里？"——拒绝消失。

希格斯也曾经尝试基于自发对称性破缺构建一个强相互作用理论，但是他得出结论这不可能。在去往罗切斯特市参加会议的途中，他访问了布鲁克海文。他的日记，和他到达几天后写给妻子的信，[5] 记录着这次访问是在 8 月 25 日。

对希格斯来说这是一次令人难忘的旅行。他乘坐冰岛航空公司的飞机从苏格兰出发，在经由凯夫拉维克转机时，航班被延误，直到夜里 11:50 才到达肯尼迪机场。他换乘出租车、火车，又一次出租车之后才最终在 8 月 25 日星期五凌晨 2:30 来到布鲁克海文。按照他的生物钟，这已经是早餐时间了，于是睡一觉后他就去了实验室。

基布尔那时已经离开了布鲁克海文。希格斯回忆[6]："我参加了一个关于该如何理解，或者更准确地说，关于不该如何理解（强相互作用）的讨论会，参加讨论的人包括温伯格和其他人。我告诉他们，我没能用自发破缺的规范对称性构建一个强相互作用理论。温伯格的类似工作也一直没有成功。也许这次讨论帮助他在几周后认识到，正如他在诺贝尔获奖演讲中所说，他'一直把正确的思想应用到了错误的问题上'。"

温伯格对这次讨论或者在 1967 年去过布鲁克海文没有印象。[7] 不管怎样，看来希格斯和温伯格陷入了类似的僵局。但是在 9 月中旬，当他开着红色的卡玛洛车去 MIT 工作时，温伯格突然灵光乍现，发觉自己"把正确的思想应用到了错误的问题上"[8]。自发对称性破缺的思想拒绝对强相互作用起作用，反之，电弱相互作用中无质量的光子和假设的大质量 W 玻色子却与其符合得非常完美。

温伯格需要一个具体的模型来阐明他的大概思路。强相互作用的粒子——"强子"——对他来讲是个泥潭，所以他把注意力限定在电子和中微子上。电子的自旋可以向左或是向右，而无质量的中微子的自旋只能向左。作为强相互作用一个特征的左右对称性消失了。数学上现在只需要一个 SU_2 群，而不是两个 SU_2 群，第二个 SU_2 群被简单的数字所代替——术语上称为 U_1。于是温伯格建立了 $SU_2 \times U_1$ 方程——与格拉肖、萨拉姆和沃德提出的" SU_2 乘以 U_1 "一模一样，只是他并不知道。他的理论和格拉肖他们的理论一样，需要两个大质量且带电荷的玻色子——已知的弱相互作用力的传递者（ W^+ 和 W^- ）——和两个中性玻色子，即无质量的光子和一个大质量的 Z^0 玻色子。

令温伯格取得的突破脱颖而出的是，在基布尔的思想的指导下，他以最简单的方法纳入了质量产生机制，从而能够预言 W 和 Z 玻色子的质量。这个特征最终使他的理论有别于所有其他理论，并得以树立在科学的万神殿之中。这个特征就是一个事实，即自发对称性破缺孕育了一个可重整化的理论。

温伯格已经写下了描述电弱相互作用的一个可行方案，[9] 而他的方案中所缺失的一个环节正是他自己并不知道这一点。

温伯格的模型

"将不予回顾。"这是史蒂文·温伯格开创性论文中第一个脚注的开头的。[10] 这篇论文发表于 1967 年 11 月,使他在 1979 年获得了诺贝尔奖。温伯格的脚注记录了费米在1934 年的早期想法,还有"类似于我们模型的 S·格拉肖 1961 年的"模型。萨拉姆和沃德的工作没有被提到。

这个遗漏明显反映出了当时对弱相互作用和萨拉姆的贡献的态度。翻天覆地的变化是以后的事。20 世纪 70 年代期间,随着获得诺贝尔奖的呼声越来越高,温伯格和萨拉姆的名字成了刚刚统一的"电弱"理论的代名词;格拉肖的名字在最后一刻才重新出现,而沃德的名字则几乎消失了。

但那是将来的事情;1967 年,温伯格在他论文的开头,对既是机会又是威胁的这个挑战进行了阐释。他关注的焦点是不会感受到强相互作用的轻子,即那些诸如电子和中微子的费米子。"与轻子发生相互作用的只有光子和假定传递弱相互作用的(弱)玻色子。将这些自旋为 1 的玻色子(光子和弱玻色子)统一成一个多重态,这是再自然不过的事情了,"他这么想。那正是机会所在! 威胁则是,"光子和(弱)玻色子质量的明显差异妨碍了这种统一"。他然后提出了一个解决方案:也许"联系弱相互作用和电磁相互作用的对称性(在根本层面上)是成立的,只不过(在实际中被隐藏)。"如戈德斯通所表明的,这里的问题是,这种想法"引来了不受欢迎的戈德斯通玻色子的幽灵"。接下来,温伯格提请人们注意希格斯、布劳特、恩格勒、古拉尔尼克、哈根和基布尔的思想,按照这个顺序引用了他们的工作成果,[11] 并且利用这些思想构建了他的模型。这消灭了戈德斯通的幽灵,并且赋予了 W 和 Z 玻色子质量。另一个重要的洞见是,温伯格也对这种机制如何让光子保持无质量作出了说明。

论文的开始段落以一个预见性的评论作为结束,即"这个模型也许是可重整化的"。这个评论所基于的论证出现在论文的最后,尽管和论文开头所暗示的希望相比,这些论证有点儿信心不足。论文的最后一段以一个问题开始:"这个模型是可重整化的吗?"他的论证显示出了他的直觉程度:尽管大质量的矢量玻色子的存在到目前为止是一个祸害,但是,他所构建的理论在开始时并没有这样的质量,因此他的理论"可能是可重整化的"。他思索,那么,"问题在于,这种可重整化性是否会(因为自发对称性破缺)而丢失"。结束语是:"如果这个模型是可重整化的,当我们把它推广到强子时会发生什么?"

在推测这个模型可能是可重整化的这一点上,他非常具有先见之明,因为特霍夫特将在四年后证明这一点。由于可重整化的问题至关重要,我们有必要追溯到这篇论文投稿之前的两周。10 月期间在比利时索尔维会议上的一次偶遇,也许有助于使温伯格相信他走对了路。

索尔维会议：1967 年 10 月

1967 年 10 月 2 日至 7 日，关于基础粒子物理中的基本问题的第十四届索尔维会议在布鲁塞尔召开。温伯格在 9 月底出发去比利时参加会议时，他对自己的理论已成竹在胸。

温伯格并没有就他即将发表的论文作报告，但是的确在其他报告之后作了一些评论。会议简报显示，10 月 2 日下午，来自慕尼黑的理论学者汉斯-彼得·迪尔的报告结束后，温伯格第一个发表了评论。迪尔的报告主题是"戈德斯通定理及其在基础粒子物理中的可能应用"。温伯格首先谈到了强相互作用，提及引发了所有相关兴趣的南部的工作，然后说："我们也可以提问，这些思想能否应用于统一电弱相互作用。"

然后，温伯格发表了他开创性的评论，会议记录记载如下："这提出了一个我不能回答的问题：这样的模型是可重整化的吗？"他接下来的论证类似于后来出现在他论文里的论证，结束语是："我希望将来有人能够揭示（这）是不是一个可重整化的弱电相互作用理论。"

对于温伯格的评论，应者寥寥；如他自己回忆的，人们对此"普遍缺乏兴趣"。[12] 唯一记录下来的发言来自弗朗索瓦·恩格勒，他坚持认为这个理论是可重整化的；然后，不可思议的是，并没有进一步的讨论。

恩格勒和罗伯特·布劳特那时还是资历相对较浅的科研人员，他们俩都参加了这次会议。索尔维会议是一个非公开的会议，仅限于少数世界级的专家，但是根据惯例，布鲁塞尔大学从事相关领域工作的人员可以参加，尽管一般而言他们并不会插话。但是，恩格勒对温伯格的评论作出了回应，根据出版的会议记录，他明确说他和布劳特已经证明，描述大质量的矢量玻色子的数学决定了"温伯格提问的答案是，这些大质量的矢量规范场组成了一个可重整化的理论"。[13]

已出版的会议文集没有包含对这个问题的进一步讨论，恩格勒的断言明显没有引起异议。温伯格提出了可重整化的问题，恩格勒作出了回应，其大意是这个问题实际上已经得到解决。

· · ·

四十年后，不同的人出于利益因素对经历的事件表现出完全遗忘或者深切铭记。

这个场合对于恩格勒及其合作者布劳特是如此不同寻常，以至于他们对当时的情形记忆犹新，相比于会议文集里的简明摘要，他们的回忆当然包含了更丰富的细节。

恩格勒记得，[14]他在这个领域是个新人，表现很紧张，但同时对他和布劳特在质量产生机制方面所取得的成果相当自信。他记得当时的情况：当温伯格"提出诸如'为什么一个可重整化的无质量的理论在破缺后变得不可重整化？'的问题。我不记得原话了，但是在我看来，他认为规范矢量玻色子获得的质量还是留下了一个不可重整化的理论。我回应是因为我相信，我们有严格的线索表明破缺的位相应该是可重整化的。"

这个印象和温伯格对重整化问题的看法并不一致。他回忆道：[15]"我认为它很有可能是可重整化的。"他解释道，由于自发对称性破缺是在低能的现象中表现出来的，他的直觉告诉他，"当你关注的问题是发生在高动量区域时"这个对称性破缺应该是无关紧要的，因此也就不会对可重整化造成问题。但是（我的直觉）也就到此为止。"后面我们将会看到，温伯格在开会时带着他即将发表的论文手稿，手稿里清楚说明了他对这个理论可重整化的推测。

当时恩格勒的自信是建立在关于一个物理量的数学公式的基础上，这个物理量被称为矢量玻色子的"传播子"，出现在他和布劳特的分析中。[16]在这些以前曾经出现过的公式中，传播子包含了取决于玻色子能量和质量比值的一个项。由于一个虚粒子的能量范围可以是从零一直到无穷大，这个比值的范围也可以是从零到无穷大，这相应地会破坏理论的可重整化。但是，在他们的问题表述中，"这种机制"的一个结果是，当能量本身很大时，这一项并不会增大。这个值实际上是一个数——能量与能量本身的比值，而不是能量与质量的比值。如果这种传播子的形式正确，那么一个行得通的理论就可能是存在的。

一场小小的辩论随后在恩格勒和温伯格之间展开，会议文集并没有记录这次辩论。事后看来，他们的讨论可能是基于彼此的误解。

恩格勒解释说，他们研究工作中的传播子方程包含了玻色子的能量，而不仅仅是它的质量，他记得温伯格说："不。传播子有（能量除以质量）的项，并且是不可重整化的。"恩格勒说，他重申了他和布劳特的传播子包含质量的方式与此不同。然后，据恩格勒和布劳特回忆，温伯格说："有人在某处犯了一个错误。"

恩格勒解释道，当时他和布劳特在这个领域中是新人，温伯格的反应让他担心也许自己是错误的。以至于"当会议秘书找到我，让我为会议文集写下我所作的评论时，我说我不想写。于是我什么也没写，并且深信会议文集没有任何关于我插话的记载。"

但是，布劳特为会议文集写了一段记述，而恩格勒有好几年都不知道这件事。"多年后，也许是十年后，（在特霍夫特和韦尔特曼证明了可重整化性之后）伯纳德·德-维特对我（恩格勒）说：'你在 1967 年怎么会说这个理论是可重整化的呢？'"恩格勒回答说："幂次计数（即能量除以能量而不是质量）是规范不变性的一个结果。我当时说它应该是可重整化的，而不是说我证明了这一点。然后我对德-维特说：'但是你怎么会知道我说了什么？'德-维特回答：'它就在会议文集里。'——嗯，那是我第一次知道这件事。"

直到这时他才查阅并发现布劳特写了这段记述。我就此询问布劳特，他证实说："我写这段记述是因为我认为它是相关的！"[17]布劳特确信这个理论是可重整化的，说道："我是在这个意义上把恩格勒的评论写了出来。"

多年后，在恩格勒和布劳特看来，与温伯格的那次辩论似乎是在各说各的。[18]温伯格在那个阶段不了解他们工作的细节，而且描述 W 玻色子方程的标准形式依赖于其能量和质量的比值。[19]一旦得知恩格勒和布劳特方法中的方程形式，这个理论可重整化的可能性会变得更大。但是，要等上四年并且经过大量的工作之后，才有人设法证明了这一点。

温伯格的论文

在索尔维会议的某个时刻，温伯格把他论文的一份手写稿送给了汉斯-彼得·迪尔，正是在他的报告结束后，温伯格和恩格勒发表了评论。四十年后，我辗转获得了一份副本。温伯格本人在四十年来都没有见到过它，认为他获得诺贝尔奖的手稿的所有记录都已经丢失了。[20]这份手稿的显著特点是没有丝毫重新考虑或者修改的痕迹，这表明温伯格的想法在之前数天就已考虑成熟，这份手稿就是一份暂定的最终稿。初稿完成之后的唯一修改痕迹是一个关于这篇论文所基于的自发对称性破缺思想的备忘录，它挤在对希格斯的引用之后，包括对布劳特和恩格勒，还有古拉尔尼克、哈根和基布尔的引用（见图 10.1）。温伯格关于这个模型可重整化的直觉已经在这份手稿中出现，与他发表在《物理评论快报》论文的有关内容一致。在这份草稿中没有提到格拉肖的 $SU_2 \times U_1$ 模型，但是下个月发表在《物理评论快报》的论文版本中包括了格拉肖的模型。这是唯一的重要差别。

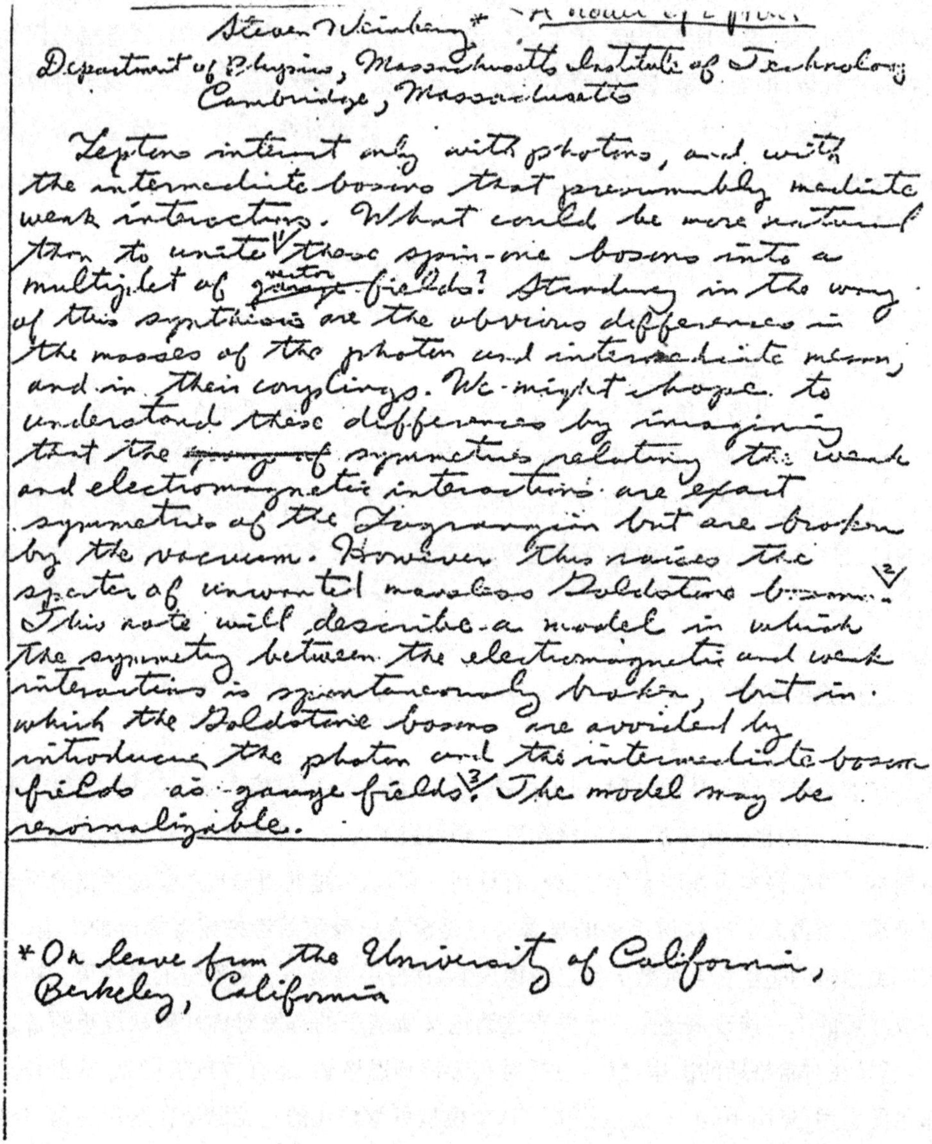

Steven Weinberg[*]   A Model of Leptons

Department of Physics, Massachusetts Institute of Technology
Cambridge, Massachusetts

Leptons interact only with photons, and with the intermediate bosons that presumably mediate weak interactions. What could be more natural than to unite these spin-one bosons into a multiplet of gauge fields? Standing in the way of this synthesis are the obvious differences in the masses of the photon and intermediate meson, and in their couplings. We might hope to understand these differences by imagining that the symmetries relating the weak and electromagnetic interactions are exact symmetries of the Lagrangian but are broken by the vacuum. However this raises the specter of unwanted massless Goldstone bosons.[2] This note will describe a model in which the symmetry between the electromagnetic and weak interactions is spontaneously broken, but in which the Goldstone bosons are avoided by introducing the photon and the intermediate boson fields as gauge fields.[3] The model may be renormalizable.

[*] On leave from the University of California, Berkeley, California

图 10.1 之一

1. The history of attempts to unify weak and electromagnetic interaction is very long, and will not be reviewed here. Possibly the earliest reference is E. Fermi, Z. Phys. **88**, 161 (1934).

2. J. Goldstone, Nuovo Cimento **19**, 154 (1961); J. Goldstone, A. Salam, and S. Weinberg, Phys. Rev. **127**, 965 (1962).

→ 3. P. W. Higgs, Phys. Letters **12**, 132 (1964); Phys. Rev. Letters **13**, 508 (1964); Phys. Rev. **145**, 1156 (1966)
   Hagen et. al. Brout & Englert

4. See particularly T. W. B. Kibble, Phys. Rev. **155**, 1554 (1967). A similar phenomenon occurs in the strong interaction; the ρ-meson mass in zeroth order perturbation theory is just the bare mass, while the A1-meson picks up an extra contribution from the spontaneous breaking of chiral symmetry. See S. Weinberg, Phys. Rev. Letters **18**, 507 (1967), especially footnote 7; J. Schwinger, Phys. Letters **24B**, 473 (1967); S. Glashow, H. Schnitzer and S. Weinberg, Phys. Rev. Letters **19**, 739 (1967), Eq. (13) et. seq.

5. T. D. Lee and C. N. Yang, Phys. Rev. **98**, 101 (1955).

6. This is the same sort of transformation as that which eliminates the non-derivative π couplings in the σ-model; see S. Weinberg, Phys. Rev. Letters **18**, 188 (1967). The π reappears with derivative coupling because the strong interaction Lagrangian is not invariant under chiral gauge transformation.

7. For a similar argument applied to the σ-meson, see S. Weinberg, ref. 6.

8. R. P. Feynman and M. Gell-Mann, Phys. Rev. **109**, 193 (1957).

图 10.1 之二

VOLUME 19, NUMBER 21   PHYSICAL REVIEW LETTERS   20 NOVEMBER 1967

taken very seriously, but it is worth keeping in mind that the standard calculation[6] of the electron-neutrino cross section may well be wrong.

Is this model renormalizable? We usually do not expect non-Abelian gauge theories to be renormalizable if the vector-meson mass is not zero, but our Z_μ and W_μ mesons get their mass from the spontaneous breaking of the symmetry, not from a mass term put in at the beginning. Indeed, the model Lagrangian we start from is probably renormalizable, so the question is whether this renormalizability is lost in the reordering of the perturbation theory implied by our redefinition of the fields. And if this model is renormalizable, then what happens when we extend it to include the couplings of $\tilde{A}_\mu$ and B_μ to the hadrons?

I am grateful to the Physics Department of MIT for their hospitality, and to K. A. Johnson for a valuable discussion.

*This work is supported in part through funds provided by the U. S. Atomic Energy Commission under Contract No. AT(30-1)2098.

†On leave from the University of California, Berkeley, California.

[1]The history of attempts to unify weak and electromagnetic interactions is very long, and will not be reviewed here. Possibly the earliest reference is E. Fermi, Z. Physik 88, 161 (1934). A model similar to ours was discussed by S. Glashow, Nucl. Phys. 22, 579 (1961); the chief difference is that Glashow introduces symmetry-breaking terms into the Lagrangian, and therefore gets less definite predictions.

[2]J. Goldstone, Nuovo Cimento 19, 154 (1961); J. Goldstone, A. Salam, and S. Weinberg, Phys. Rev. 127, 965 (1962).

[3]P. W. Higgs, Phys. Letters 12, 132 (1964), Phys. Rev. Letters 13, 508 (1964), and Phys. Rev. 145, 1156 (1966); F. Englert and R. Brout, Phys. Rev. Letters 13, 321 (1964); G. S. Guralnik, C. R. Hagen, and T. W. B. Kibble, Phys. Rev. Letters 13, 585 (1964).

[4]See particularly T. W. B. Kibble, Phys. Rev. 155, 1354 (1967). A similar phenomenon occurs in the strong interactions; the ρ-meson mass in zeroth-order perturbation theory is just the bare mass, while the A_1 meson picks up an extra contribution from the spontaneous breaking of chiral symmetry. See S. Weinberg, Phys. Rev. Letters 18, 507 (1967), especially footnote 7; J. Schwinger, Phys. Letters 24B, 473 (1967); S. Glashow, H. Schnitzer, and S. Weinberg, Phys. Rev. Letters 19, 139 (1967), Eq. (13) et seq.

[5]T. D. Lee and C. N. Yang, Phys. Rev. 98, 101 (1955).

[6]This is the same sort of transformation as that which eliminates the nonderivative $\tilde{\pi}$ couplings in the σ model; see S. Weinberg, Phys. Rev. Letters 18, 188 (1967). The $\tilde{\pi}$ reappears with derivative coupling because the strong-interaction Lagrangian is not invariant under chiral gauge transformation.

[7]For a similar argument applied to the σ meson, see Weinberg, Ref. 6.

[8]R. P. Feynman and M. Gell-Mann, Phys. Rev. 109, 193 (1957).

图 10.1 之三

VOLUME 19, NUMBER 21　　　　PHYSICAL REVIEW LETTERS　　　　20 NOVEMBER 1967

Dear Dr 't Hooft

This letter suggests (though it does not prove) the renormalizability of the massive Yang-Mills models discussed in your recent preprint, in which the vector meson mass arises from spontaneous symmetry breaking.

S.-W.

A MODEL OF LEPTONS*

Steven Weinberg†
Laboratory for Nuclear Science and Physics Department,
Massachusetts Institute of Technology, Cambridge, Massachusetts
(Received 17 October 1967)

Leptons interact only with photons, and with the intermediate bosons that presumably mediate weak interactions. What could be more natural than to unite[1] these spin-one bosons into a multiplet of gauge fields? Standing in the way of this synthesis are the obvious differences in the masses of the photon and intermediate meson, and in their couplings. We might hope to understand these differences by imagining that the symmetries relating the weak and electromagnetic interactions are exact symmetries of the Lagrangian but are broken by the vacuum. However, this raises the specter of unwanted massless Goldstone bosons.[2] This note will describe a model in which the symmetry between the electromagnetic and weak interactions is spontaneously broken, but in which the Goldstone bosons are avoided by introducing the photon and the intermediate-boson fields as gauge fields.[3] The model may be renormalizable.

We will restrict our attention to symmetry groups that connect the observed electron-type leptons only with each other, i.e., not with muon-type leptons or other unobserved leptons or hadrons. The symmetries then act on a left-handed doublet

$$L \equiv [\tfrac{1}{2}(1+\gamma_5)]\binom{\nu_e}{e} \qquad (1)$$

and on a right-handed singlet

$$R \equiv [\tfrac{1}{2}(1-\gamma_5)]e. \qquad (2)$$

The largest group that leaves invariant the kinematic terms $-\bar{L}\gamma^\mu\partial_\mu L - \bar{R}\gamma^\mu\partial_\mu R$ of the Lagrangian consists of the electronic isospin $\vec{T}$ acting on L, plus the numbers N_L, N_R of left- and right-handed electron-type leptons. As far as we know, two of these symmetries are entirely unbroken: the charge $Q = T_3 - N_R - \tfrac{1}{2}N_L$, and the electron number $N = N_R + N_L$. But the gauge field corresponding to an unbroken symmetry will have zero mass,[4] and there is no massless particle coupled to N,[5] so we must form our gauge group out of the electronic isospin $\vec{T}$ and the electronic hypercharge $Y \equiv N_R + \tfrac{1}{2}N_L$.

Therefore, we shall construct our Lagrangian out of L and R, plus gauge fields $\vec{A}_\mu$ and B_μ coupled to $\vec{T}$ and Y, plus a spin-zero doublet

$$\varphi = \binom{\varphi^0}{\varphi^-} \qquad (3)$$

whose vacuum expectation value will break $\vec{T}$ and Y and give the electron its mass. The only renormalizable Lagrangian which is invariant under $\vec{T}$ and Y gauge transformations is

$$\mathcal{L} = -\tfrac{1}{4}(\partial_\mu\vec{A}_\nu - \partial_\nu\vec{A}_\mu + g\vec{A}_\mu\times\vec{A}_\nu)^2 - \tfrac{1}{4}(\partial_\mu B_\nu - \partial_\nu B_\mu)^2 - \bar{R}\gamma^\mu(\partial_\mu - ig'B_\mu)R - \bar{L}\gamma^\mu(\partial_\mu - ig\vec{T}\cdot\vec{A}_\mu - i\tfrac{1}{2}g'B_\mu)L$$

$$-\tfrac{1}{2}|\partial_\mu\varphi - ig\vec{A}_\mu\cdot\vec{T}\varphi + i\tfrac{1}{2}g'B_\mu\varphi|^2 - G_e(\bar{L}\varphi R + \bar{R}\varphi^\dagger L) - M_1{}^2\varphi^\dagger\varphi + h(\varphi^\dagger\varphi)^2. \qquad (4)$$

We have chosen the phase of the R field to make G_e real, and can also adjust the phase of the L and Q fields to make the vacuum expectation value $\lambda \equiv \langle\varphi^0\rangle$ real. The "physical" φ fields are then φ^-

1264

KX520 1-3

图 10.1 之四

图 10.1　温伯格的原始手稿

　　温伯格在索尔维会议时给汉斯-彼得·迪尔的那份论文手稿的封面页和参考文献，这可以与正式发表的论文进行对比。(S. 温伯格和 M. 韦尔曼提供)手稿上参考文献 3 旁边有一个箭头，这个箭头的起始点未知，但可能是补全这个参考文献的提醒：对布劳特和哈根，"HAGEN et al"(古拉尔尼克、哈根和基布尔)的引用可能是在那次会议讨论之后被加上的。论文的发表版本来自 1971 年温伯格关于可重整化的猜想得到证明之后，温伯格寄给特霍夫特的一份副本。这一段在发表版本中被做了特别标记。

温伯格回到美国后，就进行了投稿，《物理评论快报》的编辑于 10 月 17 日收到了手稿。这篇论文在 11 月 20 日刊出，到 12 月出现在图书馆的书架上。当我们后面追溯萨拉姆通向诺贝尔奖的路线起源时，这个时间顺序会很重要。

温伯格的论文中还有另外一个引用，对于理解萨拉姆在这段历史中的另一次出场非常重要。这个引用是关于汤姆·基布尔那时发表的一篇论文。[21]

质量产生而没有戈德斯通玻色子幽灵的基本思想是上面提到的那些理论物理学家在 1964 年夏天的功劳。但温伯格模型的关键特征是，能够赋予 W 和 Z 玻色子质量而使光子保持无质量的技巧。质量产生机制的这个扩展应归功于汤姆·基布尔。温伯格意识到并且相信这一点。温伯格的天才之处在于，他将各种拼图组装起来，显示了完整图象。可以说，基布尔所发现的技术机制正是关键，和在它之前的同类思想一样重要。

至于当时对这些思想的反应，则十分冷淡。我们已经看到，温伯格对这次索尔维会议的回忆是，他提到人们对他的想法"普遍缺乏兴趣"。那次会议的记录表明，在恩格勒突然插话之后，就没有关于这个主题的进一步讨论了。除了布劳特和恩格勒，我还询问了其他参会代表，没有人能回忆起温伯格的评论或者恩格勒的回应。即便是温伯格本人对此也毫无记忆。

在整个世界范围内，这些思想的影响和会议上一样平平。温伯格的论文在 1967 年 11 月发表，迎来的是一片震耳欲聋的沉默。"鲜有如此伟大的一项成就被如此普遍忽视。"[22]尽管有总陈词滥调之嫌，但是 1967 年的事件的确让人想起了佛教的一个思想：一棵树倒下，却没有人听见。

温伯格的论文问世 6 个月后，1968 年 5 月，萨拉姆在哥德堡作了一个报告，概述了如何把自发对称性破缺与萨拉姆和沃德的模型结合起来。基布尔的个别辅导赋予了萨拉姆灵感，不过已经晚了三年。由于温伯格的论文已经发表，萨拉姆的报告并无新意，在当时也没有产生什么影响。而且，它发表在瑞典皇家科学院默默无闻的会议文集上。即使在今天似乎也没几个人读过这篇论文，但是在五年内，这篇论文将成为一个基础，在此之上，萨拉姆的名字得以在众所周知的"温伯格-萨拉姆模型"中和温伯格的名字连在一起，并以萨拉姆分享 1979 年的诺贝尔奖而告终。

除了这一项贡献外，萨拉姆本人看上去在好几年里再没有做过与这些思想相关的工作。温伯格似乎也没有受到他自己理论的启发，因为在 60 年代的剩余时间里，他的全部论著继续集中在强相互作用，这是他自始至终的兴趣焦点。

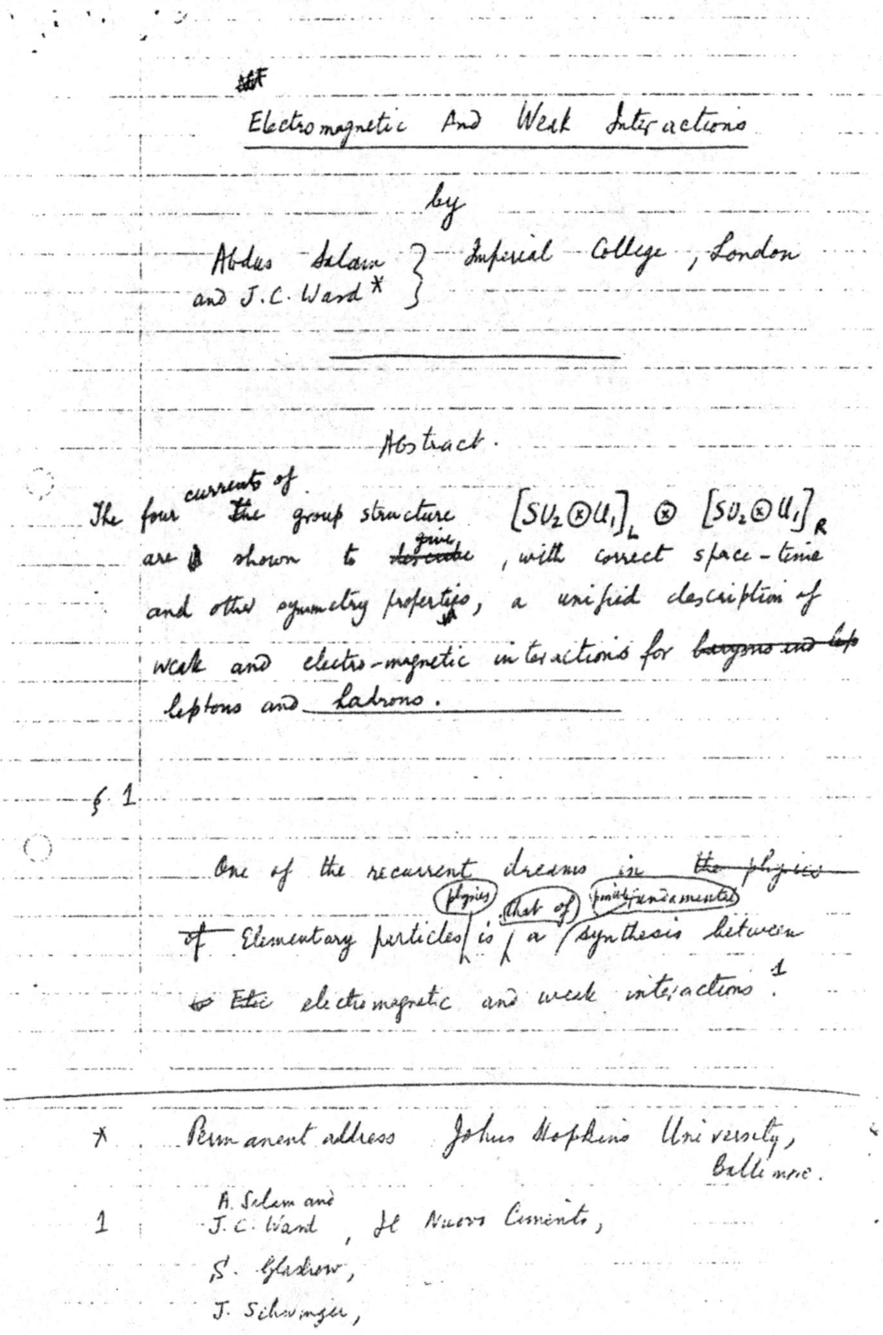

Electromagnetic And Weak Interactions

by

Abdus Salam } Imperial College, London
and J.C. Ward * }

Abstract.

The four currents of the group structure $[SU_2 \otimes U_1]_L \otimes [SU_2 \otimes U_1]_R$ are shown to give, with correct space-time and other symmetry properties, a unified description of weak and electro-magnetic interactions for baryons and leptons and hadrons.

§ 1

One of the recurrent dreams in the physics of Elementary particles is a synthesis between Elec electro-magnetic and weak interactions.[1]

---

*　Permanent address Johns Hopkins University, Baltimore.

1　A. Salem and J.C. Ward, Il Nuovo Cimento,
　　S. Glashow,
　　J. Schwinger,

图 10.2 之一

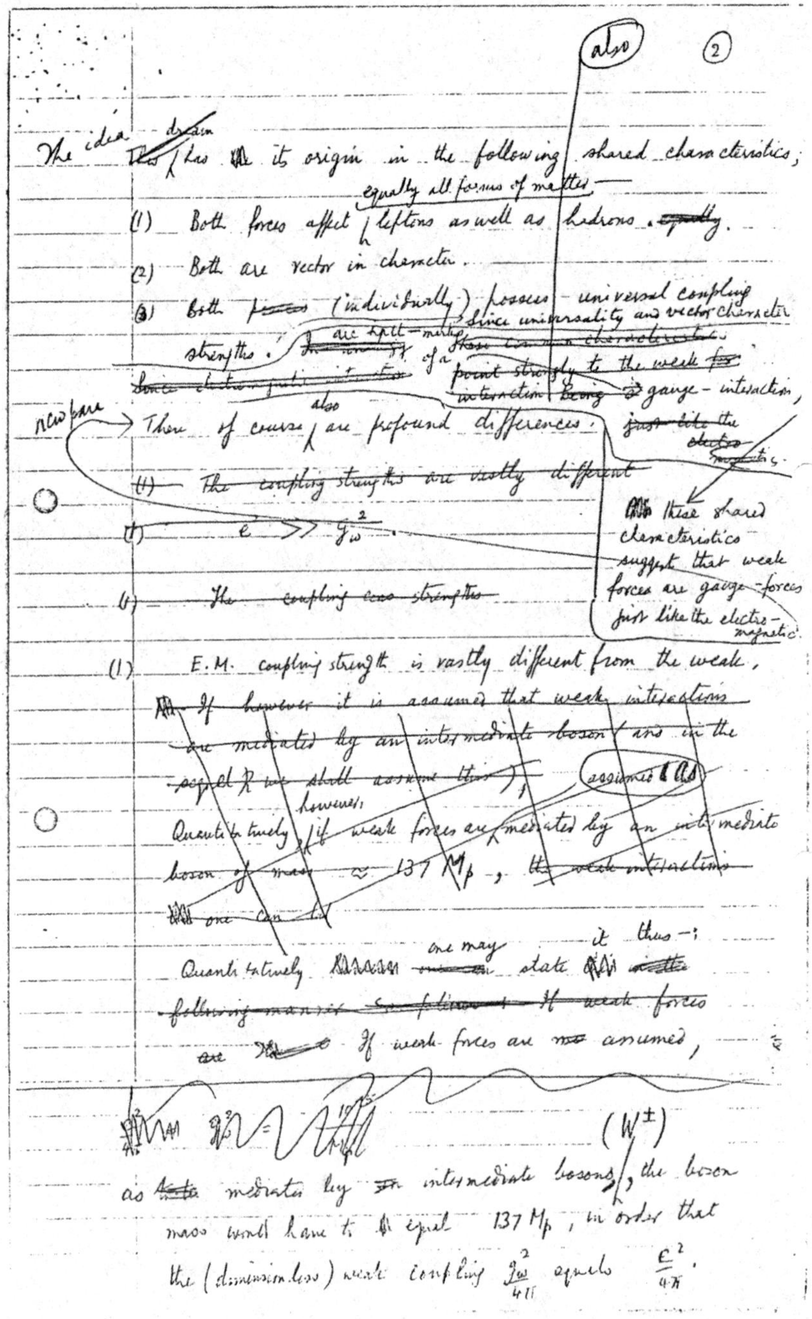

②

also

The idea ~~draw~~ ~~has~~ has ~~it~~ its origin in the following shared characteristics;

equally all forms of matter.—

(1) Both forces affect / leptons as well as hadrons. ~~equally~~.

(2) Both are vector in character.

(3) Both ~~forces~~ (individually) possess ~ universal coupling

strengths. ~~~~~~~~~~ since universality and vector character

~~are split-matters~~ ~~~~~~~~ of a point strongly to the weak ~~is~~

~~interaction being~~ ⇒ gauge - interaction.

new para → Then of course, also are profound differences. ~~just into the~~

(4) The coupling strengths are vastly different

(5) $e \gg g_w^2$

(6) ~~The coupling ~~~~ strengths~~

these shared characteristics suggest that weak forces are gauge - forces just like the electro-magnetic.

(1) E.M. coupling strength is vastly different from the weak.

~~If however it is assumed that weak interactions~~
~~are mediated by an intermediate boson (and in the~~
~~sequel) if we shall assume this~~ assumes [as]

however,
Quantitatively / if weak forces are / mediated by an intermediate
boson of mass $\approx 137 M_p$, the ~~weak interaction~~
~~one can~~

Quantitatively ~~~~~~ ~~one may~~ state ~~~~ it thus —;
~~following manner~~ ~~~~~~ If weak forces
~~are~~ ~~~~~~ If weak forces are ~~not~~ assumed,

$$\text{\#\#\#} \quad \frac{g_w^2}{4\pi} = \quad \text{\#\#\#} \qquad (W^\pm)$$

as ~~~~~ mediated by ~~an~~ intermediate bosons/, the boson
mass would have to ~~be~~ equal $137 M_p$, in order that
the (dimensionless) weak coupling $\frac{g_w^2}{4\pi}$ equals $\frac{e^2}{4\pi}$.

图 10.2 之二

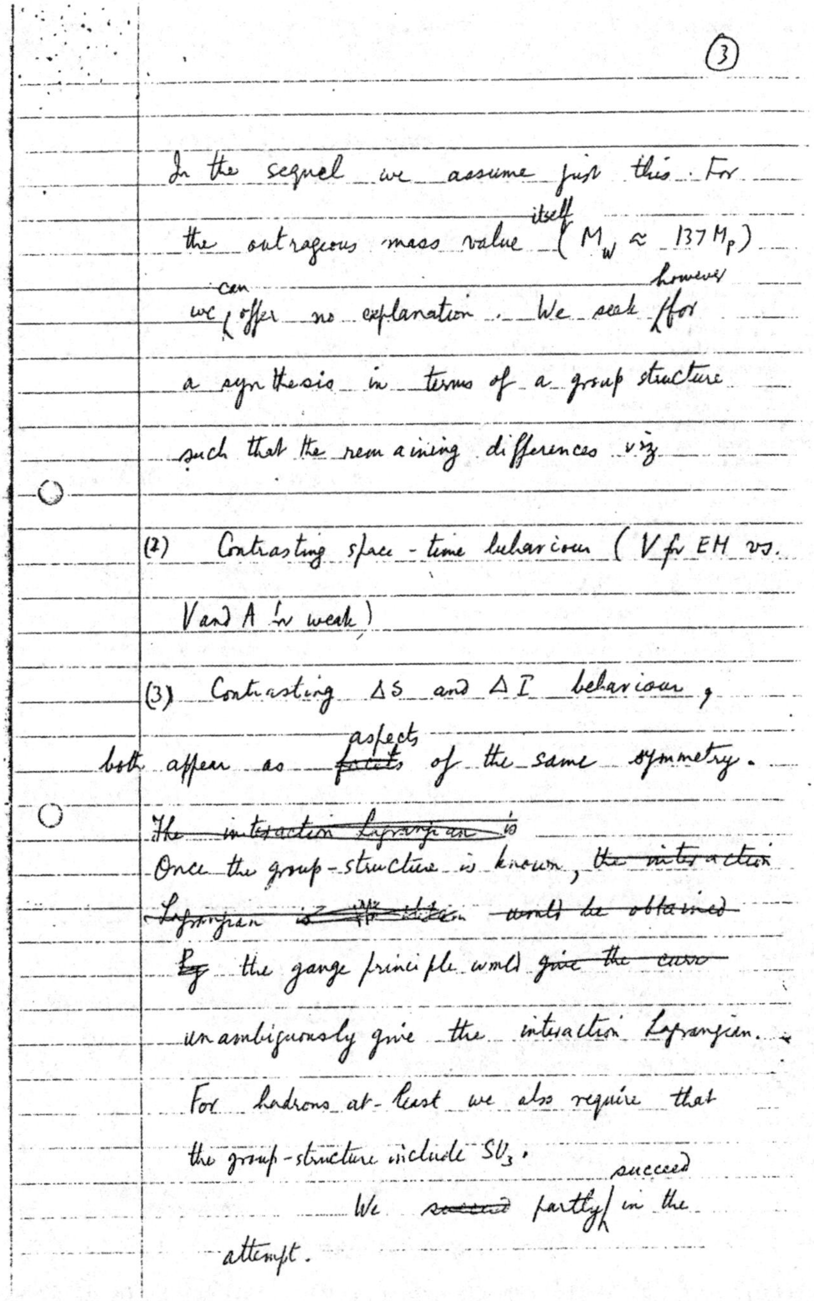

③

In the sequel we assume just this. For the outrageous mass value itself ($M_W \approx 137 M_p$) we can offer no explanation. We seek however ffor a synthesis in terms of a group structure such that the remaining differences viz

(2) Contrasting space-time behaviour (V for EH vs. V and A in weak)

(3) Contrasting ΔS and ΔI behaviour, both appear as aspects of the same symmetry.

~~The interaction Lagrangian is~~
Once the group-structure is known, ~~the interaction Lagrangian is would be obtained~~ the gauge principle would give the ~~case~~ unambiguously give the interaction Lagrangian. For hadrons at-least we also require that the group-structure include SU_3. We ~~succeed~~ partly succeed in the attempt.

图 10.2 之三

Volume 13, number 2   PHYSICS LETTERS   15 November 1964

ELECTROMAGNETIC AND WEAK INTERACTIONS

A. SALAM and J. C. WARD *

Imperial College, London

Received 24 September 1964

One of the recurrent dreams in elementary particles physics is that of a possible fundamental synthesis between electro-magnetism and weak interactions [1]. The idea has its origin in the following shared characteristics:

1) Both forces affect equally all forms of matter-leptons as well as hadrons.
2) Both are vector in character.
3) Both (individually) possess universal coupling strengths. Since universality and vector character are features of a gauge-theory these shared characteristics suggest that weak forces just like the electromagnetic forces arise from a gauge principle.

There of course also are profound differences:

1) Electromagnetic coupling strength is vastly different from the weak. Quantitatively one may state it thus: if weak forces are assumed to have been mediated by intermediate bosons (W), the boson mass would have to equal 137 M_p, in order that the (dimensionless) weak coupling constant $g_W^2/4\pi$ equals $e^2/4\pi$.

In the sequel we assume just this. For the outrageous mass value itself ($M_W \approx 137 M_p$) we can offer no explanation. We seek however for a synthesis in terms of a group structure such that the remaining differences, viz:

2) Contrasting space-time behaviour (V for electromagnetic versus V and A for weak).
3) And contrasting ΔS and ΔI behaviours both appear as aspects of the same fundamental symmetry. Naturally for hadrons at least the group structure must be compatible with SU_3.

Lepton interactions define both the unit of the electric charge and (from μ-decay) the (bare) value of weak coupling constant. Leptons therefore must be treated first.

There is only one genuine lepton multiplet (in the limit $m_e = m_\mu = 0$) which really treats the neutrino field on the same footing ** as μ and e. This is the Konopinski-Mahmoud multiplet.

$$L = \begin{pmatrix} \nu \\ e^- \\ \mu^+ \end{pmatrix} \tag{1}$$

In terms of SU_3 generators ***, the electric charge clearly equals:

$$Q_l = \begin{pmatrix} 0 & & \\ & -1 & \\ & & +1 \end{pmatrix} = -2U_3 = -\tfrac{2}{3}\sqrt{3}\,(I_0 - V_0) = 2(I_3 - V_3), \tag{2}$$

while the weak interaction (with no neutral currents) has the unique form †

---

* Permanent address, John Hopkins University, Baltimore.

** There are other schemes where one postulates multiplets consisting of a two-component neutrino field together with a four-component electron or muon. These do not satisfy even the most elementary requirement of a genuine group-structure, i.e. that in some limit at least, the particles concerned should be transformable, one into the other.

***
$$[T^i, T^j] = i f^{ijk} T^k$$
$$\{T^i, T^j\} = \tfrac{1}{3}\delta^{ij}\mathbf{1} + d^{ijk} T^k$$
$$I_3 = T^3, \quad I^\pm = \tfrac{1}{2}\sqrt{2}\,(T^1 \mp iT^2), \quad I_0 = T^8, \quad [U_0, I] = 0$$
$$U_3 = \tfrac{1}{2}\sqrt{3}\,T^8 - \tfrac{1}{2}T^3, \quad U^\pm = \tfrac{1}{2}\sqrt{2}\,(T^6 \mp iT^7),$$
$$U_0 = \tfrac{1}{2}\sqrt{3}\,T^3 + \tfrac{1}{2}T^8$$
$$V_3 = \tfrac{1}{2}\sqrt{3}\,T^8 + \tfrac{1}{2}T^3, \quad V^\pm = \tfrac{1}{2}\sqrt{2}\,(T^4 \mp iT^5),$$
$$V_0 = \tfrac{1}{2}\sqrt{3}\,T^3 - \tfrac{1}{2}T^8$$

Note
$$Q_h = T^3 + \tfrac{1}{3}\sqrt{3}\,T^8 = \tfrac{2}{3}\sqrt{3}\ U_0 = \tfrac{2}{3}\sqrt{3}\,(I_0 + V_0) = \tfrac{2}{3}(I_3 + V_3)$$
$$Q_l = T^3 - \sqrt{3}\,T^8 = -2U_3 = -\tfrac{2}{3}\sqrt{3}\,(I_0 - V_0) = +2(I_3 - V_3)$$
Explicitly,
$$Q_h = \begin{pmatrix} \tfrac{2}{3} & -\tfrac{1}{3} & \\ & & -\tfrac{1}{3} \end{pmatrix}, \quad Q_l = \begin{pmatrix} 0 & & \\ & -1 & \\ & & +1 \end{pmatrix}$$
Q_h is the conventional hadron charge operator, Q_l gives lepton-charge.

† Define
$$\psi_L = \tfrac{1}{2}(1 + \gamma_5)\psi \qquad \psi_R = \tfrac{1}{2}(1 - \gamma_5)\psi$$
$$(A^+B)_L = \tfrac{1}{2}A^+ \gamma_4 \gamma_\mu (1 + \gamma_5)B$$

图 10.2 之四

图 10.2　萨拉姆和沃德的手稿

萨拉姆和沃德结合弱相互作用与电磁相互作用的 1964 年论文。手稿的这三页表明，最初的想法是写一篇符合期刊要求的带有摘要的长论文。这份手写文件还显示，构思论文手稿的开头往往是困难的，但关键的论点组织却更为顺畅。也请注意那些改写，这提醒我们，在文字处理软件出现之前的年代，创造性写作是什么样的情形。（露易丝·约翰逊提供）

今天，温伯格的论文已被引用八千多次。这篇论文在 1967 年至 1971 年的四年间只被引用了两次，突然之间，它变得如此重要，以至于研究者们在接下来的四十多年里每周平均引用它三次。这种情况在粒子物理学史上从未出现过。其原因是，在 1971 年发生了一个事件——赫拉德·特霍夫特首次登场，自此确定了这个领域的研究方向。

第11章 "现在,我介绍一下特霍夫特先生"

介绍特霍夫特和韦尔特曼。韦尔特曼相信杨-米尔斯理论,他开发了一个计算费恩曼图的计算机程序。他的学生特霍夫特去卡尔热斯,在那里遇到了本·李,意识到如何利用希格斯机制构建一个可行的弱相互作用力理论。特霍夫特和韦尔特曼证明这个理论是可重整化的。特霍夫特在阿姆斯特丹初次登场。

是什么使得赫拉德·特霍夫特有别于我们其他人,以及已经成名的一代科学家?多年之后,我问他:"如果一开始当你着手证明弱相互作用力理论的可重整化时,你就意识到这个工作的艰巨,那你还会开始吗?"

他的回答发人深省:"那时候我觉得我能做任何事。我对这个问题是如此着迷,以至于我不在乎(困难)。这就是我想要解决的问题。"[1]

当温伯格的论文在1967年发表时,我还是牛津大学的一名研究生。我的一些同事注意到了他的理论,但是没有人认为这个理论和其他许多解决弱相互作用的昙花一现的尝试有什么显著不同。它几乎没有产生什么影响。北海的另一端,几百英里以外的荷兰,特霍夫特也正在开始他的物理学职业生涯。像我的大多数同事一样,我进行了务实的选择,在科研永久职位日益稀少的形势下,我选择了一个很有希望取得进展的博士论文题目,顺利完成博士学业足以让人登上研究职业阶梯的第一级。为了在物理学界立足,策略是在知识之墙的这里或那里帮助砌上一块砖;然而,特霍夫特却甘冒一切风险,雄心勃勃地希望为一个全新的理论大厦构筑基础。

他是一位身材瘦小,衣冠楚楚,外表整洁的男人,有着男高音的嗓音,看上去并不像一个大众眼中的权威人士。我们的研究生导师在他们各自的领域中都享有盛名。特霍夫特的导师"泰尼"·韦尔特曼专注于场论,这与当时人们普遍忽视场论的态度背道而驰;我在牛津大学的导师是迪克·达利茨,他首先认识到,潜在的夸克实体是质子、中子,还有在 20 世纪 50 年代和 60 年代高能物理实验中发现的大量短寿命强子的基本构成粒子。后面的章节中会讲到,对夸克实体层次的认识将有助于在接下来的几十年间彻底改变物理研究,而特霍夫特关于弱相互作用的工作将会成为即将发生的变革的关键。在牛津,我们的研究重点是强相互作用和以夸克为基础构建模型,也有几个勇敢的人选择行走在令人困惑的弱相互作用的边缘。那时我们谁也不知道,在乌得勒支的特霍夫特——出于环境,出于偶然,而最重要的是出于他强烈的个性——面对弱相互作用的挑战,迎难而上。正如我们在上面看到的,这就是他想要解决的问题。

至于我自己呢,我还记得小时候我想要解决的那个问题即费马大定理,事实上,我一度以为我已经解决了它。每个少年都学过毕达哥拉斯定理,知道有许多满足方程 $a^2 + b^2 = c^2$ 的整数解(例如 3,4 和 5)。1637 年,法国数学家皮埃尔·德·费马宣称,他已证明没有满足方程 $a^3 + b^3 = c^3$ 的整数解。几次尝试就会显示出你不能找到满足方程的整数解,但并不能从整体上证明这是一件不可能的事情。然而,费马宣称他已经找到了一种证明方法,由于笔记本的页边空白不够,他把这个证明方法略过不写了。三个世纪以来,数学家们努力攻克这个问题,但是都失败了。我第一次看到这个问题是在一份全国性的报纸上。我很惊讶,这个问题的陈述是如此简单以至于我能够理解,而据说它又不可能证明。令我兴奋的是我立即得出了答案,并且给编辑写了一封信。

但是,我不知道的是,报纸上有一个笔误,方程被错误地写成了 $a^3 \times b^3 = c^3$。我自豪地告诉编辑,如果 $c = a \times b$,那么这个问题就解决了。一个 10 岁的小孩发现了几代最杰出的数学家所忽略的东西,那时候我根本没想到这会有什么可疑之处。当编辑告诉我这个笔误时,我很惊讶;不是因为我的天真(我那时还是太天真了),而是因为把乘号转动 45 度变成"+"会具有如此深远的影响。

那次失败使我确信,继续破解费马的难题毫无意义。几年之后,安德鲁·怀尔斯在他当地图书馆的一本书里无意中看到了费马大定理。和我一样,他当时也是 10 岁;和我一样,他决定解决这个问题;和我不一样的是,他成功了——尽管是在大约 30 年之后并且用了他 10 多年的专注工作。特霍夫特拥有和怀尔斯一样的毅力,或者至少比常人更多的毅力。费马大定理困扰了数学家们三个世纪，而构建一个弱相互作用可行理论的难题仅仅存在了 30 年。然而，当时的一些科普宣传把这个难题比作为费马为一代又一代数学家所设置的挑战。[2]

使这个戏剧得以走向成功高潮的机会要素就是，特霍夫特来到了"泰尼"·韦尔特曼羽翼之下。

"泰尼"·韦尔特曼

正如我在本书开头所说，"泰尼"·韦尔特曼是一个特立独行的人。在 20 世纪 60 年代，当几乎所有人都忽视场论的时候，韦尔特曼的直觉告诉他这些人是错的。他认识到，遵循杨振宁和米尔斯创造的思路也许可以构建一个描述弱相互作用力的理论。其他人似乎没有给予这些思想多少重视。这是一个受到启发的决定；今天我们认识到，杨-米尔斯理论就是描述电磁作用力、弱相互作用力和强相互作用力的答案。

故事始于 1962 年，那时杨振宁和李政道关注于带电荷的 W 玻色子是弱相互作用传递粒子的可能性，研究 W 玻色子的电性质。一个 W 玻色子的电荷量是指定的——它与一个质子或者一个电子的电荷量严格匹配——而它的磁性却不是指定的。W 玻色子也可以具有一个更为复杂的电性质，被称为电四极矩。使用施温格在 15 年前计算电子反常磁矩的类似方法，李政道对此进行了计算。

韦尔特曼对此产生了兴趣。但是，当他试图扩展李政道的计算时，他很快就遇到了困难。在计算的某些部分，代数有"多达 50 000 项"[3]。

"需要是发明之母。"为了解决这个问题，韦尔特曼开创性地使用了计算机进行代数运算。

1963 年，他在加州斯坦福大学工作，那里正在建造斯坦福电子直线加速器中心（SLAC）。韦尔特曼被安置在工作车间，那里正如火如荼地进行着 SLAC 的建设施工，噪声不断。在他的办公室对面，詹姆斯·比约肯和锡德·德雷尔正在撰写他们的巨著——相对论量子力学的教科书，这本书多年来已成为权威著作（不过他们省略了杨-米尔斯理论）。这两个人讨论如何陈述观点时发出的动静和工程的喧嚣声有得一拼。韦尔特曼"逃到了计算机中心"[4]，在那里写出了他的程序：Schoonschip。

韦尔特曼富有个人特色地"将这套程序称为 Schoonschip，主要是为了惹毛除了荷兰人以外的其他所有人"[5]。这个名字译为"清洁船"，是荷兰海军对"清理混乱局面"的表述。Schoonschip 的命名十分贴切,成为第一个实用的计算机例行程序,这个程序可以进行复杂的符号操作,使之前超出个人代数运算能力的计算成为可能。

1964 年 1 月,韦尔特曼在纽约访问李政道,跟他提起了 Schoonschip 程序。韦尔特曼记得,李政道"几乎没什么反应",但后来韦尔特曼听说,他刚一离开李政道的办公室,李政道"就要求本地的一个物理学者去开发一个类似的程序"。韦尔特曼对此事永生难忘。[6]

韦尔特曼在 Schoonschip 的帮助下完成了 W 玻色子电四极矩的计算,这时他注意到了一个有趣的特点。他计算了这个磁矩可能取值范围的答案。这些表达式是发散的,这意味着它们的数值会变成无穷大,但是对磁矩的一个特定值,代数表达要简单得多:几乎所有的发散都消失了。当时,他不明白这是怎么回事,但是"这个结果留在了我的记忆里"。[7] 这是一件幸事,因为 5 年之后他将会在一个完全不同的地方看到相同的结果。

· · ·

在 20 世纪 60 年代期间,韦尔特曼定期访问 CERN,与爱尔兰理论物理学家约翰·贝尔讨论物理。贝尔在 1968 年写的一篇论文使韦尔特曼产生了顿悟:贝尔的想法提醒了韦尔特曼,也许可以用杨-米尔斯理论来描述弱相互作用。于是他开始学习杨-米尔斯理论。

在这个过程中,他获得了一个惊喜。他注意到,杨-米尔斯方程直接产生了他在 5 年之前留意到的 W 玻色子性质的"神奇"结果。他凭直觉感到这很重要,可能就是弱相互作用可行描述的种子。他决定专注于杨-米尔斯理论的可重整化研究。

结果,这个计算比他之前处理过的任何计算都要更加复杂。

正如我们已经看到的,杨振宁和米尔斯将质子和中子考虑成一对双胞胎(按它们的电荷区分)。在量子电动力学中,电磁作用力的来源是电荷,电荷以正电荷量或者负电荷量存在,但是电荷总量的计算仅仅涉及四则运算:正电荷数相加,减去负电荷数,然后你就算出了电荷的总数。这个规则是简单的数字运算。尽管 QED 分别描述了质子和中子,但杨-米尔斯方程把它们统一起来:除了孤立考察质子和中子以外,杨-米尔斯理论推广了 QED 以考虑质子和中子互相转化时发生的情况,[8] 在这种情况下,计算涉及矩阵,即普通数字的数学推广。

数年来,几乎没有理论物理学者注意杨-米尔斯理论;杨-米尔斯理论在技术上很复杂,而且正如我们已经看到的,并没有清楚的证据表明大自然采用了这类理论——

漂亮的数学然而错误的物理。[9] 那些不顾一切决定奋勇向前的人,接着撞上了另外一堵南墙:这个理论被非实体的"鬼"困扰着,即存在概率小于零的古怪粒子。

到 1968 年,当韦尔特曼沿着这条路线出发时,那些短暂涉足杨-米尔斯理论并且被那些鬼粒子所困扰的人都放弃了。但是,韦尔特曼持截然相反的观点,认为只要这些转瞬即逝的鬼粒子只存在于使实体机器得以运转的不可观测的量子工程深处,原则上就没什么问题:毕竟,鬼并不存在。如果它们在"算账"之前被驱除,从而在最后的计算中消失,那么他认为这和常识并不矛盾。

至于重整化:在 QED 中,光子没有质量这个事实至关重要;对于包含大质量 W 玻色子的理论,在 QED 中完美奏效的技巧失灵了。为什么无质量是如此重要的,其本质隐含在我们的像素例子中。对于一个可重整化的理论,一个粒子的行为在所有的分辨率上都保持不变——特霍夫特将其恰当地描述为[10]"当在显微镜下观察时,一个穿衣服的粒子遵循着和一个不穿衣服的粒子相同的规律"。这立刻会凸显出一个问题:当在显微镜下观察时,一个作用力的力程看上去将会增加,除非力程是无穷大。一个力程无穷大的作用力要求它的传递者,即规范玻色子是无质量的。这是 QED 中的情况,由于 QED 中的光子无质量,QED 是可重整化的。相比之下,一个大质量的玻色子,例如 W 玻色子,本身不能满足可重整化性。

韦尔特曼认为,杨振宁和米尔斯的思想中至少有些东西是正确的。它们看上去具有可重整化的可能性,尽管它们意味着不受欢迎的无质量矢量玻色子的存在。在韦尔特曼看来,这只是一个设法把质量加入方程的问题。[11]

• • •

在认识到杨-米尔斯理论可能描述弱相互作用方面,韦尔特曼并不是唯一的一个人。但是,在拒绝放弃征服无穷大谜题的努力方面,他的执着则是独一无二的。[12]

1961 年,加州理工大学的格拉肖和默里·盖尔曼一直在研究数学的群论,盖尔曼对群论技术导出杨-米尔斯理论的方式产生了兴趣。穿过走廊,费恩曼正试图创造一个引力的有限量子理论;盖尔曼建议,作为热身练习,他应该先考察一下杨-米尔斯理论。[13]

因为杨-米尔斯理论的规范玻色子是无质量的,而 W 玻色子——假定它存在的话——具有质量,考虑到这个质量,费恩曼在杨-米尔斯方程中插入了额外的项。这破坏了规范不变性,但是可以设法使其只出现在整个方程组的一项中。然后,费恩曼用他著名的费恩曼图计算了各种粒子发生相互作用时的情况。

费恩曼发现，通过加入"鬼粒子"他能使计算变得更简单，这些鬼粒子是这样一种古怪实体，它们在相互过程中可能会被创造出来，却在相互作用完成之前就会死去，没有自己的真实生命。尽管这让计算不那么复杂，却会使理论基础更像是沙子而不像岩石。

在假设 W 玻色子的质量非常微小的情况下，费恩曼的计算一开始非常顺利，但是当他继续计算，超出开始的一阶近似时，方程变得越来越复杂。即使对于微小的质量，这些难题都必须用一个完整的理论才能解决；对于大质量的玻色子，W 玻色子在经验上属于这种情况，这些难题几乎从一开始就摧毁了整个体系。1962 年，他在波兰的一个会议上就这个夭折的工作做了一些讲座[14]，事情就到此为止了。他从未正式发表过相关的任何东西，也没有进一步开展这个无论有没有鬼粒子似乎都毫无出路的工作。

韦尔特曼沿着和费恩曼相似的路线出发了。就像在希拉里和丹增①最终获得成功之前试图征服珠穆朗玛峰的一个登山者一样，韦尔特曼从山脚开始，遵循着费恩曼采用的路线。[12]

我有一个关于 1953 年征服珠穆朗玛峰的童年记忆。学校放映了关于这次探险的一个电影，当随行的夏尔巴人②沿着没有危险的小径徒步穿越山区森林时，我很好奇这么大费周章是为了什么。接下来，真正的戏剧开始了，他们遇到了高海拔区域更为惊险的挑战，设立探险营地，并且向顶峰进发。从那时起，我爱上了远足——这种活动似乎在物理学者中特别流行——但是我并没有真正要征服珠穆朗玛峰的野心。对构建弱相互作用可行理论的努力，我们可以这样打个类似的比方。

在韦尔特曼看来，费恩曼引入质量的方法看上去诱人，没有什么坏处，并且最初的步骤表明这个理论确实是可重整化的。然而，为了证明这一点，将需要进入费恩曼曾经被击败的区域。这里并没有什么特别困难的事情；在我们珠穆朗玛峰的比喻里，并没有同陡峭石壁或者冰壁的较量；需要对抗的是冗长的方程，而解方程的过程将耗尽一个人的毅力。起初进展尚为顺利，但很快目标后退的速度似乎变得和人们前进的速度一样快。要单独计算的数量变得越来越多，直到需要进行数以千计的单独计算。

这个挑战不同于征服珠穆朗玛峰，对韦尔特曼而言，目标是站在山顶观赏风景；没有人在意你实际上是如何到达山顶的。所以，与其使用常规的工具努力攀爬，为什么

---

① 译者注：1953 年 5 月 29 日上午 11 时 30 分，新西兰登山家埃德蒙·希拉里与向导、尼泊尔夏尔巴人丹增·诺尔盖一起，从南坡登上珠穆朗玛峰，这是有记录的人类首次登上珠穆朗玛峰。

② 译者注：居住在喜马拉雅山脉的一个尼泊尔部族，常做登山向导或搬运工。

不用一台机器帮助你直达峰顶呢？这就是韦尔特曼让 Schoonschip 派上的用场。

这台机器在费恩曼被击败的地方成功了。它登上了比喻中的有质量的杨-米尔斯山峰，找到了答案。这是好消息。遗憾的是，这个答案并不是韦尔特曼所期待的。在这一切努力之后，他发现无穷大并没有抵消掉，这个理论不是可重整化的。简而言之，"有质量的杨-米尔斯理论"并不是弱相互作用力理论的答案。

或者更确切地说，如果按照费恩曼和韦尔特曼所采用的方式把质量引入方程，那么这个理论是不可行的。如果在其原始的对称形式下并带有无质量"规范玻色子"三重态的杨-米尔斯理论是可重整化的，那么必须找到某种方法，悄悄地把质量塞进方程而又不破坏一个重要特征，即局域规范不变性。

舞台已为赫拉德·特霍夫特的到来准备就绪。

通往卡尔热斯的道路

作为本科学业的一部分，特霍夫特得写一篇关于"反常"的论文。反常是量子理论的奇怪之处，理论物理学家们发现了一些物理量，[15]当用两种不同的方法进行计算时，会得出两种不同的答案。取决于计算方法的选择，一个问题得出了两种不同的答案，这是荒谬的，或者至少是"反常的"；反常的出现，暗示着基本理论是不完备的。反常发生的原因和避免反常的技巧很复杂，超出了讲述这个故事的需要。但是，任何成功理论的标准之一，就是它不能给出任何反常。特霍夫特从他的本科课题中学到了这个知识，但并没有意识到它很快会成为他数学工具箱里的一个重要部分。

他知道他想学习粒子物理，但是当他来到韦尔特曼麾下时，脑海中并没有特定的课题。到 20 世纪 60 年代后期，韦尔特曼开始相信杨-米尔斯理论很重要，所以给他的学生们布置了阅读杨-米尔斯理论的作业。于是，特霍夫特开始学习场论，当时人们一致认为，韦尔特曼和他的学生们正在"给一个陈旧且荒废的物理角落掸灰尘"[16]。

特霍夫特那时阅读的是关于杨-米尔斯理论的经典论文，正如杨振宁一样，他发现这个理论中的数学非常美妙，但是自然界明显表现出对使用无质量的规范玻色子的抗拒，是把它们应用到物理学中显而易见的障碍。另一个学生乔恩·尤宾克，分到的是读布劳特和恩格勒的论文，这篇论文描述了如何赋予规范玻色子质量。

当尤宾克作报告时，特霍夫特作为一个年轻学生在场，他没有真正理解多少论证的内容，但有些东西留在了他的脑海中。[17]很清楚，质量可以通过某种规范的方式产生——"某种被称为希格斯机制的方式"，但这种机制"发生是抽象的，与真实的世界无关"，并且在那个时刻没有对他产生永久性的影响。

对于希格斯机制持有这种态度在当时相当普遍。我们的讲述聚焦于弱电相互作用，是因为得益于对历史的了解。正如我们看到的，起初，人们希望杨-米尔斯的思想会成为解释强相互作用的灵丹妙药。无质量的强相互作用标量玻色子在经验上的缺乏，首先挫败了戈德斯通、萨拉姆和温伯格，然后启发了希格斯和六人组的工作。然而，到 1967 年，对于戈德斯通悖论的态度和对"质量产生机制"的需求都已经成熟。温伯格的经历代表了这种态度的转变。

在整个 20 世纪 60 年代，温伯格一直对几乎但不完全是对称的现象感兴趣，他想知道在什么情况下这种瑕疵是由于自发对称性破缺造成的。南部在核物理方面关于手征对称性自发破缺的工作发现，当一个无质量的核子（质子或中子）获得一个质量时，戈德斯通玻色子就会以 π 介子的形式表现出来。温伯格发展了这些思想，最终构建了在低能区适用的一个完整的强相互作用理论。π 介子是这整个理论构造的关键。所以，正如我们早先看到的，当温伯格第一次读到希格斯的论文时，他认为："嗯，很好；他找到了一种去除戈德斯通玻色子的方法（这个问题曾在 1961 年使戈德斯通、萨拉姆和我非常困扰），但是我（现在）已经确信 π 介子就是一种戈德斯通玻色子。"[18]

π 介子接近于无质量（至少在其他能够感受到强相互作用的粒子的质量尺度上），以至于戈德斯通定理看上去是一个巨大的成功。直到 1967 年后期，温伯格才洞察到自发对称性破缺的思想可以应用到弱电相互作用，并且可能取得更大的成功。到这个时候，他和其他人开始爱上了无质量的戈德斯通玻色子。在这样的大环境下，特霍夫特也发现在粒子物理学中明显不需要希格斯机制。

但是，随着特霍夫特对杨-米尔斯理论更深入的阅读和思考，他重新发现希格斯机制是产生大质量的规范玻色子的一条途径。他下意识地想到了他的同学尤宾克的报告，所以他没有宣称自己独立地发现了这个技巧。无论如何，由于这个新的洞察，他无意中为一桩幸事做好了充分的准备：他参加莱苏什暑期班的申请被拒了。

· · ·

1970 年，在夏蒙尼附近的山区度假胜地莱苏什，举办了一个关于场论的暑期班。特霍夫特申请的时间太晚，所有的名额都已经分配完毕。他的第二选择是科西嘉岛卡尔热斯的一个暑期班。正是在这里，命运给予了特霍夫特好运。

法国理论物理学家米歇尔·利维创建了与海滩毗邻的卡尔热斯科学研究所。其所处的自然环境已然令人难忘。利维还与默里·盖尔曼一起合作,他们发明了"pi-sigma 模型",这个模型基于南部的原创思想,并且超越了马修斯和萨拉姆关于强相互作用的最初理论(见第 5 章)。这个模型是暑期班讲座的一个主题,暑假班还包括本杰明·李和德国理论物理家库尔特·西曼齐克的系列讲座。

盖尔曼和利维模型的新颖特征是"sigma"的存在。Sigma 是一个无自旋的粒子——一个"玻色子",正如我们在第 9 章说过的,当存在好几个玻色子时,它们就会像企鹅一样聚集起来。量子理论中,玻色子能够聚集到一起进入最低可能的能量态,形成"玻色凝聚"。

在盖尔曼和利维的试探性理论中,sigma 玻色子经历了玻色凝聚。其产生的效应是,π 介子和核子感觉到了这种凝聚的存在,它就像一种物理介质阻止了其他粒子的自由运动。正是玻色子凝聚的效应隐藏了潜在理论的基本对称性;凝聚的存在就是自发对称性破缺的根源。pi-sigma 模型耐人寻味的特征在于,它是一颗可重整化的强相互作用场论的种子。

这个模型那时不是,现在也不是有关强相互作用的一个完整理论。强子表现出的现象远比 pi-sigma 模型所描述的要多。但在 1970 年,这不是主要问题。这个模型的数学特征使理论物理学家们很兴奋,它可以作为一个原型,帮助人们发展出更成熟的理论模型。在卡尔热斯,特霍夫特感兴趣的是李和西曼齐克的讲座,他们的讲座论证了这个模型是可以重整化的,即可以消除无穷大。

pi-sigma 模型使这件幸事得以发生的关键特征是,粒子从自发对称性破缺——从 sigma 场玻色凝聚的存在——中获得了质量。特霍夫特之前已经在思忖"希格斯机制"可能就是对杨-米尔斯理论进行重整化的关键,因此他对这个特征产生了共鸣。

我询问他事件发生的顺序:"你是在去卡尔热斯之前自己独立地想到了希格斯机制,还是由于李和西曼齐克的讲座而注意到了希格斯机制呢?"特霍夫特明确表示,他"在去卡尔热斯之前就重新发现了希格斯机制"。[19]彼得·希格斯本人甚至对我说过,如果他自己没有发现这个机制的话,特霍夫特也会发现这个机制。但是,特霍夫特没有作出这样的声明:"我在这一点上并不主张任何原创性,我不知道我从阅读(布劳特、恩格勒和希格斯所著的)那些论文的学生那里学到了多少。间接地,我回想起了他的报告。"

"那么,这是在潜意识中对这个机制有所认识吗?"我问。

"正是",他回答,"事情往往如此。"

我相信特霍夫特在 1970 年去卡尔热斯之前就注意到了这个机制,手里握有了解决这个谜题的钥匙。我向他直言:"有想法是一回事,但是,从意识到一种可能性到真正地对此有所作为,这之间仍有一段漫长的过程。毕竟,温伯格和萨拉姆都意识到了这种可能性却没有成功。那么,卡尔热斯的经历对你有重要影响吗? 对你而言,去卡尔热斯之前和之后在某种意义上是两个不同的世界吗?"

听了李和西曼齐克关于质量机制和 pi-sigma 模型的讲座,特霍夫特肯定:"这增强了我的信念,即这个机制对(杨-米尔斯理论)会显示出这些相同的特征。然后,我向本·李和西曼齐克提了一个问题:'你们对线性的 sigma 模型所做的处理,是否可以同样应用于杨-米尔斯理论?'他们俩给了我相同的答案——他们不知道;他们没有考察过杨-米尔斯理论!"[20] 他提到他们还说了具有讽刺意味的话:如果他们是韦尔特曼的学生,他们会去问韦尔特曼!

就我的亲身感受而言,做研究就像是翻越山坡。进程会变得艰难,但是在某个时刻你会意识到,只要你相信它在你的能力范围之内,你真的就能坚持下去并到达顶峰。我向特霍夫特提出,在卡尔热斯的经历告诉了他:"现在我知道答案是什么,我可以着手寻找从我现在所处之地去往我想到达之地的途径。"他同意:"这话很有道理。当然,你总是可以问'要是……会怎么样'的问题:要是我没有去卡尔热斯,我还会不会成功? 我不知道。很难讲。我认为'会',但是如果有人说'不会',我也没有什么好的论据去反驳他们。"

无论事情本来可能或者不可能,事实是李和西曼齐克播下了种子。特霍夫特证实"在去卡尔热斯之后,我确信这就是解决问题的方法。本·李和西曼齐克在卡尔热斯作的报告使我得到鼓舞,相信这个方案行得通"。

特霍夫特攀登珠穆朗玛峰

特霍夫特现在肯定他自己是走在正确的轨道上,自发对称性破缺能够引入质量而不破坏杨-米尔斯理论的规范不变性,最重要的是,它会给出有限的答案,意味着是可重整化的。如果只有傻子才会贸然闯入天使不敢涉足之地,那么对特霍夫特来说先兆并不好,因为至少另外两位一流的理论物理学家已经放弃了。特霍夫特向我描述他面临的这个挑战:"萨拉姆有一个宏大的整体认识,其中包括了这个理论是可重整化的想法,但是他不知道如何正确地予以证明,并且不能解决证明的技术部分。温伯格也表达了他的看法，认为这些理论必须是可重整化的。他安排了一个学生研究这个问题，但是这个学生未能取得成功。于是温伯格放弃了，认为这是一个噩梦。"

由于使用了"路径积分"的数学技术，特霍夫特在其他人失败的地方获得了成功。这是费恩曼最初为量子力学发明的数学技术（见第 2 章）在量子场论中的推广。只有使用这些工具，杨-米尔斯理论的可重整化才得到了证明。

1942 年，费恩曼发明了粒子量子力学的一种新方法，即他的路径积分公式。他专注于粒子的轨迹。也许是因为无穷大的灾难，他并没有真正地热衷于研究量子场论。就像同样不喜欢重整化思想的狄拉克一样，费恩曼把路径积分的方法应用到了粒子动力学，而不是场论。[21]

在学生时代，温伯格就听过约翰·惠勒——费恩曼的研究导师——关于路径积分的讲座。温伯格的记忆是，这个经历让他放弃了路径积分。他记得："惠勒非常富有诗意。他从未实际表明路径积分方法就是普通量子力学的一个结果。相反地，它给人的印象是一种独立的物理方法，这是费恩曼最初考虑它的方式。我不喜欢（把这个方法应用于粒子轨迹却忽略场论的）二元观点。我讨厌它。"[22]

温伯格对路径积分方法的偏见是如此之深，以至于当他第一次听到特霍夫特使用这些技术完成了可重整化证明时，"起初是持怀疑态度的"。他告诉我："我不相信由路径积分方法产生的任何结果。所以起初我不相信特霍夫特的工作。这并不是对他的批评，而是对我自己的批评。我本应该更好地理解路径积分。"

韦尔特曼本人是在 1968 年才迷上了路径积分的。1968—1969 学年期间，他在巴黎附近奥塞的大学访问。了解到费恩曼在杨-米尔斯理论方面的工作后，韦尔特曼认识到："无可避免，我得学习路径积分。"[23] 为了自学，他决定举办一个系列讲座。本·李出席了讲座并对此产生了兴趣——这个偶然事件后来会产生深远的影响。

讲座很成功，尽管学生们在那一年对闹革命更感兴趣。即便如此，当全部讲座完成之后，韦尔特曼认为他对这些概念的理解还是不够充分，于是，返回乌得勒支的研究所之后，他就开设了关于这个主题的一门课程。他让他的学生赫拉德·特霍夫特记录下讲座的内容。

韦尔特曼最后认为他理解了路径积分，但是从未对其完全接受。在某种程度上他与温伯格产生了共鸣："我不相信它们。"相比之下，"特霍夫特没有这种情感镇流器，所以他成了路径积分方面的专家"。

一个可重整化的理论

为了证明杨-米尔斯理论是电弱相互作用力的可行描述，需要两件事情。一件事情是，这个理论是可重整化的——摆脱无穷大；另一件事情是，这个理论是幺正的。后者意味着没有物理实体存在概率小于零的"鬼"，并且事件发生的总概率是100%。

为了检验这些问题，你必须计算基本理论的量子振幅，这就要求你选择一个规范，即各种物理量的基本定义，例如粒子感受到的势能的度量。有一种特殊的规范选择，可以非常容易地体现理论的幺正性；这被称为"幺正规范"。但是，世上没有免费的午餐，幺正规范使理论的有限性问题变得模糊。通过使用一个不同的规范可以对有限性作出评估，类似于恩格勒在1967年索尔维会议上回应温伯格的评论时所提到的方法。

这个理论是有限的，恩格勒在这一点上毫无疑问是正确的，但光是这一点并不能确定理论也是幺正的。任何证明的关键部分是要显示理论是规范不变的，这样如果你在一种规范下检查有限性而在另一个规范下检查幺正性，然后你可以在不同的规范之间进行转换，以确定结果保持成立，并且与规范的选择无关。只有通过展示结果与计算方案无关，你才可以确定理论本身是可行的。

在QED中，规范之间的转换不会产生特殊的问题。但是，在杨-米尔斯理论中，额外的数学复杂性使得这样的转换是不可能的——至少，如果你使用的是正则形式规范的话。这看上去成了难以逾越的障碍。

萨拉姆的笔记本[24]没有显示出任何迹象表明他作过认真的努力，更不必说获得解决这个问题的任何进展。温伯格也尝试过，但是失败了；他把这个问题指派给了一个研究生拉里·斯图勒，他也没有成功。直到今日，没有人用正则形式成功完成了这个证明，关于为什么非得使用路径积分，存在着深层次的原因。通过使用这个技术，特霍夫特能够找到一个规范，在这种规范下，明显只存在有限数量个无穷大表达式，通过把它们与已测得的物理量（如基本粒子的电荷和质量）联系起来，就可以把它们全部消除。然后他能在这个规范和一个确立幺正性的规范之间进行转换。规范不变性始终得到保持，特霍夫特确定，答案是一致的——这个理论具有自洽地描述自然界所需的所有性质。

这就是为什么特霍夫特在其他人失败的地方能够最终取得成功的原因。但是，当他从卡尔热斯回来后，尽管他有了一个行动计划[25]，这项任务完成之前还需要很多的工作。

首先，他得弄明白纯粹的杨-米尔斯理论——带有无质量的玻色子——是如何重整化的。其他人已经制订出了计算的规则：美国人斯坦利·曼德尔斯塔姆做了这样的工作，还有列宁格勒的路德维希·法捷耶夫和维克多·波波夫。但是，这里存在着问题：俄国人的规则和曼德尔斯塔姆的规则并不一致，此外，这三个人的表达式与费恩曼发展的表达式相差了一个因子 2。费恩曼为玻色子手动引入了一个质量，而其他人严格保持无质量。费恩曼本人认为这个差异是个小问题——他说"谁会在意一个因子 2 呢？"[26]，但这被证明是至关重要的；为玻色子手动引入了一个质量的费恩曼的理论有着根本的不同，这是他不能够完成计算的原因。

• • •

特霍夫特研究了所有粒子都是无质量时的情况。很多专家相信无质量的杨-米尔斯理论是可重整化的，但是特霍夫特认为没有人真正证明了这个事实。[27] 在 1970 年底或者 1971 年初，他完成了证明的第一份草稿。

韦尔特曼那一年正在巴黎工作，只回了乌得勒支几次。特霍夫特觉得难以得到韦尔特曼的关注。特霍夫特回忆[28]，他和"韦尔特曼大吵了几场"，韦尔特曼不相信特霍夫特比他先前走得更远。韦尔特曼是正确的：特霍夫特证明了没有无穷大的问题，但是没有证明事件发生的总概率是 100%；用专业术语来讲，他没有"满足幺正性"。事实上，他没有证明这个理论只包含实体粒子而不包含鬼粒子。特霍夫特最终设法消除了鬼粒子，但韦尔特曼还是不相信。他担心计算中潜藏着"反常"。如果反常存在，理论就不是规范不变的，因此是错误的。反常的问题更为困难，但特霍夫特最终还是做到了让韦尔特曼满意。[29]他的论文发表于 1971 年，是第一篇清楚地证明无质量的杨-米尔斯理论可重整化的论文。[30]韦尔特曼认为，尽管"这个工作也许不是极其重要，但他对路径积分的熟练操作漂亮且实用"。[27]正如我们已经看到的，温伯格也评论过，这项技术被证实对于最终取得突破有着重大意义。

给出这个评价对于热身练习是很好的，但是它并没有提到真正的挑战：对于有质量的粒子，情况会怎么样？韦尔特曼花费了如此长的时间，想找到一个包含大质量带电荷的 W 玻色子的可重整化的理论，但他屡试屡败，以至于他开始相信这是一件不可能的事。直到 1971 年的一天，他们进行了一次令人难忘的谈话。[31]

特霍夫特因为解决了无质量情况下的问题而兴奋不已，但是韦尔特曼试图给他泼冷水，提醒他真正的挑战涉及有质量的粒子。然后，韦尔特曼指导特霍夫特，说："你所需要的只是一个(这类有质量粒子的理论)可重整化的例子。"韦尔特曼告诉他,一旦做到这一点,某个喜欢构造模型的"热心人"就能进行修改,使它看上去像真实的世界。

韦尔特曼正煞有介事地说着这些话,相信这是不可能的,但特霍夫特回答道:"我能做到。"韦尔特曼停下来,说:"什么?"特霍夫特重复道:"我能做到。"特霍夫特记得[32],韦尔特曼后来这样回忆起这个场景:"我们正在散步,那一刻我差一点撞到树上。"韦尔特曼今天回忆自己当时的反应是比较冷静:"写下来,我们到时就知道了。"[33]

特霍夫特解释,[34]他已经发现了韦尔特曼之前不成功的尝试中缺失的一个材料。特霍夫特得自卡尔热斯的灵感是,sigma 和玻色凝聚在 pi-sigma 模型的重整化中所起到的作用。在他对无质量理论重整化的证明中,规范不变性至关重要。[35]他知道,如果他把一个 sigma 场的类似物纳入方程,这就能够在引入质量的同时保持规范不变性。特霍夫特坚信,做到这一点后,无穷大将会消失。

他开始向韦尔特曼讲述方程中产生质量的这个机制,但是韦尔特曼对所有这些细节不感兴趣。他唯一关注的是在目标上,他打断特霍夫特,说:"把你认为有效的方程给我就可以了。"特霍夫特在记事本上写下了方程,韦尔特曼仍然表示怀疑,说:"加入这种没有自旋或电荷的古怪粒子,这看上去有些疯狂,但我会把这些方程放到我的计算机里,看看结果会如何。"[33]

他所有的程序代码都在位于日内瓦的 CERN 的计算机里。在那个年代,没有可以远程登录的互联网,所以他不得不亲自去瑞士做这个计算。

我自己对那个年代计算机运作的记忆是,通过打孔的方式把编好的程序记录到纸带或卡片上。诀窍是不要撕破纸带,或者在从办公室到计算机中心的路上不把一叠卡片掉到地上,千万注意不要打乱它们的顺序。如果你平安无事地到达计算中心,就可以把程序交到管理员的桌子上,然后开始等待。

巨大的计算机占满了一个仓库大小的房间。这是 1971 年时的技术水平,但是这类机器通常还不如现代的笔记本电脑功能强大。你的程序要和其他人的程序共享计算时间,结果出来之前可能要等上许多小时。打印输出的结果往往会通知你程序失败了。一个疏忽大意的笔误,比如把句号误写成了逗号,就足以中止计算进程,让你从头再来。二十四小时的运算时间在今天听上去十分令人沮丧,但在 1971 年却是好消息:它无疑击败了手工计算答案的选择,假如手工计算行得通,也可能要花上几个月的时间。

韦尔特曼已经运行了很多计算费恩曼图的程序,所以对修改他的代码以检验特霍夫特的方程十分熟练。关于接下来发生的事情的记忆在细节上有所出入,但并没有实质上的不同。特霍夫特记得,[36] 几个小时内结果就出来了,表明大部分无穷大消失了;但是,有几个无穷大顽固地留了下来。接着,韦尔特曼打电话告诉在乌得勒支的特霍夫特,说他的方程几乎奏效了,但不完全。然后,他们意识到韦尔特曼的程序未能复制某项前面的因子 4。据称,韦尔特曼说道:"我不明白为什么你把那个疯狂的因子 4 放在那里。"[37] 但是接下来,在再一次运行整个程序之前,韦尔特曼在计算中的那个地方按照要求插入了一个自由参数。这一次,他发现如果假定那个自由参数等于 4,奇迹般地,所有的无穷大都消失了! 特霍夫特回忆说:"此时,他和我之前一样,对此兴奋不已。"

韦尔特曼的回忆在细节上有所不同。他写道[38]:"基本上我运行了若干个小测试,这些测试表明特霍夫特的工作是正确的。我在过去做了很多相关的研究,我很快看到,由于采用这种新方法,一切都井然有序了。第一次程序运行出了问题,我给他打电话,然后事情顺利,这种说法是不真实的。我在出发之前就知道关于这个(数值因子)的一切。按照我随身携带的手稿里给出的规则,从一开始一切就很顺利。我去 CERN 验证他的工作,一切都显得好极了。"

韦尔特曼补充道:"我们并没有在那次电话里讨论任何特定的计算细节,原因很简单,他不知道我在做什么。"[38] 韦尔特曼关注的要点类似于"交叠无穷大"的情况,这阻碍了 QED 中重整化的证明。按照现代物理术语,这些无穷大产生于包含"两圈"的费恩曼图。韦尔特曼对这个问题进行了大量研究,并且已经就这个问题的最简单形式——带有一个 SU_2 数学结构的杨-米尔斯理论——写了两篇论文。[39] 在两圈计算中的一个特殊部分似乎存在一个障碍,韦尔特曼想看看用特霍夫特的方法如何解决这个问题。他回忆说:"这很容易看到,我很快就理解了。这是为了让我自己满意,毕竟,如果特霍夫特的文章是错误的,我肯定会受到指责。"[33]

韦尔特曼把特霍夫特的手稿交给 CERN 的一个理论物理学家布鲁诺·朱米诺阅读以征求意见。接下来,朱米诺把温伯格的论文告诉了韦尔特曼,因为特霍夫特的一个模型和温伯格结合电弱相互作用力的模型相同。然后韦尔特曼打电话到乌得勒支向特霍夫特说了这件事,并回忆道:"那时他在电话里告诉我,他大致提出了一个弱相互作用的模型,看上去像温伯格模型。"[33]

特霍夫特最初受到卡尔热斯讲座内容的启发,专注于强相互作用模型。他的杨-米尔斯粒子本来是 rho 介子带正电荷、负电荷和电中性的三个版本,但是因为这些粒子和光子具有相同的自旋,所以他把 rho 介子和光子都纳入了他的数学里。由于这个偶然,他的数学模型采用了 $SU_2 \times SU_1$ 作为基础——他们并不知道,这碰巧就是电弱理论经验上要求的相同结构。

韦尔特曼回忆说:"你能想象得到,看到正确的模型已经存在,这有点让人失望,但是我们接受了现实,继续工作。"[33]这与特霍夫特的回忆形成了对照,他记得这是一个极度兴奋的时刻,说韦尔特曼"和我之前一样对此感到兴奋"。[40]这两种反应体现了这两个人的个性和他们到目前为止的体验。对特霍夫特来说,重整化得到证明就是成就,经验上的实现是次要的。对于长期研究重整化问题的韦尔特曼来说,取得最终证明的胜利遭到了模型本身已有先例这个事实的打击。但无论如何,还没有人解决温伯格的模型是否可重整化的问题。韦尔特曼和特霍夫特知道,他们已在无意中发现了极其重要的东西。

"现在,我介绍一下特霍夫特先生"

我们现在来到本书序言开始提到的这个时刻:韦尔特曼意识到,计划于 8 月在阿姆斯特丹召开的大会为他提供了一个推出特霍夫特和这个理论的完美机会。他接到的任务指示十分宽泛,唯一的要求就是让他组织一个系列理论报告。他忍不住把这个系列报告的主题确定为重整化问题,不露声色地邀请了李政道和萨拉姆作报告。

先是被韦尔特曼称之为"胡扯"的萨拉姆的报告,然后李政道讲述了他通过纳入具有古怪性质的粒子来解决这个谜题的尝试,接下来这个时刻终于到来了。韦尔特曼记得,当时他说:"现在,我介绍一下特霍夫特先生,他有一个和量子电动力学一样好的可重整化理论。"

我和韦尔特曼、特霍夫特,还有一个荷兰同事克里斯·科泰尔斯-阿尔特斯谈论过那天的情形。大家的记忆各不相同。如果那时候人们意识到他们正在见证历史事件的发生,也许有人会把它记录下来。科泰尔斯-阿尔特斯记得韦尔特曼说"和我们之前听到的任何理论一样优美",这是我在序言里使用的版本。当我问特霍夫特时,他说他没记住韦尔特曼的话,因为"我脑子里想的全是我将要作的报告"。但是,韦尔特曼很肯定:"这是一个事先精心酝酿和仔细构思的陈述。其他所有人都是第一次听到,并不知道接下来会发生什么。"[33]我在序言里选择了克里斯的版本,因为它传递出了这个场合的感觉,还有这句话对人们所产生的影响的感觉。韦尔特曼补充道:"我认为,除了西德尼·科尔曼、李政道、本·李,也许还有萨拉姆,没有人真正注意到我所说的话的重要性。"四十年后,确切的词句也许失去了,但是它们的重要性并没有失去。

特霍夫特记得,阿姆斯特丹的那间会议室不是太大。那是在现代计算机操控PowerPoint演示文稿之前的时代。那时要把报告写到透明投影胶片上,再把胶片放到灯箱上,图象就被投影到屏幕上。你可以使用留下"永久"痕迹的彩色笔,笔迹可用酒精而不是水去除;或者使用留下"可洗"痕迹的彩色笔,这种笔迹仅用一张纸巾就能擦去。后者更受青睐,以防需要最后时刻的改动。但是风险在于,水汽,或者报告人常常因为紧张手指出汗,会稀释和损坏可洗彩色笔的笔迹。特霍夫特在乌得勒支作过非正式的报告,但这是他在国际舞台上首次亮相。他记得,他的"透明片准备得很糟糕,用错了笔,并且模糊不清"。

韦尔特曼分配到的时间是一个小时,李政道和萨拉姆每人二十五分钟,只给特霍夫特留出了十分钟,而他的报告将对一个击败了一些世界上最伟大的理论物理学家的问题宣布技术解决方案。我对他说:"我正试着在脑海中勾勒出一幅图象。这里你实际上解决了粒子物理中的费马大定理……"特霍夫特谦虚地插话说:"某种程度上。"我继续说:"那些本身也研究了这个问题却未能成功的人就在报告厅里,而你将在十分钟之内讲述这个问题的解决方案? 除了提出一连串未经证实的断言以外,你还能做什么呢?"

他回答道:"这个报告是以'最终的证明有待给出'这样的方式陈述的。我没有说这已经被证明和完成了,因为这不是事实。还有一些零星的问题需要处理。我们在理解维数正规化(一项在他取得突破性进展中扮演着重要角色的技术革新)方面取得了长足进展,但是这确实还没有完成。"

在十分钟里,他解释了这些理论是如何建立在规范不变性的基础之上,这允许你在不同的规范中进行计算。在一种规范——"幺正规范"——之中,可以简单地直接证明概率是合理的,即没有小于零的机会,并且事件发生的总概率是100%。"从那里你可以作一个规范变换,变换到另一个更容易看出理论是可重整化的规范,(接下来)证明费恩曼图给出了同样的(答案)。[36]你能在十分钟内说完这些。"

特霍夫特显得有些轻描淡写地对我说,在他的报告结束后,"没有时间进行很长的讨论"。而是在"这之后的休息时间,人们才开始交谈"。他记得本·李非常感兴趣。正是李1970年在卡尔热斯的讲座启发了特霍夫特,还将是李在特霍夫特的讲座结束后,把特霍夫特的新数学翻译成了其他人更为熟悉的形式。在某种程度上,如同戴森在 QED 中证明费恩曼的技术如何与人们更熟悉的朝永和施温格的技术相互贯通,本·李也使特霍夫特的工作得到了大众的认可。

· · ·

事后看来,阿姆斯特丹的这次会议标志着场论作为理解基本相互作用力的金光大道得到了重生。对于韦尔特曼来说,这也是在萨拉姆的报告之后取得的一种胜利,尤其是这些报告的记录在几个月后被收录会议文集里。萨拉姆在他自己论文的最后加上了一段话:"最后,我欢迎特霍夫特提出可重整化的弱相互作用理论……同样的理论(在 1967 年)被 S. 温伯格提出,更早(1964 年)被 J. 沃德和我自己提出。另参见(1968年)哥德堡诺贝尔研讨会文集。"

这是萨拉姆在特霍夫特取得突破之后的最初评论。萨拉姆主张对 $SU_2 \times SU_1$ 模型的优先权,这是合乎情理的,尤其是提到了沃德的贡献。这些评论和对沃德的提及,将对后面发生的事情有很大影响。在当前时刻,最突出的是,特霍夫特证明了这个理论的可重整化,而前面提到的所有人都没能做到这一点。

特霍夫特的报告只持续了十分钟,被安排在一个分会会议的最后,地点是在主会场旁边的一个房间里。会议上分发了特霍夫特的论文副本,消息经口头传播开来。收到特霍夫特论文投稿的期刊编辑向我在牛津大学的荷兰同事克里斯·科泰尔斯-阿尔特斯征求意见,问应不应该予以发表。克里斯不知道该如何处理,因为这篇论文技术上非常复杂,包含很多页细致缜密的数学证明。于是,他请教了牛津大学场论方面的一流专家 J. C. 泰勒。泰勒证实这篇论文是正确的,并且认识到了它的重要性,建议立即予以发表。

他们都没有想到去尝试把同样的思想应用到另一种作用力,即强相互作用力上。依照对"强"字的字面理解,传统的观点把强相互作用力置于场论的领域之外。但是斯坦福大学 SLAC 的实验即将显示,这个作用力并不总是和它表现的一样强大。对强相互作用力的解释,将最终涉及特霍夫特刚刚提出的作为弱相互作用力解释的这个完全相同的思想。

那时也没有人意识到这个重大突破将会改变两千年来科学发展的方向。从古希腊的哲学家开始,人们一直在追寻构成物质的基本粒子。特霍夫特和韦尔特曼所做的工作,将会显示如何理解大自然的作用力。事情很快就清楚了,这是人们迈向构造长久以来探索的统一理论的第一步。然而,这将是美国人詹姆斯·比约肯的工作,他把这个理论的潜力变成了被证实的规律，导致格拉肖、萨拉姆和温伯格获得 1979 年的诺贝尔奖，还有韦尔特曼和特霍夫特获得 1999 年的诺贝尔奖。

接下来我们将看到，这些突破性进展是如何定义了粒子物理学自此之后的方向。发生的第一件事情是特霍夫特错失了获得第二个诺贝尔奖的机会。这是一个莫大的讽刺，因为特霍夫特没有意识到，他在工作的过程中还碰巧遇到了解释强相互作用的关键。

我们将在第 14 章谈到这件事。但是首先，有必要对已经取得的成就进行总结，因为从这一刻起，竞争者们开始为必然会随之而来的诺贝尔奖展开研究工作。有些人已经获奖，有些人或许会获奖，而有些人则永远不会获奖，因为他们已经不在人世。[41]

故事线索

媒体喜欢英雄和简单的故事情节。一个小小的学生解开了击败大师们的谜题，特霍夫特横空出世的情节便获得了自己的生命。多年以来，韦尔特曼的作用往往被人们忽视了。

特霍夫特所取得的成就的确非凡，但是没有人，尤其不是他本人，会宣称是他独自完成了这个工作。将其比作费马大定理是媒体过度简单化解读的一个例子，尤其是因为安德鲁·怀尔斯独立解决了费马大定理；相比之下，特霍夫特的胜利则是付出巨大努力所取得的成果。

在我们攀登珠穆朗玛峰的比喻中，可以说韦尔特曼画出了路线图，准备好了设备，并且在特霍夫特开始之前已经几乎到达了顶峰。当韦尔特曼接近顶峰时，遇到了一个不可逾越的裂缝，特霍夫特发现了一条路线；但即便如此，也是韦尔特曼的工具确定了这是正确的途径，并且让他们得以成功通过。

这条路线就是隐藏对称性的现象，这被证明至关重要。特霍夫特重新发现了这一点，但是即便在这里，潜意识的认知也可能发挥了一定作用。至于构成了他们理论框架的 $SU_2 \times U_1$ 模型，温伯格既看到了它的潜力也推导出了它可能的后果，并且推测隐藏对称性是到达顶峰的途径。在他之前，格拉肖、萨拉姆和沃德也已经无意中发现了 $SU_2 \times U_1$ 模型，并认定 Z 玻色子是类似光子的重粒子。

然而，在特霍夫特和韦尔特曼之前似乎没有人真正相信，这些就是大自然的诫命。

格拉肖、萨拉姆和沃德，以及后来的温伯格都忽视了他们自己的创造，选择致力于其他领域的研究，只是在特霍夫特的出现之后才改变航向顺风而行。而且不仅仅是这几个人，全世界都没有人注意到这些思想。1967 年温伯格的论文发表之后，头两年除了萨拉姆没有其他人引用过这篇论文；但是，1971 年以后，每一天某人在某处都需要引用它，以至于它成了理论粒子物理学中引用率最高的论文。

在意识到温伯格已经重新发现了萨拉姆和沃德的思想之后，萨拉姆才发表了一篇论文，通过援引隐藏对称性发展了之前的工作。在特霍夫特证明这类思想可行之后，萨拉姆通过提到他 1968 年的论文，很快为自己在诺贝尔奖竞赛中获得了一席之地。他和沃德的工作是 1968 年那篇论文的基础，未曾得到宣传，蜂拥至这个领域的大批新人基本上对此并不知晓。相反，正如我们将在后面章节中看到的，他们经常听说的是"温伯格-萨拉姆模型"。

现在，我们将从特霍夫特的登场中看到三条主线。

第一，不仅弱相互作用理论问题被解决了，而且特霍夫特也掌握了解释强相互作用的关键，但是未能意识到这一点。第二，人们发展了一整套实验方案，这些实验首先检验然后极其圆满地证实了这个理论的预言。这为我们今天的雄心壮志打下了基础，即在大型强子对撞机上将会完成整个理论大厦的最后证明。第三，随着实验开始证实电弱相互作用理论，争夺诺贝尔奖的运作开始了。

因为共享诺贝尔奖的人最多为三个，人们纷纷猜测哪三个人会成功获奖。特霍夫特的名字被媒体高度报道，而韦尔特曼所起的作用在专业领域之外很少被宣传；"温伯格-萨拉姆模型"吸引了媒体的注意，但这个称呼忽视了格拉肖，并且使沃德的名字被人们遗忘了。一些猜测认为，温伯格和萨拉姆这个常见的名字组合，连同对特霍夫特作用的重点突出，将使他们三个人成为获奖者。诺贝尔奖委员会进行了更为深入的挖掘。最终，特霍夫特和韦尔特曼共享了 1999 年的诺贝尔奖，而温伯格、萨拉姆和格拉肖共享了 1979 年的诺贝尔奖。但是，沃德被撇在了一边。

描述电弱相互作用的杨-米尔斯方程是一个突破性的发现，这是理论的结果。与此并行的是，20 世纪 60 年代后半期，实验取得了强相互作用方面的重大发现，这些发现将被证明和我们刚刚在弱相互作用情况中看到的发现一样意义非凡。这些发现将会最终表明，杨-米尔斯理论是解释所有这些作用力的关键。但是，事后看起来显而易见的事情，却需要很长一段时间才会被人们认识。

幕间休息　20世纪70年代初期

我们来到了20世纪70年代初期。

在起初没有质量的理论中产生质量的"希格斯机制",得到了基布尔的推广,1967年温伯格利用推广后的希格斯机制构建了一个统一弱电相互作用的理论。阿布杜斯·萨拉姆也把基布尔的思想纳入他和沃德在早些时候即1964年构建的类似理论中。

然而几乎没有人对此表示关注,因为这些理论的可行性(可重整化性)没有得到证明。

1971年,赫拉德·特霍夫特使用他的导师韦尔特曼所锻造的工具,在他的博士论文里证明了这些理论是可重整化的。

到1972年,人们达成了普遍共识,物理学终于有了一个描述电弱相互作用的可行理论。关键在于使用杨-米尔斯(肖的名字已被遗忘)理论,还有希格斯和基布尔的机制(六人组余下的人也同样被许多人忽视了)。

然而,强相互作用的谜团依然存在。与此同时,特霍夫特并未意识到他的方程也包含了这个谜团的解决方案。

第二部分

启示录

第12章 BJ和宇宙夸克

夸克模型的诞生：乔治·茨威格被告知这完全是胡扯；默里·盖尔曼说夸克并非实体；吉姆·"BJ"·比约肯有一个重要思想，它导致了夸克的发现。费恩曼提出了"部分子模型"。作用于夸克的强相互作用力看上去是自相矛盾的：你观察的距离越近，它显得越弱。

———————————

1966年，吉姆·比约肯是一位三十二岁的物理学教授，就职于加利福尼亚的斯坦福直线加速器中心（SLAC）。他是一个睿智而腼腆的人，喜欢到塞拉内华达的群山中攀登，或者去旧金山湾和太平洋之间的山区里远足，人们通常叫他"BJ"。这个名字来自他在麻省理工学院的本科生时期，那时他有一个也叫吉姆的宿舍邻居，一有人叫喊吉姆，他就得跑去很远的大厅接电话，这让他不胜其烦。他朋友的绰号是"JS"，而且"我不喜欢JB，所以我改变了字母排序，采用了BJ这个昵称"[1]。这个昵称成功地从宿舍传到了在斯坦福工作的麻省理工学院物理学家们那里，然后又从斯坦福传到了全世界。在我认识他的四十年里，我从未听到过别人叫他詹姆斯或吉姆，"总是BJ这个或BJ那个"[2]。甚至连他本人的签名也是BJ。他在物理学中的地位和他的身材很相称——他有大约两米高[3]。哪怕现在他已过七十岁了，一头浓密的短发和眼镜让他看起来仍像一个干净整洁的年轻学生。

比约肯在1966年形成了他的重要思想：如何寻找夸克，即构成质子、中子和许多其他短寿命强子的基本粒子。尽管这在今天看来平淡无奇，但比约肯在1966年提出这个思想时却冒着引起争议的风险。因为夸克可能是实体粒子——真实存在的粒子——的想法在那时普遍被人们嗤之以鼻，尤其是默里·盖尔曼，他是夸克模型的创始人之一。

人们早已怀疑质子和中子并不是构成原子核的最基本粒子，但是，如同一个套一个的俄罗斯套娃一样，夸克可能在某种意义上是质子和中子的基本构成粒子，则是一个饱受争议的假设。盖尔曼持怀疑态度，但是夸克模型的另一个独立的创始人乔治·茨威格，则坚定不移地认为夸克是真实存在的。1964 年，盖尔曼轻率地驳回了茨威格："实体夸克模型——那是傻瓜才干的事！"[4] 四十年之后，茨威格回忆说："我仍然能听到默里的声音。"我也记得，当盖尔曼在 1968 年亲自对我说夸克"仅仅是一个助记符号"而没有物质实体时，我有多么沮丧。

没有人料到观念会发生天翻地覆的变化。当我 1968 年遇到盖尔曼的时候，他正在去维也纳参加一个国际会议的途中，在那个会议上，比约肯如何证明夸克真实存在的思想的第一个证据将被宣布。我一点儿也没有意识到这个事件的后果会影响到我自己的生活，把我带到了斯坦福和 BJ 一起工作。这一章讲述的故事是，在 20 世纪 60 年代后半期，比约肯的思想如何导致了夸克的发现，并且提供了把希格斯和特霍夫特的理论思想转变成科学黄金时代的途径。

夸克

比约肯的重要思想是，用高能电子束撞击质子，然后观察电子如何反弹。他相信这样做能探明质子的内部结构。

50 年前在斯坦福以外的地方，电子并不重要。的确，人们知道他们得为电流里的电子交电费，也知道 QED 描述了电子们的亲密舞蹈以及它们和光的密切关系，但是很少有人会把它们当作照亮质子黑暗深处的有用工具。然而，斯坦福在 20 世纪 50 年代建造了一个电子加速器，这个电子加速器按现代的标准而言规模很小，但在那时却是首屈一指的。1956 年，为了利用这个独特的实验设施，好几个物理学家往西迁移到了斯坦福。比约肯在那一年也搬到了斯坦福，但"吸引我的主要是群山和斯坦福的整体声誉，而不是电子"[1]。

在加州之外的实验几乎把注意力完全集中在用质子撞击其他质子，然后检测撞击后的碎片。这种做法有一个逻辑基础。对于研究电磁作用力而言，电子是最佳选择，而 QED 的成功表明电磁作用力得到了理解；弱相互作用力，如其名字所示，很微弱且难以分离,所以人们认为强相互作用理论问题有可能先被解决——并且相信实现这个目标的最佳工具是质子束,它和电子或光子不一样,能感受到强相互作用。[5]

很久以前,当我在 1967 年为博士生入学申请了解物理学研究领域时,剑桥大学的博士研究生招生简章上预期,质子和 π 介子等强子之间的强相互作用将会被"首先解决"。与此对照,牛津大学成了研究夸克新思想的中心。

这个研究项目的负责人是迪克·达利茨,一个矮壮的澳大利亚人,他是被牛津大学从芝加哥挖过来的。和他一起到达牛津的,还有一辆 20 世纪 60 年代流行的浮夸风格的美国车。学生们喜欢把那辆车称为他的"一英亩不动产",理论物理系那时所在的那栋老房子的车道被它完全占满,看到这辆车就知道达利茨在系里。

达利茨很重视夸克的思想,并且成功地将其推广到盖尔曼和茨威格的初始目的之外。但是,为了这样做,他不得不忽略量子动力学的一些基本法则。今天我们知道为什么这种处理在经验上是奏效的,我们在后面会看到这一点,但在当时人们对此的看法存在分歧。牛津大学之外没有几个人相信夸克,甚至在牛津大学物理系里也有一些人对达利茨版本的夸克模型表示怀疑。

在 20 世纪 60 年代后半期,夸克更多地成了达利茨而不是盖尔曼或茨威格的代名词。我在 1967 年进入牛津大学学习,那时世界上几乎没有其他人重视夸克模型。[6] 事后看来,对这些带来变革的基本粒子,我们的认识缓慢得异乎寻常。那年夏天,在斯坦福的一个大型国际会议上,比约肯描述了一束电子撞击一个由三个夸克构成的质子并散射开来的情况。今天我们都知道,比约肯的见解是对真实情况异常准确的描述,但是在压力之下,他几乎是一提出这个见解,就立即抛弃了它。我们后面会讲到他这么做的原因和后果;简而言之,在 1967 年夏天,质子才是大多数物理学家预期会揭示新物理实体的工具。并且几乎没有人预期这个物理实体包含了夸克。

在牛津大学,研究强相互作用的其他学生使用的是在欧洲备受钟爱的传统理论,这些理论有着令人费解的名称,诸如雷吉理论、靴陷理论和流代数之类。从研究流代数的学生那里,我了解到了温伯格关于强相互作用的工作:几个月之后温伯格有所顿悟,转向了弱相互作用的研究。牛津大学的一些人自己也在尝试解决弱相互作用之谜。在这里我第一次听到了 W 玻色子——这个存在于理论上的巨兽对弱相互作用力起到的作用与光子对电磁相互作用力所起的作用一样。但是,在那时这并未凸显出什么特别之处:包含 W 玻色子的弱相互作用理论受到了无穷大发散的困扰,为阻止从整个计算过程中爆发的无穷大,人们进行了一些尝试,导致了对一批其他粒子——X,

Y 和 A，B，C——的失败预言，据我回忆，Z 不在其中，这个粒子后来会起到重要作用。

有一天，我听了加布里埃尔·卡尔的报告，他是迪克·达利茨的助手之一。卡尔介绍，所有的各种强子都可以被解释为仅仅由三个更小的粒子构建而成——"上夸克、下夸克和奇异夸克"。需要好几年去理解的所有数据，竟然可以被简化到只需记住 3 个夸克的名称及其进行组合的几个简单规则，这简直好得让人难以置信。我选择了夸克模型作为我的博士论文课题。

夸克模型

两个美国物理学家乔治·茨威格和默里·盖尔曼于 1964 年分别独立地提出了夸克的思想。

到 20 世纪 60 年代，宇宙射线实验和加速器实验都发现了大量的强子。1962 年，盖尔曼找到了一种方法把如雨后春笋般大量涌现的强子进行分类，这种分类方法最有名的是包含了 8 组类别。他诗意地把他的分类体系根据通往佛教的真理之道命名为"八正道"。这背后的数学涉及群论，这个特定的群被称为 SU_3。[7]

1963 年 3 月，盖尔曼在哥伦比亚大学作了一个关于这个新的 SU_3 理论的报告。几个星期之前，另一个理论物理学家吉安·卡罗·威克作了一个 SU_3 的介绍性报告；听了威克的报告之后，罗伯特·塞伯意识到，在已被发现的八组分类和十组分类之外，应该存在一个基本的三组分类（如同 SU_3 里的 3），而且八组分类和十组分类都可以由这三组更为基本的实体组建而成。塞伯后来回忆："这个提法是最接近的；（强子）不是基本粒子，而是由（我们现在所称的）夸克构成。"

两周之后，盖尔曼来到了哥伦比亚大学。在教师俱乐部共进午餐时，塞伯向他解释了这个想法。盖尔曼询问，这三个基本粒子的电荷是多少。塞伯还没有考虑过这一点，于是盖尔曼在一张餐巾纸上算出了答案。答案是，这三个基本粒子的电荷是一个质子电荷的 2/3 或 - 1/3，这是一个"令人震惊的结果"，因为实验上从未观测到这种分数电荷。盖尔曼在报告里提到了这一点，并说这样的粒子会是"少见的自然奇事"。塞伯后来说："奇事（quirk）被戏谑地改成了夸克（quark）。"[8]

· · ·

在盖尔曼任职的加州理工学院，乔治·茨威格作为一个研究生在那里就读，他知道强子分类的八正道体系。茨威格的研究导师是费恩曼，他和费恩曼的例会在每周四下午,从"1:45 开始到 4:30 休会喝茶"。[9] 每周,茨威格都会设法找些有趣的东西去讨论。1963 年 4 月,他看到了一个实验报告,这个报告显示一个被称为"φ 介子"的粒子似乎不正常地稳定。茨威格觉得这很不同寻常,选择其作为周四下午例会的讨论主题。

　　然而费恩曼却不以为然。回忆起他自己在"V－A"事件期间有关实验的经历(第 6 章),他警告茨威格,实验结果有可能不可信。但这个现象却在茨威格的脑海里挥之不去,他相信其揭示了非常重要的东西。这导致他产生了一个想法,即 φ 介子和其他感受到强相互作用力的粒子是复合粒子。

　　由于这个洞见,茨威格独立于塞伯或盖尔曼,也认识到 SU$_3$ 数学上的成功可能是强子内部更深层次实体的线索。盖尔曼后来所称的夸克,被茨威格叫做"埃斯"(扑克牌里的 A)。今天它们通常被称为"夸克",所以从现在起我都将使用这个名称。不同的是,茨威格认为这些夸克是在强子内部运动的物理实体,并且能够在强子之间互相交换。基于这个假设,他发现他能够解释不同强子产生和消灭的方式;特别是,在他的图象里,φ 介子是完全由奇异"味"的夸克构成的最轻范例,这是其异常稳定的由来。他在 1964 年访问 CERN 期间写了两篇论文:一篇短论文概述了这个基本思想,一篇长论文说明了这个思想的意义和模型测试。

　　那时 CERN 理论组的主任是利昂·范霍夫,他是一个高大、严厉、意见强硬的比利时人。在茨威格和范霍夫讨论之前,理论组秘书用打字机打出了这两篇论文,范霍夫阅读后,认为茨威格的思想"完全是胡扯"。[9]

　　议事日程上的下一步就是让论文得到发表。茨威格想把论文投到《物理评论》。那时欧洲的期刊不如美国的《物理评论》那样受人推崇,再加上茨威格是美国人,他选择《物理评论》实属自然。为了支付生产成本,《物理评论》会向发表论文的科学家们收取一定费用。范霍夫抵制这种做法,告诉茨威格,CERN 不会付钱。茨威格于是回应道:"我从美国 NAS－NRC(国家科学院国家研究委员会)获得的研究基金不仅支付我的工资,还向 CERN 缴纳了 1 500 美元的出版费用。"范霍夫告诉茨威格,所有出自 CERN 理论组的论文在投稿之前都必须得到批准,茨威格的论文不会得到批准,除非他把论文投到欧洲的期刊。然后他指示那个打印了茨威格两篇论文预印本的理论组秘书,不要再打印茨威格的论文。[10]

　　CERN 预印本的编辑规范和《物理评论》的不一样,所以茨威格的妻子按照适合美国期刊发表的格式,重新打印了第二篇,也是那篇长论文的预印本。[11] 但是,《物理评论》编辑的回应"非常令人沮丧",茨威格"放弃了发表论文的努力"。结果是,他的第一篇论文从未在任何期刊发表,第二篇论文则在16年之后才得以发表。[12]然而,"预印本"的副本却得到广泛流传,从那时起在文献中被引用,留存在CERN的档案里,并且通过网络在线提供。

讽刺的是,范霍夫和一个荷兰同事J. J. J.科凯第,后来有好几年一直使用夸克模型去理解高能质子碰撞的现象。科凯第之后写了一本关于夸克模型的书,[13]这本书转载了关于夸克模型的那些开创性论文并加以解释性的评述,却没有把茨威格的论文包括进来。虽然范霍夫在1964年认为茨威格的思想是胡扯的意见乃是出于真诚,但是,作为一本概述夸克模型的书,其中遗漏对茨威格开创性论文的介绍则令人难以理解,因为茨威格参与激发了这个领域的研究。

· · ·

从一开始,在1963年,茨威格就坚信夸克的真实存在。整个20世纪60年代,夸克是真实实体粒子的思想具有高度争议。大多数人认为夸克过于新奇而无法接受,尤其是基于一个压倒性的证据,即实验上从未观测到所带电荷小于质子电荷的粒子。

然而,在1965年,迪克·达利茨非常重视这个思想,和茨威格一样,他设想夸克通过旋转和环绕彼此运行的方式构成了强子,遵循着与原子内的电子,或原子核内的质子和中子一样的规则。当他1966年在伯克利的一个国际会议上谈到这些想法时,盖尔曼站起来退出了会场。造成怀疑的是,虽然达利茨的模型在经验上是成功的,但他同时无视了量子动力学的规则。如果夸克真的存在,它们必然是费米子即自旋为1/2的粒子,而量子动力学一次最多只能允许一个费米子存在于同一个量子态。然而为了让达利茨的模型有效,同一个量子态必须同时存在2个甚至3个夸克,这违反了这个基本法则。

多年以后我们才知道为什么夸克能这样做:夸克有一种被称为色荷的性质,色荷分为三种,每个夸克都带有其中一种色荷。色荷在许多方面都与电荷相似;电荷是电磁相互作用的来源,而色荷则是强相互作用的来源。色荷的三重态允许最多三个夸克占据同一个量子态,符合量子法则,只要每个夸克携带不同的色荷。[14]我们会在下一章看到,这个三重性质成了解释夸克和强子行为的量子色动力学现代理论的基础。但是在1966年,这样的思想还远在将来;带有分数电荷的夸克被认为是科幻;为了让夸克模型生效,你显然必须忽略量子动力学的既定规则。难怪许多人认为这是胡扯。

就这样，在 1967 年，作为达利茨的学生，我和这些疯狂的概念打着交道，逐渐地被搞得心情沮丧。研究是智力上的艰苦工作，你需要对自己所做工作的价值充满信心才能获得成功，但在 1967 年，夸克很难让人相信。

夸克模型里的计算不仅假设夸克不同于任何实验观测到的结果，具有分数电荷，而且假设它们的质量很大，虽然在形成我们称为质子的相对较轻的团时，它们以某种方式如此紧密地绑在一起，以至于它们所有的质量几乎都耗尽了。这一切显得相当异想天开。如果这是真的，那么这种粒子应该是很容易被发现的，但是实验室里的实验，在矿石甚至最终在月球陨石里的搜寻，都没有揭示出它们的任何踪迹。我对夸克"宗教"的信仰遭受了严峻考验。

到 1968 年夏天，我差不多完成了我在夸克模型中的第一个计算，并且得知盖尔曼本人将在牛津大学南面大约二十英里的卢瑟福实验室作两个关于粒子物理的讲座。这是个不能错失的好机会：盖尔曼肯定能够证实夸克是真实存在的。在第一个讲座结束时，我请教了他。他的回答十分明确：对他而言，夸克是一个帮助记忆的符号和"一个跟踪记录数学群论的便利方法"。这个对于"实体夸克"存在的否定又给我泼了一盆冷水，它带给我的冲击是如此巨大以至于自此之后我一直难以忘怀。多年后，在夸克已被确立为一个能够散射电子和其他粒子的物理实体时，盖尔曼的论调似乎有所不同，我因此感到十分惊讶。[15]

盖尔曼把夸克作为一个数学概念引入，借此，现象之间的关系可以被抽象出来，从而无需提及底层模型。他喜欢把这比作法式烹饪里的一种技法，即"把一块野鸡肉夹在两片小牛肉中间烹饪，烹饪完成之后把小牛肉弃之不用"。[16]

这个烹饪过程被称为脂裹法，是为了防止野鸡肉变得发柴干硬。不希望浪费的高级餐馆，会把包裹野鸡肉的食材——小牛肉或培根肉——加进来作为这道菜必不可少的一部分。但是，对于盖尔曼在 20 世纪 60 年代料理夸克的方式，丢弃小牛肉成了一个常见的比喻。

他从这个哲学发展出了一个被称为流代数的强大方案。[17] 它预测了强子的电磁相互作用和弱相互作用之间的关系，而不需要未知的夸克动力学的细节。应用流代数的一个例子是，美国人斯蒂芬·阿德勒用其推导出了中微子和核子之间相互作用的后果。[18] 令人惊奇的一个结果是，在某些情况下，中微子从核子上发生散射的机会应该比普遍预期的要大非常多。那时实验上还没有有效的方法来验证这一点，但是后来比约肯在阿德勒工作的基础上，发现了电子散射而不是中微子散射的相似结果，而这可以在 SLAC 新的电子加速器上得到验证。

当我在 1968 年向盖尔曼问起夸克的时候，我们都不知道 SLAC 的这些实验将使我们对质子的看法发生革命性的改变，并且确立夸克的真实存在。对于夸克来说，就像是对野鸡肉一样，丢弃小牛肉并不是必须的。

• • •

在见到盖尔曼大约一个月之后，我完成了计算。此刻我对夸克模型已经不抱希望了，但我还是给达利茨看了我的计算结果，询问实验能否验证它们。他建议我"去和唐·佩金斯谈谈"（佩金斯是实验粒子物理学教授）。我向佩金斯解释了我的工作，然后，出乎意料地，他突然问起了我对夸克的看法。

我觉得无法告诉达利茨我的感受，但佩金斯问了我，忽然之间我就和盘托出了，表达了我的沮丧，提到了夸克异常的不可观测性，然后告诉他就连盖尔曼都像圣彼得一样否认了夸克的真实存在。接下来佩金斯打开了一个抽屉，拿出了一份数据图表，以低沉浑厚的约克郡口音对我说："如果这不是夸克的话，我不知道什么才是!"

我目瞪口呆，咕哝着"哦，是的!"，根本不理解为什么对佩金斯而言这个图表就是确凿的证据。我没有要求他解释，相反却问起了这份图表的出处。他提到了他刚在维也纳参加的一个会议，一个叫潘诺夫斯基的人做的涉及电子散射的实验，类似于卢瑟福发现原子核的情形被重演了；好多我都没听懂。

显而易见的是唐很兴奋，突然之间，我也兴奋起来。在维也纳发生了某种戏剧性的变化，我得知道详情。在离开他的办公室回到我的书桌之后，我能确切回忆起来的就是，电子从夸克上发生了散射。我去和一个研究电子散射的同学托尼·海伊谈话，看看他是否知道些什么。这对他来说也是新闻。令人惊奇的事情是，除了刚从维也纳会议回来的唐·佩金斯，似乎没人知道与此有关的任何情况。

托尼和我立即开始了侦探工作。下面是所发生的情况。

夸克在 SLAC

在 1947 年的谢尔特岛会议之后，物理学家们每隔一年就聚集在一起，参加一个规模越来越大的会议，这个系列会议一直延续到今天。会议地点并不固定。这些会议的书面会议文集揭示了几十年来粒子物理学的发展历程。20 世纪 50 年代初期的会议文集显示,那时只有极少的报告是关于光子和电子的,大多数的报告是关于强子的,即如质子那样能感受到强相互作用力的粒子。接下来的几次会议也显示了类似的兴趣缺乏。然后相当突然地,并在一定程度上出于偶然,情况发生了变化。

20 世纪 50 年代的实验用高能质子束去轰击静态靶,发现质子具有大小。它们并不大,仅是氢原子的万分之一,尽管如此,它们确实具有大小。

得到这个发现的时候,斯坦福大学有一个电子加速器。前面提到过,虽然按现代的标准来说很小,这个加速器在当时却是最先进的,它实实在在地引发了物理学家们在 1956 年的迁居。斯坦福的物理学家们受到启发,想看看他们是否也能测量质子的大小——通过用电子去撞击氢罐里的质子。他们成功了,但是在对比这些补充性方法的结果时,细节显示,通过质子束测量出的质子大小和通过电子束测量出的不一样。斯坦福内部的观点是,质子包含了某种内核,比起用质子互相撞击的暴力方法,电子束能够更干净地探测这个内核。在斯坦福之外,没有几个人注意到这一点。

正是这个对于电子的信念激发了斯坦福的团队去建造一个当时世界上最长的粒子加速器。于是在 1962 年,长达三公里的"M 项目"——M 是"庞然大物"(monster)的首字母——开始建造。电子束被全程加速,产生非常巨大的威力,以至于在被引向氢靶时,在被潜藏于质子内部的强电场引开之前,它们能够深入质子内部。这个庞然大物——今天被称为 SLAC(斯坦福直线加速器中心的缩写)——成功了,但是没有人预料到,接下来所发生的事情将彻底改变粒子物理学的未来发展方向。

因为 SLAC 将会发现夸克。

· · ·

SLAC 向一个氢靶发射电子束,氢的原子核是质子。比约肯极力主张实验组把精力投入到记录每个电子的散射角度和在这个过程中失去的能量,而不是去测量质子发生了什么——电子反弹的角度越大,给予质子的动量就越大。他的理论意味着,这两方面的信息将足以探明质子的内部,并且数据将仅在两个变量的比例上敏感[19]——今天称为"比约肯标度无关性",而不是独立地对每个变量敏感。这些"深度非弹性"[20]碰撞在实验者们的计划之中,会在某一点上被测量,但是比约肯对它们的竭力推动使随后发生的事情产生了重大的变化。[21]

有几个人担心实验不会成功。例如,你怎么能分辨你所记录的电子真的是从目标靶上反弹的电子——这正是你想要的——而不是从目标原子之一里被撞击出来的电子,或者不是逃过了检测的来自电子束的电子?然而,在 1963 年,实验室管理层毅然批准了这个实验,于是实验的准备开始了。[22]

1966 年比约肯写出了他关于这个问题的开创性论文,那时这个加速器尚在建设之中。在这篇论文里,他使用了流代数——扔掉小牛肉时保留下来的野鸡肉——并且发现,如果以一种特殊的方式显示数据,它们会表现出一种特性即"比约肯标度无关性"。但是,由于这篇论文含糊的标题——"电密度的手征 $U6XU6$ 代数的应用"——和论证严密的数学,毫不奇怪他的论文对实验家们几乎没有产生什么影响。

终于,在 1967 年,SLAC 建成了,实验开始了。为了庆祝,那年夏天在斯坦福举行了一个会议,会议的一个目的是着重介绍使用电子做实验可能提供的机会。比约肯作了一个主题报告,利用这个机会阐释了他 1966 年论文里的思想。为使他的思想更易于理解,在报告中,他设想质子是由夸克构成的,并且解释了这是他理论背后的依据。[23]实际上,他既烹熟了野鸡,也保留了小牛肉。

他的报告招致了巨大的批评;本来就没几个人把夸克的思想当回事儿,更糟的是,为了简化他的理论,他不得不假设,质子里的夸克彼此是完全独立的,就像根本感受不到作用力一样。然而,如果夸克真的是构成质子和原子核的基本粒子,它们应该彼此牢固地束缚在一起。这个矛盾困扰着比约肯,在报告后的提问时间里,他说,他引入夸克"主要是迫切地想解释(隐含在流代数数学里的)点状行为这个引人注目的现象"。他在结束报告时说,"破坏物质基本构成的模型"将需要额外的数据。

迪克·泰勒[24]是一个拥有像伐木工人一样宽阔肩膀的加拿大物理学家,是在两年内证实了比约肯思想的 SLAC 实验组的领导之一。他在 2009 年告诉我,他现在认为比约肯当时应该坚持己见。泰勒随后的实验表明,夸克不仅存在,而且其行为正如比约肯的假设,这使得泰勒分享了 1990 年的诺贝尔奖。[25]这个自相矛盾的行为——独立行为的夸克却又紧密地束缚在一起——将会导致对理论解释的追寻。

到 1968 年春天,SLAC 的实验产生了令人兴奋的结果。在这之前,大多数人预期,当一个电子束击打在物质靶上时,绝大多数电子会继续前进,顶多伴随着很小的路径偏离。虽然实验的重心是记录小角度散射的电子,但大型探测器也被架设在实验室里以统计大角度偏转的电子数量。不同寻常的发现是,实验测量到了大量大角度散射的电子,和大多数人(除了比约肯)的预期相反。

除了泰勒之外,实验组的另外两个领导是杰罗姆·弗里德曼和亨利·肯德尔,他们俩在 MIT 分享一个教授职位。按照 MIT 的安排,他们每个人一年可以花六个月从事研究，剩下的六个月从事教学。所以，当弗里德曼在斯坦福的时候，肯德尔会在MIT，反之亦然。肯德尔在反对越南战争的抗议中也十分活跃，还是"反核武器科学家"组织的主要成员。在这些社会活动之外，他酷爱户外运动，在斯坦福和比约肯合住一栋房子，有时间就和他一起登山。

肯德尔和比约肯多年以来互相交换想法。当肯德尔告诉他，实验数据很可观，却没有模式可循时——数据看起来就像一幅不知所谓的抽象艺术作品——比约肯便会提出一个不同寻常的建议。他建议肯德尔以一种方式重新绘制图象，而这种方式按照比约肯的理论，将产生一个质子内部结构的清楚图象。比约肯回忆："我只是想知道，当用我的自然语言表达时，数据看起来会是什么样。"[26]

肯德尔回到了办公室，按照比约肯的建议重新绘制了数据。[19]当看到结果时，他大为震惊，因为一个看上去是夸克的图象突然出现了。[27]比约肯告诉我："亨利惊呆了。"

· · ·

到 1968 年夏天，由于比约肯在数据分析方面的指引，实验物理学家们拥有了足够的信心，决定在 8 月 28 日至 9 月 5 日于维也纳召开的重要国际会议上宣布他们的结果。在大会的并行会议上，弗里德曼作了一个报告，只有寥寥数人参加，因为使用电子做实验仍然属于小众兴趣。SLAC 的主任沃尔夫冈·"皮夫"·潘诺夫斯基，定于在大会后半部分的全体会议上概述实验结果。

人们可能以为，这个突破会随着他的报告轰动世界。真实情况却是截然不同。潘诺夫斯基的身高仅有五英尺二英寸（约 1.58 米），听众勉强看得见他站在讲台后面。他来自柏林，尽管在美国生活多年，但从未退去他的德国口音，这个德国口音再加上一个古怪的美国鼻音，使他的报告对于那些没有听习惯的人来说简直就是不知所云。除此之外，报告厅的音响效果是如此糟糕，以至于只有前几排的会议代表能听到他说话。

听众对深度非弹性过程和描述这个现象的数学技巧并不熟悉，这也可能导致了他们的茫然不解。比约肯告诉了实验家们该怎么做，并试着解释了这样做背后的复杂推理，但是没有人真正搞懂了其中的含义。"BJ 说的是方言；而费恩曼是给我们做翻译的那个人，"这是迪克·泰勒向我作出的形容，他还提到了一个最大的讽刺：费恩曼来到 SLAC 的那一天，"BJ"去登山了。

费恩曼的顿悟

费恩曼来到 SLAC,第一次看到实验数据,就在二十四小时之内用他著名的"部分子模型"对其作出了解释,这是一个脍炙人口的物理学传说。但是,这个事件是如此独特,以至于它从多年来的反复讲述之中获得了生命。当问起 1968 年在 SLAC 的人们关于这件事的回忆,得到的却是一组彼此之间并不一致的叙述。

有一个回忆是,费恩曼访问 SLAC 是为了给小学生们作一个科普讲座,紧接着在讲座之后他首次看到了实验数据。[28]因为学校是在 9 月初开学,这和那时的初级助手埃利奥特·布鲁姆的回忆是相符的,他现在是斯坦福的资深科学家,他告诉我:"所有的大人物都去了维也纳,所以费恩曼来访问的时候,我奉命把实验结果拿到绿房间(理论组的会议室)去给他看。"[29]有可能费恩曼来过不止一次,也有可能人们的回忆把不同的场合混为一谈,因为在 1968 年 8 月 17 日星期六——在维也纳会议大约两周之前——费恩曼自己的日记本上写着:"上周访问了 SLAC……以下是 M·弗里德曼和蔡泳时告诉我的情况概要。"[30]这个时间顺序和杰里·弗里德曼的回忆也是一致的,他证实:"在维也纳会议之前,我们就清楚地知道部分子模型。"[31]

费恩曼似乎把名字搞混淆了。并没有一个叫"M"·弗里德曼的人;他笔记里的人名首字母可能指的是曼尼·派斯乔斯,这个希腊人在 1968 年时是一个年轻的博士后,他在后面发生的事情里扮演了重要角色。派斯乔斯现在是德国多特蒙德的资深教授,他记得,一天下午,他在 SLAC 理论组的走廊里碰到了费恩曼。派斯乔斯问他是否知道在维也纳会议上发表的新实验结果,这个结果证实了比约肯关于"标度不变性"的预测。[32]

派斯乔斯告诉我:"我们去了蔡泳时的小办公室"——蔡是一名理论物理学家,为实验物理学家们在分析数据方面提供帮助。一个广为流传的版本是,费恩曼在蔡泳时的办公室里看到了实验数据,在意识到其深远意义后,他惊叹不已地"跪了下来","虔诚地紧握双手举过头顶"。[33]

这个戏剧化的讲述让人看到了费恩曼的故事所具有的一个共同特征,那就是围绕着这个物理学界的英雄,衍生出了许许多多的故事,以至于往往很难把传说和事实区分开来。派斯乔斯的严肃得多的版本给人更有真相的感觉:"看到数据之后,费恩曼发现这个结果非常激动人心,并表示想多待几天。这是他第一次看到数据。"很可能费恩

图 12.1　费恩曼访问 SLAC 之后的笔记

这些内容记录了他第一次获悉 SLAC 的深度非弹电子散射实验中的标度无关现象。（加州理工学院档案馆提供）

曼接下来造访了具体参与研究项目的实验家们，如他的日记所记载的那样和弗里德曼会了面。

费恩曼在帕洛阿尔托位于皇家大道的火烈鸟汽车旅馆订了一个房间。派斯乔斯及其妻子与费恩曼一起共进了晚餐，晚餐后离开时派斯乔斯"答应会在早上去接他，带他去 SLAC。到此刻为止，他并没有提到部分子或关于实验数据的其他任何解释"。

第二天早上，当派斯乔斯在火烈鸟旅馆和费恩曼碰面时，费恩曼"非常兴奋，说他认为这个现象源自于电子在无结构的基本粒子上发生了散射。我开车带他去了理论组，一会儿之后，绿房间即报告厅里就聚集了许多实验家和理论家来听他的解释"。[32]

费恩曼自己的回忆[34]符合派斯乔斯的版本。费恩曼记得:"在看过实验数据之后我回到汽车旅馆……开始思考。突然之间我意识到自己是多么愚蠢。"

费恩曼感到惊奇是出于非常个人的原因。自6月以来[35]他一直在建立一个强子结构模型,认为质子是由他称为"部分子"的点粒子所构成,并研究这对于质子之间猛烈撞击产生的碎片意味着什么。他把两个质子设想成部分子团,碰撞之后四处飞溅。为揭示这些部分子的真实性质,他正试图寻找分析数据的方法。

质子撞击质子的复杂性是双重的。然而,相对于质子,电子是一个简单实体。一个电子和一个质子撞击的残碎片包含散射的电子和从一个质子飞溅出的部分子。这更容易加以解释,但直到他访问SLAC之前,他都没有想到这个可能性,因此才有了他说自己"愚蠢"的评价。

面向包括理论物理学家和实验物理学家的听众,费恩曼作了一个临时报告,以通俗易懂的语言解释了一切。费恩曼的"部分子模型"进入了公共领域。SLAC的理论物理学家斯坦·布罗德斯基记得费恩曼承认:"我从未想到把我的部分子模型应用到使用电子的实验上。"[36]

那天晚些时候当比约肯从山里回来时,他发现实验室乱成了一团。费恩曼请派斯乔斯把自己介绍给"他著名的朋友"。[32]费恩曼和比约肯在一起讨论了一两个小时,比约肯在2009年告诉我[37]:"费恩曼所说的东西有些我已经知道了,而有些我则没有想到。"

费恩曼离开后,比约肯和派斯乔斯理清了比约肯的思想,假定部分子是夸克和反夸克。到10月初,他们完成了这个工作,但觉得他们应该等费恩曼先发表他自己的理论。然而,费恩曼毫无动静,于是比约肯给费恩曼打了一个电话询问他是否正在写论文,因为"我们一直在等"。费恩曼说他并没有在写论文,当比约肯问为什么时,他回答:"我所拥有的已经很多。"[38]比约肯告诉我,他把这解读为费恩曼鼓励他和派斯乔斯发表论文的一个慷慨之举。

比约肯和派斯乔斯如期写出了他们的论文。[39]到10月,费恩曼解决了他理论的具体细节问题,回到SLAC作了一个特别报告。这是一场盛事,费恩曼站在写满了方程和图表的黑板面前,这张照片传得到处都是。考虑到费恩曼善于作秀的风格,他无疑既是一个物理学家又是一个擅长讲故事的人。在这种狂热的兴奋之中,神话得以萌生。在戏剧般的历史描述中,他在看到数据后,当时当场就跪下了。费恩曼的个人形象是如此鲜明,他的布鲁克林口音使他成为一个绝佳的说书人,关于原始事件的回忆很可能是对费恩曼随后所讲述内容的回忆,或者是对那些在场的人随后告知不在场的人的谈话内容的回忆,并且就像传话游戏,逐渐地给这些事件增添了色彩。对我而言,派斯乔斯的低调版本才有真实的感觉,尽管狂喜之中的费恩曼会作出当一个戏剧作家的选择。

三年后,比约肯在康奈尔的一个会议上讲述了这方面研究的发展。费恩曼也就他自己的理论作了报告,其中大部分内容他都没有正式发表。比约肯的报告是一个专题综述,费恩曼是听众之一。比约肯告诉我,他不知道怎么引用费恩曼的工作,所以每当需要引用的时候他就在幻灯片上写下"费恩曼的笔记"。这成了一个主旋律,出现在每一张幻灯片上,一遍又一遍。比约肯记得人们开始窃笑,随着情况的持续,继而大笑。"我不知道的是,费恩曼的笔记记得一丝不苟。"[37]

费恩曼每天写日记。和他的公众形象不同,他非常有条理。日记的右页是他的物理学思考;左页是其他条目的交叉引用。[38]比约肯告诉我,他和费恩曼会后在一个晚上互相交流。比约肯问:"我听说你记笔记。部分子的东西也在其中吗?"费恩曼回答"只有一项不在",但他没有说是哪一项。"话题转到了其他方面,所以我从未得知。"

关于 1968 年的报告和费恩曼部分子模型的消息,迅速传遍了世界。今天大多数人把源自于比约肯的突破归功于费恩曼。诚实而公正的费恩曼总是说:"我所做的一切工作都已经在 BJ 的笔记里了。"[40]回到加州理工——费恩曼和盖尔曼任职的大学,盖尔曼向费恩曼搭讪说:"这些小道具是什么? 它们是夸克吗?"[41]

$\cdots$

在 1968 年春天,盖尔曼告诉我夸克不是真实的,那时我无比沮丧;但在那年底,维也纳会议上宣布的实验结果改变了一切。然而,杰里·弗里德曼记得,现在得到确立的思想在那时远非显而易见。数据显示出点状结构的想法被认为是"一个过于怪诞的观念而不能公开说出来"[31]。数据也存在其他更符合那个时代思维的可能解释,所以弗里德曼在他的报告里"从未提起过这种可能性"。但是,潘诺夫斯基提到了:"理论的猜测集中在这样一个可能性,即这些数据可能给出了核子内部带电荷、点状结构的行为的证据。"[42]在迪克·泰勒的回忆里,潘诺夫斯基甚至提到了"夸克"这个词[40]。我很走运,当潘诺夫斯基提出这个观点时,唐·佩金斯是坐在报告厅前面足够近的位置从而意识到其重要性的几个幸运者之一。唐·佩金斯感叹:"如果这不是夸克,那我不知道什么才是!"他在其中表达出的兴奋,给我提供了夸克终究是真实存在的希望。从那一刻起,我就想知道这到底是怎么一回事了。

因此,1970 年我在牛津大学获得博士学位后接受了 SLAC 的一个研究职位。我在那里遇到了比约肯。在维也纳会议的"戏剧"和斯坦福的实验引发的兴奋之后,待在SLAC 就像待在宇宙的中心一样。

1990 年,泰勒、肯德尔和弗里德曼,作为证明了夸克真实存在的实验的负责人,共同分享了诺贝尔奖。比约肯仍在等待。他的理论启发了这个实验,并且甚至在实验开始之前,就预言了如果夸克真的存在,数据看起来会是什么样。当完全处于困惑状态的肯德尔给他看数据时,还是比约肯建议他们用不同的方法分析数据,这时,一切都豁然开朗。要不是比约肯的干预,数据分析很可能依然陷入泥潭,而物理学的历史也可能会截然不同。

比约肯的开创性论文指出了证明夸克真实存在的方法,它还有更加非凡之处。这篇论文也表明,如果带有大质量的 W 玻色子——弱相互作用的传递者——存在时,它衰变为电子和中微子的可能性相当大。[43] 我们会在本书第 16 章看到,1983 年发现 W玻色子的实验利用这个事实确认了 W 玻色子,为参与实验的实验物理学家们赢得了诺贝尔奖。他还表明,当电子和正电子互相湮灭时,这个现象发生并产生不同味的夸克和反夸克的概率随着能量逐步降低。任何从这个行为的偏离都标志着新的动力学——这个现象将在 1974 年成为确认"粲"夸克的方法,也为参与实验的实验物理学家们赢得了诺贝尔奖。而且,他揭示了质子是由夸克构成,这导致了整整一代实验的产生,不然的话,这些实验就算进行了,其结果也是难以破译的。这些实验包括证实特霍夫特和韦尔特曼的弱相互作用力理论的实验,还有在 LHC 上那些希望找到希格斯玻色子的实验。

粒子和作用力的现代物理学图象被称为"标准模型",在许多物理学者看来,比约肯就是标准模型背后那个被遗忘了的天才。

粲夸克

作为比约肯启发的结果,实验证实了在质子内部深处存在着夸克。斯坦福的实验结果很快得到了来自 CERN 的数据的印证,CERN 在实验中使用了中微子束而不是电子束。这些实验以互相补充的方式对质子进行了探测,从这两组数据可以测量出夸克的电荷。这个结果和夸克模型构造者希望的完全一样:"上"夸克带有的正电荷量是一个分数,质子电荷的 2/3;"下"夸克或"奇异"夸克则分别带有质子电荷的－1/3 电荷量。

虽然这与盖尔曼和茨威格的初始方案完美符合,但夸克本身并不完全是实体夸克模型所预期的那样。远非所预期的具有大质量和紧密束缚,它们看上去几乎是无质量的,而且最根本地,它们是自由的。

即便是在这些实验之后,许多人对夸克模型依然抱怀疑态度。温伯格本人错过了完成他的弱相互作用理论的机会:他的工作成果以"轻子模型"(像电子和中微子的粒子,而不是夸克)为标题。他限定了这个工作成果的适用范围,因为如果他把这些理论应用到强子,它们似乎预言了在强子奇异性改变的地方应该存在中性弱相互作用。由于在现实中尚未观察到这种"奇异性改变的中性"相互作用,这成了许多人——不仅仅是温伯格——面临的障碍。萨拉姆和沃德的研究在几年前就因此半途而废了。

由于一个更大的担忧,温伯格实际上并没有为这个特定的问题发愁。他告诉我:"我把它叫作轻子模型,以强调我没有陷入强相互作用的泥沼。在 1967 年我认为我们对强相互作用一无所知。我就是不相信夸克模型。这是那时的普遍态度。在从未有人观测到带分数电荷粒子的情况下,你怎么能够拿它当回事儿呢?"[44]

到 1970 年,斯坦福和 CERN 的实验观测到了带分数电荷的夸克,尽管它们并不具备夸克模型所希望的所有性质。尽管如此,带着对夸克新的信心,谢利·格拉肖和两个同事——希腊人约翰·伊利奥珀洛斯、意大利人卢西亚诺·迈亚尼,发现了如何消除这些多余的奇异中性。代价是创造了夸克的第四个种类,后来被称为粲夸克。粲夸克要起到这个作用,它们必须带有和上夸克相同的电荷,但是区别于上夸克的是它们具有更大的质量。然后,通过量子动力学的奇迹,由粲夸克产生的量子波,能够以一种在源头消除所有奇异性改变的中性相互作用的方式,干涉由上夸克、下夸克和奇异夸克产生的量子波。这个作用被称为 GIM 机制(发音是"jim"),是其创造者们名字的首字母缩写而成。

到现在,你可能好奇夸克这些古怪的名字是否有什么根据。如果你不觉得奇怪,就跳过下面两段吧。

在 GIM 机制加入进来的时候,所有已知的强子都可以被解释为由夸克构成,这些夸克以三个不同的种类或"味"存在。几十年来,质子和中子对强相互作用作出反应,就像一个单独实体——核子——的两面,只是电荷不同。打个比方,两种夸克的名字就像一个硬币的两面,它们的命名反映了这个比喻,故此称为上夸克和下夸克,按它们的电荷进行区分,即 + 2/3 和 - 1/3。然后,两个上夸克和一个下夸克就足以构成一个质子,而两个下夸克和一个上夸克则构成一个中子。

在 20 世纪 40 年代和 50 年代发现的许多强子中,有一些强子具有不寻常的性质[45],它们因此被称为"奇异"粒子。今天我们知道是什么把这些奇异粒子和常见的质子、中子和 π 介子区分开来——它们包含了第三种夸克,被称为"奇异"夸克。这个奇异味夸克具有和下夸克一样的电荷,但与其不同的是它的质量更大。GIM 假说里的魔力在于,通过召唤出带 + 2/3 电荷的上夸克的更重一些的版本,它们创造了令人愉悦的对称性:基本的上-下夸克对有了两个更重的同胞,即粲夸克和奇异夸克。[46]由于这第四个味,GIM 机制驱除了不受欢迎的奇异性改变的中性相互作用,这个事实进一步证明了它的"魔力"①。

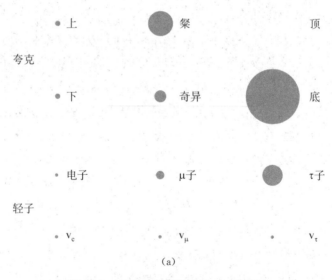

(a)

图 12.2a　对称性被质量隐藏: (a)费米子

　　夸克和轻子看上去具有共同的特征只不过质量不同。这些圆示意着它们相对质量的大小。顶夸克的圆未被显示。它的直径将会填满整个页面。

---

① 译者注:粲(charm)在英文里还有魔力之意。

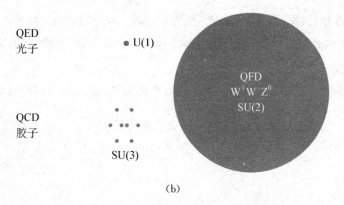

QED
光子

U(1)

QCD
胶子

SU(3)

QFD
W⁺ W⁻ Z⁰

SU(2)

(b)

图 12.2(b)　质量隐藏的对称性：(b)玻色子

QED 和 QFD(即结合电弱相互作用力的量子味动力学)是满足 U(1)和SU(2)群的杨-米尔斯理论。QCD 是 SU(3)群的杨-米尔斯理论。规范玻色子——光子和胶子——是无质量的；W 和 Z 玻色子是有质量的。W 和 Z 玻色子的质量破缺了对称性，图示为围绕 SU(2)的大圆；图示U(1)和SU(3)的小圆说明了它们各自的玻色子的无质量性质。(事实上，光子和 Z 玻色子是 SU(2)和 U(1)的混合态，所以真实的情况并不像这个图示所表明的这么简单。)

夸克的新"味"——粲夸克带来的威胁或者机遇是，这个假说意味着应该也存在着包含有一个或更多粲夸克的大量强子。但实验上从未观测到这样的强子。它们没有出现的理由是，它们一定比不包含粲夸克的强子更重一些，但那时的许多物理学家也没太把这个思想当回事儿。⁴⁷

温伯格的反应就很能说明问题："当这篇 GIM 机制的论文出来的时候，我认为他们为夸克模型里产生的一个问题找到了一个漂亮的解决方法。你也许可以说这个问题的产生是更为普遍的，但它的确是夸克带来的问题。我没把这太当回事儿，因为我不相信夸克。"⁴⁴在随后的 1971 年，特霍夫特证明了电弱相互作用理论是可重整化的，那时温伯格才确信，他的理论对轻子是适用的，却继续怀疑夸克的真实存在。

温伯格在他 1967 年的论文发表时对夸克缺乏信心，这很容易理解，但是在实验观测到质子和中子内部带分数电荷的粒子之后，他的怀疑却持续到了 1971 年，这具有更深刻的原因。比约肯的洞见导致了开创性的突破，揭露出了宇宙洋葱的夸克层次。然而，其最为影响深远的后果是揭示了强相互作用力自相矛盾的本质。夸克如何能够在质子内部深处独立地行为，而彼此却又如此紧密地束缚在一起从不逃逸？

这个现象和场论似乎暗示的完全不一致。例如，量子电动力学是典型的场论，在其中，电荷在近距离会增大，用第 2 章里的术语来说，"贝塔函数为正"。强相互作用的行为似乎截然相反,作用力的来源在近距离会变弱。如果用场论来描述强相互作用的话,这个理论必须有一个符号为负的贝塔函数。问题在于这种理论并不为人所知;实际上,这种理论被认为是不可能的。

一切似乎被颠覆了。这就是比约肯的洞见和 SLAC 的实验放到舞台中央的悖论:在质子内部深处,夸克几乎是自由的。

第13章　错误的喜剧

一个杨-米尔斯理论——量子色动力学(QCD)——解释了强相互作用遭到削弱的悖论。特霍夫特找到了答案却未能认识到其重要意义；其他物理学家也掌握了这个理论但未能完成最后一步。两个学生弗朗克·韦尔切克和戴维·波利泽各自独立地找到了答案，最终分享了诺贝尔奖。比约肯的思想导致了粲夸克的发现，这帮助证实了QCD理论。

────────

到1970年，物理学正处于动荡之中。费恩曼所推行的比约肯的思想，证明了比质子更深一个层次的实体的存在。盖尔曼嘲弄费恩曼的问题——"这些小道具是什么？它们是夸克吗？"——没有得到回应。费恩曼十分谨慎。他知道在质子内不可能仅仅只有夸克；那里必须有其他的东西负责把它们束缚在一起形成紧密的团。用现代的术语来说，费恩曼意识到必须有胶子的存在。例如，在带电荷的粒子之间存在电磁作用力，并且存在电磁辐射即光子。费恩曼认识到对强相互作用力而言也应该发生类似的行为，把夸克束缚在质子内部并且构成原子核。夸克必须携带有某种新形式的荷（今天称为"色荷"），这是强相互作用力的来源，并且也应该存在光子的某种类似物，即现在我们所称的胶子。正是这些在夸克之间到处穿梭的胶子实际上把它们束缚在一起，构成了质子。所有的这些"部分"——夸克、胶子，谁知道还会有什么——就是费恩曼统称的"部分子"。它们的实际组成应该由实验去确认，而不是由费恩曼或盖尔曼去猜测。

1971年，特霍夫特和韦尔特曼用一个与QED有相似构建的可行理论解释了弱相互作用力，他们的理论被称为量子味动力学(QFD)，在其中，W玻色子扮演了类似于光子的角色[1]，当这个消息传开，强相互作用力也可以用基于夸克和胶子的理论来解释的想法开始生根发芽。尽管对于强相互作用力，特霍夫特本人将错过就摆在他眼前的东西，然而正是他在解释弱相互作用力方面的突破将使其他人找到解决方案。强相互作用力也可以用一个杨-米尔斯理论来描述，即量子色动力学（QCD），这个理论的发现是一个错误的喜剧。

比约肯标度无关性之谜

在 SLAC 作出实验发现之前，强相互作用似乎是难以理解的，尽管剑桥大学 1967 年的招生简章对此十分乐观。弗里曼·戴森，这个安静的英国人帮助开创了 QED 却未能分享随之而来的 1965 年的诺贝尔奖，他曾断言："在未来的一百年内不会发现正确的理论。"[2] 美国人戴维·格罗斯由于其在确立作为强相互作用理论的 QCD 中的贡献后来于 2004 年分享了诺贝尔奖，他说："（在那时）对我这样的一个年轻研究生而言，这显然是最大的挑战。"

到 1972 年，戴维·格罗斯梳理了研究得最多的那些场论，希望找到一种理论符合 SLAC 的实验所发现的性质，即：夸克被牢固束缚在一起，然而当它们彼此接近时却似乎能够自己摆脱束缚。相关的数学涉及计算一个被称为贝塔函数的量，我们在第 2 章里描述过这个函数，它总结了粒子所带电荷的大小是怎样随着一个粒子趋近另一个粒子而变化。在 QED 里，这个量为正，并且在格罗斯考察的所有场论中，这个量都为正。

贝塔函数为正值意味着，当以高分辨率观察时，荷浓缩到无穷大的密度，就像之前的像素比喻里那样。但是，SLAC 的实验结果意味着，夸克之间作用力的行为与此相反：在高分辨率的情况下，束缚夸克的胶似乎失去了效力，而不是变得无穷强大。如果要用场论来解释这种失效的话，格罗斯就需要找到一个贝塔函数为负的场论。他开始怀疑，这种有悖直觉的行为在任何场论里都是不可能的，强相互作用力的解释不在这里。

研究者并非格罗斯一个人；一个名叫托尼·齐的年轻博士后也在追寻强相互作用力的解释。齐得到的启发来自哈佛大学西德尼·科尔曼的讲座，科尔曼是他的论文指导老师，一个广受爱戴和杰出的理论物理学家。如果有人应该得到"诺贝尔奖亚军"荣誉的话，那么科尔曼会是一个竞争者。[3] 这些讲座给予齐的启发是，贝塔函数的符号是关键，并且 SLAC 揭示的现象意味着强相互作用的场论将需要贝塔函数为负。

齐考察了已经确立的可重整化理论,发现它们的贝塔函数全部都为正值。这其中并不包括杨-米尔斯理论,这类理论要等到特霍夫特 1971 年在阿姆斯特丹的亮相以后才会盛行起来。

特里·戈德曼在 1970 年时是哈佛大学的一个学生,现在是洛斯阿拉莫斯国家实验室的荣誉资深理论物理学家,在他的回忆里[4],贝塔函数的符号在哈佛是一个热点问题。戈德曼向科尔曼提议,杨-米尔斯理论可能会是强相互作用力理论的候选者,却被告知他的"兴奋给错了对象,因为杨-米尔斯理论是不可重整化的"[4]。但是,1971 年特霍夫特在阿姆斯特丹作报告之后,"汤姆·阿佩尔奎斯特(当时是一个年轻教员,后来成为耶鲁大学的物理学教授)对我说,计算杨-米尔斯理论的贝塔函数符号会是件好事。"

戈德曼并没有这么做,因为"哈佛的训练是,别去做大量的苦功,除非你知道这会带来巨大收益。我问汤姆有没有什么理由认为这个符号为负。他说:'没有,但这是一件应该做的事情。'"戈德曼的回应是"我说我会考虑。遗憾的是,我考虑得不够认真"。

与此同时,齐完成了他对已经确立的理论的分析,他把这看作是对杨-米尔斯理论发起进攻之前的"热身运动",但他发现这在技术上要求很高。他和其他理论物理学家们坦率交谈,得到了褒贬不一的结果,一些人给他的想法"泼了冷水"[5]。齐似乎是第一个充分认识到贝塔函数负值的重要物理意义的人,但是他没能完成技术分析。在这一点上,他就是特霍夫特的镜像,我们会在后面看到,特霍夫特计算了贝塔函数,却未能认识到其深刻意义。

1972 年 9 月,第 16 届粒子物理国际会议在费米实验室召开,在这个会议上,盖尔曼概述了他自己关于夸克如何构建成质子的想法[6]。在比约肯的洞见和揭示了夸克的 SLAC 实验之后,盖尔曼早期对夸克真实存在的否定需要修正。他在费米实验室作的报告里说"也许可以基于夸克和某种胶来构建一个显性强子理论",但又补充说,这些实体"是虚构的"。他解释,"虚构"在这里的意思是指这些实体不会在实验室里单独出现,并且只有在禁闭于强子内部时才显现出来。

色是夸克携带的三重态性质,但诸如电子则不具有这种性质,色有可能是强相互作用力的来源。毕竟,夸克感受得到强相互作用力,而电子则不然。但是,盖尔曼并没有明确地提出这个建议。相反,他的关注点在于唯象的概念,即只有当强子组分的色在某种数学意义上总体呈中性时,强子才能在实验室里以实体存在。[7]

盖尔曼在这里几乎——但并不完全——发明了量子色动力学,即色荷的杨-米尔斯理论,在其中,夸克通过交换带色荷的胶子发生相互作用。奥地利的理论物理学家朱利叶斯·韦斯,似乎是提出不仅夸克带有色荷而且胶子也带有色荷这个思想的第一个人。[8] 盖尔曼的合作者哈拉尔德·弗里切在莱比锡的博士论文中研究的是杨-米尔斯理论,他的回忆是"在默里和我使用了色量子数之后,我就想到了建立一个色荷的杨-米尔斯理论",尽管盖尔曼起初表示过怀疑。[9] 1972 年 9 月,盖尔曼谨慎地提出,胶子"可能"是杨-米尔斯理论的带色荷的规范玻色子,但是没有进一步发展这个想法。[10] 盖尔曼的报告既没有证明一个基于色的强相互作用力的杨-米尔斯理论具有解释实验数据所要求的性质,也没有提到贝塔函数符号的重要性。

接下来所发生事情的因果关系已消失在时间的迷雾中,以及那些亲历者和旁观者的不同回忆里。[11] 所能确定的是,在几个月之内,在哈佛和普林斯顿有几个人开始计算杨-米尔斯理论里贝塔函数的符号,其中包括戴维·格罗斯。他们并不知道,特霍夫特已经完成了这个计算。

特霍夫特在马赛

特霍夫特不仅完成了这个计算,他甚至在 1972 年 6 月马赛的一个小型会议上宣布了计算结果。但是,他并没有写一篇概述证明过程的正式论文,这令他深感遗憾。他作了有关这个计算的发言,这件事本身也是机缘凑巧的结果。

夸克看似能够自由移动而又不会脱离束缚这种自相矛盾的行为,让特霍夫特像其他人一样感到困惑。[12] 比约肯假设质子是由自由移动的夸克所构成,用这个模型开创了通向非凡发现的道路,但对这个激进的假设他并没有提供理论依据。然而,实验证明了他是正确的,尽管没有人包括比约肯自己,能对为什么会如此作出解释。但是,就像特霍夫特后来承认的:"讽刺的是,我在笔记里已经得到了答案。"——"讽刺"是因为他没有认识到这个事实。

特霍夫特因为证明了当规范玻色子具有质量时杨-米尔斯理论的可行性而成名。但是,他的冒险历程开始于对杨-米尔斯理论在更简单情况下——仅有无质量的规范玻色子——的研究,在这个过程中,他注意到了一个现象,但他在当时并没有予以重视。

触动他的现象是,当用高倍显微镜进行观察时,荷的量所呈现出的改变方式。我们在本书第 2 章了解到,以更高的分辨率——"更小的像素"——去观察一个电子图象时所发生的情形，即电子的荷越来越浓缩到中心的像素里，最终变得无限致密——"贝塔斜率"的符号为正。特霍夫特注意到的是，在无质量的杨-米尔斯理论里——只包含规范玻色子，没有其他粒子——这个行为看上去是相反的：随着像素变得越小，荷似乎也在逐渐流失。荷及其产生的作用力似乎消失了，而不是在完美视野的限度内变得无限致密。用数学来表达，就是贝塔函数为负。

特霍夫特的终极目标是物理学上令人关注的有质量规范玻色子的情况，他当时的意图是把上面这个冗长的计算作为一个热身练习。所以，在 1971 年，他仅仅是注意到了这个数学上的奇特之处，然后就继续前行了。[13]

就像我们在前面看到的，他的兴趣在卡尔热斯被本·李和库尔特·西曼齐克的讲座所引发。李是使得特霍夫特的弱相互作用力工作获得更广泛关注，并且确立了这个理论的完备可行性的那个人，而现在则轮到西曼齐克在接下来展开的强相互作用力的剧情里唱主角了。

1972 年 6 月，特霍夫特从阿姆斯特丹飞往马赛，参加有关规范理论的一个专家会议。他告诉我[14]，在下飞机时，"我看到了我在卡尔热斯结识的西曼齐克。我说：'我不知道你也在飞机上。'在去往下榻之处的路上，我们一直都在谈论物理学。"西曼齐克告诉特霍夫特，他正在试图理解比约肯的工作所揭示的现象，但没能成功。他在考虑 4 个无自旋粒子的相互作用，被称为"lambda phi-fourth"（$\lambda\varphi-4$）理论。λ 给出了它们相互作用的强度度量，为使这个理论的贝塔斜率为负，西曼齐克选取了 λ 为负，但是这样一来，这个理论就变得极不稳定。

贝塔斜率为负值的现象触动了特霍夫特的心弦，他记得这正是那个他注意到出现在无质量的杨-米尔斯理论里但被他当成一个奇特之处的现象。于是他告诉西曼齐克，可以用杨-米尔斯理论达到同样的目的而不会有不稳定的问题。[15]

西曼齐克对此表示怀疑，认为普遍的定理证明了这是不可能的，这个观点后来被证明是错误的。他告诉特霍夫特，他一定在某个地方出了差错。毕竟，在漫长的计算过程中把一个加号弄错成减号这样微不足道的小事将会改变一切；整个结果取决于贝塔函数的符号到底是如西曼齐克所认为的那样为正，还是如特霍夫特主张的那样为负。

从机场出来的一路上他们继续争论这个问题，甚至直到西曼齐克在会议上作报告的那一刻。西曼齐克认识到如果特霍夫特的主张正确所具有的重要意义，便以一句话结束了讨论："如果你是对的，那么你应该赶紧发表这个成果。"[16]

特霍夫特回忆道："令我后来遗憾的是,我并没有听从这个明智的建议。"在那时,他忙着为韦尔特曼做其他计算,而且他也不知道如何以一种读者容易理解的形式来描述他的特殊方法。幸运的是,紧接着在西曼齐克作报告之后,他的确借此机会在会议上做了一个公开的评论。

西曼齐克在报告的最后说,尽管他没有找到具有合适性质(贝塔斜率为负)的场论,但"也许我们应该再次考虑杨-米尔斯理论"。特霍夫特告诉了我接下来发生的事:"我不记得他实际上有没有看着我,但是他后来告诉我,对于我站起来说要发表一个评论他一点儿也不惊讶。我在黑板上写出了……贝塔(表达式)。我说对于……电动力学有一个符号,而对于任何杨-米尔斯理论则有(另一个)符号。然后我回位置坐下,事情就是这样。我认为听众并没有多少反应。"[17]

克里斯·科泰尔斯-阿尔特斯是这次会议的组织者,对这些事件有他自己的回忆。[18]

1971 年他在阿姆斯特丹首次遇到了特霍夫特,1972 年 5 月 8 日他在访问乌得勒支时,与特霍夫特一起进行了讨论。在这次讨论中,特霍夫特提到,在他的计算里"(贝塔函数的)符号很奇怪",给科泰尔斯-阿尔特斯留下了这是某种数学反常现象的印象。[19]

1972 年是科泰尔斯-阿尔特斯在马赛大学任教的第一年,他感到有压力得把这个会议办好。在西曼齐克作报告时,科泰尔斯-阿尔特斯就坐在特霍夫特旁边,他告诉我,他觉得西曼齐克的报告"完全无法理解"。西曼齐克以其报告风格而闻名。他手写的幻灯片——那个年代盛行投影仪——看起来就像是先放了一张横格纸在下面作为引导,然后用到了每一行。每张幻灯片上都写满了大量的文字,这差不多还可以忍受,但是他作报告时习惯把一张幻灯片叠加在另一张上,然后在解释和这两张幻灯片有关的观点时指指点点,这种习惯对于听众实在是一个过于艰巨的挑战。他在马赛的表现显得非常典型。科泰尔斯-阿特勒斯向我描述了那个场景:"西曼齐克用了大量的幻灯片,当他完成报告时,底下一片沉默。我觉得有责任。我不想让西曼齐克带着冰冷的沉默离开。我坐在特霍夫特的旁边,说道:'看在老天的份上,说点儿什么吧。'"[20]

特霍夫特走向黑板,介绍了他的发现。无论这是由于科泰尔斯-阿尔特斯还是西曼齐克的教促都是次要的;重要的是,伴随着这个举动,他作出了杨-米尔斯理论里贝塔斜率为负的第一个公开声明。其含义在于,杨-米尔斯理论可以是强相互作用的可能描述,并且可以解释比约肯的洞见,从而在 1972 年 6 月进入了公共领域。

　　然而，当格罗斯的学生弗朗克·韦尔切克在四个月后和他讨论可能的研究项目时，格罗斯对此一无所知，因为特霍夫特的评论并没有引起多少兴趣。[21]参加了马赛会议的汤姆·阿佩尔奎斯特向我证实，西曼齐克的报告"由于那些多张叠加的幻灯片，出了名的晦涩难懂"，这也许能解释为什么阿佩尔奎斯特对特霍夫特之后的评论"完全没有印象"。[22]当西曼齐克在 1972 年 12 月发表他的报告时，他没有提到特霍夫特，却加入了一个谜一般的评论："确定杨-米尔斯理论里（贝塔函数的符号）将会很有意思。"[23]关于这个报告发表时间延迟的原因和这个评论的本意，我们稍后就会清楚。阿佩尔奎斯特和一个学生吉姆·卡拉宗，在 1973 年初尝试过计算贝塔函数的符号，但"对规范不变性感到困惑不已，就把它放到一边做其他工作去了"[22]。实际上，他们遭遇了特霍夫特在同一年 5 月向科泰尔斯-阿尔特斯表示过的类似困惑。

特霍夫特和其他人

　　当好几个人在美国试图找到解释比约肯标度无关性现象的理论时，特霍夫特已经发现了这个理论的关键部分，却没有认识到其经验上的意义。他在自己 1999 年获得诺贝尔奖的演说里对这个讽刺作了评论："早在 1971 年我就（已经）进行了我自己（关于贝塔函数）的计算，我第一个尝试的就是杨-米尔斯理论。"他确实得到了负号[24]，并且"在我（1971 年）关于有质量的杨-米尔斯理论的论文里间接提到了它"。然后他嘲讽地说，他未能认识到"我所拥有的是什么珍宝，而且也未能认识到没有一个专家知道贝塔函数可以为负"。

　　我询问特霍夫特，为什么他没有在 1971 年应用这个结果去解释 SLAC 的实验，SLAC 关于强相互作用本质的实验结果已经存在两年多了。他回答说，"那时并不确定我所说的和所做的，与（努力理解数据的人们）真正感兴趣的是不是同一回事"。他提醒我，"在那时，强相互作用和弱相互作用看起来截然不同，而且我一心关注的主要是弱相互作用"。更切中要害的也许是他承认，由于他的数学关注焦点，"我对强相互作用不甚了解。SLAC 实验是什么我也不十分清楚"。[25]

　　然而，他还有一次机会。1973 年 2 月，他访问了 CERN，和在那里任职的一个年轻的意大利理论物理学家乔杰奥·帕里西有过简短的讨论。正如我们将要看到的，在美国，戴维·波利泽、戴维·格罗斯和弗朗克·韦尔切克距独立发现结果还有好几个星期，这个结果给他们带来了诺贝尔奖。在决定命运的 2 月的那一天，特霍夫特和帕里西本可以抢在这三个美国人的前面，但他们转错了方向。下面是所发生的事情。

• • •

在 1972 年 6 月的马赛会议之后，西曼齐克推迟了他的报告写作，以便特霍夫特可以正式发表贝塔函数为负的发现。[26] 但是，如同我们所看到的，特霍夫特毫无动静。西曼齐克担心，如果他在报告中召唤了杨-米尔斯理论的幽灵，别的人会对特霍夫特仅仅只是提及的工作成果宣称所有权。到那年底，西曼齐克一定觉得已经过去了足够长的时间。帕里西告诉我："在 12 月底或 1973 年 1 月初，西曼齐克告诉了我特霍夫特的研究结果。"[26]

帕里西的兴趣在于场论，对 SLAC 的数据及其重要性也有充分的认识。特霍夫特在这个阶段专注于解释引力的尝试。特霍夫特在一次访问 CERN 的期间，遇到了帕里西。

"那是 1973 年 2 月的一个早上，"帕里西回忆。他把西曼齐克对他所说的话告诉了特霍夫特，然后帕里西对特霍夫特强调："你可以凭借这个结果构造一个强相互作用的理论。"他们只需决定使用哪一个杨-米尔斯理论就行了。电弱理论使用了 SU_2 群的数学，其涉及数值构成的数组即矩阵，包含两行或两列（见第 5 章）。特霍夫特和帕里西意识到类似的数学包含了三行或三列，所谓的 SU_3 群。帕里西提议，他们应该构建一个强相互作用的杨-米尔斯 SU_3 理论，基于夸克的三种味：上、下和奇异。

他们一起讨论，最初很兴奋。但是，他们很快跑进了一个死胡同，因为特霍夫特认识到，这个理论所要求的规范玻色子会带有电荷和其他性质，其结合是不可重整化的。致命的一击是帕里西意识到，SLAC 的数据显示，质子带电荷的组分具有夸克的所有特征，根本没有给任何带电荷的规范玻色子留下余地。在仅仅"半个小时"[27] 后，他们就放弃了这个想法。

原来，大自然使用 SU_3 的方式有两种。夸克是可双重区分的，因为每种味——上、下或奇异——可以携带三种不同"色"中的任意一个。色是描述荷的三种形式的名字，我们现在知道，色荷是强相互作用力的来源。帕里西和特霍夫特只关注了在 1972 年已经确立的 3 种味，而色的概念在那时尚未被普遍接受。

帕里西向我承认："我没有想到去试一试色。我不知道特霍夫特是否知道色。我的错误是仅仅只思考了半个小时。这个问题应该得到比半小时更多的时间。"[26]

确实令人遗憾：大自然正是用这三种色来产生束缚夸克的作用力。这个"3"才是描述强相互作用的 SU_3 杨-米尔斯理论的种子（这个理论今天被称为量子色动力学，即

QCD），而几个星期之后格罗斯、韦尔切克和波利泽将会就此写出他们的论文，并最终分享诺贝尔奖。

但是其他许多人本可以完成这个工作，只要他们把事实放到一起，得出那个正确的 3。1965 年，在格罗斯、韦尔切克和波利泽取得成功前的八年，在俄国，范雅辛和特伦耶夫发现在杨-米尔斯理论中贝塔为负，并下结论说这个结果"……似乎是极其不受欢迎的"[28]。除此之外，1969 年另一个俄国人 I. B. 克里波洛维奇也进行了类似的计算，发现贝塔为负，但他将其搁置不予评论，未能建立和强相互作用的任何联系，这是在 SLAC 的实验有所发现的整整一年之后。然后，1971 年，特霍夫特在他关于电弱相互作用的著名论文里得到了这个结果，不仅他自己，而且任何仔细阅读他的论文的人，本来都可能建立起这个联系。令人惊讶的是，没有人这样做。

1973 年春天，在特霍夫特和帕里西错误转向的几个星期之后，格罗斯、韦尔切克和波利泽发现了贝塔为负，并且把它宣传为强相互作用力理论的基础。三十年后，在 2004 年，这三个人分享了诺贝尔奖。但是，这些理论物理学家究竟是如何独立地确定了贝塔斜率的正确符号——负的，这个问题自此之后一直"含糊不清"。[29]

冬天的故事

普林斯顿第一幕

弗朗克·韦尔切克的本科专业是数学。当他 1972 年在普林斯顿开始攻读博士学位时，规范理论正随着特霍夫特和韦尔特曼的突破迎来复兴，韦尔切克认为这个领域对他最合适。首先，这是一个新领域，所以他无需对其物理历史知之甚详，并且——最重要的——它是一种数学理论，以他熟悉的群论技巧为基础。他立刻沉浸其中，并在 1972 年秋天，给他的研究生同学们作了一个关于杨-米尔斯理论的系列讲座。[30]

韦尔切克的最初兴趣是抽象数学，考察量子场论里的新观点是否能被用于解释实验所能达到的最佳精度范围内所发生的现象。[31] SLAC 实验的分辨率大约是质子直径的 1/100，与此同时，韦尔切克的导师戴维·格罗斯想知道，实验所揭示的比约肯标度无关性经验现象能否在这种情况下从量子场论中产生。格罗斯那时直觉认为是不能。我们将看到，这会在后面产生影响。

韦尔切克告诉我，使用当时的数学技巧，这个分析非常复杂，含有大量的代数运算。他反复计算，逐步建立起了体系。他最初算得比较粗略，计算费恩曼图而不考虑量化因子或者整体符号为正还是为负。渐渐地，他开始理解所涉及的情况，并且能够绘制出穿过迷宫道路的地图。最后他相信他知道了贝塔的符号，并且他的结果是规范不变的。

在某个时候，韦尔切克了解到西德尼·科尔曼在哈佛的一个学生也正在研究这个问题。韦尔切克回忆，直到后来他才遇到了这个学生，即戴维·波利泽，"那是在他来普林斯顿对比结果，以确保我们不会提出互相矛盾的观点的时候"。[32]

哈佛第一幕

戴维·波利泽最初对杨-米尔斯理论产生兴趣是在 1970 年从哈佛开车到新泽西的霍波肯参加一个会议的途中。他和埃里克·温伯格（和史蒂文·温伯格没有关系）一起，后者在研究生院里比他高一届，并且是个"导师式的人物"。在这趟好几个小时的旅途中，波利泽要求埃里克·温伯格跟他讲讲杨-米尔斯理论，因为他听说过这个名字，但"除此以外一无所知"。埃里克·温伯格解释了杨-米尔斯理论的基本思想，并补充说，人们对这类理论的意义一无所知，许多著名的理论物理学家对它们深感困惑。

1972 年，波利泽在夏天访问了 SLAC。我当时正在那里工作，SLAC 在那时是粒子物理学研究的中心，访问人员们来来往往络绎不绝。因此，一个哈佛大学的研究生来访没有给我留下什么印象，直到 1978 年我才遇到他并和他有交流。在那次来访的人员中，我确实记得他的导师西德尼·科尔曼，这是一个杰出的科学家，我之前已经见过，还有托尼·齐，他早已开始了自己对强相互作用理论的探索。

那年夏天，强相互作用力研究令大家兴奋不已。SLAC 理论组的走廊以其黑板而闻名，物理学家们在黑板旁边自由地讨论，允许旁观者参加进来。这种自由激发了思想，有时候是有意识地，有时候是潜意识地导致了正式的合作。齐和科尔曼一起讨论，他告诉科尔曼，他考察过的理论中没有一个能解释比约肯标度无关性现象，因为它们的"贝塔都为正"。齐告诉我，科尔曼鼓励他"继续寻找"。[33]

无论他们的讨论是不是启发了波利泽，哪怕是潜意识地，抑或者根本没有，都早已无从可考。不管怎样，六个月后，当科尔曼因休学术假而不在校的时候，波利泽决定，他需要一个"也许达不到科尔曼的高标准，但是我可能会有几分成功机会的"研究项目。[34]就像我们将看到的，他无疑成功了，因为他的研究导致了他的第一篇论文，而这篇论文使他得以分享了诺贝尔奖。但是，科尔曼选择把普林斯顿作为他学术休假的地点,无意中导致了困扰这段历史多年的争议,在普林斯顿,戴维·格罗斯是弗朗克·韦尔切克的博士论文导师。

1973 年初,波利泽[35]"好几次去普林斯顿"造访科尔曼,并且问他是否知道有谁计算了杨-米尔斯理论的贝塔函数。科尔曼认为没有,并提议他们"应该去问问走廊那头的戴维·格罗斯。戴维说没有,我们(格罗斯和波利泽)就(如何计算)作了简短的讨论"。

在波利泽的回忆里,这次和格罗斯的会谈中,他本人亲自在场,没有任何迹象表明在普林斯顿有人已经积极地在追求这个目标。格罗斯的回忆在事情的细节和时间上都不一样。在格罗斯的诺贝尔奖演讲上,[36]他回忆,当科尔曼询问的时候,"我告诉他我们正在做这项工作",然后科尔曼"表示了兴趣",因为他的学生波利泽在从事相似的研究。他还记得[37],计算工作正在进行之中,因为他和韦尔切克"两个人不停地出错",他们"在 2 月"加快步伐,"一鼓作气完成了计算"。

波利泽向我证实,[38]当他第一次和科尔曼谈到这个工作的时候,他并没有接收到什么信号表明科尔曼知悉普林斯顿的任何相关研究。他记得,他和科尔曼一起去了戴维·格罗斯的办公室,那时波利泽的研究兴趣才第一次为人所知。波利泽那时还没有实际开始计算贝塔的符号,他只是向科尔曼描述了他的想法,并觉得这件事值得做一做。

他的同事埃里克·温伯格告诉我,[39]他记得波利泽有一次探访在普林斯顿的科尔曼,回来后说他打算看看杨-米尔斯理论的贝塔是否为负。埃里克·温伯格告诉波利泽,他在自己的博士论文里也计算了贝塔的值,后来他们对比了笔记。埃里克·温伯格向我证实,在他的记忆里,当时波利泽并未提到过普林斯顿正在进行任何类似的研究。[39]

普林斯顿第二幕

我询问弗朗克·韦尔切克,他是如何最终实现了确定贝塔符号的目标。他记得[32],他作了许多不同规范的计算,通过对比具有共同特征的不同费恩曼图的表达式来检查代数运算。[40]经过大量运算、理出头绪后,一切几乎都符合了,但尚不完全。一个小问题是,他采信的一个标准参数的费恩曼图计算规则中原来存在一个符号错误。[41]最终,所有的一切都一致和完整了,只剩下整体符号的问题。这时,他才跟戴维·格罗斯说:"看起来这是负号。"[32]

当承认对于结果他并没有预先直觉时,韦尔切克纵声大笑。当时,他发现负的贝塔或"另一个结果的可能性都是一样的"。然而,戴维·格罗斯数年来一直在追寻对比约肯标度无关性的理解和一个能够解释它的场论,他开始怀疑(贝塔为负)这种有违常理的行为在任何场论里都是不可能的,对强相互作用力的解释不在这里。

因此,当韦尔切克向他展示贝塔为负的结果时,需要说服格罗斯。韦尔切克继续追忆:"戴维指着这个又指着那个……你对这个有把握吗? 你对那个有把握吗? 我说:'好吧,我实际上没有完全的把握。'"[32]

出于某种未知的原因,在这个节骨眼上,格罗斯认为贝塔的符号为正——这与在其他场论里所发现的一致,不幸的是,却与一个可行的强相互作用场论所需要的正好相反。不管这是因为韦尔切克计算的符号的确为正,如戴维·格罗斯在诺贝尔奖典礼上的讲话记录中的事件回忆一样,[42]还是因为他们俩之间的误解,如韦尔切克告诉我的回忆一样,毫无疑问的是,此时格罗斯相信贝塔为正,便开始就这个结果起草论文,并告知了西德尼·科尔曼。

哈佛第二幕

在哈佛,正如我们看到的,埃里克·温伯格在自己的博士论文里也研究了这个问题的一个方面,不过是在不同的情况之下。在埃里克·温伯格的帮助之下,[43]波利泽成功地计算了贝塔并发现其为负。

波利泽对于它可能成为一个强相互作用理论"感到兴奋不已",便给科尔曼打了电话。科尔曼说,这很有趣但一定是错误的,因为"戴维·格罗斯和他的学生完成了同样的计算,他们发现(符号为正)"。

埃里克·温伯格对符号为负从未有过半点怀疑。波利泽算出了负号,温伯格在他自己的博士论文工作里也发现了贝塔为负的一个独立实例。[44]但是,波利泽有点儿惊讶。他觉得科尔曼更相信那个包含了一个资深理论物理学家的二人组,而不是一个学生,[45]于是"我说我会再检查一遍"。

普林斯顿第三幕

与此同时,韦尔切克给了格罗斯一份关于全部计算的书面总结报告。格罗斯开始核对韦尔切克的报告,在此过程中,他意识到这个符号的确为负,也就是说他一直在寻找却又怀疑的现象学性质是可能的。从这时起,格罗斯和韦尔切克达成了一致。韦尔切克总结了这种惶惑不安："在这几天，贝塔的符号悬而未决，而我又没有自信站起来为其辩护。"[32]

现在戴维·格罗斯把新的结论告诉了科尔曼。

哈佛第三幕

波利泽"在大约一个星期之后"给科尔曼打了电话，[45]说他没有找到计算中的任何错误。埃里克·温伯格记得，波利泽检查计算是在哈佛大学的春假期间[46]，那时他们去了缅因州的一个小木屋。这至少和波利泽的回忆是一致的[47]——包括天老是下雨，还有检查所用的时间。

如果这是正确的，那么在关于接下来所发生事情的那些混乱记忆中，这也可以提供一个时间框架。直到最近，春假是 3 月的最后一个星期。[46]如果在 1973 年也是如此的话，春假就是 3 月 24 日到 4 月 1 日，这和埃里克·温伯格关于在 4 月初问题被解决的回忆是一致的。

问题在于，当波利泽告诉科尔曼，他做了检查并且肯定贝塔的符号为负时，科尔曼说他同意，并补充说，他之所以知道是因为在这期间"普林斯顿小组发现了一个错误，改正了它，并且已经把论文投到了《物理评论快报》"。[48]

为了搞清楚这些事件的时间顺序和时间框架，我询问戴维·波利泽，科尔曼说的到底是"已经"投稿了，还是格罗斯和韦尔切克"正准备"投稿（在投稿过程中）。大约 40 年后，他的反应显示了他当时感受到的创伤性冲击。"在那时我不会注意到'正准备投稿'和'已经投稿'之间的差别。（现在）我不能断定到底是哪一个，尽管'已经投稿'更好地传达了我当时的感受。别人正抢在我的前面！"[49]当波利泽听到普林斯顿小组"已经"把论文投稿后，他自己迅速地写出了一篇论文。

论文写作是一项需要多年经验才得以发展的艺术。我们在第 4 章看到，后来成为一个流畅文章作者的阿布杜斯·萨拉姆是如何被建议重写一篇他最初的论文，因为它"写得很糟糕"。波利泽由于他的导师不在，不得不在压力下自己单干。"那是我的第一篇论文而且我引以为豪"，他告诉我。结果是，这篇论文对于《物理评论快报》这个具有重要国际影响的权威期刊来说太长了。波利泽记得他把论文投到了别处——可能是[49]《物理学快报》，这是一个欧洲的期刊，其优点是与《物理评论快报》相比没有那么严格的页数限制，但其不足之处是他的工作的影响力会有所降低。他还派发了自己论文的复印件。因为被别人抢了先并且处于被忽视的危险之中，波利泽感到气馁和沮丧,但他的同事罗曼·杰基,凭借其作为一个教授的经验,提议波利泽只需把长版本的论文缩减成短版本,再向《物理评论快报》投稿。[50]他照办了,他的论文在 5 月 3 日被收到,比格罗斯和韦尔切克的论文晚了一个星期。

皆大欢喜

我把贝塔符号的故事称为"错误的喜剧"。这些事件发生在 1972、1973 年冬天期间,涉及格罗斯、韦尔切克和波利泽,在其中我重点关注谁说了什么以及相应的时间,继续沿用莎士比亚的比喻,这似乎是无事生非。但是,在他们分享诺贝尔奖之前和之后的许多年,对这段历史一直存在猜测,包括关于学术不端行为的暗示。波利泽的诺贝尔奖演讲暗示了表象之下的紧张关系,并且在几个方面和格罗斯演讲里的说法有所不同。为了解构某些互相矛盾的说法,我尽量收集证据,以便提出一个可能的时间顺序。

无可非议的是,波利泽得到了正确的负值符号,而在格罗斯和韦尔切克二人组里,至少在整个过程中的某一个时刻,据说他们得到了相反的答案,即正值符号。尚不清楚的是具体的详情:戴维·格罗斯关于这个符号的正负改变意见到底是由于来自西德尼·科尔曼的情报——他不经意地提到了波利泽的计算结果,还是说这个正确的负号是在普林斯顿被独立发现的。甚至连格罗斯和韦尔切克关于他们如何确立了符号为负的说法都是相互矛盾的:韦尔切克坚称他发现贝塔为负,但是没能对格罗斯的提问给出满意的答复;而格罗斯则宣称,韦尔切克得到的结果为正值,格罗斯随后在起草论文的过程中发现了错误并进行了更正。[51]格罗斯和韦尔切克之间的叙述存在一个差别,并且这个细节和波利泽无关。遗憾的是,关于这一点并没有独立的文件记载予以佐证。[52]

那么我们能确定什么呢?

埃里克·温伯格和波利泽都在 4 月中旬已经知道了贝塔的符号,这一点看上去是没有疑问的。1973 年 4 月,埃里克·温伯格完成了他的博士论文,并且顺带在一个相似却不同的例子里显示了贝塔的一个负值。[44]他在博士论文的致谢里作了一个令人费解的评论,即波利泽"帮助(他)认识到,两个人一起合作能够计算他们独自无法计算的费恩曼图",而波利泽接下来在自己的论文里也作了相应的致谢。埃里克·温伯格的博士论文答辩[53]是在 1973 年 5 月 11 日星期五。他不能肯定论文是什么时候提交到系里的,但是他的确"记得那是一个星期一,系里的秘书在收到论文之前是不会安排答辩日期的,所以这大概是在 4 月中旬或下旬"。因此,贝塔在杨-米尔斯理论里可以为负的可能性在哈佛被知晓是在 4 月底之前的几个星期。这和波利泽的叙述也是一致的,即在科尔曼告诉波利泽普林斯顿二人组得到的结果是贝塔为正之后,他在春假期间对他计算的负号结果进行了检查,而且这个说法得到了埃里克·温伯格的证实。

波利泽"大约一个星期之后"给科尔曼打了电话,这把我们带到了 4 月中旬,科尔曼那时显然告诉了他,普林斯顿"发现了一个错误"并已向《物理评论快报》投稿。事实上,编辑收到格罗斯和韦尔切克所发表论文的手稿是在 4 月 27 日,而收到波利泽的手稿是在 5 月 3 日。这两个日期之间的间隔可以理解:获悉对手投稿之后,在罗曼·杰基的帮助下,波利泽正在艰难地起草论文。但是,如果这个时间顺序是正确的,那么围绕 4 月的第三个星期看来有一个至今原因不明的时间间隔。以下是我的解释。

这个时间顺序与一种可能性似乎是一致的,即 4 月初,在波利泽于春假期间检查他的计算结果时,普林斯顿二人组对贝塔符号正举棋不定。我不知道在这个阶段西德尼·科尔曼是否已经让普林斯顿的人意识到了波利泽正在进行的工作,哪怕是潜意识地。但看上去普林斯顿的人正是在这个时候确定了正确的结果,即贝塔符号为负。

这符合韦尔切克的回忆。他对我说,在告诉戴维·格罗斯他的计算结果(贝塔为负)之后,"在这几天,贝塔的符号悬而未决,戴维表示怀疑而我又没有自信站起来为之辩护。在此期间,他和科尔曼交谈并说我们已经完成了计算。那些说我们得到了错误符号的故事只不过是戴维告诉西德尼(符号为正)而已。"[54] 但是当事实变得清楚之后——即贝塔为负的,因此这是一个描述强相互作用的解决方法——格罗斯把这个结论告诉了科尔曼。

波利泽结束春假回来时联系了科尔曼,他获悉普林斯顿赞成贝塔为负,这和他一直坚信的结果达成了一致。接下来,可能是在 4 月的第三个星期期间,普林斯顿二人组暂时中止了论文写作,或者至少为了保险起见,格罗斯、韦尔切克、波利泽和科尔曼决定大家一起会面以对比笔记。

韦尔切克的回忆是,在他和格罗斯就最后结果达成一致的"不久"之后,他们大家在投稿之前进行了交流,他第一次遇到戴维·波利泽"是他来普林斯顿对比计算结果,以确保我们不会提出互相矛盾的观点。这个我绝对记得"。

在此期间,韦尔切克发现,尽管波利泽得到了整体上正确的符号(为负),但是他在被称为"费米子圈"的其中一个贡献里有一个错误。这并不影响整体的结论。[55]

韦尔切克告诉我："西德尼·科尔曼,两个戴维和我在戴维·格罗斯的办公室里核对计算。戴维·波利泽在费米子圈得到了相反的符号。西德尼说:'你们这两个实际进行了计算的家伙应该到另一个房间去找出正确答案。'我们照办了。只用了大概 10 分钟。这是在论文写作之前没多久。所有的核心结果都在那儿了。"[54]

在我看来这是完全合情合理的。西德尼·科尔曼处在一个尴尬的位置上:在他休假缺席期间,他在哈佛的学生进行了一个计算,而在他度学术假的普林斯顿,有两个同事也在做同样的计算。在该期间的前些天里,至少在格罗斯和科尔曼心中存有何为正确答案的怀疑。确保所有人达成一致意见是至关重要的,这不仅为了满足他们科学上的好奇心,同样也为了实用的原因:事关重大,而且丢脸的可能性极大。[56]

这两篇论文在 4 月底、5 月初的时候进行了投稿,并且背靠背地发表在《物理评论快报》的同一期上。[57]作为一个学生,赫拉德·特霍夫特由于在他最初发表的论文和博士论文里解决了弱相互作用之谜,作出了赢得诺贝尔奖的重大发现,现在两个年轻的美国学生也在强相互作用方面取得了同样的成就。

BJ 的粲

比约肯 1966 年的论文极具启发性,导致了质子中夸克的发现,他在这篇论文里作出了另一个惊人的预言。当电子遇到它的反物质幽灵正电子时,它们有可能会互相湮灭,引起一道短暂的能量闪光,从中会产生新形式的物质和反物质。由于这些新形式的物质和反物质不具有为其诞生创造了条件的电子和正电子的记忆,"电子和正电子湮灭"成为一个创造地球上前所未有的新物质形式的全新方式。[58]比约肯预言,电子和正电子发生互相湮灭的概率和它们能量的平方成反比:如果电子和正电子对的总能量增加两倍的话,湮灭的概率会降低 4 倍。这个简单的关系是被称为"比约肯标度无关性"的另一个例子,[59]到 1972 年,这个预言也被证实了。而且,在夸克的每种味——上、下或奇异——携带三种色的情况下,数据和比约肯的理论符合得最好。所以,电子和正电子的湮灭,结合比约肯的思想,为这个神秘的性质提供了最好的证据,而这个性质则是强相互作用的起源。比约肯的预言,已经导致了对质子内部夸克的发现,现在又帮助确立了夸克的色的本质。

1973 年,SLAC 建造了一个叫作 SPEAR 的实验装置,它能够对撞具有比以前更高能量的电子和正电子。这立刻产生了一个出人意料的现象:比约肯标度无关性——湮灭对应于能量的平滑变化——失效了。这个概率在一小段能量范围内保持不变，而不是随着能量的增加持续下降。[60]

到这个阶段，比约肯标度无关性已经十分深入人心，以至于它被明显推翻需要得到解释。几个月之后这个谜团才被解开：SPEAR 的能量正好足够产生迄今未知的第 4 类夸克——粲夸克，未被识别出的粲夸克掩盖了比约肯标度无关性。

由于对粲景观第一个实例的发现，即 J-psi 的粒子（它由一个粲夸克和一个粲反夸克构成），认识上的革命于 1974 年 11 月 10 日开始了。[61] 把这根针从稻草堆中分离出来，并且考虑到产生其他新的粲粒子之后，我们看到比约肯标度无关性再一次成立了。

比约肯预言适用的情形是，实验里的能量要远远大于参与其中的任何粒子的剩余质量——$E = mc^2$。这就是当 SPEAR 产生由轻的上、下和奇异味夸克构成的粒子时的情形，但是之前未观测到的大质量的粲夸克在生成时几乎是静止的，这和比约肯标度无关性所需的条件相反。因此，正是作为其结果的比约肯标度无关性的失效，间接地导致了粲的发现。

粲是格拉肖、伊利奥珀洛斯和迈亚尼在 1970 年为了消除奇异性改变的中性弱过程而提出的（第 12 章）。在 J-psi 被发现后的两年内，粒子物理学的整个景观清晰地显现出来。几个粲粒子的实例——一个粲夸克和一个上、下或奇异类的反夸克相结合——在 SPEAR 被分离出来，而且它们的性质被证明和 GIM 机制所要求的完全一样。这个突破表明，电弱统一理论对强子也有效：史蒂文·温伯格再也无需把他的模型局限于轻子了。由于粲证实了 GIM 机制，哪怕最狂热的怀疑论者也不得不承认，电弱理论和这个现象是一致的。

此外，J-psi 的发现后来证明对理解强相互作用具有重大意义。J-psi 被称为"粲素"的第一个实例，[62] 如果不是因为这个巨兽有一个令人惊讶的性质，即它的寿命是大多数人预期的几千倍，它本来只不过是一个罕见的粒子。

J-psi 由一个夸克和反夸克构成，只要这两者不相遇并湮灭，J-psi 就能存在。到 1974 年，许多这样的强子——被称为介子——被发现，它们由上、下或奇异的夸克和反夸克构成。在所有情况下它们都是不稳定的：强相互作用力把夸克吸引向反夸克，于是它们互相湮灭。和上、下或奇异味的吸引相比，J-psi 内部更大质量的粲夸克和粲反夸克的相互吸引比较弱，且弱很多。大质量粲味夸克被削弱的强相互作用使 J-psi 可以存在更久的时间。这个现象成为 QCD 一个非凡的胜利。

按照 QCD 理论，强相互作用力在非常近的距离会被削弱，于是夸克在质子内部显得是自由的。这些方程意味着,强相互作用力的削弱在高能情况下应该同样存在,如同爱因斯坦告诉我们的,能量可以和质量相互转换,当带有巨大质量的粒子参与其中时这种情况就应该发生。粲夸克比上、下或奇异夸克重很多;束缚它的作用力因此不那么强,粲素的寿命就比原本可能的更长。

所以在几年的时间里,粲夸克的出现对于理解电弱相互作用力和强相互作用力都有着影响深远的意义。首先,通过证实 GIM 机制,它表明电弱理论适用于强子。J-psi 反常的长寿连同粲素态的其他例子,也为 QCD 是解释强相互作用的正确理论提供了令人信服的证据。粲夸克在电子和正电子湮灭的碎片中暴露出来的这个事实,要归因于比约肯标度无关性的预言。

因此,比约肯的思想除了导致夸克实体层次的发现,现在还启发了关于电弱相互作用力和强相互作用力的关键发现。比约肯的天才还将会带来另一个后果,即 W 和 Z 玻色子的发现,这是电弱理论的确凿证据。这两个玻色子尚有待发现。

幕间休息　1975 年

这是 1975 年。强相互作用理论问题被解决了。

夸克被证实为构成质子和其他强相互作用粒子的基本粒子。这导致了一个建立在基本夸克和胶子之上的可行的强相互作用理论：量子色动力学（QCD），与描述电磁作用力和弱相互作用力的理论一样，这也是一个杨-米尔斯理论。

粲夸克的存在得到了确认，这为证实弱相互作用理论提供了重要证据。

粲夸克的强相互作用也帮助证实了 QCD 的预言。

把电磁作用力和弱相互作用力结合成一个单独的"电弱"相互作用力的理论，仍然停留在美妙的数学，等待实验的正式确认。

第 14 章　重光子

　　电弱理论得到了实验验证。中性弱相互作用的预言被证实。希格斯机制和希格斯玻色子,连同温伯格-萨拉姆模型一道进入了物理学词典。人们发现中性弱相互作用破坏了宇称。1979 年,格拉肖、萨拉姆和温伯格分享了诺贝尔奖。

————————

　　到 1973 年,强相互作用、电磁相互作用和弱相互作用的可行理论已经建立,这尤其需要感谢三个学生的处女作:在强相互作用方面是弗朗克·韦尔切克和戴维·波利泽,在弱相互作用方面是赫拉德·特霍夫特。特霍夫特对弱相互作用力可行理论的发现启发了本·李,李在 1972 年以更容易理解的方式重新表述了相关论证,完善了一些技术细节,在让世界意识到这些突破的深远意义方面极具影响力。[1]

　　1972 年于芝加哥召开的第 16 届罗切斯特会议上,李的报告为此后发生的很多事作了铺垫。他提到了希格斯机制这个名词,以至于希格斯的一个同事参加完会议回到爱丁堡后告诉希格斯:"彼得,你出名了。"[2] 不论李在 1966 年伯克莱会议上提到希格斯这件事的影响如何,从 1972 年开始,在粒子物理学界,希格斯的名字确实与"机制"和"玻色子"连在了一起。

　　在粒子物理学界存在一种强大的信念,即数学上的重大突破揭示出了大自然实际运行的方式。然而,由电磁作用力和弱相互作用力结合而成的单一"电弱"相互作用力还等待着实验的证实。现在,人们的注意力转向了这个理论的检验。

中性流

　　尽管 W 玻色子的质量被预言是氢原子质量的大约九十倍,因此曾一度超出了实验的能力范围,但是理论还做了另一个预言,这个预言并不能直接证明弱相互作用和电磁相互作用的统一,但依然可以作为判断大自然是否按这种方式运行的一个早期信号。"电弱"的结合意味着,除了电中性无质量的光子以外,还应该存在一个电中性但是大质量的 Z 玻色子,它在很多方面和光子类似,只除了两个关键的不同之处。一个不同当然是 Z 玻色子具有质量——二十五年前我在一篇科普文章中将其描述为"重光子"。另一个不同则是 Z 玻色子会引发弱相互作用力的一种新形式。[3]

　　它的同胞即带电荷的 W 玻色子,不仅改变粒子的运动,并且四处移动电荷,因此可以把一种粒子转化成另一种粒子。然而,Z 玻色子在粒子之间传递能量,却对电荷毫不理会。这样的结果是,Z 玻色子能够通过所谓"中性流"来影响电中性粒子(例如中微子)的运动。

　　中微子就像不带电荷的电子。它们非常难以发现,在宇宙中穿梭却只是袖手旁观,它们是如此不易捕捉以至于我们对它们有所了解这件事都显得很不同寻常。如果 Z 玻色子不存在,中微子将不能被任何物体弹开。[4] 所以挑战显而易见:看到中微子发生散射,就可以揭示 Z 玻色子的作用力。但是说起来容易做起来难,这要求人们把技术和聪明才智发挥到极致。暂且想象一下,你设法观察的现象是:一个不可见的中微子进来,比如说被一个质子弹开,然后一个不可见的中微子飞出去。

　　这种现象发生的线索,与 H. G. 韦尔斯的小说《隐身人》中的男主角由于挤撞人群被揭露的方式类似。对某个目标靶发射一束中微子,好像变魔术似的在所发生的物质反冲里寻找一个电子或者一个质子。1973 年,CERN 的一个实验组得到了这种现象发生,因此 Z 玻色子在起作用的证据,并在那年夏天的一次会议上宣布了这个结果。他们的竞争对手,一个美国实验组也在那次会议上报告了相同的现象,于是证据看起来很不错。

　　然而,那一年的晚些时候,那个美国的实验组调整了他们的实验仪器,令他们惊恐的是,信号消失了。他们撤回了先前的声明,而是宣布他们没有发现中性流的证据。这使得 CERN 的实验组很焦虑,并且有几个月,许多人认定 CERN 的物理学家们是错的。然而,他们回答了所有的批评,而且后续的实验无可置疑地证实了这个现象。现在，人们一致认为 CERN 的实验组的确第一个看到了中性流。

那么，如何确定任何一个反冲的电子是因为受到了中微子的碰撞？反冲的电子也可能是因为碰撞到了污染中微子束的其他中性粒子，例如中子。这个污染非常小，但是由于中微子相互作用本身极其罕见，少数事例与中微子根本无关的可能性是存在的。这是前述美国和 CERN 的实验组对实验结果没有把握的部分原因。

过滤掉这些无关事例的一种方法是利用一个事实，即中子在发生相互作用之前不会传播很远的距离，然而中微子却能在空间中穿梭自如。因此，中子引起的事例在探测器的后部和中微子束的下游趋于相对稀少，而中微子引起的事例则在每个地方都有相同的分布概率。CERN 的巨大气泡室"加尔加梅勒"发现中性事件的事例遍布探测器，与对中微子的预期一致，不同于对中子的预期。[5]

于是，弱相互作用和电磁相互作用结合的第一个证据现在已经找到，关于诺贝尔奖归属的猜测便开始了。格拉肖、萨拉姆和沃德、温伯格，这四个人都可以宣称对 $SU_2 \times U_1$ 的主权；而特霍夫特和韦尔特曼一起证明了这在数学上是可行的，导致了现代量子味动力学理论的产生。诺贝尔奖最多可以由三个人分享；运作已经开始。[6]

特霍夫特和韦尔特曼在 1971 年证明 $SU_2 \times U_1$ 模型是可重整化的，接下来中性弱相互作用在 1973 年被发现，这时物理学界开始对此加以关注。我那时是 CERN 一个年轻的博士后，尽管我的专业是夸克和强相互作用，但我开始意识到描述统一的电磁作用力和弱相互作用力的一个新名词，即"电弱相互作用力"。在许多报告和讲座里，连接词"温伯格-萨拉姆"和"温伯格角"的标记都成了物理学词典中的新名词。[7]

电弱统一模型要成功，就必须援用 GIM 机制（见第 13 章），这个机制预言了称为"粲夸克"的第四类夸克。GIM 机制的创始人之一约翰·伊利奥珀洛斯是如此自信，以至于他在 1974 年于伦敦举办的第 17 届罗切斯特系列会议的报告中设下了一个赌局。为了鼓励报告者们遵守规定的报告时间，会议组织者向每个成功做到这一点的报告者赠送了一瓶葡萄酒。伊利奥珀洛斯开心地收到了一瓶葡萄酒，他宣布："我愿意押上一整箱葡萄酒，赌粲夸克的发现将会在这个系列会议的下一次会议中占据主导地位。"

两年之后，1976 年，罗切斯特会议在苏联的第比利斯召开，我在这次会议上作了报告。组织者连一瓶酒也没有提供；会议的亮点包括人们看到安德烈·萨哈罗夫作为一位非官方代表坐在后排，这是个苏联政府宁愿将其一直隐匿起来的人。但是在物理学上，那次会议意义非凡。我开完会一回来，就给《自然》写了我的第一篇关于粒子物理的科普文章,即《伊利奥珀洛斯赢得了赌局》[8]。粲夸克被发现,并且这个发现的意义确实在这次会议上占据了主导地位。

由于粲夸克的发现,"电弱"理论与已知的一切相符合:人们观测到中微子被弹开——正如在 Z^0 玻色子起作用情况下的预期——奇异性改变的中性过程被粲夸克破坏性的存在所抵消。仍然处于假设阶段的 W 玻色子和 Z 玻色子的实际产生超出了当时所有加速器的能力范围,但人们日益认识到这是一个诺贝尔奖量级的突破。

在那篇发表在《自然》上对这次会议的报道里,我写到了在之前两年中出现的大量数据,特别是中性弱相互作用和粲夸克的发现。然后,我呼应了当时的典型说法,引用了温伯格 1967 年的论文,以及萨拉姆 1968 年发表在诺贝尔专题研讨会文集中题为"基本粒子物理学"的报告,写道,这些数据与"温伯格……和萨拉姆原创的电弱统一思想"彼此吻合。[9] 我进一步补充说,几乎所有在这次会议上发布的关于弱相互作用的实验数据都与"温伯格-萨拉姆"理论一致。这些数据中包括一个尚未完成的实验所发现的一些迹象,即被预言的弱中性作用力的确破坏了宇称——镜像对称性,以一种被同名理论所预言的方式。

我一直记得这篇文章,不仅因为这是我在《自然》上发表的第一篇文章(这份期刊以其学术读者群的广度和深度而闻名),而且还因为它引起的反响:我收到了来自阿布杜斯·萨拉姆的一张短笺,说他很喜欢这篇文章。

喜欢弱相互作用的左旋电子

在这个阶段,一个容易找到的缺失环节,就是清楚地证明中性作用力对宇称的破坏和理论所预言的一致。这个宇称破坏的来源如下所述。

在电磁理论中,一个电子和一个质子通过交换光子发生相互作用。这个过程宇称守恒,因此对左旋和右旋的电子(左和右指的是电子的自旋方向,与开塞钻相似)而言,发生相互作用的概率相等。在弱相互作用理论中,中微子能够转化为电子,通过交换带电荷的 W 玻色子与质子发生相互作用。但是,在合并的"电弱"理论中,预言了另外两种效应类型。

第一种效应我们已经看到,当中微子通过交换 Z^0 与其他粒子相互作用时,中微子保持不变。这种相互作用破坏了宇称,因为中微子是左旋的。1973 年理论上首次论证了这种反应的发生,但是这种反应的现象非常微弱以至于证明其发生受到了实践的限制。测量宇称是否被破坏超出了实验的能力范围。

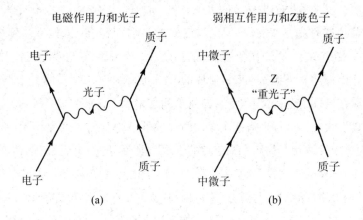

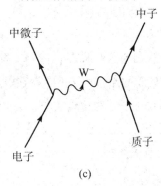

图 14.1　光子，Z 和 W 玻色子与中性弱作用力

(a)电子通过交换光子从质子上散射，光子是电磁作用力的规范玻色子。(b)和(c)显示了弱相互作用力的例子。在(b)中，中微子通过交换 Z^0 从质子上散射，这是弱中性作用力的例子；在(c)中，交换的是带电荷的 W 玻色子，这描述了历史上熟悉的在 beta 衰变中体现出的作用力。在(b)中，中微子可以被电子代替。在这种情况下或者其他传统上被认为是纯粹电磁行为的例子中，电子和质子之间也可以交换 Z^0，这对原子里电子的行为给予新的贡献。

正如理论预言 Z^0 能够与（左旋的）中微子耦合，理论也预言 Z^0 能够与电子耦合。这是上面提到的第二种效应。你也许会猜测 Z^0 只与左旋的电子耦合，但这并不完全正确。实际情况是，它与左旋和右旋粒子发生耦合的概率并不一样。它与左旋电子或右旋电子发生耦合的实际偏好被表达在一个参数中，到 1973 年这个参数被越来越多地被称为温伯格角。

如果中性弱作用力确实破坏了宇称,它将会影响原子的性质。把电子束缚在原子里的电作用力,并不区分左和右。但是,以在原子里应该出现宇称破坏的微弱效应这样的方式,中性弱作用力会干扰电子的运动:在这种情形下,从镜子里看到的原子行为会不同于现实中的原子行为。有几个寻找这种不对称性的实验,但是得到了互相冲突的结果。在一段时间以来,对这个理论预言缺乏明确的实验支持,存在着这个理论会被推翻的可能性。[10]这导致了我于 1976 年 12 月 9 日发表在《自然》上的第二篇文章,即《原子里的宇称破坏?》。这篇文章再一次提到了温伯格-萨拉姆模型,结束语是:"现在夏日蔚蓝的晴空中出现了一朵云彩。这是不是暴风雨的预兆,我们拭目以待。"[11]

《自然》期刊的编辑表达了他的兴奋之情,并说他期待着进一步的消息。我不记得收到了那篇文章的其他任何回应。然而,暴风雨始终没有来临,尽管在警报解除之前还需要好几年。

由于在带电荷的 W 玻色子参与的弱相互作用中宇称被破坏,毫不奇怪,弱相互作用和电磁相互作用的结合会令人预期在有 Z^0 参与的过程中应该发现有趣的宇称破坏,但这个过程从表面上看是电磁过程。加州 SLAC 的一个实验最终解决了这个问题。SLAC 的电子加速器能够产生由左旋电子或右旋电子组成的电子束。根据电弱理论,对左旋电子发生相互作用的概率应该存在一个微小的偏好。[12]

这个实验在 1978 年完成,证实了上述的现象。[13]左旋电子仅仅比右旋电子要多出大约一万分之一个事例数,但在实验敏感度内这是一个明显的效应。因此,这里有了一个区分真实世界和镜像世界的新方法:左旋电子和右旋电子同时存在,但前者在真实世界里略微更倾向于发生相互作用。

我总结道,对左旋电子事例数超出的实验观测以及超出量的大小,"清楚地指向温伯格-萨拉姆模型作为统一弱相互作用和电磁相互作用的模型是正确的"。[14]在这个阶段——1978 年 7 月——"温伯格-萨拉姆"在整个粒子物理学领域中已经烙下了印记,我采用了这种流行的说法。到目前为止,几乎所有人都很高兴。

格拉肖和诺贝尔奖臆想症

由于 SLAC 实验证实了中性弱作用力的存在,它正如电弱理论所预言的那样破坏了宇称,$SU_2 \times U_1$ 构造的所有部分都已经确立。W 玻色子或 Z 玻色子本身的迹象尚未出现，也没有对于可重整化或者自发对称性破缺假设的任何实验检验。但是由于成功预言了中性弱作用力，许多人猜想 1978 年的诺贝尔奖将会表彰电弱理论的创建。1976 年的罗切斯特会议上粲夸克占据了主导地位并且给好戏开了场，其后续会议于 1978 年夏天在东京召开。

我负责组织这次会议的量子色动力学理论的讨论，这个研究方向到 1978 年已经成为新的物理学研究框架的基本部分。在会议前一周，报告者们被安排在京都准备报告。我和戴维·波利泽共用一间办公室，他已经准备好了报告，建议我去游览京都的众多庙宇而不要把时间花在办公室里。正是在那段时间，我第一次开始意识到渐近自由的发现历史——QCD 里贝塔函数那个至关重要的负号——并非毫无争议的。1978 年，没有几个人料到这个思想会获得诺贝尔奖；但是，电弱理论很快会得到诺贝尔奖表彰的可能性已经提上了议事日程。

我曾密切注意这段历史的发展，并且之前在《自然》发表文章对此进行了报道，所以我对这次会议将如何评估这方面的研究图景很关注。然而，我那时很天真，没有察觉到和总结报告相关的政治。按照传统，这个粒子物理学领域的重要会议会安排一名当时杰出的物理学家来作闭幕报告。电弱理论是关注的焦点：顾及这种微妙的对称性，组织者安排了两个总结报告——一个是阿布杜斯·萨拉姆关于统一这两种作用力的主题报告，另一个是温伯格关于弱相互作用的主题报告。

这导致了我在《自然》上发表关于这些会议的第三篇连续报道。[15] 我在这篇文章里对当时呈现的研究图景进行了描述，三分之一个世纪之后，令我感到惊讶的是，这个图景并没有多少改变。尽管如此，在当时的敏感气氛下，有人觉得我的文章"令人不安"。[16]

到这个阶段，有几个人正为他们在历史上的位置感到紧张不安。那时，我对格拉肖的早期论文一无所知，他在这篇论文里第一个提出了 $SU_2 \times U_1$ 结构，预言了弱中性作用力和 Z^0，并且已经包含了对应于温伯格角的内容。格拉肖本人没有参加这次会议，他选择和家人一起在阿斯彭度过那个夏天。[17] 在他写于 1988 年的回忆录中，他回忆说，当他看到温伯格报告的全文时，他感到"惊讶和不安"。格拉肖将这个报告描述为关于一个研究领域的"修正主义历史"，在这个研究领域中"（我）认为我发挥了某种作用"。

温伯格的报告固然没有引用格拉肖的工作，但也没有具体提及"温伯格-萨拉姆"一词。这个报告更多地讨论了对下一步研究的展望，而不是对最新实验结果意义的总结——这次会议上的其他报告已经涵盖了这方面的内容。格拉肖的反应既是因为温伯格的报告本身，也可能显露出了攸关诺贝尔奖的得失所产生的紧张情绪。

　　取得重大发现的科学家渴望得到诺贝尔奖,同时又试图压制这种情感。尽管科学家们也许不知道他们的哪个同事跻身其祖国的国家科学院,或者不确定谁已经获得了某种国际奖项如沃尔夫奖、樱井奖,或类似的奖项,但是所有人都知道谁是诺贝尔奖获得者,这凸显了诺贝尔奖独一无二的声望。大多数奖项很容易被媒体描述为"享有盛名",但是你从未见过或者听过"享有盛名的诺贝尔奖"这样的说法,形容词是多余的。

　　"诺贝尔奖亚军"的概念在大学校园里点缀着学生的 T 恤衫。在大学教师中,也许会有一些人觉得自己理应有资格穿上这种 T 恤,并且本可能成为冠军——只可惜当初。"真希望当初"他们没有延迟发表自己的重要思想,或者加入了一个成功的合作组,或者更加积极地宣传自己的思想。任何时候都存在被普遍认为属于诺贝尔奖量级,但未评上诺贝尔奖的思想。诺贝尔奖的获奖结果在 10 月公布。随着这个日期的临近,公众开始议论纷纷,而竞争者之间的关系变得紧张。媒体会报道获胜者们在获奖结果公布当晚的表现;那些希望破灭的人的反应当然并没有多少不同,只不过他们通常会为自己保守秘密。那些看到诺贝尔奖竞赛终点线进入视野的科学家们的思维,很容易被格拉肖称之为"诺贝尔奖臆想症"的一种心理状况所控制,在重要的夏季会议和诺贝尔奖获奖结果宣布之间的这几个月里,这种臆想症成了高度选择性的流行病。[18]

　　1978 年 9 月,格拉肖应邀到斯德哥尔摩,在一个由瑞典皇家科学院组织的小型会议上作报告。格拉肖记得,在作报告的前一天晚上,他接到了温伯格从哈佛打来的越洋电话,温伯格花了一个小时试图左右格拉肖本次报告的内容。[19]按照格拉肖的评价,"温伯格想必也是诺贝尔奖臆想症的一个受害者",并且格拉肖对"诺贝尔奖腹地"的访问使温伯格似乎"有一点心烦意乱"。

　　格拉肖始终保持着一种开放的态度,希望考虑除他们的电弱理论以外在逻辑上或许依然可行的其他选择。他把报告的梗概告诉了温伯格。温伯格是他一生的朋友和同事,以及竞争对手。格拉肖感觉到温伯格不赞成他报告的这个方面,但是格拉肖认为,因为 W 玻色子和 Z 玻色子尚未被发现,发生意外的可能性仍然存在。

　　这次电话交谈最终没有得到令人满意的结果。"温伯格很坚定,而我很顽固,"格拉肖回忆道,还承认他自己当时有时差反应并且醉得不轻。一个小时以后,格拉肖"挂断"了这个电话,他将这次通话描述为温伯格"没完没了的长篇大论"。[20](温伯格对这个电话的回忆与此不同。)

　　到 1978 年底,那些将决定奖项归属的人已经注意到格拉肖的工作。在温伯格如此在意的这次斯德哥尔摩会议期间,著名的瑞典老物理学家伊瓦尔·沃勒来找格拉肖聊天。

沃勒担任诺贝尔物理学奖委员会成员已经超过二十五年,并且到 1970 年之前,他和阿布杜斯·萨拉姆有过很多交流。[21]沃勒在 1978 年退休,但他仍然活跃在物理学领域,保持着很大的影响力。在那次表面看上去漫不经心的聊天中,格拉肖意识到,沃勒对格拉肖过去的论文比格拉肖本人更加了如指掌。关键的是,沃勒询问格拉肖,他在 1961 的论文中引入的参数与如今所谓的温伯格角是否一样。

格拉肖回答道,他认为温伯格角和他六年之前引入的那个角可能并不相同。然而,沃勒告诉他,这两个角实际上完全相同。[22]由于感觉到自己的名字已经出现在诺贝尔奖委员会的心目中,格拉肖在诺贝尔奖臆想症的控制之下,记住了获奖结果宣布的预定日期。

你如何得知自己获得了诺贝尔奖?许多获奖者记得接到了瑞典国王的电话,事先会有一个秘书提醒获奖者等候这个电话。这种方式并不总是百分之百有效,就像特霍夫特在 1999 年的情况。那年诺贝尔奖结果揭晓的当天,他在博洛尼亚,意大利的实验物理学家安东尼诺·齐基基邀请他去作报告并进行讨论。特霍夫特告诉我:"齐基基对标准模型越来越充满信心,不断指着我,说我是标准模型的创始人之一。所以对于我会获得诺贝尔奖这件事,他比我更加肯定。我那时正在作一个关于 QCD 的报告,在此期间一些学生偷偷地溜出去上网——浏览诺贝尔奖委员会的网页。"(这是在无线网络普及开来使人们能在开会时一心多用之前!)"网页上果然公布了我获奖的结果。于是学生们很快制作了一张幻灯片,当我的报告结束时,齐基基走进来,把这张幻灯片放在视图投影仪上,宣布这是非诺贝尔奖获得者作的最后一个报告。"但是,特霍夫特正看着听众而不是幻灯片,没有注意到屏幕上的内容。听众们开始鼓掌,他以为这是对报告者表示感谢的例行公事,但是,"掌声持续的时间比平时要长得多,我开始想有事情发生了。于是我环顾四周,看到了那张幻灯片"[23]。

瑞典皇家科学院本来想给他打电话,但是因为他不在乌得勒支,他们没能立刻找到他。他说过他将要去博洛尼亚,但没说具体是哪儿。"瑞典皇家科学院花了大约半个小时才查明了我的下落,但是那时新闻记者先行一步设法找到了我,所以他们(瑞典皇家科学院)的人有好一阵子无法打通我的电话。"

回到 1978 年,格拉肖在诺贝尔奖结果揭晓的前一天晚上吃了一片安眠药,因为斯德哥尔摩的消息发布是在哈佛的黎明时分,格拉肖担心不然的话他会彻夜难眠。然而，没有电话打来：那一年的诺贝尔物理学奖颁给了其他研究方向。[24]但在 1979 年，格拉肖和温伯格被正式授予了这个奖项，连同阿布杜斯·萨拉姆一起。授奖证书上写着"因为在弱相互作用和电磁相互作用统一理论，包括预言弱中性（作用力）方面的贡献"。

由于把自发对称性破缺的思想纳入到格拉肖最先提出的 $SU_2 \times U_1$ 模型这个贡献，温伯格和萨拉姆的名字被连在了一起，鉴于这个连名出现的次数是如此之多，你几乎不会想到关于这段历史会有什么疑问。但是，当我为本书的写作进行研究而调查这段历史时，问题开始增多。格拉肖和温伯格的贡献既卓越又突出，但是联结萨拉姆和沃德的对称性被破坏了——导致这个结果的机制，的确被隐藏了。诺贝尔奖对沃德的遗漏自 1979 年之后就成了一段著名的公案。

第15章 "热烈赞美，当之无愧"

格拉肖、萨拉姆和温伯格分享了诺贝尔物理学奖，但是沃德却与之错过。这一章我们考察是什么分离了阿布杜斯·萨拉姆和他昔日的合作者。萨拉姆最初获得诺贝尔奖提名是为了表彰他在中微子和宇称破坏方面的贡献。1967年自发对称性破缺在温伯格和萨拉姆的工作中所起的关键作用；汤姆·基布尔发挥的作用及其对于诺贝尔奖的重要意义。什么是科学发现的优先权标准？

格拉肖在20世纪70年代末经历了诺贝尔奖臆想症的一场急性发作，而阿布杜斯·萨拉姆患上的却是这种病症绵延多年的慢性版本，萨拉姆的诺贝尔奖臆想症在他1979年和格拉肖、温伯格共享诺贝尔奖的时候得到了治愈。这一章的关注重点是萨拉姆，他的名字是如何与温伯格的名字联系在一起却与沃德的名字分离。这引出了一个更大的问题：是什么区分了诺贝尔奖的赢家和输家？更具体地说，沃德应该属于哪一个类别？沃德是否如一些人认为的那样，被剥夺了获得诺贝尔奖的机会？

当李政道和杨振宁因其在弱相互作用中镜像对称失效方面的工作于1957年获得诺贝尔奖时，阿布杜斯·萨拉姆的贡献被忽视了。为使萨拉姆的工作得到同样认可所进行的努力，在近二十年的时间里都徒劳无功。这段经历也许可以帮助解释围绕萨拉姆最终获得诺贝尔奖（因其在电弱理论方面的贡献）所存在的一些争议。

故事开始于20世纪50年代早期，鲁道夫·派尔斯那时在萨拉姆的博士论文答辩中就曾打断过他，并提出过关键问题，而派尔斯在萨拉姆的合作者J. C. 沃德的博士学位考试中也曾扮演了一个独特的角色。

萨拉姆经常说起派尔斯向他提问,中微子无质量是否有一个根本的原因。萨拉姆不知道,派尔斯对此回应说他也不知道。一位答辩评委提出一个他自己也没有答案的问题,是这个故事中引人发笑的小包袱。更为戏剧性的是随后发生的事情。这个问题困扰了萨拉姆很长一段时间,直到一个夜晚在横跨大西洋的航班上他认识到:如果描述中微子动力学的方程满足"γ-5对称性",那么中微子将是无质量的。而且,这种对称性会使左旋中微子的行为独立于右旋中微子,总而言之会破坏镜像对称——破坏"宇称"。

这个故事成了萨拉姆传说的一部分。他在 1957 年发表论文[1]阐述了这个思想,而他的诺贝尔奖提名中表扬了这篇论文[2]——理由是他的理论先于证明宇称破坏的决定性实验之前提出,并且李政道和杨振宁"并没有提出宇称破坏的理论,也没有尝试将其与任何深层的物理原理联系起来"。[3]但是,派尔斯并不这样乐观。他在 1982 年写给萨拉姆的一封信中谈到,他们的讨论集中在一个他关注了一段时间的问题,尽管萨拉姆是"唯一对此表现出浓厚兴趣的人",但派尔斯认为,萨拉姆"得出了在我看来没有根据的结论"。[4]派尔斯谢绝成为萨拉姆论文的共同作者,因为他认为这个论证不能令人信服。他指出,没有理由假定中微子是无质量的(现在我们知道中微子是有质量的),而关于宇称破坏,达利茨已经提出了这种可能性,这相应地启发了李政道和杨振宁的工作。

无论派尔斯对 γ-5 对称性思想的看法如何,萨拉姆对此却深信不疑。1969 年,萨拉姆甚至给伊瓦尔·沃勒写了一封关于 γ-5 对称性思想的长信,伊瓦尔·沃勒自 1947 年起一直是诺贝尔物理学奖委员会的成员之一。[5]在 1971 年写给他帝国理工学院的同事保罗·马修斯的信中,萨拉姆用第三人称描写自己:"萨拉姆最大的贡献无疑是中微子现代理论。"他加上了一份带着指示的附函,"保罗,我认为可以给胡尔特恩[6](诺贝尔物理学奖委员会的前任主席)寄一封同样的信,而且我现在觉得你应该寄这封信。在你的信里,你可以附上……我给沃勒的信,这封信得为胡尔特恩进行改写,让它读起来是我给你的信(像上次一样)。"

值得注意的是,萨拉姆在这里把 γ-5 对称性思想描述为他"最大的"贡献,这封信写于 1971 年,[7]在他哥德堡报告的三年之后,他的哥德堡报告探讨了不同的问题并且将构成他最终获得诺贝尔奖的关键。萨拉姆为马修斯所提交的诺贝尔奖提名而准备的材料,也把他在引力方面的工作表扬为"也许对困扰人们长达七十年的无穷大问题给出了确定解"。

无论这个"也许"的含义究竟如何,当阿布杜斯·萨拉姆 1971 年在阿姆斯特丹与特霍夫特一起作报告时,他显然认为他的引力工作是最重要的。直到特霍夫特的闪亮登场之前,萨拉姆似乎没有重视过他在弱电统一方面的工作。从这时起,"温伯格-萨拉姆模型"这个词组的重复使用使这项工作得到了人们的关注。

重演:1967 年

温伯格 1967 年的论文[8] 使他分享了 1979 年的诺贝尔奖,这篇论文已被引用超过八千次。但是,正如西德尼·科尔曼注意到的,[9] 对这篇论文的关注度爆增是在 1971 年特霍夫特的出场之后才发生的。科尔曼查阅了《科学引文索引》所记录的引用数,发现在特霍夫特出场之前这篇论文仅被引用了一次。

萨拉姆在发表于诺贝尔研讨会会议文集的一个报告里提到了温伯格。[10] 这些小领域专家偶尔的聚会与索尔维会议的级别相似——是在科学史意义上的展示思想碰撞的试验平台,而不是宣布重大科学进展的正规存档之地。

1968 年,萨拉姆在那次哥德堡会议上作了一个报告,在报告中综述了他和沃德关于 $SU_2 \times U_1$ 模型的工作,加上了自发对称性破缺能够为完成一个可行理论提供线索的一些评论。他的论文只有三篇参考文献,其中两篇是他和沃德的早期论文,第三篇是温伯格 1967 年关于这些思想的论文。哥德堡的这个报告后来成为萨拉姆分享诺贝尔奖的一个跳板。

对此,历史上一直存在争议。在实际的会议记录中,萨拉姆的报告几乎没有产生什么影响。[11] 而且,他的报告内容并不新鲜,因为温伯格的论文已经公开发表。对第二名是鲜有奖励的。自此之后,人们质疑的问题包括:在温伯格的工作成果已于几个月之前发表的情况下,为什么萨拉姆的工作依然得到了认可?为什么萨拉姆的论文发表在这样一个鲜为人知的地方?在这个关键时刻之后,他在公众的认知里是如何与沃德分离而与温伯格联系在了一起?

· · ·

温伯格在 1967 年 11 月发表了自己的理论,萨拉姆独立于温伯格发现了这条金光大道的优先权在于,萨拉姆于 1967 年期间在帝国理工学院已经举办了一些讲座,在这些讲座中概述了他关于自发对称性破缺的思想。正如我们将要看到的,这些可能发生于 1967 年 10 月的讲座共同形成了在 20 世纪 70 年代被称为温伯格-萨拉姆模型的萌芽。然而,这些讲座对听众影响甚微,而且关于讲座内容并没有留存下来的记录。[12]

汤姆·基布尔那时在帝国理工学院工作,正处于对称性破缺研究的中心。继他与古拉尔尼克和哈根 1964 年关于这个研究课题的工作之后,基布尔完成了他的证明,即"希格斯"机制可以推广,特别是可以推广到具有 $SU_2 \times U_1$ 数学结构的杨-米尔斯理论,并且他在 1967 年初(很可能是 3 月)把这件事告诉了萨拉姆。[13]被基布尔推广的自发对称性破缺思想形成了温伯格论文与萨拉姆主张的核心。

正如我们在第 10 章看到的,1967 年 7 月,基布尔离校休学术假,夏季去了布鲁克海文,秋季在纽约的罗切斯特。[14]因此,他错过了萨拉姆的讲座。

克里斯·艾沙姆记得曾听过"一些关于电弱理论的讲座,就在我第一学年的期末"(他后来成了萨拉姆的研究合作者之一),这与 1967 年秋季相一致。[15]唯一详细的回忆来自鲍勃·德尔布戈,他是萨拉姆的研究合作者,现在是塔斯马尼亚的荣誉退休教授。

在基布尔离开期间,德尔布戈负责组织研讨会报告。阿布杜斯·萨拉姆喜欢讲述他的得意之作,德尔布戈告诉我,萨拉姆想就他关于规范理论中对称性自发破缺的最近工作作一个系列讲座。[16]德尔布戈回忆:"根据我的记忆,我组织安排了在星期二下午的大约三个报告,他在报告里解释了他如今大名鼎鼎的工作。"遗憾的是,德尔布戈没有做笔记,也没听说其他人做了笔记:"在当时这一切显得那么深奥难懂。"

"这之后不久,"德尔布戈告诉我,他在物理系图书馆看到了温伯格发表在《物理评论快报》上的论文,德尔布戈觉得这篇论文"看上去与萨拉姆向我们讲述的内容非常相似"。他向萨拉姆提起了这件事,萨拉姆"显得非常懊恼和焦虑。所以我催促他尽快把他的工作整理成文,因为这个工作是独立完成的,并且和温伯格完成的时间大致相同。萨拉姆提到一个即将举办的诺贝尔研讨,他将把这次会议作为迅速发表自己工作成果的一个平台。"

1968 年春天,这个研讨会在哥德堡召开。在温伯格的论文发表于《物理评论快报》的 6 个月之后,萨拉姆作了一个报告,他的报告内容是以萨拉姆和沃德原有的思想为基础,并通过引入自发对称性破缺进行了扩充。

由于这些事件的细节是如此稀少,我希望获得进一步的确认。萨拉姆似乎凭空创造出了他的杰作。正如梵高的名作《吃土豆的人》是多年来草图和绘画的结果,最终的创作经历了人物和构图的不断完善。人们可能认为,萨拉姆也会在他的著作或者笔记中留下一些关于他自己开创性工作的痕迹。温伯格的顿悟揭示了弱相互作用力的秘密,就像是一只从他一直应用于强相互作用的自发对称性破缺中破茧而出的蝴蝶。萨拉姆的论文会给出什么线索呢?

答案是极少或者没有。在 1967、1968、1969 年这三年期间,带有萨拉姆名字的论文以每六周一篇的速度发表,这对于一位理论物理学家而言是一个巨大的产出率。[17]这些以各种方式合作的工作主要是关于强相互作用和引力方面的。除了 1968 年 5 月的哥德堡报告,没有任何一项是关于电弱统一或自发对称性破缺的。

他似乎下定决心把每一个想法都行之于文,只除了后来成为他获得诺贝尔奖门票的那个想法,这个想法分离了他与约翰·沃德——在此之前,他的电弱理论论文一直是与约翰·沃德合作的。[18]表明他对电弱理论有兴趣的唯一书面记录——他的哥德堡报告——并没有呐喊这是前进的一大步,也没有像温伯格的论文那样提出可被实验证明与大自然一致的具体细节。在相当大的程度上,萨拉姆的报告重新回顾了多年前与沃德合写的论文。[19]其中并没有对 W 玻色子和 Z 玻色子质量作出预言,而这正是令温伯格的论文与众不同的一个突出特征。

在这次报告之后,萨拉姆似乎放弃了这条思路,专注于引力方面。直到 1971 年特霍夫特的闪亮登场之前,引力研究一直是他选定的主题。特霍夫特刚一宣布 $SU_2 \times U_1$ 模型可重整化并立刻将其提升到一种完全成熟的理论层次上,萨拉姆马上就通过引用他和沃德的工作,连同提及温伯格的工作来宣扬某种历史上的优先权。[20]但他接着补充了评论,认为引力是特霍夫特的研究成果得以完备的一个基本要求。

如果萨拉姆真正理解隐藏的对称性在电弱统一中所发挥作用的深远意义,那么很难理解为什么他没有将其正式发表。他的许多其他著作表明,他并不会有所保留。后来,当人们日益认识到这是一个可行理论时,他对此进行了大力宣传。

· · ·

阿布杜斯·萨拉姆已经逝世,无法向我们解释他的思想是如何出现和成形的。有关的书面记录出人意料地稀少(考虑到其随后被认识到的重要性),并且那些当时在他周围的人也缺乏对于历史上一个特殊时刻的详细记忆。所以在我看来,这三方面信息的情况都是一致的。

毫无疑问,萨拉姆的讲座确实举办了,不过不甚明了的是,参加这些讲座的人是否不止寥寥几个。即便是在四十年后,德尔布戈的证词依然十分肯定;他在这些事件中扮演了重要角色,这在他的记忆里打下了烙印。我找到的唯一文字记录是一封在 1976 年寄给诺贝尔物理学奖委员会成员伊瓦尔·沃勒的信。正如我们看到的,萨拉姆的朋友和合作者保罗·马修斯，长期以来扮演着为萨拉姆得到表彰而进行游说的角色。他写信给沃勒，证实他参加了"1967 年秋季学期的研究生课程讲座……（萨拉姆）在讲座里应用基布尔最近的工作，描述了统一弱相互作用和电磁相互作用的规范理论……在他作这些讲座的时候，温伯格的论文尚未发表"。

马修斯已不在人世，不能确认是什么引发了写这封信，也不能确认在事隔近十年之后所记得日期的准确性。[21]这封信简明扼要——仅有九十六个单词——除了说举办了这些讲座和对讲座的时间给出了令人浮想联翩的暗示以外，并没有提供对讲座实际内容的看法。

如果马修斯和德尔布戈是正确的，萨拉姆的讲座时间以一种不可思议的方式平行于温伯格的论文创作时间。帝国理工学院 1967 年的秋季学期从 10 月 2 日开始，[22]萨拉姆从 10 月 5 日至 10 月 21 日期间在伦敦，10 月 22 日到 10 月 31 日在的里雅斯特，然后回到伦敦直到 11 月 13 日离开，在 12 月的前两周又返回伦敦。[23]德尔布戈记得有"安排在星期二下午的三个报告"，并且认为自己不太可能在第一个星期二安排一场报告。[24]这在时间上至少是符合的，因为 10 月 3 日星期二萨拉姆不在伦敦，但在 10 月 10 日和 17 日则是可能的。事实上是否有三个连续在星期二举行的讲座，尚没有定论。克里斯·艾沙姆的回忆[25]是，"只有寥寥几个人（在座），但到底是三个、四个还是五个，我不记得了"；如果这是正确的，这些讲座似乎更像是自定的专题讨论会，这在时间安排上具有更多的灵活性，使时间安排能够符合萨拉姆繁忙的日程表。无论如何，至少这些讲座的一部分是在 1967 年 10 月 5 日至 21 日期间举行的。如果是这样的话，就存在一个惊人的巧合：10 月 2 日星期一，温伯格在布鲁塞尔的索尔维会议上评论发言（见第 10 章），他的论文在那次会议期间已经撰写完毕，《物理评论快报》的编辑在 10 月 17 日收到这篇论文的投稿。

这个相似的时间框架很可能是由于汤姆·基布尔的洞见所带来的相同的启发。基布尔的论文发表于 1967 年 3 月，它在夏天期间对温伯格产生了影响，导致他在 9 月最终将这些思想应用到电弱相互作用研究中，并在 10 月写出了他的论文。对萨拉姆而言，他受到的启发来自基布尔的单独辅导——萨拉姆的日记在回顾那一年时对此记录下的日期是 1967 年 3 月[26]；然后，秋季学期的那些讲座提供了一次公开这些设想的机会。基布尔向萨拉姆介绍了对称性隐藏将带来的机遇，这或许可以解释为什么萨拉姆总是别具一格地使用"希格斯-基布尔"机制的提法。

前面提到过其他许多人相关回忆的异常缺乏，而且在围绕这个事件的那些年里，萨拉姆的著作明显缺少与电弱理论相关的任何内容,那么这与马修斯的信和德尔布戈的说法如何吻合呢?

如果只有寥寥几个人参加了讲座,那么要找到记得这些讨论的人就十分困难,这可以理解。相关回忆的缺乏可能也反映了当时的普遍态度——温伯格在布鲁塞尔对听众产生的影响甚微。就萨拉姆的情况而言,帝国理工学院那时的研究焦点距电弱相互作用相去甚远,而萨拉姆的个性和风格很可能增强了这种低迷的反应。

对于萨拉姆而言,他的想法层出不穷,马修斯的作用则是去芜存菁。萨拉姆会谈论他目前的想法,下个月这个想法会被截然不同的东西所覆盖,结果一个月后又被其他东西所取代。我记得有一次,他预定到卢瑟福实验室在英国理论物理学界的年会上作报告。萨拉姆的火车延误了,当他最终到达时,他宣布在这次延长的旅途中他进行了一个计算,就写在信封的背面,这使得他相信质子——氢原子和所有原子物质的基本构成粒子——具有内在的不稳定性。这就是他想要告诉大家的发现,并且这就成了他的报告内容。

如同他其他的一些想法一样(比如说 1965 年《星期日泰晤士报》宣布他与德尔布戈解决了统一相对论和粒子内部动力学的重大难题时引发的那场轰动),这个关于质子的发现就像是一颗超新星——一度令所有亲身经历的人目眩,结果却随着时间的流逝变得暗淡,并从视野中逐渐消逝。在 1965 年引起轰动的是一个正式名称为"U‑旋转‑12"的数学方案,在 60 年代中后期构成了萨拉姆的主要研究兴趣;但它和电弱理论毫不相干。

当"U‑旋转‑12"最终不了了之的时候,跟随早先的夸大而来的则是报应。

1965 年,萨拉姆在的里雅斯特的新国际中心组织了一次研究会议。[27]默里·盖尔曼作了一个报告,在报告之后的提问环节,他被问到了关于"U‑旋转‑12"的问题。这个事件多年来在人们的记忆中也许经过了渲染,但据说盖尔曼当时露出了迷惑不解的表情,似乎在搜寻他的强大记忆以确定提问者问的会是什么,然后好像恍然大悟一样,他喊道:"你指的是旋转(twiddle)——胡扯(twaddle)啊。"

这是一句玩笑话,却在物理学界广为流传。阿布杜斯·萨拉姆当时就在听众席里。约翰·波尔金霍恩是萨拉姆多年的同事,当时也在场,在他看来,对这个事件的反应也许可以帮助解释萨拉姆后来对追寻电弱思想的缄默。波尔金霍恩解释道,在萨拉姆开朗热情的外表背后是一种内敛的个性:"如果这个事件伤害到了他,他不会表露出来,但他可能觉得自己吃了亏。"多年前,在波尔金霍恩开始他的职业生涯时,萨拉姆建议他："发表你做的所有工作。人们会记住好的那些而忘却不好的。"回忆起这件往事，他对我说："（鉴于萨拉姆对生成论文的偏爱，对于他没有立即发表他 1967 年的电弱思想，）我一直觉得很奇怪。这太不像阿布杜斯了。"[28]

虽然担心吃亏的心理可能起了一定作用，但还有一种更为通俗的解释。萨拉姆以奔涌的思绪和短暂的乐观而闻名，他在 1967 年对基布尔关于自发对称性破缺的单独辅导的反应就是这样一个例子。那时，萨拉姆并不认为把自发对称性破缺应用到他和沃德的模型中有什么特别之处，参加讲座的那些听众也是如此认为。我向德尔布戈提出了这一点，他表示同意："我不认为他意识到了他向我们讲述的内容的重要性。就他而言，这不过是另一阵三分钟热情而已。然后，当（我给他看）温伯格的论文时，他意识到他和温伯格所见略同。"

对于萨拉姆，如同对于他的听众一样，这是最新的"三分钟热情"。但是随着事件的发展，数年后，这些讲座将会呈现出比 1967 年更大的重要性和意义。基布尔给了萨拉姆一个想法；由于德尔布戈的偶然干预，温伯格提高了它在萨拉姆心中的重要性；而特霍夫特取得的突破则赋予了它紧迫性。

从特霍夫特到诺贝尔奖

特霍夫特和韦尔特曼的工作让物理学界有了一些事需要去慎重考虑。随之而来的诺贝尔奖成为必然；谁将是胜利者和失败者则是主要的未知数。人们一致认为温伯格和特霍夫特将会名列其中；但是由于一个诺贝尔奖项最多可由三人分享，评估荣誉的分配开始成了一个猜谜游戏。宣传机器们纷纷开始运转。

之前被忽视的思想随着特霍夫特的初次登场又得到了重生。单单是在 1972 年，对温伯格 1967 年论文的引用次数就超过了两百次，然而在这个阶段，萨拉姆 1968 年的哥德堡报告却几乎不为人知。

在 1971 年，哪怕萨拉姆本人似乎也并不看好他的哥德堡论文，[29] 但是，对于确保他的名字在公众认知里与温伯格联袂出现这件事，他很快变得积极起来。在众多会议上，萨拉姆引人注目地坐在报告厅前排，在报告者能听到的范围之内。如果有人说起电弱模型时只提到"温伯格"的名字，他就会听到一个带着熟悉的轻快幽默却又郑重其事的声音："和萨拉姆。"

他的个性和高调使的里雅斯特的国际理论物理中心（ICTP）获得了络绎不绝的访

问者,也使他获得了许多会议邀请。与暑假期间来访的大学学者的合作是国际理论物理中心开展科学研究的命脉,而众多的顾问委员会都需要杰出的科学家担任委员;诺贝尔物理学奖委员会的成员们在 ICTP 的访问者中显得格外突出。[30]萨拉姆和他们有定期的信件交流,让他们及时了解现在被普遍称为温伯格-萨拉姆模型的最新进展。

看到温伯格进入了后特霍夫特的新时代,萨拉姆的第一次觉醒似乎于 1971 年 11 月来临。

根据特霍夫特的可行性证明和包含强子的 GIM 机制,温伯格写了一篇论文,对他 1967 年的理论进行更新,讨论了这个理论的实验意义。[31]《物理评论快报》的编辑在 1971 年 10 月 20 日收到这篇论文,并且于 12 月 13 日予以发表。参考文献首先引用了应用隐藏对称性的希格斯,紧接着是布劳特和恩格勒,但没有提到萨拉姆。

然而,这篇论文的一份预览被送给了萨拉姆,因为他在 11 月 18 日写信给温伯格提请其注意他在哥德堡的报告。温伯格在 24 日回信说他已经提醒了编辑,因为他在此期间记起,萨拉姆在哥德堡"当时的确讨论了我认为在我 1967 年论文里的本质上的新元素,即运用希格斯现象来构建有质量矢量介子的可重整化理论"。他对萨拉姆承诺,在另一篇投到《物理评论》的论文中,他将会引用萨拉姆"关于重整化和规范场的早期工作,还有萨拉姆-沃德的论文"。在那篇于 1971 年 12 月 6 日被编辑收到的论文中,他如约引用了萨拉姆的工作。[32]温伯格还在信中褒奖了萨拉姆的影响,他写道,他"深知在这个领域中从事研究的所有理论学者都从您那里获益良多"。

继此之后,萨拉姆和那些没有把他的名字和温伯格相提并论的人之间开始了信函来往。其中最重要的很可能是他在 1972 年与本·李交流的信件。

还记得李吗,他在创造这个新的研究框架中发挥了开创性的作用。他 1964 年的论文[33]和 1966 年在伯克利的报告[34]使希格斯的名字进入了物理学词典;他在卡尔热斯的讲座启发特霍夫特创建了弱相互作用的可行理论,李自己的工作帮助完善了特霍夫特的证明,使这些结果得到了广泛的关注。到 1972 年,李成为将场论思想应用于弱相互作用方面的公认权威,跟特霍夫特不相上下。第十六届粒子物理国际会议定于那年夏天在芝加哥举行,李是对这个领域进行综述的自然人选。

在这次会议之前,萨拉姆在 6 月 26 日给他写了一封"痛苦的"信。[35]萨拉姆数易其稿(我在的里雅斯特的 ICTP 档案里看到了这些草稿),即便如此,这封信的最终版本还是包括附言和再附言,并且再附言请求李在阅读之后,"请撕掉并销毁这封信"。

看来李依言而行了,因为在他的论文集中没有任何有关的痕迹。[36]

　　这封信涉及的是有关可重整化电弱理论的引用伦理。李在他的早期论文中将萨拉姆和温伯格的名字相提并论,但最近以来他看上去仅仅只提到了温伯格。然后萨拉姆提出了一个观点,其正处于如何认定科学发现的荣誉这个问题的核心。他表示,李的遗漏是因为:"即使我在我的诺贝尔研讨会报告中宣称我独立于温伯格提出了这个理论,并就此在 1967 年秋天向由研究生和物理教师组成的听众举办了讲座,但因为我的论文发表日期较晚,所以我不应该得到荣誉。"

　　萨拉姆接着争辩道:"我相信,在我们的研究领域中,存在一个通用的惯例,即在独立创造的情况下,荣誉共享,即使有些作者在准备发表自己的工作时可能看到了其他人的工作成果。"在这里,萨拉姆正面回答了一直困扰着该领域的这个问题。[37]在回信中,李同意他的观点,指出这个遗漏是出于无心并且表示"极度的"歉意。[35]

　　1978 年,当萨拉姆与诺曼·多姆贝来往通信时,他得到了不同的回应,诺曼·多姆贝现在是英国苏塞克斯大学的一名资深理论物理学家。20 世纪 60 年代,多姆贝曾是格拉肖的同事,他清楚地知道格拉肖凭借自己的博士论文进入了电弱统一的传奇,并且 1960 年默里·盖尔曼在法国那次决定命运的午餐时认可了格拉肖的洞见。之后,格拉肖在加州理工学院工作期间发展并完成了他的论著,当时还是学生的多姆贝在那里和他成了朋友。多年以后,多姆贝密切关注着电弱理论的迅速崛起,他本人也活跃在这个领域。

　　1978 年 1 月,多姆贝和他的同事戴维·贝林写了一篇发表在《自然》上的文章,其中提到了"温伯格模型"。[38]他们引用了温伯格 1967 年开创性的论文,格拉肖 1961 年的论文以及萨拉姆和沃德 1964 年的论文,但是没有提到萨拉姆 1968 年在哥德堡的个人报告。萨拉姆表示反对,给多姆贝寄了一份他和本·李来往信函的副本。阅读了萨拉姆 1968 年的论文之后,贝林和多姆贝为他们的引用进行辩护,理由是 $SU_2 \times U_1$ 模型早已由格拉肖引入,只是在后来被萨拉姆和沃德共同重新发现;而且,只有温伯格说明了 W 和 Z 玻色子相对质量的关键预言是如何产生的。[39]在多姆贝看来,一方面,萨拉姆的哥德堡报告中并没有包含文献中尚不存在的任何重要内容,另一方面,萨拉姆的个人报告中没有包括的那些重要贡献已经存在于文献之中。[40]作为回应,萨拉姆声称他1968 年的论文实质上就是人们所认为的"标准模型",只是他没有写下"这些粒子质量的精确数值"。[41]

· · ·

　　在最多三个诺贝尔奖获得者的情况下,人们猜测特霍夫特和温伯格将在其中,然后到 20 世纪 70 年代中期,萨拉姆的名字通过不断重复,变得与温伯格的名字紧密相连。获奖结果对于韦尔特曼(他最终与特霍夫特分享了一次诺贝尔奖)来说关乎切身利益,他感觉到当时的声势更偏向于这三个人[42]:温伯格推断自发对称性破缺将导致弱相互作用的完整理论;特霍夫特证明了这一点;萨拉姆 1968 年的报告是他自己获奖资格的基础。在韦尔特曼看来,温伯格频繁引用特霍夫特的工作并且倾向于忽视韦尔特曼的贡献,连同"温伯格-萨拉姆"这个说法在文献中的不断重复,所以他得出了上面的获奖预测。[43]

除科学因素以外,授予阿布杜斯·萨拉姆诺贝尔奖在政治上如同锦上添花。作为 ICTP 的创始人,还有他因此在联合国教科文组织中担任的职务,使他具有很高的知名度;他在整个发展中世界有着良好的人际关系,在那里他既是英雄也是偶像。在温伯格和萨拉姆结对的背后,获奖的声势在增长。与此同时,沃德的名字则很少有人提及,如果真的有人提及的话。

汤姆·基布尔是萨拉姆 1979 年诺贝尔奖的提名人之一。[44]他长达八页的提名文件简练地总结了相关物理研究情况,回顾了萨拉姆的广泛贡献,指出了萨拉姆在弱相互作用研究工作的各个方面——自发对称性破缺、电弱统一理论、规范不变性——尽管有几个人在这些方面也作出了贡献,但只有萨拉姆"在这个成就的每一个阶段都发挥了主导作用"。

有时候,推荐信的水平在决定谁能"雀屏中选"方面和候选者的水平一样重要。基布尔的提名文件展现了令人叹服的谦虚,他在自己 1967 年的论文中发展了把群论引入自发对称性破缺物理学的数学,然后向萨拉姆进行了阐释,但文件中丝毫没有提及他自己起到的这个独特作用。

W.A.R.D

萨拉姆的传记作者戈登·弗雷泽在 20 世纪 60 年代期间是帝国理工学院的一名学生,后来以《CERN 快讯》(这实际上是对正在发生的粒子物理学历史的月度记录)编辑的身份密切关注着事态的发展。他对我说:"在人们总是提到温伯格-萨拉姆模型的同时,模型的混合参数却始终如一地被称为'温伯格角'。萨拉姆对此很不喜欢,(为证明他的主张合理)他常常向人们指出他和沃德以前的相关工作。"[45]

这引出了一个问题:沃德在电弱理论诺贝尔奖中应得的份额被剥夺了吗?

为试图回答这个问题，我将首先陈述在统一弱相互作用和电磁相互作用，以及解决弱相互作用无穷大疑难中我所认为的三个必要步骤。第一步是认识到 $SU_2 \times U_1$ 是电磁作用力和弱相互作用力相结合在经验上的红娘，这导致了 Z^0 和中性流的预言。第二步是参照基布尔说明的方法纳入自发对称性破缺的思想，这导致了电弱理论，最简单形式的电弱理论与 W 和 Z 玻色子的质量有关。第三步是 $SU_2 \times U_1$ 和自发对称性破缺的组合产生了一种可重整化的可行量子场论（量子味动力学，QFD）——它成功地描述了实验数据。

我们已经看到，第一步对破坏宇称的中性流的预言被证实；在下一章我们将会看到 Z 和 W 玻色子的发现，它们具有第二步所预言的质量，接下来是量子味动力学的精度检验，这证实了第三步。电弱对称性破缺的动力学的直接实验证明，例如希格斯玻色子产生的实验，尚有待实现。

对于理论思想的历史来说，第一步——$SU_2 \times U_1$ 和 Z^0——是格拉肖 1961 年论文的精髓。沃德和萨拉姆在那时试图将弱和电磁相互作用力结合起来，但直到格拉肖的工作成果发表了三年之后，他们才找到正确的途径。

第三个阶段——量子味动力学的诞生——导致了特霍夫特和韦尔特曼获得 1999 年的诺贝尔奖。温伯格和萨拉姆都分别推测纳入自发对称性破缺可能会导致一种可重整化的理论，但是他们从未证明这一点。温伯格分享了 1979 年的诺贝尔奖，是因为他在第二个阶段起到的突出作用——创建了包含自发对称性破缺的电弱理论，预言了 W 和 Z 玻色子的质量。

受基布尔启发，萨拉姆将相似的思想移植到他和沃德 1964 年的工作中，1967 年在帝国理工学院就此作了讲座，1968 年他在哥德堡作完报告之后将其撰写成文，但是从未将论文投到同行评议的期刊接受考验。如果 1979 年的诺贝尔奖认识到了我所说的前两个阶段的优先权，那么格拉肖和温伯格，以及萨拉姆而不是沃德被授予奖项的逻辑就很清楚。人们可能会认为萨拉姆被包括进来十分幸运，但没有证据表明沃德对第一阶段的优先权或是第二个阶段的参与享有主张的资格。

事情很大程度上取决于，与发现 $SU_2 \times U_1$ 的重要性相比，人们如何看待纳入自发对称性破缺的独特意义。这一直是一个饱受争议的话题。尤其是默里·盖尔曼说，他曾和诺贝尔奖当局"有所争论"——"我唯一的一次"[46]。尽管他认为萨拉姆和沃德一起对粒子物理学作出了许多非常重要的贡献，值得考虑授予他们诺贝尔奖，但在电弱理论的具体情况下，盖尔曼"认为没有约翰·沃德的阿布杜斯·萨拉姆不会发挥如此巨大的作用"。但是他觉得,作为按照大自然的结构将弱相互作用和电磁相互作用结合在一起的第一人,"谢利(格拉肖)起了极其重要的作用"。

他补充道,要是他授予萨拉姆诺贝尔奖的话,他这样做是因为萨拉姆包括弱相互作用研究在内的一系列工作,而不仅仅是因为他的弱相互作用工作,并且"我可能还会加上约翰(沃德),因为(萨拉姆和沃德)一起做了这么多漂亮的工作"。盖尔曼没有对阿布杜斯·萨拉姆提出任何消极的质疑,但"确实为谢利(格拉肖)积极争取"。[46]盖尔曼的评价与基布尔对萨拉姆的提名相似——可以授予萨拉姆诺贝尔奖以表彰他的一系列工作。

沃德感到被边缘化了,这种感受贯穿了他的一生。温伯格1974年在《科学美国人》期刊上发表了一篇文章,作为对这篇文章的回应,沃德公开了他的一些意见。

在给这份期刊的信中,沃德反对温伯格将萨拉姆1968年的报告说成"晚于"温伯格自己的贡献。在沃德看来,萨拉姆1968年的报告讲述的是与他合作的工作,这项工作发生在"几年之前"的1964年,任何关于自发对称性破缺的追加言论都是次要的。[47]然而,温伯格——以及诺贝尔奖委员会最终——将自发对称性破缺视为"本质上的新元素",[48]而沃德认为自发对称性破缺仅是过去数年物理学中"司空见惯"的概念。

正如我们已经看到的,自发对称性破缺的思想的确渗透了物理学,并且具有一段漫长的历史。但是,它在1964年萨拉姆和沃德的论文里并没有被提到。如果1964年沃德和古拉尔尼克没有中止他们的谈话(见第9章),历史可能会截然不同;然而,他们中止了谈话。再者,温伯格预言了W和Z玻色子的质量,而其他人特别是沃德和萨拉姆,在他们的任何论文中都没有做到这一点。[49]但这里存在一个讽刺:对W和Z玻色子性质的预言可能并没有被视为决定授予诺贝尔奖的重要因素,因为在1979年的时候,这两个粒子还没有被发现。

沃德是一位复杂的人。他与萨拉姆合作却没有得到与萨拉姆一样的表彰,不仅如此,正如我们之前看到的,他总是宣称他是"英国的氢弹之父"[50],在他看来,他在这方面的贡献也没有得到表彰。

无论事实如何,讽刺的是,致力于英国氢弹研究的沃德也与阿布杜斯·萨拉姆合作从事公开的科学研究,而萨拉姆则被巴基斯坦政府征召为制造原子弹提供咨询。但他们俩的相似之处到此为止。萨拉姆认为核武器令人憎恶,选择担任了和平利用核能的顾问。萨拉姆在自己的国土上备受推崇,[51]而沃德的政府工作在英国没有得到正式的表彰。然后,当他和萨拉姆一起铸造的数学结构被淹没在20世纪70年代的那场炒作之中时,沃德再一次错过。

有几个同事记得,怨愤不平形成了沃德晚年的主旋律。[52]一些人感到,在需要的时候沃德是有用的,而在他碍事的时候他就被无视了。情形可能如此,但沃德本人在出版的回忆录中很乐观,他谜一般的总结是"失之东隅,收之桑榆"[53]。

上面这句话是沃德说的。萨拉姆在获得诺贝尔奖时收到的祝贺电报中,有一封包含了四个单词的电报:"热烈赞美,当之无愧。"①关于这是不是一个讽刺,不同的理解使人们分裂成了对立的两个阵营。

---

① 译者注:"Warmly Admired Richly Deserved"这四个单词的首字母连起来正好是 WARD(沃德)。

第 16 章　大型实验装置

　　大型实验——在字面意义上是指规模越来越巨大的粒子加速器的外形,在比喻意义上是指研究组的大小,以及为实现粒子物理学目标所需的国际规划与政治运作。美国,欧洲,LEP 和 LHC。圆满解决无穷大谜题需要什么。

―――――――

　　1979 年,尽管电弱统一理论的关键要素,即施温格所谓的"看不见的乐器"——W^+, W^- 和 Z^0——仍然像喜马拉雅雪人一样神秘,诺贝尔委员会还是将当年的物理奖颁给了格拉肖、萨拉姆和温伯格。那时人们已经通过中性弱相互作用的形式和其他一系列的现象观察到了它们的足迹,却未能一睹其真容。到 20 世纪 70 年代末,人们知道了他们的所寻之物——比铁原子核还要重的巨无霸,其质量比当时已知的其他任何粒子要大上十倍。物理学家们面对的挑战显而易见;问题在于如何探索得比以前更远,以期将它们捕获。

　　二十多年来的老旧常规方法是使用"原子对撞机",这个通俗的说法象征着用质子束撞击固体靶,进而释放出可以转化成新物质的能量。这类实验就像是参加乐透抽奖:大多数撞击产生的都是熟悉的粒子,偶尔有一次走运了,才会出现意外之物。如果投入的能量足够大,你也许会赢得一个大奖:W^+, W^- 或 Z^0。这是一个梦想,但无法被 20 世纪 70 年代已有的加速器实现——直到一个新方法[1]带来了突破。

　　设想你坐在一辆车里等红灯转绿,车挂在空档并且没有踩刹车。另一辆车以每小时三十英里的速度突然从后面撞了上来。你的车肯定会遭到严重损坏,但是你可能会幸存下来,因为你的车的反冲会抵消掉一部分后面那辆车撞上来的能量。然而,如果你的车被迎面撞上,而且每辆车都以每小时十五英里的速度在行驶,从而达到了每小时三十英里的相对速度,后果会严重得多。当粒子撞击时,也会产生类似的现象。撞击静态靶的质子束浪费了大量能量,但如果两个相对的质子束互相撞击,效果会更加显著。

问题是,令比原子还小的两个粒子相撞而不是互相错过并非易事。粒子束就像是弥散开来的飞蚂蚁群,犹如无物地穿过彼此。但是,如果反复利用这些粒子束,使它们沿两个相交的环一圈又一圈地运行,在各自连续的轨道上彼此交叉,那么不时就会有两个粒子发生碰撞。就像罗伯特·布鲁斯①一样:如果你一开始没成功,坚持,再坚持。

高能加速器里的粒子以接近光速的速度运动,每秒传播大约三十万公里。用磁铁引导它们沿着一个环运动,因此如果它们在第一圈彼此错过,它们可以再次尝试——每秒可达成千上万次。

1971 年,CERN 建造了 ISR("交叉储存环")。这个直径为三百米的质子原型对撞机按今天的标准来说并不算大,没有强大到足以产生 W 或 Z 玻色子。美国长岛布鲁克海文实验室采纳了反向旋转质子束对撞的思想,1978 年他们在长岛开始建造一个被称为"伊莎贝尔"的更大的实验装置。[2]

"伊莎贝尔"是一个保守的做法,万无一失,保证能够产生 W 或 Z 玻色子——当然假定它们存在的话。但在某种意义上,它是对一个正在迅速消失的时代的回顾,在那个时代,"原子对撞机"标志着用常规物质的微粒——比如质子——互相撞击。从 1974 年的"11 月革命"开始,粲粒子的发现启发了高能物理学的新视野。

对含有粲夸克的粒子,令人惊叹的第一眼是在布鲁克海文被称为交变梯度同步加速器(AGS)的老"原子对撞机"上看到的。质子撞击一个固体靶,产生了大量粒子,其中有几个粒子似乎是来自一个未知的巨兽——J-psi 的碎片,即粲的信号。这就像是大海捞针,把它明确地提取出来耗费了如此之长的时间,以至于当这个实验组取得成功的时候,加州斯坦福的另一个实验组已经发现了在电子-正电子的湮灭中产生的 J-psi,正如我们在第 13 章看到的。而且,这个技术产生的 J-psi 远不是大海里的一根针,

---

① 译者注:罗伯特·布鲁斯(Robert the Bruce, 1274—1329),即罗伯特一世,苏格兰国王,他领导了第一次苏格兰独立战争,最终赢得了苏格兰的独立。

它傲然而立，得到了充分展示。

布鲁克海文的丁肇中和斯坦福的伯特·里克特作为共同的发现者分享了 1976 年的诺贝尔奖。对于像丁肇中在 AGS 上用质子撞击静态靶这样的传统实验，至少在几十年内，这将是所能得到的最后的欢呼。里克特采用的正负电子对撞的方法，提供了更为诱人的可能性。

为了在电子和正电子的湮灭中产生 Z^0，需要的电子束能量大约是里克特的小型实验装置上电子束能量的 10 倍。如果有 20 倍的能量，你甚至可以产生 W^+ 和 W^-。[3]

产生更高的能量则需要更加大型的实验装置。但是，所需实验装置大小的增长会快于能量的增长。里克特实验装置的圆周长大约是一百米，但为了实现产生 W^+ 和 W^- 的终极目标，将需要周长超过二十五公里的一个环。如果用于研究 Z^0 的话，一个小一些的实验装置就足够了，但即便如此，这个实验装置也会长达好几公里。J-psi 在 SPEAR 的发现震惊了所有人并启发了新的思想。在欧洲的 CERN，人们几乎是立刻开始考虑是否可以在整个欧洲范围的合作之下建造这样一个庞然大物。于是，关于 LEP——大型欧洲项目，后来被称为大型正负电子对撞机——的想法诞生了。

当 1976 年至 1981 年期间作出这个重大决定的时候，在 CERN 负责加速器和实验室综合管理的主任是英国工程师约翰·亚当斯。他出生于 1920 年，从未上过大学。原因是他的父亲在一战中患上了弹震症，之后成了一个伤病退伍军人，长期依靠失业救济金生活，这个家庭无力负担他们儿子的大学教育费用。二战期间，亚当斯从事微波雷达方面的工作，他的才能和机械方面的天赋在那时得到了认可。战后，他开始在哈韦尔建造第一台粒子加速器，然后于 1953 年加入了初创时期的 CERN。[4]

成立 CERN 的想法诞生于 1950 年，联合国教科文组织经过多次讨论后，建议整个欧洲进行合作，建造一个质子加速器实验室。CERN 是一个全新的国际实验室。亚当斯在设计最初的质子加速器和创立组织结构方面都发挥了重要作用。

物理学是最终产品，而加速器是工具，选择采用哪一种设施则关系到成败。亚当斯相信质子。尽管他在 1976 年赞同了建造 LEP 的愿望，却在私下表达了保留意见[5]，补充了切实可行的建议："如果你想建造 LEP，务必要让其隧道大到足以在将来容纳质子加速器。"[6] 早在 LEP 开始之前，在 1976 年亚当斯的脑海里就已经有了后来的大型强子对撞机的设想。

尽管 LEP 的想法诞生了，但事实证明，通往发现 W 和 Z 粒子与证实电弱之谜的道路却与预想的截然不同。这主要是由于一个叫做"卡洛·鲁比亚"所发挥的力量。

化重为轻

经由费恩曼发展的比约肯的工作，以及本书第 12 章描述的 SLAC 实验，都揭示了质子是由一群夸克构成的。就像质子由夸克构成一样，它的反物质幽灵——反质子——也同样是由反夸克构成。当夸克和反夸克相遇时，它们彼此湮灭，在能量闪光之中产生一簇新的粒子。通常这些粒子是人们熟悉的种类，如电子、质子和介子，但是根据比约肯和费恩曼的模型，大约在每一百万次撞击中可能会有一次产生 W 或 Z 粒子。而且，比约肯 1966 年的论文甚至对如何发现 W 粒子作出了预测。随着 Z 粒子的概念在 20 世纪 70 年代期间的发展，可以很容易地对比约肯发现 W 粒子的方法进行修改以发现 Z 粒子。

所需要的一切就是一个强大到足以完成这个任务的质子和反质子加速器。1976 年，杰出的意大利实验物理学家卡洛·鲁比亚意识到约翰·亚当斯的创造之一——CERN 的质子加速器即超级质子同步加速器（SPS），可以被改造来做这项工作。为了让 SPS 得到能够产生 W 和 Z 粒子的反向旋转的质子束和反质子束，鲁比亚像传教一样四处游说。

鲁比亚高大魁梧，蓄着大背头，精力无穷，意志坚定，他的语速是如此之快，以至于要跟上他的思路十分困难。无论是愿听还是不愿听的人，鲁比亚都会向其滔滔不绝地谈论他的想法。在 20 世纪 70 年代后半期和 80 年代初期，他在哈佛大学担任教授职务，同时也是 CERN 的科研成员，每周在大西洋两端奔波往返，似乎对时差浑然不觉。带着传教士一般的热忱，他在世界各地到处就加速器的要求、实验设计、探测和识别 W 与 Z 粒子的方法等内容进行宣讲。

他有太多的内容要讲，以至于他的报告总是超时，甚至有一次，报告时间结束了他都没有停止。我对他的最初记忆是在 1978 年。在 CERN 的一个咖啡厅，我在一个缓慢移动的队伍里排队等候时，意识到了队伍后面的躁动，那里有人开始变得不耐烦了。充满激动，这就是卡洛。他不停地转过来又转过去，手中的托盘摇摇欲坠，向他周围的人解释为什么质子-反质子对撞机是高能物理学研究的前进方向，并且抱怨管理层认识不到这个事实。

质子-反质子对撞机最初在 1976 年得到批准，但是对 LEP 的支持也在不断增长。

大多数物理学家相信 LEP 肯定能够发现 Z 粒子,发现 W 粒子也很有可能,但是对鲁比亚用 SPS 揭示这些巨兽的主张却抱有很大怀疑。如果 W 和 Z 粒子从产生的地点逃逸而没有被探测到的话,它们仅会留下微弱的痕迹,许多人担心这些微弱的痕迹可能会被错过。克里斯·卢埃林·史密斯——一个英国理论物理学家,后来成为 CERN 的主任和实现 LHC 的领军人物——告诉我,直到 1978 年 LEP 的第一批重要计划正在进行的时候,他仍然认为鲁比亚应该能在 SPS 上发现 Z 粒子,但发现 W 粒子则会比较困难。他继续道:“许多人认为我们任何一个粒子也发现不了。我们那时并不知道密封探测器(在其中没有什么能够逃逸)的建造是可能的。”在 CERN 的政策委员会中,“泰尼”·韦尔特曼也持怀疑态度,害怕推进鲁比亚的 SPS 项目会影响到 LEP;有好几个人担忧如果不立即开始 LEP 的话,也许 LEP 就永远不会成为现实了。

在和鲁比亚的竞争里,永远只会有一个胜利者。CERN 的科研主任利昂·范霍夫也很有说服力地指出,在 CERN 发现 W 和 Z 粒子将会是一个值得骄傲的成就。CERN 的管理层不负众望地同意改造 SPS,它在 1981 年开始了新生。制造实验所需的强反质子束流是一个工程上了不起的壮举,它的实现得归功于荷兰人西蒙·范德梅尔。

CERN 建造了两个探测器,代号是 UA$_1$ 和 UA$_2$。[7] 它们具有良好的密封性能,Z 和 W 粒子短暂存在的蛛丝马迹都显示出来了。比约肯 1966 年的思想起到了作用:Z 粒子衰变为一个电子和一个正电子,由于它们从 Z 粒子所在的位置背对背地飞走,所以很容易识别。W 粒子衰变为一个电子和一个中微子,它们也是背对背地飞离,中微子从探测器里逃逸得无影无踪,而电子的轨迹则漂亮地孤立显示出来,暗示着在远处一定有看不见的东西与之平衡。

看到这个孤单的电子就如同听到一只手拍掌的声音,由此可以推断出那个看不见的同伴的存在。在根据实验现象进行合乎逻辑的推论,并且观测到足够多事例的情况下,一切都与昙花一现的 W 粒子留下的这些痕迹相符合。衰变成电子和中微子的 W$^-$,与衰变成正电子和中微子的 W$^+$,在 1983 年 1 月都得到了确认。[8] 接着在 5 月,实验观测到了 Z 粒子,其质量和温伯格的预言一致。[9] 在恩里科·费米创建了他的第一个贝塔辐射初步模型之后的半个世纪,另一个意大利人揭示了造成这种现象的“看不见的工具”。

· · ·

诺贝尔基金会把 1984 年的物理学奖颁给了鲁比亚和范德梅尔。格拉肖、萨拉姆和温伯格受邀作为嘉宾出席了颁奖典礼;也许瑞典科学院很感谢这个证据,他们 1979

年颁发的物理学奖最终被证实无误。

那年 12 月,我在斯德哥尔摩为一个博士学位考试做监考,[10]机缘巧合之下,也受邀参加诺贝尔奖颁奖典礼。鲁比亚在获奖报告中总结了这段历史,这个报告沿袭了他惯常的快速节奏,并且依然超时了。尽管对于鲁比亚的报告而言这是常态,但在那样一个特殊的场合,并不是所有人都觉得这很有趣。

约翰·亚当斯逝世于 1984 年 4 月,他对加速器设计的贡献帮助实现了这个重大项目。尽管他在世时看到了 Z 和 W 粒子的成功发现,却未能亲眼目睹来自他缔造的实验室的工作被授予诺贝尔奖。他的遗孀蕾妮出席了颁奖典礼,我在最后一分钟受邀就坐于 CERN 的那一桌以平衡人数。

男士的着装传统上是白色领结搭配黑色燕尾服这样正式的晚礼服,但是也有例外的选择。阿布杜斯·萨拉姆穿着一身华丽的巴基斯坦民族服装,在典礼上吸引了电视摄影机的注意。我也上电视了,尽管那并不是一个我想在 YouTube 上看到的视频片段。因为参加博士答辩,我带着我的学术袍,并且欣喜地发现,正式的学术服装也是庆祝晚宴许可的着装之一。这是一个美妙的庆典。按照传统,在晚餐之后,获奖者们会和瑞典皇室成员一起参加一个私密聚会,而其余一千多名客人则离场去参加正式的舞会。我获悉第一支舞是华尔兹,并且礼仪要求我和晚宴时坐在我右面的女士结成舞伴。我们那一桌的位置使得我们俩属于首批进入那个富丽堂皇的舞厅的人。我穿着猩红的博士袍,而我的舞伴——一个瑞典学者的妻子——身着绿裙,我们俩非常引人注目。晚上的这个舞会在瑞典进行了电视直播,我们成了摄影机的宠儿。究竟这是因为我们的色彩组合,还是因为我不会跳华尔兹,我的东道主们非常客气并没有说明。

高能物理的终结?

到 1984 年,W 和 Z 粒子被发现了,电弱理论被证实了,诺贝尔奖晚宴也被消化了。4 年之前,1980 年的夏天,我在阿卡斯隆波洛的一个暑期班讲课,此处位于芬兰的北极圈内,是我到过的最北的地方。在此之前我仅仅听过特霍夫特的学术报告;在阿卡斯隆波洛,我们第一次认识了。

伴随着蚊虫的叮咬,我们在午夜的阳光下讨论物理学和他的思想发展。给我留下深刻印象的是他对 W 和 Z 粒子会被实验发现的确定——别忘了真正的发现尚在未来的三年之后——并且鲁比亚对 SPS 的升级仅仅只是开始。SPS 能够证实格拉肖、萨拉姆和温伯格提出的思想,但是,要确立特霍夫特和韦尔特曼构建的数学基础,将需要一个更大和更加精密的实验装置。

特霍夫特解释道,根据他们的量子味动力学理论,W 和 Z 粒子的质量、寿命和其他性质的精确测量结果,和格拉肖、萨拉姆和温伯格的相对简单的模型预言相比,应该存在细微的偏差。所要求的这种实验精确性远远超出了 SPS 的能力。测量这样的精微细节将需要一个生产数百万个 Z 和 W 粒子的专门工厂。

那是我第一次开始领会到 LEP(大型电子正电子对撞机)的非凡之处,它是位于 CERN 地下的一个二十七公里的环。CERN 的委员会 1981 年 12 月批准了这个项目,在 1983 年开始施工建造。这个实验装置是前所未有的。如此巨大的加速器似乎是幻想。而发生在大西洋两岸的一系列政治事件差一点使它止步于幻想。

在欧洲,CERN 有 SPS 质子-反质子对撞机,还有 LEP 的计划。在美国,斯坦福有电子和正电子束流;芝加哥附近的费米国家加速器实验室有质子加速器,它在能量上可与 CERN 的加速器比肩甚至更高;如我们看到的,长岛布鲁克海文最早的强子实验室,也在考虑自己的未来。他们有"伊莎贝尔"计划,一个能量足以产生 W 和 Z 粒子的质子加速器。

到 1983 年,W^+、W^- 和 Z^0 全部都被 CERN 发现了,实施"伊莎贝尔"项目的大部分理由消失了。人们无疑感到权力的中心转移到了欧洲,《纽约时报》以一篇标题为《欧洲有三个,美国哪怕连零都没有》的社论报道了 CERN 对 W^+、W^- 和 Z^0 的发现。里根总统的科学顾问乔治·基沃斯呼吁美国应该全力以赴,"夺回"在高能物理领域的"领导地位"。[11]

"伊莎贝尔"项目被取消时,已耗资两亿美元进行了五年的建设。取而代之的是一份建造能量为 40TeV 的"超导超级对撞机"即 SSC 的提案。[12]

有一天 CERN 将会在为容纳 LEP 而建的隧道里建造 LHC,这个想法从 1978 年以来已成为共识。许多欧洲的物理学家认为,美国选择 40TeV 是为了胜过 CERN 能在 LEP 隧道里建造的任何实验装置。[11]但美国的物理学家则坚称,40TeV 的设计决定是出于确保最优物理范围的需要,这同时取决于质子束的能量和强度或"亮度"。首要的任务是建造一个有希望发现电弱对称性破缺起源的实验装置。SSC 计划通过确定能达到的亮度来实现这个目标;正是这个务实的策略导致了 40TeV 能量的装置。[13]以较低的能量达到同样的物理范围将需要更高的亮度——就 LHC 而言,需要增加十倍的亮度,这是十分艰巨的。

　　无论如何，挑战被设立了。粒子物理学到这时已成了一个全球性的事业，其未来的实验计划会在 ICFA——未来加速器国际委员会——的年度峰会上进行讨论。下一次峰会安排在 1984 年 5 月于日本召开，显而易见美国将提交 SSC 项目。于是，1983年秋天，CERN 开始认真规划 LHC。

　　LHC 的想法已经酝酿了好几年，但是尚未有相关的正式决定。1983 年冬天，人们提出了设计草案。为使物理学界意识到 LHC 的可能性并且为 ICFA 峰会准备报告，CERN 在洛桑组织了一个会议。

　　在洛桑会议期间，克里斯·卢埃林·史密斯接到了诺贝尔生物奖得主约翰·肯德鲁爵士打来的紧急电话，他传达了一个令人震惊的消息：英国政府要求肯德鲁主持一个关于英国是否应该继续留在 CERN 的调查。作为他的第一个行动，肯德鲁希望卢埃林·史密斯担任这个调查委员会的科学顾问。卢埃林·史密斯立即拒绝了，解释道，对于这项任务，肯德鲁真正需要的是一个实验家而不是一个理论家。

　　肯德鲁回答道，那将是一个巨大的遗憾，因为这个消息将于当天下午在下议院宣布，他希望能够告诉人们有一个科学顾问："如果你不同意的话，那么可能就没有科学顾问了。"于是卢埃林·史密斯只好应允了。

　　如果英国退出 CERN，CERN 整个机构的经费将会严重缩减，威胁到 LEP 的继续建设。由于粒子物理学正迅速成为一个全球性的事业，一些人甚至担心这个学科本身的未来也会岌岌可危。肯德鲁的委员会包括来自其他领域的科学家、工程师和实业家，卢埃林·史密斯是他们在粒子物理学方面的顾问。我写过一本讲述物质结构是怎样被发现的书，名为《宇宙的洋葱》。我那时惊讶地发现，这本书被指定为委员会成员的"睡前读物"以便他们加快对粒子物理的了解。我担忧这本书可能无法说服他们，但尽管存在意见分歧，他们的报告持支持态度。对于任何曾有的疑虑，W 和 Z 粒子的发现就像是王牌一样，对 CERN 和整个粒子物理学领域来说它们来得正是时候。

　　实验物理学家戴维·萨克森对于将会取得圆满结果这一点从未怀疑。萨克森和凯默一样喜欢玩文字游戏，他留意到了一个关于克里斯多弗·休伯特·卢埃林·史密斯的字谜，这个字谜清楚地道出了其说服英国政府首相玛格丽特·撒切尔的独特能力："托利党的首相，哼！我敢说他的机智会把 CERN 推销给她。"最终证明的确如此。英国仍然是 CERN 的成员之一，并且这个实验室已不断发展壮大。

• • •

　　1987 年 1 月，美国总统罗纳德·里根批准了 SSC 项目，造价高达四十四亿美元。

但是,到1990年5月,SSC项目造价上升至将近八十亿美元。美国众议院把联邦的出资限制在五十亿美元,项目所在地的得克萨斯州投入了十亿美元。剩下的二十亿美元将不得不来自国际合作。[14]

得克萨斯作为SSC选址的决定一经作出,继续获得其他州(尤其是曾参与选址竞争而败北的那些州)的参议员和国会代表的支持就变得愈加困难。1992年6月,SSC的预算在美国众议院遭到否决,但在参议院重新复活。到1993年,随着老乔治·布什总统任期的结束,再也没有一个得克萨斯人在白宫为他家乡的SSC说好话了。新总统比尔·克林顿并不准备对日本作出自动让步,来自美国以外的资金支持从未实现。1993年6月,SSC项目预算再一次被否决,这时根据美国审计总署的估计,其项目造价已飙升至一百一十亿美元,可以说SSC面临被终止的威胁。

SSC的高昂造价使得这个项目在预算表上显示为一个单行分项,美国国会把终止它看作是省钱的手段。1993年10月,经费被撤回并且这个项目被终止,这时在达拉斯附近得克萨斯的地下,计划中八十七公里长的隧道已经挖掘了大约四分之一。到这个时候,在CERN,使用电子和正电子束而非质子束的LEP已经运行了。

LEP

与电子和正电子相比,质子和反质子就是庞然大物。后者要重上两千倍,具有更加强劲的打击力。运动中的质子或反质子发生碰撞产生的力量,远远超过以同等速度运动的微小电子和正电子发生碰撞所产生的力量,这就是为什么在推进到以前未知的领域时,前者成为首选的原因。如果质子像考古学家用来发掘现场的镐,那么电子就像小铲子或刷子,用来仔细考察显露出来的所有珍贵装饰物。

在20世纪50年代,使用质子的实验暗示了这些质子本身具有某种内部结构,接下来是20世纪60年代使用电子的SLAC实验,其能够分辨出构成质子的夸克和胶子。在20世纪末发生的情形也是如此,发现了W和Z粒子的SPS让位于LEP,它将在微小的细节上考察这些弱相互作用力的传递粒子。

用电子或正电子来进行法医式鉴定的能力是要付出代价的。为赋予这些微弱粒子和笨重质子同样的能量,所需实验装置的规模要远远大得多。因此,20世纪50年代使用质子束的"原子对撞机",其通常的规模是几十米;相比之下,SLAC的电子加速器需要长达3公里才能获得类似的能量。到20世纪80年代,使用质子和反质子发现W

和 Z 粒子的 SPS,其周长大约是七公里;要使用电子和正电子作为工具对这两个粒子进行法医式鉴定,则需要一个长达二十七公里的环。LEP 正是为这个挑战而应运而生的。

• • •

LEP(大型电子正电子对撞机)在规模上的确名副其实。瑞士和法国地表之下五十米处,在一个和伦敦地铁的环线一样长的隧道里,磁铁把电子和正电子束导向它们的目标。这个机器正好大到能被 CERN 周围(处于日内瓦湖和汝拉山脉之间)的稳定地质环境所容纳。它也达到了经济承受能力的极限,即便如此,LEP 的实现也需要超过十二个国家共同出资,并且需要 CERN 的管理层在好几年内把资源全部集中在这一个项目上。这一切全是因为理论物理学家们,凭借在纸上潦草写下的方程,发现这些数学符号揭示了关于宇宙的奇妙信息。

仅是原始的统计数字就能让人感受到这是个工程奇迹。这个巨大的环由八个弯道部分组成,每个弯道部分长大约三公里,它们之间是五百米长的直道部分。三千五百块独立的磁铁使束流沿着弯道运行,另外有一千块专门构建的磁铁用来聚焦束流使其电荷高度密集。电子和正电子束在其中运行的管道穿过磁铁的中部,形成了有史以来建造的最长的超高真空系统。管道内部的气压比月球气压还低。

这样做的原因是由于反物质比如正电子,在接触到哪怕一个物质原子的一瞬间就会被摧毁。因此,为了防止我们大费周章去制造、存储、聚焦的强反物质粒子束在到达预定目标之前被空气中的零星原子摧毁,就需要高度真空。

正电子们沿着瑞士葡萄园底下二十七公里的环高速运行,穿越国际边境线进入法国境内达每秒一万一千次,在日内瓦法语区(伏尔泰在此度过了晚年)伏尔泰雕像附近的中餐馆下面疾驰,匆匆飞掠过田野、森林和汝拉山麓村庄的地下。电子的情况与此相似,因为磁场引导着电子和正电子在同样的环形路径上运动,只不过方向相反。正负电子束流的路径保持略微分离就行了。在环形回路的四个碰撞点上,电作用力和磁作用力的小脉冲会使束流稍微偏移,它们的路径因而发生交叉。即使是在这里,这些束流是如此分散以至于几乎它们所有的单个电子和正电子会彼此错过继续循环。但偶尔,一个正电子和电子会直接相撞,导致它们在一道能量闪光中共同湮灭。

这是一个关键的时刻。反物质摧毁物质并释放出所有能量的能力被科学地使用在这里,在一个小空间区域内,短暂地创造出整个宇宙在大爆炸后最初瞬间情景的一个微型再现。

科学家们关注的是大爆炸的后果。通过观察从这个模拟的"小爆炸"中产生的物质和反物质形式，他们可以了解在早期宇宙真正的大爆炸里能量最早是如何被转化成物质的——因为物质就是凝结并呈现出实体形式的能量。[14] 在 LEP 一遍又一遍地重复着造物主亘古之前行为的同时，围绕着碰撞点的高度复杂的电子部件，捕获并记录了这些早期粒子的出现。

在早期宇宙存在着一个具备产生 Z^0 的条件的瞬间。LEP 被专门调整以复制这个瞬间。在 20 世纪的最后十年，大概有一千万个 Z^0 粒子被这样制造出来。这么大的样本使得我们能对这个粒子的性质进行法医取证一般精确的测量，然后将测量结果与量子味动力学的预言进行对比。

来自世界各地的数百名科学家在这些实验里合作。科学家们需要以全新的方式访问最新数据，并且必须能容易地互相交流分析的结果，这在 20 世纪 80 年代最初准备实验时是巨大的挑战。作为结果，1989 年万维网在 CERN 被发明了。[15] 于是反物质在摧毁物质的同时，也间接地创造了万维网。

· · ·

在 LEP 检验量子味动力学的时候，它表明任何无穷大的问题都不复存在了。特霍夫特和韦尔特曼构建的量子味动力学所作出的预言，得到了实验的证实。在几个月内，理论和实验的符合达到了千分之一的准确度。数年来，随着数据的积累，精确度还在进一步提高。但在这个过程中，开始出现不匹配的最初迹象，即在理论预言和实验结果之间存在着细微差异。

这远不是因为 QFD 错了，事实证明，这是人们之前未知也没有考虑在内的存在于真空的新事物的第一个征兆。这就是到目前为止尚未发现的一种夸克——"顶夸克"。顶夸克很重而不能在 LEP 里被产生，但是根据量子理论，它于真空翻腾泡沫中的存在能够影响实验测量的物理量的值。[16]

理论物理学家们计算了顶夸克得有多重才能在实际上造成这种差异。得出的答案是，它的质量大约是氢原子质量的一百八十倍，远远大于 CERN 能够产生粒子的质量。然而，芝加哥费米实验室自 1985 年拥有了世界上最强大的质子和反质子对撞机，并且在 1995 年成功地产生了顶夸克。它的质量与理论预言的一致。这是特霍夫特和韦尔特曼研究工作的巅峰成就，它消除了无穷大，并且使人们得以从随之产生的有限的量中发现消失的顶夸克。

随着对顶夸克的确认，理论物理学家们把它纳入考虑范围之中。结果是，理论和实验数据相符的准确程度超过了万分之一。由于特霍夫特和韦尔特曼对无穷大谜题解决方案的正确性得到了充分证明，他们的诺贝尔奖便得到了保证。1999 年他们两人不负众望地获得了这个荣誉。然而，到这个阶段，他们已经疏远了。尽管特霍夫特的工作成果是用韦尔特曼递给他的工具做出的，但人们的关注集中在这个年轻人作为"轰动物理学界不世出的最大天才"的迅速崛起，而韦尔特曼则"从聚光灯下退出"。[17]

LHC

当最初讨论 LEP 的构想时，约翰·亚当斯就很有远见地建议，应该修建一个大到足够在将来容纳强子对撞机的隧道。正如我们看到的，当美国人提出 SSC 的构想时，CERN 准备了 LHC 的第一份纲要迅速予以回应。

尽管肯德鲁委员会同意英国应该继续作为 CERN 的成员，这意味着 CERN 的未来在短期内得到了保证，但是关于它继 LEP 之后的 LHC 计划仍有许多疑虑，因为在 1993 年之前，SSC 肯定会是比 LHC 更加强大的机器。在英国，物有所值是人们的座右铭。对他们来说，决定显而易见：如果 SSC 将会存在的话，为什么要建造 LHC？另一方面，在欧洲其他国家里，对法国人和意大利人而言，这是一个关系到欧洲人尊严的问题："如果美国人能做到，那么我们也必须做到。"[18] 卡洛·鲁比亚那时已拥有诺贝尔奖得主的名望，他在 1989 年成了 CERN 的中心主任，是 LHC 的一个强大支持者。

1991 年 12 月，CERN 的理事会正式认可，LHC 是"合适的实验装置，考虑到这个学科的发展和 CERN 的未来"[11]。他们制定了路线图，要求鲁比亚在 1993 年底中心主任任期期满之前，交出完整的提案。

1992 年 9 月，卢埃林·史密斯被任命为鲁比亚的继任者。到这时，SSC 已走向穷途末路，这个领域的长期未来日益取决于 LHC 在 CERN 的成功批准和建造。在长达 15 个月的交接期间，项目计划工作在 1993 年 5 月曾一度中断。卢埃林·史密斯在鲁比亚的办公室开了一次会议。他告诉我："我记得很清楚。那是一个星期六。"会议结果是，鲁比亚在认识到 LHC 的预估造价变得难以承受之后，实际上洗手不干了，并把任务转交给了卢埃林·史密斯，让他向 CERN 理事会提交 LHC 和新的 CERN 长期计划。[18]

卢埃林·史密斯回应道："可以。把你所做的长期计划给我吧。"这时他得知什么也没有。"除了对额外人力的不现实需求和高得无法接受的造价估算，我发现的就只有一个空荡荡的文件柜。"

德国人霍斯特·文宁格熟知 CERN 的人力资源,威尔士工程师林恩·埃文斯后来负责 LHC 的实际设计和建造,在他们俩的帮助下,卢埃林·史密斯于是从 1993 年 5 月开始全力以赴地工作。他们制订了一个完整的长期计划,埃文斯的一些新设计总共节约了 3 亿瑞士法郎。

即便如此,英国和德国政府的代表还是说这份提案过于昂贵,CERN 必须在下次会议时提交造价较低的提案。英国政府一直对欧洲物理合作持怀疑态度,英国的物理学家们将此视为针对这种怀疑的最新战斗。我记得非常清楚,我们怀疑英国政府会很高兴地否决掉 CERN,然后把钱全部拿回来。

· · ·

然后,我们突然发现了一个意想不到的盟友,科学部长威廉·沃尔德格雷夫显示出了对知识的真正兴趣和对科学的好奇心。LHC 会发现希格斯玻色子从而得到诺贝尔奖,而希格斯是爱丁堡大学的英国物理学家,这类说辞被毫不难为情地用来获取媒体的关注。一张王牌是,沃尔德格雷夫的议会选区是西布里斯托尔,这个小镇正好是希格斯成长和上高中的地方。沃尔德格雷夫变得很感兴趣,以至于他在 1993 年给我们设立了一个挑战:为使他能够在和其他内阁部长(包括财政部长)有关新预算的讨论中以最好的方式替 LHC 辩护,他建议我们给他一份关于开展 LHC 目的的简明解释。作为激励,他拿了一瓶特酿年份香槟作为最佳解释的奖品:困难在于,为了赢得最大的关注,这个解释的篇幅必须仅限于一页单面 A4 纸。

当时我对这位部长说,他的挑战就如同要求在同样的篇幅内描述欧盟的马斯特里赫特条约:他能做到吗?

我和他都未能成功地应对对方的挑战。在沃尔德格雷夫设置的竞赛里,获奖作品来自伦敦大学学院的教授戴维·米勒。他通过一个政治比喻描述了彼得·希格斯的思想。他设想,玛格丽特·撒切尔首相穿过一群支持者,由于人们持续尝试获取她的关注,她的步伐慢了下来。这些仰慕者类似于充满了真空的希格斯场。撒切尔夫人所经历的迟滞,类似于粒子通过与希格斯场的相互作用获得质量的方式。

在米勒的比喻里,希格斯玻色子就如同一个流言在人群中传播的效应。支持者们三五成群地紧密集结起来去听消息,然后在消息扩散的过程中,这些群体分散开来,重新组成新的群体。我曾经在电影里看到这种效果的一个例子:1963 年 11 月 22 日,几千人聚集在达拉斯的一个巨大宴会厅里等待肯尼迪总统到来共进午餐。他在途中被

Rt Hon William Waldegrave
Chancellor of the Duchy of Lancaster
Office of Public Service and Science
Cabinet Office
70 Whitehall
London SW1 2AS

Dear Mr Waldegrave,

The Higgs Boson

I understand that you have read "Genius", Gleick's biography of physicist
Richard Feynman. You may recall Gleick's story that when Feynman was
asked by a reporter to explain his Nobel Prize in under 30 seconds he replied
that if that were possible, then his work would not have merited The Prize!
Similar thoughts perturb me concerning your request to explain the most
profound ideas at the frontiers of scientific understanding on a single sheet of
A4 (though you did not specify the print size). My attempt is enclosed; in
return could I issue a similar challenge relating to the Maastricht treaty?

Yours sincerely

Prof Frank Close

图 16.1　本书作者写给威廉·沃尔德格雷夫关于希格斯玻色子
　　　　　的信

暗杀了,当这个消息传遍宴会厅时,可以看到一波又一波的人群走向发言人,然后走开向前传递消息。这些移动的人群就像是希格斯玻色子。

米勒的比喻没有用这个例子,而是用了一个假想的例子,即在一个政治会议上,关于某个政治事件的消息在人群中传播开来。这个政治角度令沃尔德格雷夫的同事们反应更加积极。很难评估这个比喻到底在多大程度上起到了重要作用,但事实是英国维持了它对 LHC 项目的支持,媒体发现了 CERN,然后使希格斯成了地方名人。

· · ·

在更多的政治操纵之后,LHC 项目在 1994 年得到批准,最终的方案依赖于借款和巨大的风险,有关方案的资金流测算,每一个假设都被推到了最乐观的地步。如果稍有差池就会陷入灾难。整个资金测算是在假设两个巨大的数字——借款和支出——将会精确抵消的前提下进行的。

半个世纪以来,理论物理学家们在量子场论的重整化里,把无穷大的正负值互相抵消。唯一的风险是他们的名誉，成本只限于纸和笔。没有人预料到，检验这些理论会需要用真金白银来玩这样的游戏。卢埃林·史密斯告诉理事会，这是建造 LHC 的一个疯狂方式，并提醒他们，这个项目将包含一项全新的技术，如果任何事情出了差错，那么整个项目就可能失败。

德国人第一个发言，说他们理解并准备分担这个风险。正如卢埃林·史密斯今天记得的那样，那句话是："如果最坏的事情发生，回来告诉我们，我们会进行讨论，但目前这是我们唯一能做的事。"他的反应是："太好了；我们批准了 LHC。"[18]

幕间休息　20 世纪末

到 1980 年,电弱理论已经得到充分确立,格拉肖、萨拉姆和温伯格分享了诺贝尔奖。沃德没有获奖。然而,W 和 Z 粒子尚有待发现。

到 1990 年,大型实验装置被设计出来。这导致了 W 和 Z 粒子的发现,识别它们应用了比约肯的思想,为鲁比亚和范德梅尔带来了诺贝尔奖。接着,LEP 精确检验了量子味动力学,揭示了顶夸克的迹象,随后顶夸克在费米实验室被发现。1999 年的诺贝尔奖授予了特霍夫特和韦尔特曼。同样地,继比约肯的洞见之后,量子色动力学(QCD)也确立了,于 2004 年为格罗斯、韦尔切克和波利泽带来了诺贝尔奖。

到 2000 年,数据的精确度足以让人们初步认识到可能由希格斯玻色子引起的诱人现象。对希格斯玻色子的直接观测还有待实现。为了探索预计可以揭示电弱对称性破缺的能量区域,大型强子对撞机(LHC)项目得到了批准和设计。

第 17 章　通往无穷大及其之外

　　从卢瑟福发现原子核到粒子物理新前沿之间的一百年。为什么今天的粒子物理实验装置如此庞大,而卢瑟福是一个使用"细绳和密封蜡"的天才? 寻找希格斯玻色子,或者大自然隐藏着的其他任何事物。为什么是有而不是无,为什么事物是它们现在的样子? 21 世纪要解答的问题。

───────────

　　强相互作用力理论(QCD)与统一的电磁作用力和弱相互作用力理论(被称为量子味动力学或 QFD),都是杨-米尔斯理论,这个证据给出了大自然只读取一套单一规则的第一个暗示。随着这些新思想开始得到充分理解,物理学家们认识到,这些数学揭示了意义非常深远的事情,即,如果实验能在比氢原子核小上一千万亿倍的尺度上分辨物质的话,我们将会发现自然呈现为完全隐藏在我们感知之外的一个整体。只有在一层层剥去宇宙洋葱的外皮之后——从原子到原子核,然后到质子和中子,然后到夸克——一个遥远的香格里拉才得以初现端倪。

　　去那里需要用到比以前强大上一千万亿倍的显微镜。用粒子加速器实现这样的目标要求束流具有巨大的能量,以及庞大得可能永远超出实际可行性的实验装置。但是,大自然本身在很久以前,即大爆炸的第一个瞬间实现了这样的壮举。在那个时期的剧烈高温里,粒子互相碰撞,它们携带的能量要远远大于我们目前最强大的加速器所能达到的能量。所以初期的宇宙被比喻为一个极端能量的状态,在这个状态下基本规律的潜在对称性显现了出来。

这启发了一个有趣的想法：我们现存的物质宇宙，充满了结构——原子、晶体、银河系，甚至生命——其本身也许就是隐藏对称性的一个例子。流行的说法是，宇宙在被创造之初，处于一个完美的状态，一个单独的超级作用力在其中支配着一切。然后，根据数学，在十亿个十亿度的温度下，一切都改变了：如同雾气在冰冷的窗户玻璃上凝冻时就会出现美丽的图案一样，随着宇宙的冷却，从大爆炸原始均匀的热汤里也出现了秩序和结构。不同的作用力——我们今天认识到的强相互作用力、电磁作用力和弱相互作用力（和引力）——以及不同种类的粒子如电子和夸克诞生了。正是因为初始的对称性被隐藏，才出现了演化中的宇宙所需的（导致生命本身的）各种形式。

这似乎就是 QCD 和 QFD 的数学所暗示的。QED 本身有着逻辑上的矛盾，倘若QED 实际上只是一个更宏大理论的一部分，那么就可以解决这种矛盾。记住那个问题：QED 里的电荷越来越集中在最小的像素里，趋近无穷大，而 QCD 里的色荷却会变得愈加稀薄。在某个尺度上，这两者的密度会变得一样，这时它们可能合并为一个荷团。它们的这种行为就是作用力的统一理论的基础假设。当像素尺度足够小时——或者相对应地，当实验提供的能量足够高时——所有的作用力就有希望得到统一：在高能状态下，作用力之间存在一种对称性，这种对称性在地球的凉爽环境下被隐藏了。

如果你相信数学的话，这一切显得非常令人兴奋。理论能够显示存在于现有知识以外的事物，但只有实验才能证实大自然是如何运作的。这些思想出现于 20 世纪 70年代后期。为了弄清它们到底是对现实的洞察或仅仅只是幻想，首先需要证实电磁作用力和弱相互作用力本身是统一的实验证据。根据数学，这在实验上比较容易检验。为揭示它们初始的统一本体即"电弱相互作用力"，需要分辨能力在小于原子核一千倍的尺度上的显微镜。

1983 年 W 和 Z 粒子的实验发现取得了这个进展，并且 20 世纪 90 年代 LEP 的实验也对此予以了证实。电磁相互作用和弱相互作用在高能状态下结合成了一个"电弱"相互作用力，这个对称性在低能由于 W 和 Z 粒子的巨大质量被隐藏了。现在面临的挑战是，揭示通过赋予这两个玻色子质量的同时让光子保持无质量，从而破坏了电弱对称性的动力学。

自发对称性破缺是基本粒子的质量来源，这些基本粒子不仅包括 W 和 Z 玻色子还包括夸克和轻子，自希格斯和六人组其他人的工作之后，这个思想已经被粒子物理学家们普遍接受。但是，这些先驱们一致回避了大自然是如何实际完成了这个壮举的问题。古拉尔尼克、哈根和基布尔并没有考虑一个势场，但仍然假设对称性破缺发生；

布劳特和恩格勒认识到存在一个场,但没有讨论这个场的形式;戈德斯通设想了这个场的形状——那个红酒瓶的比喻——作为示例,这个例子被希格斯在 1966 年采用。1964 年,希格斯仅仅假设了它的一般特征。这些开创性的论文都没有讨论导致了这个场产生的动力学。

　　1964 年,物理学家面临的挑战是证明这种产生质量的机制是可能的,哪怕是在原则上。因此毫不奇怪,这些论文的作者选择了最简单的数学示例来达到这个目的。大自然本身很可能遵循了这种简单的路线,即这个场在所有方向均匀分布,有质量的粒子仅是标量玻色子,如同希格斯的初始示例。但是,在对称性隐藏的其他例子中(如第 8 章中所描述的那些例子),动力学会更为丰富。例如,在超导体中,费米子结成对形成了具有玻色子总体性质的复合结构,特别是在经历玻色凝聚之后。

　　粒子物理中很可能也存在类似的动力学,新的作用力束缚着成对的费米子比如顶夸克,然后这些费米子对经历玻色凝聚。顶夸克本身也非常有趣——它的质量比其他任何已知的粒子都大许多,一对顶夸克的质量是一个质子的好几百倍。这是电弱对称性破缺预计发生的能量尺度,一些理论物理学家因此怀疑这个巧合并不是偶然,顶夸克也许在某种程度上和电弱对称性的隐藏有联系。答案甚至有可能就是被至今未知的作用力束缚在一起的全新费米子,如“仿色理论”所提出的那样。[1]

　　令人兴奋的是,在实验完成之前,我们并不知道这其中的哪一个(如果有的话)会被揭示为电弱对称性破缺的来源。欧内斯特·卢瑟福第一个发现了原子核,这揭示了原子的结构并导致了粒子物理这门现代科学的产生,无论在这个发现的一个世纪之后等待我们的是什么,现代的观点是,大爆炸的高温凝结出了具有完美对称性的物质和反物质,随着宇宙的冷却,这种对称性被隐藏了,从而提供了卢瑟福得以探索到的结构。在人类对物质基本构成几千年来的猜想和探寻之后,对解答无穷大谜题的追求帮助引发了一场革命。这场革命的成果是,物理学第一次有了一个可验证的关于物质宇宙起源的理论。

统一之路

　　100 年前,物质的结构简单得令人心急:仅仅两种粒子——电子和质子——就足以建立元素周期表。相反电荷的吸引把这两种粒子束缚在原子里,它们各自的正负值在原子范围内互相抵消,使物质整体为电中性。

到 20 世纪 30 年代 QED 诞生的时候，两个新的粒子出场了。不带电荷的中子（质子的同胞）与电中性的中微子（电子的同伴），这两个粒子保持了某种对称性：质子和中子是"核子"的两面；而电子和中微子形成了一对"轻子"。

电荷在这些不同粒子家族里的美妙排列本身，就暗示着把它们全部连接起来的某种深层的对称性。然而，这种对称性究竟为何，哪怕在今天也极其神秘。除了电荷，粒子的许多其他方面是不对称的。中微子对于电磁作用力是完全中性的，而中子能感受到强烈的磁性：中子的磁极和质子相反，其强度大约是质子的 2/3。它们在大小和质量上也并不相同：中子的大小至少是电子的一千倍，其质量是电子的近两千倍，而至少十万个中微子加起来才等于一个电子的质量。

比约肯在 1967 年的介入导致了核子内部轻而小的夸克的发现，也揭示了宇宙洋葱在这个更深层次上的对称性。质子和中子被发现是复合粒子，由"上夸克"和"下夸克"构成。上夸克所带电荷是质子电荷的 + 2/3，下夸克所带电荷是质子电荷的 − 1/3，它们形成了夸克对，其表现出来的性质更类似于轻子。轻并且没有可测量的大小，上夸克和下夸克呈现出轻子的特征，这些特征在作为一个整体的质子和中子里被隐藏了。这些相似之处是如此明显，以至于夸克就像是轻子，只不过这个轻子被"涂上"了三种颜色中的任意一个，并且电荷也被分为三份。这个情况看上去很清楚，但怎么发生的却是个谜。

大块物质的质量主要是来自其原子的原子核，产生于把夸克束缚在每个核子范围内的能量；它并非来自希格斯机制。相比之下，基本夸克和轻子的质量可能产生自希格斯机制。它们质量的来源是个谜，但是就理论物理学家们看来，希格斯机制则是主要的怀疑对象；究竟希格斯机制实际上是否对此负有责任，则需要 LHC 的实验来确定。

质量隐藏了某种潜在的基本对称性，其线索是，大自然把轻子和夸克的不同"味"增加到三种，通过它们的质量来区分不同的"代"。如同上夸克和下夸克形成配对一样，粲夸克和奇异夸克、顶夸克和底夸克也分别形成配对；后面两种夸克对的电荷和其他性质与上下夸克对是一样的，只除了它们更重——在某些情况下重很多（参见图 12.2）。轻子也被增加到三种。电子有两个更重，但除此之外十分相似的对应物——μ 介子和 τ；中微子也有质量不同的三个种类，尽管尚不知道它们各自的大小。

自最初把物理学引上这条道路的理论突破起，40 年来的实验暗示着，在粒子和作用力之间有一个基本对称性在起作用，但是这个对称性被粒子的质量隐藏了。正是因为这个对称性在经验上被隐藏——在(大质量的)W 和 Z 粒子的情况下——弱相互作用的无穷大谜题解决起来才如此困难。

正如我们看到的,在 1971 年我们得到了一个可行的弱相互作用理论,这个理论建立在 W 和 Z 粒子由于隐藏对称性而获得质量的假设之上,对弱相互作用理论的证明使人们相信,隐藏对称性的机制的确在起作用。虽然特霍夫特和韦尔特曼的理论构建在经验上的成功,对 W 和 Z 粒子实际上通过这个方式获得质量的观点给予了间接的支持,但是这并不必然意味着轻子和夸克也是如此。为了确定自发对称性破缺是不是这些粒子质量的来源,需要产生希格斯玻色子,[2] 然后通过检查希格斯玻色子衰变时的碎片,才能判断它同轻子或夸克家族不同成员的关联是否与它们的质量成正比。这就是为什么发现——或者不能发现——希格斯粒子现在成了粒子物理学核心问题的原因。

如果我们真的揭示了大自然的基本对称性和隐藏这种对称性的机制,我们将会发现大自然中结构的来源。一个也许会困扰你的问题是:"为什么?"既然大爆炸的能量产生的无质量粒子呈现一种完美的对称性,为什么大自然要加以破坏? 为什么我们是"近似对称性"的产物?

坦白说,我也不知道。但是,如果这没有发生的话,我肯定我们就不会在这里进行这方面的讨论了。这并不单纯是一句无关紧要的评论:"如果情况和现在不一样,那么结果也会不一样。"更为深刻的原因是:一个没有不对称性的宇宙不会创造出生命赖以存在的结构。

生命的通路依赖于电流的流动,原子获得或失去电子作为离子的能力,还有能量从源头到接收端(比如从太阳到生物圈)的远距离转移。如果只有电磁作用力,通过无质量的光子,这一切都能实现。但是,要创造从氢到铀以及之外的各种元素,贝塔衰变中的元素转换——弱相互作用最明显的体现——就显得不可或缺。W 粒子具有质量在这里至关重要。如果规范玻色子保持无质量,"弱"相互作用力的强度会和电磁作用力一样。在这种情况下,核子和电子不仅会交换光子也同样会交换 W 和 Z 粒子,从而被束缚在一起构成原子;而不是核子和电子之间只交换光子,从而通过相反电荷的吸引构成原子,并且具有形成离子的可能性。这会从根本上改变作用力的本质,甚至可能导致电子被永久禁锢在原子内部,就像夸克被禁锢在核子内部一样。因此,如果基本对称性没有被隐藏,化学反应在基础层面上可能就不会发生。

因此,对称性隐藏的现象及其在基本粒子和作用力上的可能体现,可能就是生命体存在的关键。这并非说希格斯玻色子是"上帝粒子"，人们可以设想，一个数学设计者本来创造了完美的对称性；在这种情况下，无论是什么隐藏了最初的创造，我们的存在都是它的遗产。欲确定其方式和内容就是导致 LHC 的灵感来源。

当威廉·沃尔德格雷夫在 1993 年给英国物理学界设立了描述希格斯思想的挑战时，在这个归根结底属于政治运作的事件里，米勒机智地使用了一个政治比喻，当之无愧地赢得了那瓶香槟。但是，反对者们表示，他的答案并没有解释为什么 LHC 非得如此庞大而昂贵。毕竟，难道卢瑟福在 1911 年不是仅用"细绳和密封蜡"就发现了原子核吗？到 2011 年，为什么科学发生了如此彻底的改变——在实验的规模上，在参与实验的人数上，还有在实现人类雄心壮志所需的巨额资金上？

我将试着在 LHC 的背景下回答这些问题，并且对 LHC 未来（从现在起的 20 年或更久之后）的实验前景进行展望。

一百年

当卢瑟福在 1911 年发现原子核时，他只使用了一个小型桌面装置，在几个助手和技术人员的协助下，主要靠自己操作。今天，来自一百多个研究机构的物理学家组成团队一起合作。在 CERN 或费米实验室，参加一个实验的可能超过一千人。对于在过去的时代试图分辨物质是由什么构成的科学家（如卢瑟福）来说，大自然在数十亿年前通过把能量锁进微小粒子中完成了这个艰巨的工作，而这最终构成了原子和我们所知道的物质。数十亿年后，对科学家们来说，通过考察大自然的工作成果，从而发现物质是如何构成则相对容易得多。

人们用桌面实验首先发现了原子，接着发现了原子核。然后，随着更大实验装置的出现，相继发现了质子、中子和大批短寿命的粒子。最后，作为比约肯洞见的结果，强子的基本构成粒子——夸克和胶子——暴露出来。随着对基本粒子的确认，以及随着对把基本粒子结合成大尺度结构的作用力的理解，到 1990 年，人类的志向变得更加宏伟。与希格斯、比约肯和特霍夫特这几个人的名字联系在一起的突破，使我们减少了对物质构成的关注，而更想知道物质是从何而来。由理论物理学家们的洞见所引发的新研究框架给出了一个前景，即实验能够显示，物质宇宙是怎样从我们称为大爆炸的能量熔炉里产生的。为此，我们需要在实验室里重现早期宇宙的状态，然后用专门的摄影机去记录这个事件。

能够进行这种规模实验的批量生产的"试管"并不存在。在科研采购目录里,没有让我们能在客厅里或者在一个大学实验室里体验宇宙最初瞬间的"大爆炸装置"可供选购。这并非只是夸张;要航行到时间的起点,你需要从零开始设计和建造所有的部件,把我们地球上的泥土、岩石和气体转变成为能够拓展我们知觉的工具。无处不在的计算机芯片构成了统筹整个实验项目的神经系统,而芯片的原材料是从沙子中生产的;质子从氢气中被分离出来,为 LHC 提供了束流;从地下开采的矿石被熔化和改变形态,制成能够引导速度为 99.999 9% 光速的质子束的磁铁。大量的其他工具——数个世纪以来的发明结果——必须被组装起来。当一切就绪时,这些千年的工具就能揭示宇宙最初被创造的样子,而不是它现在的样子。

早在 1989 年 LEP 的实验刚开始时,下一步的计划就已经在酝酿之中。那时甚至就有了这样的设想,即如果电弱统一在 LEP 上得到证实,拼图中的最后一块即希格斯玻色子就将进入考虑范围。特霍夫特的工作依赖于对称性隐藏的现象。量子味动力学的数学和实验测量出的 W 与 Z 粒子的性质,已经足以暗示希格斯玻色子的存在,或者大自然真正用来破坏电弱对称性的任何事物,将会被比 LEP 更为强大的实验所揭示。

为什么要这么着急呢? 1983 年,当 LHC 开始认真规划时,LEP 尚未开始运行;到 1990 年,LHC 进入最后的批准阶段时,LEP 还没有产生重要结果,所以在这种情况下考虑建造一个更加强大的实验装置也许看上去是肆意挥霍。这种时间安排的原因,反映了现代大科学实验装置的本质。像 LEP 和 LHC 这样巨大的项目需要好几年去设计,接下来需要好几年去建造,而在设计和建造之前,又需要好几年的构思以及说服其他人加入的策划。并且尤其重要的是,为了让政府为这些庞然大物的建造和之后的运行提供资金,必须争取到政治上的支持。

人类的雄心壮志有了质的飞跃,其结果之一是,构思、建造和运行一个实验可能需要二十年。一个实验设施的使用寿命往往与其最初设计和建造所需的时间差不多。SLAC 在 20 世纪 60 年代作为一个庞大的电子加速器登场,在前十年就完成了它的主要工作。[3] 接下来,使用正反质子的 SPS 项目在 CERN 经过十年的发展之后于 1980 年左右付诸实施;W 和 Z 粒子的发现是其主要成就,在 80 年代末,它被更高灵敏度的 LEP 超越。由于特霍夫特和韦尔特曼在量子味动力学上的突破所带来的信心,LEP 项目的设想在 20 世纪 70 年代后期得到发展。在大量的政治操纵之后——因为这种物理规模上的实验在以前从未被考虑过——这个项目在 1981 年得到批准,1983 年开始建造。经过六年时间的建造，在 1989 年 8 月开始进行实验。LEP 作为 SPS 的继任者，运行了十一年。造价高达一百亿美元的 LHC，也是政治和巨额融资运作的结果，其设计和建造用了二十年。在 2008 年出现一次设备故障之后，它在 2009 年 11 月开始运行，估计在二十年内能够源源不断地产生实验结果。

当加速器终止运行后，物理分析工作会继续进行。其实验产生的海量数据会被钻研多年。在 LEP 停止运行后的十年，一些相关的研究论文依然层出不穷。分析实验结果，根据不可预知的情况重新设计加速器和探测器的功能，需要耗时多年。仅仅两个或三个项目就可能占据一个科学家职业生涯的很大一部分时间。在科研工作的任意时刻，你也许在分析一个实验的结果，也许在提取另一个实验的数据，也许在为下一个实验测试设备，也许正作为委员会成员在讨论最有可能在今后 20 年甚至更久推动物理前沿的未来实验设施。所以，LHC 并不是仓促产生的；相反，LEP 的初期阶段就是开始认真考虑下一步的正常时间。

对希格斯粒子的惊鸿一瞥

随着 SSC 在 1993 年的终结，对 LHC 项目的支持不断增加，这也得益于 LEP 取得的斐然成果。因为正是在这段时间，LEP 产生的数据开始证实弱相互作用力的理论是正确的，如同特霍夫特和韦尔特曼的工作所证明的那样。

正如我们在前面（第 1 章）看到的，尽管能量在普通的时间尺度上是守恒的，但在短暂的瞬间能量却可以透支。这个特点允许 Z 粒子在其短促的生命中暂时转化为一个"虚的"顶夸克和"虚的"反夸克，然后这两者又重新合并成一个 Z 粒子。这种量子波动会留下一道痕迹，在一些实验测量里显示出来。这就是在 LEP 当中所发生的情形（见第 16 章）。当把精确的数据与特霍夫特和韦尔特曼的 QFD 理论计算进行对比时，顶夸克虚的存在就被揭示出来了。

正如我们看到的，随后费米实验室在 1995 年产生的顶夸克，与这些理论预言一致，这增强了人们对物理学已经找到金光大道的信心。然后，随着 LEP 的实验精度不断提高（精度甚至超过了万分之一），以及顶夸克的纳入囊中，LEP 的实验数据和理论预言之间开始显示出了更进一步的细微差异。

如同黎明是日出的前兆，这些量子效应也预示了位于现有能量范围之外的现象。当认识到这里可能存在希格斯玻色子的初步迹象时，人们开始兴奋起来。达到在实验室里产生希格斯玻色子的要求是 LEP 可望而不可及的,但看上去似乎能在 LHC 上实现。

这些结果还有一个特征,它们触及了电弱相互作用的无穷大谜题和希格斯玻色子的作用。这涉及电子的质量。

希格斯玻色子是作为赋予 W 和 Z 粒子质量的机制而登场的。温伯格在他 1967 年开创性的论文里提出,轻子和夸克也是通过这个机制获得质量的,但是原则上,费米子的质量机制与规范玻色子的情形无关。当 LEP 以其最高能量运行时,它能够产生大量的 W⁺ 和 W⁻。一件有趣的事情就发生在这里。

这里所涉及的量子过程,包括如图 17.1 中三个费恩曼图所示的那些过程:电子和正电子湮灭形成一个光子,或者湮灭形成一个 Z⁰,或者交换一个中微子。但是,当方程把电子和正电子具有质量这个事实考虑在内时,荒谬的事情就突然发生了。例如,如果你在高能做一个实验——比如说超过 1 000 GeV,计算会暗示电子和正电子湮灭产生 W⁺ 和 W⁻ 的可能性超过了 100%,这和某种其他的可能性形成了鲜明对比。

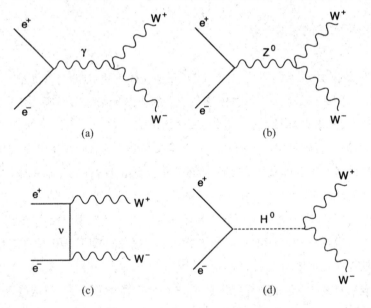

图 17.1　希格斯玻色子的必要性

电弱标准模型所预期的对 W + 和 W − 通过电子-正电子湮灭过程产生时有重要贡献的费恩曼图。这个过程包括了可能的中间粒子:(a)虚光子,(b)虚态 Z⁰ 粒子,(c)交换一个中微子。为了完成计算,并且结果与实验一致,有必要把另外一个贡献包括进来,例如(d)包含一个虚态希格斯玻色子。

希格斯玻色子前来解救了我们，至少在理论上如此。由于两道波的顶峰和低谷能够抵消，所以粒子的波的性质也能够导致不同费恩曼图的贡献之间的抵消。这里发生的情况就是如此。如果电子的质量来自它与希格斯玻色子的相互作用，那么将包括第四个费恩曼图：当电子和正电子湮灭，产生一个希格斯玻色子，然后这个希格斯玻色子衰变成 W⁺ 和 W⁻（图 17.1d）。希格斯玻色子的量子波抵消了来自其他三个过程的量子波，给出了合乎情理的答案（可能性永不会超过 100%），这个答案和 LEP 在有限高能下的经验数据一致。

当把这些理论计算和数据进行对比时，如果考虑了存在一个处于 LHC 能量范围内的希格斯玻色子，会让一切符合得最好，或者说我们需要引入某个能赋予粒子质量并能在计算中被模拟为一个简单无自旋玻色子的东西。

超极对称性

LHC 的初衷是为了发现大自然如何隐藏电弱对称性，同时，也有许多其他令人兴奋的可能理论等待验证。这其中的一些理论令人们难以区分科学事实和科学幻想：例如引力泄露到了额外维度的空间之中，因此对于我们现在所认识到的宇宙中的单个粒子，引力明显微弱无力；或者微型的黑洞可能被产生并蒸发。然而，LHC 可能会解决无穷大谜题的另一个方面。这个思想认为，目前识别出的粒子和作用力都是一个更加完整的"超级对称性"的组成部分，这个超级对称性本身在 LHC 可以达到的能量范围内被隐藏了。如果这个思想得到证实，就能够在粒子物理和宇宙学之间提供一种不同寻常的关联，对于认识我们在宇宙中的位置具有意义深远的影响。

现存的标准模型和更深奥的实体理论之间的关系，可以比作牛顿的引力理论和爱因斯坦广义相对论之间的关系，前者最终会被纳入后者。牛顿的理论描述了它适用范围内的所有现象，但被包含在爱因斯坦理论更为宏大的体系之中，其延伸到了牛顿理论不能到达的地方。对于标准模型也是如此。它描述的现象从原子尺度的能量一直到 LHC 开始探索的能量范围，取得了 12 个量级跨度上毋庸置疑的成功。然而，虽然自发对称性破缺被认为是基本粒子的质量来源，但是，对于我们的存在显得至关重要的这些质量或其他参数（比如作用力的强度）的具体量级，现在尚没有解释。目前，这些物理量的经验量级是被认为引入到 QFD 和 QCD 的方程中的。它们的值的起源位于某个更丰富的理论之中，而标准模型有一天会被视为仅是其中的一部分。

找到这个更丰富的理论是物理学家们的梦想。[4] 这需要把爱因斯坦的广义相对论和量子场论结合起来，这是一个有待解决的挑战。许多理论物理学家猜想，答案将包含一个激进的概念：没有人能把一团电荷压缩成一点，因为粒子本身不是点而从根本上是振动的弦，在我们能感知到的三维空间和一维时间以外的维度里具有形状和结构。[5]

尽管这种弦的动力学被认为只有在远远超过 LHC 的能量区域才能揭示，但是，LHC 可能会揭示这个理论的一个基础方面，即超级对称性的概念，它被人们亲切地称为"SUSY"。

当粒子从一点移动到另一点，在空间中旋转，或"被推动"（它们的速度被改变）时，所有已知的物理规律依然成立（"翻译"成物理术语就是不变性）。这些不变性被称为对称性。在 20 世纪 70 年代，一个潜藏在相对论场论数学里的新对称性被发现。这改变了粒子一半的自旋——在其他性质如质量和电荷保持不变的情况下，从而把玻色子转化为费米子，反之亦然。在本书讨论范围之外的深奥数学已证明，这实际上就是整个相对论量子场论框架中唯一剩下的可能的对称性。因此，它的发现将会给空间和时间对称性的研究画上句号。

如果 SUSY 在大自然里是基本的，那么对于每一种玻色子都存在着具有同样质量和电荷的费米子，对于每一个费米子也存在着这样对应的玻色子。显而易见，SUSY 不可能是严格的：例如，不存在具有与电子同样电荷和质量的玻色子。这样的超级电子（或"超电子"）不仅容易看到，而且很可能会摧毁宇宙中的所有结构：还记得我们前面说过，结构的产生是因为费米子像布谷鸟而玻色子像企鹅。电子是费米子，但超电子是玻色子。如果带有正负电荷的轻的玻色子存在，它们相互的电荷吸引将会产生凝聚态，使我们所知的一切变得不稳定。这里值得庆幸的是，和之前一样，这个对称性的隐藏对于各种已确认的粒子和作用力发挥其作用来说是必需的。

人们再度猜想，自发对称性破缺隐藏了一个基本的对称性即 SUSY，使一些粒子轻到足以创造熟悉的事物，而它们的超级伙伴比如超电子，具有巨大的质量以至于到目前为止仍然隐藏着。如果这个猜想成立，那么隐藏对称性对所有结构似乎都是必需的。间接的暗示是，在超级对称性的情况下，在 LHC 的能量范围可能会发现超电子和其他已知粒子的超级同胞。如果揭示超级对称性的能量阈值属于 LHC 的能量范围，那么已知作用力在高能融合成一个超级作用力的希望在数学上似乎最有可能。随着对超级粒子新家族可能的发现，超级对称性也将意味着，希格斯玻色子本身也是一个家族的成员——它的超级对称同胞被称为超希格斯粒子。

这个猜想当中有多少是正确的,这些古怪的名字中有多少在某一天会成为科学词典的一部分,均有待未来验证。然而,超级对称性的一个方面或将影响深远:SUSY 可能是在物质宇宙中占据主导地位的暗物质的来源。

在宇宙学家对大尺度宇宙的模拟中,暗物质是把星系束缚在一起的胶,防止它们飞旋而散,并且对星系最初的形成可能有帮助。从星系的运动,我们可以推断出,90%的宇宙是由暗物质构成——"暗"的含义是指,它在电磁频谱的任何波长都不发光。这意味着,它不受电磁作用力的影响。轻的中微子具有这些特征,但是,如果暗物质由大质量的粒子构成的话,星系动力学的模型最为有效。然而,标准模型中没有发现这样的粒子。

人们预计 SUSY 里会存在这种巨兽。而且,如果最轻的超级粒子是光子或胶子的电中性同胞——被称为"超光子"和"超胶子"——它们会是稳定的,并且通过相互的引力吸引形成大规模的簇群。这类似于恒星形成的方式,只不过由常规粒子构成的恒星会同时感受到强相互作用力和电磁作用力,使它们能够发光,而中性"超粒子"的聚合物则没有这种发光的能力。惰性的暗物质团填充着空间,伴随着偶尔的"常规"粒子(比如构成我们的那些粒子),这可能就是宇宙的本质。

如果 SUSY 粒子被发现,并且被证明具有这些性质,这将会是高能粒子物理和宇宙学之间的一个美妙聚合点。我们以前曾经相信人类位于宇宙的中心,然后看到人类的位置转移到了数十亿个星系之中一个星系的外围,现在又进一步认识到,构成人类的物质可能最终只是茫茫暗物质大洋上的沧海一粟。

大爆炸日

当大型强子对撞机(LHC)在 1994 年获得批准建设时,有些人怀疑它是否会成为现实。巨大的技术性挑战必须被攻克;几乎地球上的每一个粒子物理学家都必须加入进来共同努力;新的技术必须被发明。

尽管 LHC 将使用 LEP 所在的隧道,引导正负电子的磁铁对于笨重的质子来说却毫无用处。LEP 的整个基础设施必须被移除,然后设计、建造、测试、运送并安装一万个新磁铁。这变成了一个真正全球性的项目。比方说,新西伯利亚的工程师设计了一个专门的螺栓,同时日本的技术员制造了需要使用这个螺栓的一个装置。只有在不同的部件被送到瑞士的 CERN 之后，它们才能被组装起来。幸运的是，借助于万维网的现代通信极其强大，使这项拼图般的合作得以成功完成。

质子束里的能量是如此巨大，以至于对电源中电流的任何阻抗都会产生大量的废热。因此，磁铁必须使用没有电阻的超导材料来制造，而这又要求它们被冷却到在绝对零度上下浮动 1 度的温度范围，这比外太空的温度还低。整整 27 公里的环形隧道都必须如此。结果，LHC 变成了地球上最大的制冷系统。超导性在以前启发了导致希格斯玻色子的理论思想，现在成为 LHC 运行的技术关键。

在历经 15 年的规划、设计和建造之后，随着第一道粒子流准备注入 LHC，"大爆炸日"被安排在 2008 年 9 月 10 日。在幕后多年的彼得·希格斯突然成了一位名人，是媒体竞相采访和报道的对象。他在那一年早些时候去 CERN 参观有希望发现与他同名的玻色子的实验，这次访问就像是一个老去的摇滚明星出行，获得了媒体的大量关注。

由于 LHC 的能量范围成了轰动一时的世界新闻，一些奇怪的言论也相伴出现了。这些言论声称，LHC 在以远超出以前实验的高能对撞粒子的过程中，可能会制造出黑洞并且毁灭地球，随着博客、报章甚至 BBC 对这些言论的宣传报道，人们开始了杞人忧天。CERN 的中心主任对这些危言耸听深表担忧，于是成立了一个科学家委员会来评估其发生的可能性。他们及时地得出结论，认为这种可能性并不存在，并且为安抚民众还写了一个报告。但是，对阴谋论者来说，这仅仅是火上浇油。一些媒体煽动了这种恐慌，比如大爆炸日当天有个新闻标题写道："如果你在 2008 年 9 月 10 日上午 10 点读到本文，那么世界已经逃过了一劫。"

在庆祝 LHC 开始运行的 CERN 内部特刊中，我发表了一篇文章，把大自然的真相比喻为绣在织锦上的图案，这样写道："我们刚刚投入 15 年的时间打造了一根针（LHC），今天我们将第一次尝试把丝线穿过针眼（通过它注入质子束）。"[6] 只有在许多根丝线准备就绪之后，真正的刺绣才能开始，接下来，在图案的轮廓开始呈现之前，还需要许多月，甚至许多年。这需要耐心：发现希格斯玻色子、超级对称性，或者大自然为我们准备的其他任何惊喜，需要耗时多年的项目。在大爆炸日，并没有骆驼穿过了我比喻的针眼，仅仅是第一批丝线。但是在这个梦想开始的 20 年后，质子束终于成功地绕环飞速运行。这个机器运转了！

接着，就像压垮骆驼的那根稻草，一个小设备发生故障演变成了一场灾难。一个火花造成了一个小洞，超冷的液氦开始从这个小洞中泄漏。流出来的液氦蒸发，并把周围数米内的一切都冻结了。美丽的冰凌布满了隧道，毁坏了敏感的仪器。经过一年的修复之后，LHC 做好准备开始它的首次探索。（登录 http://public.web.cern.ch/public/，你可以了解到 LHC 的现状）

寻找希格斯玻色子被比喻为在 100 万根稻草里搜索一根针。质子束本身就是成群的夸克和胶子。量子味动力学预言了希格斯玻色子是如何通过夸克和胶子之间的碰撞被产生，并且，由于比约肯关于质子如何传递这些组分的洞见，我们能够计算在何种情况下质子之间的碰撞会产生希格斯玻色子。比约肯的工作导致了 W 和 Z 粒子的发现，并使量子味动力学和特霍夫特的理论思想得到证实，同样，他的这个工作很快也会使希格斯玻色子得以发现——当然，如果它存在的话。无论等待着我们的是什么，我们从噪声中过滤出信号并最终对信息进行解码的能力，乃是因为比约肯和费恩曼揭示了质子是传递基本部分子群的运输工具。

尾声：无穷大的篝火盛宴

1. 大型强子对撞机的早期发展

在事故检修完成后，大型强子对撞机(LHC)于 2010 年 3 月 30 日实现了两个质子束流的第一次成功对撞，能量达到了 3.5 万亿电子伏特。这意味着 LHC 计划中的研究项目终于可以启动了。一些记者如同掌握了独家秘闻一般激动不已地"透露"一个重大发现即将到来，而实际上这在物理界已是尽人皆知：如无意外，LHC 实验将在两至三年内解决希格斯玻色子的存在问题，要么有，要么没有。

寻找希格斯玻色子就好像观看魔鬼在一个密闭的盒子里掷一对骰子，如果每次两个骰子都掷出 6，那么你可以肯定这对骰子一定是很特殊的，——相当于说希格斯玻色子是存在的。但是如果平均而言每掷 36 次才出现一次一对 6，这只能说明掷出一对6 纯属偶然，希格斯玻色子不存在。

"打开魔鬼所在的盒子"可以类比为在 LHC 上将两个质子对撞然后去测量碰撞后产生的碎片。记录质子对撞过程所产生的副产品的特征，例如组分粒子的不同种类、能量和飞行径迹等，类似于查明我们比喻里的骰子上的数字。碰撞产生的粒子之间的关联可能显示它们来自于一个转瞬即逝的玻色子的衰变，即每个骰子都掷出 6 的情形。

要是事情这么简单就好了！现实中所发生的是，掷出一对 6 的概率仅仅只比随机概率大一丁点儿，你得判定这个概率到底是意义重大的，即就是"类希格斯粒子"——有人已经在用这样的词了——存在的证据，还是说这仅是掷骰子时运气变幻莫测的体现，根本就不存在这样的玻色子。[1] 为了确保无误，你需要进行更多的测试，观察魔鬼一次又一次地掷出骰子，直到超出随机概率的一对 6 出现的概率要么变得令人确信，要么渐渐趋向于随机的概率。用物理学的专业术语来说，就是要努力在信号和本底之间做出选择。

LHC 上加速的粒子束团每秒钟回旋 11 000 次。物理学家们组成的两个独立研究团队——ATLAS 和 CMS 各自设计了可以灵敏探测到产生"类希格斯粒子"的碰撞的探测器。LHC 实验取数的时间越长，就越有可能更多地观测到这样的粒子，物理学家对于甄别出信号和本底就会更有信心。

这是好消息。问题在于，当你打开盒子的时候，几乎总是发现魔鬼根本就没有在掷骰子。将我们的比喻扩展一下：魔鬼可能在玩轮盘赌、抛硬币或者沉醉于某种不同玩法的运气游戏。这些游戏可能是其他的物理学家感兴趣的，而关系到寻找希格斯玻色子，你所珍视的掷骰子游戏却非常罕见。

如果大自然所采用的质量机制的方式和科学家们最初在 1964 年提出的一样，那么我们不仅可以预言骰子会如何落下，还可以预言魔鬼多久玩一次掷骰子的游戏。后者实质上正是希格斯玻色子——或者可能与希格斯玻色子混淆的粒子——产生的概率大小。前者则关系到你是否能确保从各种复杂的假信号中甄别出真正的希格斯玻色子。

LHC 运行的最初几个月，运气不错：在观测中发现魔鬼掷骰子的次数比预期的多。到了 2011 年中的时候，关于超出随机概率的一对 6 出现的概率的数据积累量开始让科学家们激动起来。

· · · ·

实验测量结果被安排在 2011 年 7 月格勒诺布尔的一个重要会议上首次公开发布。各种谣言开始流传。ATLAS 合作组一位首席科学家的父母住在爱丁堡，正好是彼得·希格斯的邻居。他们收到了一个谜一般的短信，要他们告诉希格斯"密切关注格勒诺布尔会议上发布的消息"[2]。

在测量数据中有数千个碰撞事例，这些事例中的碰撞碎片中包含了一对光子。它们的出现可能是因为产生了类希格斯粒子，然后衰变到两个光子。通过测量光子的能量和动量，科学家们可以计算出它们的母粒子①的质量。光子的产生有多种其他的渠

---

① 译者注：物理上把衰变过程 A→BC 中的 A 称为末态 B 和 C 的母粒子。

道,但如果是以其他方式产生的话,它们的能量和动量都会随机取值。所以在对应着这些光子对的能量图上,将会看到由随机能量分布形成的"背景"再加上由真实的短寿命粒子衰变到一对光子形成的峰状结构,这些峰值对应的就是粒子质量。我们的目标就是搜寻背景之上的峰状结构。

在实践中,数据量有限的情况下,背景并不是平滑的,它自身就是起伏不平的。因此要想从背景的随机波动中甄别出代表着一个粒子(例如希格斯玻色子)的一个真正的隆起,这是十分困难的。积累的数据量越多,背景就会变得越平滑,真正的信号就会越清楚。信号相对于本底的显著程度通过一个统计学的量"西格玛"来表征,它评估随机事例数变得协同关联后形成一个明显信号的概率大小。

西格玛的值越大你就越能肯定信号的真实性,2 倍西格玛是可能性存在的先兆——大约有 1/20 的概率你可能被一个假的信号所蒙骗;3 倍西格玛意味着值得更多的重视,——误判的概率大约是 1/300。粒子物理学家把 5 倍西格玛视为确定科学发现的标志,——误判的概率大约是二百万分之一。[3] 这相当于随机抛硬币时连续 21 次抛出硬币的正面向上,或者(在一个诚实的赌场中)玩轮盘赌时把赌注押在同一个数字上而连赢 4 次。

相比人们当初对数据量积累所寄予的厚望,实际情况并不那么富有戏剧性。希格斯玻色子信号的西格玛值大约在 2 倍到 3 倍之间。媒体发表头条文章表明希格斯玻色子已经被发现,而同时又引用 ATLAS 科学家的话来给自己留点余地:"我们现在不能就此给出更多的说明,但这个结果显然非常有趣。"CMS 合作组的一位负责人解释说,需要更多的数据才能判断信号事例之间的关联(我们的比喻中一对 6 超出随机概率的出现概率),到底是基于"统计涨落还是真实信号"。

LHC 实验结果的第二次公开发布是在 2011 年 8 月孟买的一个重要会议上,这次实验结果所基于的数据量要比格勒诺布尔会议时大得多。信号的迹象仍然存在,然而发言人说,在搜寻希格斯玻色子的过程中"尚无有力证据来证明观测结果类似于一个发现"的有力证据。

许多媒体把这解读为一个 180 度的大转弯。7 月份时"兴奋的涟漪"现在被"破灭的希望"所取代。[4] 即刻就会有大发现的希望的确是幻灭了,但有些人士把这一点错误地夸张升级到认为希格斯玻色子可能根本就不存在。

证据的缺乏并非是希格斯玻色子不存在的证据,对于 2011 年中期可获得的有限实验数据而言情形无疑如此。积累骰子掷出结果的数据,评估其与一对 6 出现的相关性,这并不是一项短期就能完成的工作。尽管如此,每次我做关于这个主题的报告时都会被问到:"万一没有希格斯玻色子呢?"头脑冷静的人士们建议耐心等到 2011 年底。到那时将会有足够的数据去澄清一些不确定因素,即使不是全部。

11. 12. 13

LHC 持续运转,状态良好,到了 12 月份的时候人们的兴奋又开始再次高涨。从现在起的二十年内,教科书或许会把 2011 年 12 月 13 日作为希格斯玻色子首次宣布其存在的时间,而 2012 年 7 月 4 日则是希格斯玻色子由假说发展成熟为一个发现的时间。

12 月的第二周,CMS 合作组的成员们在 CERN 开会,关起门来评估他们的结果,以决定什么结果是他们有足够的自信发布的。ATLAS 合作组也举行了类似的秘密会议。电视台摄制组企图出席这次封闭式现场讨论的想法被礼貌地断然回绝了,而他们想在结果公开发布之前获得相关资讯的请求则被报之以微笑。

12 月 13 日,这两个实验组的代表在 CERN 的报告大厅举行开放会议发布他们的测量结果。这是这两个实验组首次了解对方的测量结果。对于合作组以外的我们其他人而言,这完全是第一时间的新闻。如果发现希格斯玻色子的新闻将在会上宣布,那么每个人都想将来能够说:"我当时在场呢!"就像等待登上一架人满为患的飞机的乘客害怕被抛下一样,科学家们蜂拥在报告厅的门前,急于占座。在正式会议议程开始之前的一个多小时,报告厅就已经坐满了,还有许多人坐在台阶上,靠着墙,或者像上下班高峰时段的通勤族那样摩肩接踵地站着。由于太多人试图访问发布会的网络直播,互联网达到了饱和,这个事件在推特(Twitter)上成为传播热点。等待发布实验结果令人兴奋难耐。

他们的最初反应是并没有发生什么激动人心的事情。除了位于 125 千兆电子伏特附近一个狭小的能量区域,实验在 LHC 所能探测的几乎整个能量范围内排除了希格斯玻色子的存在。ATLAS 和 CMS 的数据分别给出了在这个能量区域可能存在不同寻常之物的诱人迹象,但尚远不足作为证据。

独立证实是科学的一个公理,在这种情况下却造成了困惑:对于假定的类希格斯玻色子的能量,ATLAS 和 CMS 得到的结果大致相同,但并不完全一样。一些人担心这个差别可能是我们被愚弄了的证据,人们会由于过度解读概率波动和将实际中的噪声误认成信号从而得出错误的结果。然而大部分人则表现得比较乐观:这两个实验的结果大体一致，而 125 千兆电子伏特的能量范围正是应该去搜寻的地方。大家的预期是，如果一切顺利，到 2012 年底之前，——或许会早些——将会得到清楚的答案。

2. 7 月 4 日前的数日

CERN 将在 2012 年 7 月 4 日召开一个新闻发布会，为即将在墨尔本举行的国际高能物理大会上的报告做准备。大家知道这件事已有数周。大家所不知道的是，CERN 在这个新闻发布会上是否能宣布已经明确发现了长期以来苦苦寻找的希格斯玻色子，还是说结果仍然停留在极其诱人的迹象上："有可能存在，但是我们需要更多的数据来证实。"互联网上充斥着各种谣传，一个接着一个，搞得大家完全不可能判断实验看见的到底是希格斯玻色子的信号或者仅是本底噪声。

6 月 2 日，我和 CERN 的总干事罗尔夫·霍耶尔一起出席了在威尔士的海伊举办的一个文化节。我们讨论了最新的消息。霍耶尔对我的看法表示赞同，即互联网以光速在全球传播错误信息的能力是一个严重的问题。很显然，在那个时候即便是他也不知道 ATLAS 和 CMS 将在新闻发布会上披露的任何细节。

LHC 在 2012 年的上半年所获取的数据量和之前积累的总数据量一样多。增加了一倍的数据量意味着预期的真实信号的统计显示度将会比 2011 年 12 月公布的结果增大根号 2 倍。因此简单的统计运算使得我们预测西格玛的值将会达到 4 倍或 4 倍以上，——只要 2011 年观测到的迹象的确源自于一个真实的类希格斯粒子。

6 月底，我有十天的时间幸运地和彼得·希格斯一起在西西里岛埃里切的暑期学校讲授粒子物理。那个感觉就像是处于飓风的风眼之中一样。围绕着希格斯玻色子可能诞生的公告，各种谣传在全球甚嚣尘上，而此时事件的中心主角却呆在西西里山坡顶上的埃托雷·马约拉那中心这个世外桃源。和我们在一起的还有几位 ATLAS 和 CMS 的实验物理学家，他们知道的并不比我们多，——或者，如果他们知道内情的话，那他们绝对做到了守口如瓶。赫拉德·特霍夫特也在那儿，虽然他了不起的突破使人们对希格斯玻色子的追寻成为现实，但是他对 CERN 的实验结果也一无所知。就像守护珍贵秘密的卫士一样，实验合作组建起了内部防火墙，只有极少数的人士才有权获知所有的信息。

在 6 月 26 号晚餐的时候，我问希格斯，再有几天时间，就能对期待了约半个世纪的希格斯玻色子得出存在与否的答案，他对此有何感受。他表现得非常乐观。他并没有去 CERN 的计划，他的印象是实验结果尚不够清楚明确到足以宣称发现了希格斯玻色子；而对于媒体希望他对尚未定论的事情做出评述的极力要求，他保持着谨慎。"可能到秋天才会进入关键阶段"，这是他的估计。

至少截至 6 月 28 号，即便是希格斯本人也不得不承认"我一无所知"，就像电视剧《弗尔蒂旅馆》里的曼纽尔①一样。然而，人们的看法却开始在转变。

再没有必要让希格斯的邻居提醒他 7 月 4 日"密切关注"CERN 了，我之前联系了邻居的儿子，厚颜试探说如果有消息要告诉希格斯的话，他和我一起在埃里切。他的回答很谨慎：所有他可以透露的（哪怕是对希格斯，更别提我啦），就是 ATLAS 的数据好到足以能够得出结论，希格斯玻色子"要么存在，要么不存在"。考虑到还没有人能举出一个科学上的反例说明现有的理论有问题，实验结果看来是乐观的。我们也从 CMS 得到了类似的"内部消息"。但是即使有最乐观的解读，在 ATLAS 和 CMS 的实验结果比对之前，没有人知道它们到底是一致还是相互矛盾。

6 月 29 日，我在关于这个长篇故事的日记上表达了谨慎的乐观，结论写道："下注吧，这归根结底是一个权衡概率的问题。"有一天我们这一群人在一起喝酒到深夜，成功说服自己所有的征兆看起来都很不错，四十八年的等待可能很快就会结束了。第二天早上我们与彼得·希格斯分享了这些讨论，他似乎也被说服了，但对我们的热情泼了一些冷水，他说："无论如何，我还没有被邀请去 CERN。"

与那个周末一些媒体的报道正好相反，CERN 从来没有向在世的五位理论物理学家发出过正式的邀请。在没有肯定实验确认发现了一个新粒子并且这个新粒子就是与希格斯同名的玻色子的情况下，CERN 怎么可能邀请这些理论物理学家呢？在两个实验组汇报实验结果并且两个实验结果能相互印证之前，这样的做法会显得不成熟。关于这类谣传的背景情况就是这样。

6 月的最后一周，CERN 的人得知六人组中的两位美国人格里·古拉尔尼克和迪克·哈根决定放弃国内的独立日国庆活动而出席 CERN 的新闻发布会。这使得 CERN 在 6 月 30 日提醒剩下的三个人，包括希格斯，欢迎他们参加新闻发布会。尽管发布会内容的细节并未被提及，有消息人士认为"彼得（希格斯）将会为自己不在场而

---

① 译者注：《弗尔蒂旅馆》，英国著名电视喜剧，1975 年播出第一季 6 集，1979 年播出第二季 6 集，每集 30 分钟。英国电影学院 2000 年组织的英国最佳电视节目评选中此剧集排名第一。

感到后悔的"[5]。所以四位理论物理学家的出席（汤姆·基布尔呆在伦敦没来）实际上并非像许多人认为的那样是 CERN 正式的安排。

接下来，事情发展得很快。在埃里切我们得知 ATLAS 已经完成了他们的报告，并且他们发现的信号接近关键的 5 倍西格玛。彼得·希格斯低调的反应是"这听起来足够好"，又补充道："只要 CMS 的结果与此基本吻合。"[6] 这儿仍有一个可能的小问题：这两个实验的结果是否一致？如果不一致，疑虑将会继续存在；如果一致……

CMS 合作组的负责人原定于 7 月 1 日到埃里切参加暑期学校，却在最后一刻取消了行程，人们对此看法乐观。另一个可能性是他在重要的实验分析程序里发现了一个错误，这不太可能发生，因为实验数据分析已经进行了两年。彼得·希格斯改签了 7 月 2 日从巴勒莫经罗马到日内瓦的航班。我预定于那天经米兰回伦敦。意识到即将到来的媒体风暴，为了保护希格斯不要过早地受到媒体的冲击，在办理完登机手续后，阿兰·沃克（希格斯来自爱丁堡的助手）给希格斯和我照了一张合影，发布到推特上，提到我们各自的行程，但是言语之间易于令人预期希格斯将通过米兰而不是罗马转机到达日内瓦。这似乎多为他赢得了一天的清静。

一辆 CERN 的轿车迅速把希格斯从机场送到了 CERN 内部的住地，第二天，也就是 7 月 3 日，希格斯经历了一次名人生活的预演。

CERN 的管理部门把他安排在包间用午餐，去那里必须经过主餐厅。尽管他的助理帮他在前面开道，一路上想要签名、握手和合影的科学家们还是把他包围了。有一张贴在网上的照片照的是拥挤人群之中的一枚光亮秃头，标题为"搜寻希格斯：由于噪声所以很难发现信号"。

终于，7 月 4 日来到了。

3. 发现：一个希格斯玻色子？还是这个希格斯玻色子？

人们的狂热比 2011 年 12 月的那一次有过之而无不及。会议的报告厅被锁了一整夜，以防止投机取巧的人去那里安营扎寨提前占座。大家对即将发布的实验结果期待很高，并且再没有更强烈的暗示了：希格斯、恩格勒、古拉尔尼克和哈根将出席发布会；报告厅为 CERN 历任和现任的总干事预留了座位。兴奋之中，CERN 不小心提前在网上发布了 CMS 合作组发言人描述这个"发现"的重大意义的视频。虽然一意识到这个错误他们就删掉了这段视频，但是关在瓶子里的精灵已经逃脱了。

类希格斯粒子与大质量的粒子具有最为密切的关系，在 125 千兆电子伏特的质量上，却不能衰变到一对 W 或者 Z 玻色子，更不要说衰变到质量更大的顶夸克和反顶夸克，类希格斯粒子的主要直接耦合道是底夸克和反底夸克，①这个过程在 LHC 上很难分离出来，但是曾在费米实验室被观测到。[7]

尽管这个类希格斯粒子的质量太轻了以至于不能直接衰变到 W 或者 Z 玻色子对，或者顶夸克和反顶夸克对，但是由于量子的不确定性，它还是能短暂地衰变到这些粒子，条件是这些粒子立刻自我湮灭，只留下我们能观测到的一对光子或者四个轻子的信号。CMS 和 ATLAS 各自宣布他们观测到了一个玻色子衰变成为两个光子和两个 Z 玻色子（两个 Z 玻色子继而衰变成四个轻子）的清晰信号。[8] 首先是 CMS 报告了他们的结果，在两光子过程中一个质量大约在 125 千兆电子伏特的清楚信号被观测到了，这令人激动。但是直到报告人宣布他们的数据与四轻子过程的数据一起使得信号的显著度达到了神奇的 5 倍西格玛，听众席上才爆发出长时间的热烈掌声。接下来 ATLAS 报告了相似的结果，证实了这两个实验组的结果相互一致，每一个都达到了 5 倍西格玛，这引起了人们的欢呼。

相机捕捉到了彼得·希格斯拭泪的一瞬，而他不是唯一流泪的人。在纸上写下的方程能知悉自然界的基本规律，并在四十八年之后得到了实验的证实，这令人敬畏。被滥用的形容词"令人敬畏"在这种情形下是最贴切的描述。这不仅仅是专业科研人员感兴趣的一个发现，而且是一个触及物质宇宙本质的发现。如果你经历过日全食的话，回想一下当太阳的最后一线边缘消失、一个泛着微光的黑洞出现在其原位的那一时刻：你会瞬间吸气，发出欢呼，许多成年人会流下泪水。如果你从来没有看过日全食，那么请把它列入你"必做之事"的清单，与此同时，倾听你喜欢的音乐，音乐中的某一句歌词或者某一段和弦会让你产生激动的颤栗。这个发现的深刻含义开始得到充分理解，一个假设的时代终结了，一个确定性的新纪元诞生了，物理学界中的许多人因此而感受到的强烈感觉，也许与你在听音乐时体会到的激动相仿。

实际测量到的这个类希格斯粒子衰变到一对光子的产额似乎比标准模型的预言有微小的差别。真实情况是否如此，以及如果的确如此的话，造成这个差别的原因到

---

① 译者注：由于对称性的约束，希格斯粒子耦合到 W 或者 Z 玻色子时将耦合到一对 W 或者 Z 玻色子。由于一对 W 或者 Z 玻色子的质量大于 125 千兆电子伏特，因此这样一个质量的希格斯玻色子不能直接衰变到 W^+W^- 或者 Z^0Z^0。

底是寻常的（例如由于产生过程机制中的不确定性），还是令人激动的（新型的希格斯粒子存在的迹象），这些问题的答案尚有待确定。[9] 发布会之后的一句话概述就是，这一系列实验结果与这个 125 千兆电子伏特的粒子是希格斯玻色子的判断相符合。到底它是"唯一"的一个粒子，还是一个粒子大家族里第一个展露芳容的粒子，只能留待将来回答。

4. 耀眼的奖杯

在希格斯粒子发现之前的一年中，在我做完讲座之后的讨论环节总是以两个问题为主。一个是："万一没有希格斯粒子呢？"这个问题我们现在可以留给哲学家去争论：因为通过科学的方法，我们确认了大自然的本质，科学家们之前的猜想现在变成了成熟的知识。另一个问题则是基于希格斯玻色子的确存在并会被发现的假设，在《经济学家》杂志对本书最早版本的书评中这个问题显得最为突出，书评婉言说道："克洛斯先生的权威之作毫无疑问给出了这个故事最为明确的描述，它向诺贝尔委员会提供了毫不含糊的建议，但无论如何，委员会的评委们最好仔细阅读一下这本书。"[10]

许多媒体文章以直言不讳的方式道出了难题：这六人组该怎样分享仅限于三人的诺贝尔奖呢？答案是：他们不可能分享。借用乔治·奥威尔的话：所有的人看上去都是平等的，但有一些人比其他人更为平等。①

希格斯玻色子被发现的十天后，在都柏林爱尔兰皇家科学院的一个会议上，我和 CERN 总干事罗尔夫·豪厄尔、CERN 加速器中心主任史蒂夫·梅尔斯还有 LHC 的其他负责人一起组成一个面向公众的公开讨论小组。经过了九十分钟的提问和回答以后，一位著名的媒体明星问道："那么谁该获得诺贝尔奖呢？"值得称赞的是，豪厄尔立即答复道："我并不在乎。这是整个人类取得的成就。"

简而言之，这才是真正的科学传承。但是关于诺贝尔奖的这个问题仍然持续存在。正如我们在本书中所看到的，无论个人赞成与否，实际情况是大多数人的确很在乎这个问题。《大西洋线报》所刊登的文章《谁将赢得诺贝尔奖》，就是众多类似猜测中的一个例子。如果你觉得我接下来的总结有失偏颇的话，那么你可以将它与紧随希格

---

① 译者注：作者想表达的意思是，六人组的贡献不会完全是均等的，他们不可能同时分享诺贝尔奖。强调他们的贡献均等，与乔治·奥威尔在《动物农场》（*Animal Farm*）一书中的名言"All animals are equal, but some are more equal than others"类似，是一句废话。

斯粒子发现之后的其他评价进行比较。[11]

在我看来这个发现首先是工程上的一个成就，——LHC作为人类历史上规模最大、最复杂精确的设备，其设计、建造和成功运行都体现了这点。新的伊丽莎白女王工程奖雄心勃勃地想与诺贝尔奖一争高下，如果它把2013年的首次授奖颁予那些构思、设计到成功运行了LHC的开拓者们，那将会是众望所归。当然，要在一个时间跨度超过二十年，涉及几百人甚至上千人的合作组中决定谁应该获得荣誉会是一个挑战。此外，这个发现对大量实验工作者的技能也是一个证明，他们利用这个实验设备发现了大自然的本质。

在谁应该得到与类希格斯粒子的发现相伴随的诺贝尔奖的大讨论中，在我看来，比约肯是做出了最杰出的成就却没有得到充分认可的人之一。20世纪60年代夸克的发现来自于他的工作，这个突破以这样或那样的形式奠定了数十年来粒子物理研究的基础。它导致了QCD的确立，从而使现代科学家们有能力去设计有关夸克和胶子的实验并对其结果进行解释。几乎所有当今的实验都依赖于比约肯的技术及其衍生物。尤其是，这些技术使鲁比亚得以设计出在SPS的正反质子对撞中产生W和Z粒子的方法，并且关键的是，通过比约肯本人提出的特征识别出这些瑰宝。比约肯的思想曾启发了量子色动力学的产生，帮助确认了量子味动力学的参与者，导致了好几个诺贝尔奖的产生，现在又把我们带到了发现电弱对称性破缺起源的门口。

既然实验上已经看到了希格斯预言的粒子（这是迈向揭示电弱对称性如何破缺的第一步），那么谁应该为此获得荣誉呢？我们已经列出了一个长长的理论物理学家名单——六人组（遗憾的是现在只有五个人了），加上六人组之前的安德森和其他人，以及在自己的巨著中重新发现了这个原理的特霍夫特，他们中的每一个人都有资格对这个思想提出一些主张。

希格斯的名字已经是家喻户晓，但是正如我们已经知道的，布劳特和恩格勒的论文先于他付印，而他们的一些工作早已经被米盖尔和波尔雅科夫做出。后面这两位由于受到了来自持怀疑态度的资深科学家们的负面和错误的批评，直到前几位的论文发表后才把自己的工作付诸发表。古拉尔尼克、哈根和基布尔大约在同一时间独立地意识到了这些基本思想，他们对布劳特、恩格勒和希格斯的工作一无所知，也被别人抢了先。

令人惋惜的是布劳特于2011年逝世了，他没有意识到自己曾在智慧的梦想中瞥见过真实世界的样子。布劳特的逝去使得恩格勒无可争辩地成为了发表相对论量子场论质量产生机制的第一人。希格斯独一无二地提到了大质量的玻色子,这个粒子最终以他的名字命名。1966 年他指出这个粒子的衰变能证实这个机制是否真的存在于大自然的法典之中。最后,正如我之前解释的,汤姆·基布尔在这里面发挥了突出的作用。

1967 年,基布尔用他早期与古拉尔尼克和哈根合作构造的知识乐高积木块搭建了一个经验的模型,这个模型现在被证明是正确的。他说明了在其他玻色子(即现在所知的 W 和 Z 粒子)获得质量的同时,光子是如何保持没有质量的。基布尔的工作启发了温伯格和萨拉姆,他们将这些想法纳入到自己的工作中从而斩获了 1979 年的诺贝尔奖。在 1964 年的那场竞赛中,古拉尔尼克、哈根和基布尔三人组在终点以微弱的劣势惜败,作为其中的一员,基布尔的特别之处在于他参与了整个理论构建的全过程。因此,在我看来,六人组之中的恩格勒、希格斯和基布尔在这个长篇故事中扮演了不同寻常的角色。

戈德斯通引发了这一切的开始,比约肯第一个为大家指明了方向,数以千计的工程师建造了人类历史上最为非凡的科学装置即大型强子对撞机,实验物理学家们则成功地将其付诸使用,所有的人都体验到了探索大自然规律过程中的奥妙之处。无穷大谜题的答案现在变得清楚了,然而政治和社会学的问题仍然留存。

5. LHC 下一步走向何处

就能量而言,从一个炎热夏日的热度到普朗克能量这是一条很长的路,尽管 LHC 很强大,但它只是把我们带到了不到半途的地方。在普朗克能量区域,我们尚未知晓的量子引力将起到主导作用。普朗克能标距离我们的世界是如此之远以至于目前最灵敏的实验也无法探测到其效应。这是科学探索中的讽刺之处。量子引力的世界是如此遥远以至于我们在现实中可以完全将其忽略,但是缺乏可观测效应也会让我们毫无头绪,不知道如何进一步构建一个更加完备的理论。

在前一半探索未知的路途中我们依次认识到了生命、分子、原子、原子核、质子、中子和八正道、夸克,现在是类希格斯粒子。已经有这么多样的丰富性了,从这儿到普朗克能标是否只有一片荒漠呢?

有理论学说认为,存在一个超对称粒子的家族。而 LHC 目前尚未观察到任何超对称粒子的存在(正如注释里提到的,除非人们在希格斯玻色子衰变到双光子的过程中发现这些超对称粒子的最初痕迹）。然而我们不知道的是，这些超对称粒子到底是位于 LHC 容易探知的区域，还是位于离 LHC 遥远的能区，或甚至是我们难以达到的能区。如果我们把发现类希格斯粒子类比为发现北美大陆，发现超对称粒子相当于到达加利福利亚的黄金矿场，那么我们现在尚不知道我们登陆的到底是西海岸还是东海岸。如果是前者，那么发现超对称粒子指日可待；如果是后者，接下来的将是漫漫长途。

尽管希格斯玻色子确有可能是描绘我们世界所需的全部角色中的最后一个，但是宇宙超过百分之九十的部分是由"暗物质"构成，暗物质不会发光，它通过对星系的重力牵引而暴露出自己的存在。目前没有任何已知的候选粒子具有暗物质所需的性质，但是超对称理论包含了这样的可能性，这使人们对其更感兴趣。

如果超对称粒子存在，它们如何获得质量的问题就会出现。在超对称的世界中，预测会有一个类希格斯粒子（首字母 h 小写，我们已经发现的希格斯粒子标识为 H）的家族等着被发现。

虽然我在本书的其他地方提到过以下的一些内容，我还是得在这里重复一下，因为我很惊讶地发现，在 7 月 4 日宣布发现希格斯玻色子之后，对于所谓的希格斯场能做什么和不能做什么这一点，误传甚多。

首先，希格斯场不是所有质量的来源，它仅是最基本粒子的质量来源。你身体里的原子核贡献了你整个人重量的 99.5%。这与希格斯场没有任何关系，而是夸克被禁闭在核子内部的结果。希格斯场所做的事情是，通过势场作用于基本粒子而产生结构，例如原子外围的电子，以及原子核的基本构成粒子——夸克。你的重量和"希格斯机制"几乎毫无关联，但是你的个头跟它有关。

氢原子的大小是由电子的质量和无量纲的常数阿尔法决定的，阿尔法的值大约是1/137。如果电子质量为零，氢原子的尺寸将变成无穷大，——换言之，不会存在氢原子。

质子的质量仅稍微受到夸克是否有质量的影响。然而，根据手征对称性，上夸克和下夸克的质量正比于 π 介子的质量平方。[13] π 介子在质子和中子之间传递强大的吸引力而形成原子核。这个力程范围与 π 介子的质量成反比，因此也与夸克的质量成反比。要是夸克没有质量，π 介子也将会没有质量，核力的作用力程就会变成无穷远。因此紧致而复杂的原子核（它们是化学元素的种子）的存在与夸克具有质量存在关联。

如果可能，假设我们现在知道基本粒子如何获得质量，这会引出一个我们尚无法回答的问题，即为什么这些基本粒子会具有如今的特定质量。如果电子稍微重了一丁点儿，贝塔放射性的基本过程将不会发生，元素不会形成，人类也就不会存在。要是电子的质量轻那么一丁点儿，这些过程则会以其他方式改变，同样不会有利于生命的形成与存在。实验或许可以揭示，到底是什么决定了希格斯玻色子与某一个粒子相互作用的强度，但做到这一点将需要数据中的某种机缘巧合，还需要某个线索来引导我们。目前，粒子质量以及迥然不同的作用力所呈现出的模式仍是一个完全的未解之谜。

在我看来，更为紧迫的问题是下面这些，即：

希格斯玻色子是如这个理论的最初构想一样，仅仅赋予规范玻色子（作用力的传递者）质量，还是也赋予费米子（构成物质的基本元素，包括电子和夸克）质量？

这个问题的答案我们应该很快就能知晓。

2012年7月发布的实验结果暗示，希格斯玻色子将质量赋予了W和Z玻色子（弱核力的传递者），可能还有夸克，但是并没有证据表明它将质量赋予电子及其同胞兄弟——其他的轻子。Z和W玻色子作为弱作用力的传递者可以使元素发生嬗变，并使太阳持续燃烧发光。所以我们理解为什么太阳持续照耀了五十亿年，这么长的时间足以让有知觉的生命得到繁衍。证明希格斯玻色子是电子获得质量的原因从而导出化学作用的起源，这个问题的查实将更加困难，但无论以何种方式，这个问题的答案应该会在几年后见分晓。

关于希格斯场的性质，例如它的形状、结构、动力学等等，可能需要更长的时间去解码。与许多科普的简单解释正好相反，一个质量为125千兆电子伏特的玻色子的发现并没有告诉我们有关希格斯机制本质的任何信息。

与作用力关联的场是有源的，例如引力场和电磁场。质量巨大的太阳产生的引力场将行星束缚在轨道上；地球内部电流产生的磁场影响罗盘指针。与质量产生机制关联的"场"与这些场却不同，这个"场"是真空本身。这对我们的空间概念具有极大的影响，真空中充满着一些奇怪的东西，粒子能与之相互发生作用。在爱因斯坦摈弃以太的一个世纪后，以太又重新进入物理学中，只不过以这种方式改头换面，满足了相对论的约束。

那么希格斯场是如何变魔术的呢？

1964年，六人组一致回避了这些细节，仅仅对这样一个场的性质做了最简单的一般性假设。正如我们之前看到的，布劳特和恩格勒认识到应该有一个场，但却对其性质只字未提，古拉尔尼克、哈根和基布尔甚至没有引入场，但假设自发对称破缺不管怎样仍然发生了。希格斯采用了戈德斯通的红酒瓶底或"墨西哥帽子"的势场范例，这是一个有用的教学模型，其模拟的真空情形与包含了这种神秘的场的真空比起来，具有更多的能量，并不那么相似。然而，这个范例也没有讨论任何场源的问题。

现在得到确认的是，有一个场破坏了电磁和弱相互作用力之间的对称性，并且似乎也影响了基本费米子的性质。但我们尚不知道这个场究竟是如何成形的——它"仅仅"是一种无处不在、基本的、均匀的"以太"呢，还是由更加基本的类似于超导中的库柏对那样的组元所构成呢，或是具有极其复杂的结构呢。希格斯玻色子的发现使得我们可以去追寻这个问题的答案。要确定类希格斯粒子如何凝聚成为无处不在的场是更加棘手的事情。第一步要在一个单次碰撞中产生两个这样的粒子，然后观测它们如何相互作用。尽管在 LHC 实验中这原则上是可能的，但这样的过程极为罕见。为了进行这样的观测和研究，我们需要专门的实验装置，比如能量调节到足以产生类希格斯粒子对的电子-正电子对撞机，这至多可能会成为一个长期的希望。①

· · ·

我们在这个故事中看到，经过半个世纪的努力，直面无穷大谜题的悖论已经把把我们带到了能够解释物质结构的起源的门口，而物质结构的起源是原子、分子和生命存在的基石。这个故事开始于 QED 的成功，它证明了我们所说的真空远非空无一物，它实际上沸腾着——物质和反物质粒子的泡沫在真空中不断此消彼长。今天，我们得

---

① 译者注：自 2012 年 7 月希格斯玻色子发现以后，中国的科学家提出了建造在一个高于希格斯玻色子质量的优化能量上运行的环形正负电子对撞机（Circular Electron Positron Collider），简称为 CEPC。在该能量上可以通过正负电子湮灭产生大量的希格斯玻色子，从而可以利用希格斯玻色子的衰变精确研究其性质。对比 CERN 的发展历史可以看到高能物理实验发展的一些特点：CERN 在超级质子同步加速器（SPS）上发现了 Z 和 W 玻色子，几乎同时，CERN 于 1976—1981 年间讨论并决定建造大型正负电子对撞机（LEP），其目的是通过在正负电子湮灭中直接产生的方式精确研究 Z 和 W 玻色子。而 LEP 的建造方案中充分考虑了 LEP 实验以后面向更高能区物理实验的升级改造，在本书第 16 章中提到约翰·亚当斯的建议："如果你建造 LEP，务必要让其隧道大到足以在将来容纳质子加速器。"这个质子加速器就是现在的大型强子对撞机（LHC）。1983 年当 LHC 处于规划阶段时，LEP 尚未运行；1990 年 LHC 进入正式审批阶段时，LEP 还没有获得重要结果，然而对未来基于高能加速器实验的物理方向的正确把握，保障了 CERN 在 LEP 发现了顶夸克以后，能很快将工作重点聚焦到希格斯玻色子的寻找。LHC 经过十年的建造和随后的成功运行于 2012 年发现了希格斯玻色子。虽然 LHC 仍在积累更多实验数据，但是对希格斯玻色子性质更精确的研究需要像 CEPC 这样的高能加速器。精确测量希格斯玻色子的性质有可能让我们在某些过程中获得对超出粒子物理标准模型新物理的"惊鸿一瞥"，某种意义上而言，CEPC 就像当年的 LEP，这是通向未来新物理的必经之路。而对于 CEPC 之后的更加强大的对撞机，中国的科学家们提出的方案是超级质子-质子对撞机（Super Proton-Proton Collider），简称为 SPPC。在目前的 CEPC 建造方案中，隧道的大小和长度足以装下 SPPC 这样的庞然大物。关于 CEPC 的规划设计正在中国科学家的推动下有序进行，毫无疑问，CEPC 如果建成将超越 LHC 成为人类历史上最庞大最复杂、也是最精确的实验设施。不确定的是：CEPC 什么时候开始建造？

到了初步的提示，即除引力场和电磁场之外，真空还充满了另一个作用力场——希格斯场。虽然 QED 描述的现象对希格斯场不敏感，但赫拉德·特霍夫特证明，弱相互作用力以一种意义深远的方式感受到了希格斯场的存在。正是对这个事实的忽视毁掉了构建描述弱相互作用力理论的最初尝试。特霍夫特表明，如果我们数个世纪以来所说的质量实际上是基本粒子与希格斯场相互作用的体现的话，弱作用力是能够被解释的。

希格斯玻色子的发现，连同类希格斯粒子凝聚成了一个无处不在的场（它是基本粒子质量的起源）的暗示，是理解粒子和作用力为什么呈现出它们现在的特征的必经阶段。它是迈向回答那个被形容为哲学最基本问题的重要一步，即："为什么是有而不是无？"自从莱布尼茨在 1697 年首次提出了这个难题以来，哲学家们你来我往，对此展开了辩论。"嗯，为什么不呢？"这个回答令一些人满意了，但不包括物理学家们。随着大爆炸被认为是我们宇宙的起源，这个问题变成了："为什么是这一个？"希格斯玻色子的发现或许是迈向理解为什么事物现状如此的第一步。

目前还不知道，用 LHC 这把质子"短铳枪"能否找到答案，或者找到这些答案是否需要只有未来的正负电子对撞机才能提供的取证技能。[14]物理学家们已经在考虑从现在起二十年或更久之后的事情，并已经在讨论建造一个专门用于研究类希格斯粒子的正负电子束对撞设施。[①]

对粒子物理学家和所有对物质宇宙的起源感到好奇的人来说，2012 年 7 月 4 日标志着开始的结束，而不是结束的开始。

---

① 译者注：参见上页译者注。

后　记

可能有许多读到本书的人会坚持认为："事情不是这样发生的。"你也许是对的，而且如果某个不同的版本被确认的话，我可以更新对这段历史的描述，但是我相信本书的叙述与目前能获得的最可靠的资料是一致的。带有日期的文件、日记或记录胜过最坚定和最清晰的记忆，这是我从一些受人敬重的科学史学家和心理学家们那里得到的忠告。

我也从自身的经历中认识到了这一点。1974 年 11 月，粒子物理学出现了一个具有里程碑意义的发现，而粒子物理是我的专业领域和本书的舞台。这个发现非同小可，对许多物理学家来说，"11 月革命"这个消息在他们的记忆里留下了深刻的烙印，就如同约翰·肯尼迪被刺，或者更近一些时候的"9·11"事件——只要一提起，它们就会在我们眼前栩栩如生。1974 年 11 月的戏剧性事件对科学是如此重要，以至于我在一个老式的袖珍磁带录音机上对事件的发展作了日志记录，但后来我不知把这盘磁带放哪儿了。大约二十年后，在一次搬家时，这盘磁带又冒了出来。我播放了磁带，发现它记录的信息与我似乎清晰的回忆在好几个方面都大不相同——比如事件的顺序、地点，甚至涉及的人物——以至于我以为有人对它做了手脚。

可能我的情况是罕见的，但是经验丰富的专业人士可能不会这么认为。在为本书做调研时，我采访了事件的一些亲历者，但他们的回忆各不相同，而且并不总是在微不足道的次要问题上。在这种情况下，我尝试区分不同的讲述往事的版本。在人们的回忆存在严重冲突的情形下，例如 1964 年独立发现如今被称为"希格斯机制"的事件，或者那之后"温伯格-萨拉姆"模型的出现，我对其中一些问题没有给出回答。希望本书的读者能够补充细节或提供新的资料，这有助于在将来澄清历史。

对于那些带着确定和正直，仍然坚持他们自己的描述才是唯一正确版本的人来说，我不得不承认，你们也许确实是对的，如果后续事件能够证实这一点，那么我会修改我的描述。然而，在此期间，请记住这个后记里所讲述的我的经历，还有在本书最开始的那句引文，那是四百年前莎士比亚既睿智又优雅的告诫。

弗朗克·克洛斯

于牛津

2011 年 5 月 8 日

参考文献

APCQ   A. Pickering *Constructing Quarks* University of Chicago Press 1984

APIB   A. Pais *Inward Bound* Oxford University Press 1986

APJO   A. Pais *J. Robert Oppenheimer: A Life* Oxford University Press 2006

APSITL   A. Pais *Subtle is the Lord* Oxford University Press 1982

BJIC   J. D. Bjorken *In Conclusion* World Scientific 2003

CM   R. P. Crease and C. C. Mann, *The Second Creation* Rutgers University Press 1996

FCAM   F. Close *Antimatter* Oxford 2009

FCCO   F. Close *The New Cosmic Onion* Taylor and Francis 2007

FCTV   F. Close *The Void* Oxford University Press 2008

FDEG   Freeman Dyson *From Eros to Gaia* Penguin 1992

FW   F. Wilczek *The Lightness of Being* Basic Books 2008

GHIS   G. 't Hooft *In search of the Basic Building Blocks* Cambridge University Press 1997

GHYM   G. 't Hooft 50 *Years of Yang-Mills Theory* World Scientific 2005

Gleick   J. Gleick *Genius* Little Brown 1992

IA   I. J. R. Aitchison *An Informal Introduction to Gauge Field Theories* Cambridge University Press 1982

JJJK   J. J. J. Kokkedee *The Quark Model* Benjamin NY 1969

MGMQJ   M. Gell-Mann *The Quark and the Jaguar* Little Brown 1994

MR   M. Riordan *The Hunting of the Quark* Simon and Schuster 1987

MVFM   M. Veltman *Facts and Mysteries in Elementary particle Physics* World

Scientific 2003

GFCA   G. Fraser *Cosmic Anger* Oxford University Press 2008

GFSM   G. Farmelo *The Strangest Man* Faber and Faber 2009

NOM   *The Nature of Matter* ed. J. Mulvey Oxford University Press 1981

SG   S. Glashow and B. Bova *Interactions* Warner Books 1988

SWD   S. Weinberg *Dreams of a Final Theory* Vintage 1992

SWFU   S. Weinberg *Facing Up* Harvard University Press 2001

SWQT   S. Weinberg *The Quantum Theory of Fields*, *vol. 1*, Cambridge University Press 2010

YN   Y. Nambu *Quarks* World Scientific 1985

注　释

序言

1. 见 CM,第 327 页。笔者于 2009 年 12 月 17 日对韦尔特曼的采访中,韦尔特曼毫不客气地对特霍夫特关于一些事件的说法提出了异议。

2. M. Veltman：MVFM。引自第 275 页。

3. 电子被电磁作用力束缚,遵循"异性电荷互相吸引"的基本原则。"同性电荷互相排斥"的推论令原子核本身的存在成为一个悖论,在这个紧密的内核中,大量的正电荷得以存在,神奇地抵御住了电的破坏作用。这暗示着某种"强"相互作用力的存在,它阻止了原子核的自行分裂。最后,元素能够进行嬗变(如同在太阳和恒星之中)是因为第三种力,它很微弱所以被称为"弱"相互作用力。引力对宏观物体起作用,但对于单个的原子或粒子不具有可测量的效应,与本书基本无关。

4. 这个比喻及其含义源自约翰·沃德,我们会在第 7 章遇到他。笔者只见过他一次,那是 20 世纪 80 年代在堪培拉,那一次他使用了这个比喻,并且将其写入了他的著作(*Memoirs of a Theoretical Physicist*, ISNB：09760383 - 0 - 7)。他关注于"仓促的发表和害怕被抢先之间的矛盾",我们将看到这个矛盾在我们的故事中无处不在。这也暗示了他与诺贝尔奖擦肩而过之后,在晚年感受到的苦涩。

5. 甚至,宇宙射线穿过你的笔记本电脑使运算发生了短路。

6. 这只是一个概述。详情见第 2 章至第 4 章。

7. 笔者在 2009 年 12 月 17 日对韦尔特曼的采访。

8. 不同参与者的回忆虽然在细节上各不相同,却具有共同之处,这里笔者以这些共同点作为根据。笔者的同事克里斯·科泰尔斯-阿特勒斯的回忆是笔者最重要的参考。特霍夫特本人的精力全部集中在自己的首次报告上,他除了记得会议室没有窗户之外,几乎什么也没记住;参见第 12 章。

9. 参见 *Proceedings of the Amsterdam International Conference on Elementary Particles*, 30 June-6 July 1971; editors A. Tenner and M. Veltman, published by North Holland, 1972. 第 415 页。

10. 考虑到事件随后的发展,萨拉姆在这个关键时刻提及沃德颇具讽刺意味。由特霍夫特取得的突破而导致的有关电弱理论的诺贝尔奖遗漏了沃德,是这个研究领域的最大争议之一。我们将在第 16 章予以考察。

11. 实际上,他们在问他是否真的证明了电弱相互作用的杨-米尔斯理论是"可重整化的",即可行的。这个问题被笔者纳入了"无穷大谜题"之中。它究竟是什么意思并且为何如此重要,这将是本书的重要主题之一。

12. 温伯格被传为趣谈的评价。在 SWD,第 120 页,他写道:"起初我不相信特霍夫特的论文。我从未听说过他,这篇论文使用了一种我之前不信任的……数学方法。"

13. To David Politzer, reported in CM, note 30, p. 463.

第 1 章

1. 这可能是在 1957 年 11 月，他在节目中描述了空间和时间以及基本粒子的性质。这使他产生了一个想法，即一个无质量的中微子可以与左和右之间的绝对区分联系起来，即"宇称破坏"。李政道和杨振宁因他们的宇称破坏研究工作而获得了诺贝尔奖，但萨拉姆认为他在这方面的工作被忽视了，这个工作后来在几封提名萨拉姆为诺贝尔奖候选人的信件中得到了重点介绍，参见第 16 章。宇称破坏不是本书的主题；更多信息请参阅 Pais, APIB, p. 525, 与 Dyson, *From Eros to Gaia*, p. 108.

2. 我们将在本书中遇到几个研究机构，它们的不同性质值得了解一下。有许多科研与教学并重的大学，也有专门的研究中心。大多数研究中心是实验室，比如 CERN，也进行理论研究。ICTP 作为专门的理论物理国际中心并不常见。如果把科学研究比作一个金字塔，ICTP 通过它的访问项目和高级研讨班大大拓宽了金字塔的基座，并且增加了金字塔的高度。而金字塔顶端的凸显则主要是靠本书中提到的其他地方的研究工作，包括普林斯顿高级研究所，或萨拉姆工作多年的伦敦帝国理工学院。

3. Fraser, p. 73.

4. Obituary of P. T. Matthews, by Abdus Salam；Royal Society, London.

5. 笔者关于 20 世纪 50 年代的回忆是，英国社会很高兴外来移民来做薪水微薄的体力活，与此同时，人们用一些诸如"挺好的人，但并不真正是我们当中的一员"之类的评价来掩盖更极端的偏见。

6. Quoted in G. Fraser, p. 81.

7. Abdus Salam, introduction to Matthews inaugural lecture at Imperial College；ICTP archives.

8. 家乐氏牌玉米脆片在包装盒上自我标榜为"最正宗和最好"。

9. 根据爱因斯坦的广义相对论，一个环绕轨道运行的物体将会因为"引力辐射"而失去能量。尽管这种辐射尚未被直接探测到，但是脉冲双星 PSR 1913 + 16 的运行轨道正在衰减，衰减的速度正好与它在释放引力辐射的情况下爱因斯坦广义相对论所预言的速度一样。同样，太阳系的行星也应该出现这种现象，但由于太过于微不足道而无法探测。唯一得到直接测量的演变中轨道，是围绕地球的月球轨道。月球与地球之间潮汐力正使地球自转的速度在减缓——白天的长度在增加——并且月球正在远离我们。阿波罗号的宇航员在月球上留下了激光反射器，激光反射器的测量表明，地球—月球的平均距离以每年 4 厘米的速度在增长。

10. 辐射的量子性质被编码为公式 "$E = h\nu$"，其中，E 代表能量，ν 是频率，h 是"普朗克常数"（这个常数将在我们讲述的这个传奇中扮演重要的角色）。这个关系式意味着，高能与高频率振荡密切相关，至少在电磁辐射的情况下。高频率指的是"每秒很多次振荡"；因此单次振荡发生的时间尺度非常短。由于所有电磁辐射的速度都是一样的，并且速度是在一段时间之内传播的距离，刚才提到的短时间尺度就相当于短距离传播的束流。

    把高能束流作为分辨短距离上的物理结构或现象的手段，是高能物理科学的基础。在量子理论中，不仅电磁波表现得像粒子即光子；而且粒子比如电子，也呈现出波的特征。在所有情况下，粒子的能量越高，与之关联的波的长度就越短。因此，电磁辐射或电子或实际上任何粒子的束流，如果能量很大，就可以分辨短距离上的物理结构或现象。

11. 有关例子请参见 www. ipac. caltech. edu/outreach/Edu/Spectra/spec. html。

12. A. Pais, *Inward Bound*, p. 172.

13. 1853 年，瑞典物理学家安德斯·埃格斯特朗（Anders Ångström）首次观测到了氢原子光谱。他看到了三条线：它们分别在光谱的红色、蓝绿色和紫色区域。连同稍后发现的也在紫色区域的第四条线，它们一起构成了以约翰·巴耳末命名的"巴耳末线系"。给予他最初启发的这四条线位于可见光谱范围内。美国人西奥多·莱曼在紫外区域发现的一组线，符合 $1-(1/n^2)$；于是在 n 为 2 的

情况下，m＝1。弗雷德里克·帕申(Frederich Paschen)发现一组线位于红外区域，对应着 1/9 -
(1/n²)：于是在 n 为 4 的情况下，m＝3。

14. 氢原子里潜在的能量，等于锁在一个电子和一个质子中的能量(它们各自的 mc² 的总和)减去提供
它们之间的电吸引所耗费的能量。我们现在知道，氢原子中电子的速度大约是光速的 1/137。和
我们的日常经验相比，这个速度很快，但相对于光速却十分缓慢，以至于在计算它的动能与它的势
能之间的关系时，相对论可以被忽略。电子的势能取决于回路上的振荡次数，对于非相对论的情
况，比如这里，电子的能量与其势能的平方成正比。在量子理论中，这等同于与运行轨道上的波长
数的平方成反比。因此，氢原子的总能量正比于电子和质子的 mc² 的和减去 A/n²，其中 A 是一
个常数，n 代表着回路上的振荡次数。当振荡次数 n 改变时的能量变化 A(1/m² - 1/n²)，就给出
了巴耳末的经验公式。

15. 这个性质被称为"自旋"。

16. 狄拉克方程更为著名的含义是，狭义相对论不允许电子单独存在。反而它意味着，对每一种带电
粒子比如电子，存在着具有同样质量但相反电荷的对应物，被称为其反粒子。由于粒子集结成了
物质，反粒子也组合形成了反物质。因此，带负电荷的电子有一个同胞，即带正电荷的"正电子"。
狄拉克在 1931 年对此作出了预言，1932 年卡尔·安德森在宇宙射线中发现了正电子，证明了狄
拉克的预言是正确的。温伯格的《量子场论》(第一卷，第 11—13 页)，和 G. 法米罗的狄拉克传记
《最奇怪的人》都描述了这段历史。狄拉克的方程被刻在他在威斯特敏斯特大教堂的纪念碑上。

17. F. Wilczek in *Paul Dirac Centenary Symposium*, Florida State University, Dec 2002；published
by World Scientific.

18. 狄拉克对于 QED 的最初设想产生于 1927 年，但在这个阶段他并没有形成对电子的相对论描述。
在 1928 年创造了他的相对论方程之后，现代相对论 QED 才接踵而至。

19. 这些瞬态粒子或"虚"粒子并不会直接在探测器里显现出来，但它们的存在会影响其他的现象。我
们了解到，它们不是简单想象出的虚构之物，因为人们可以设计出虚粒子转化成可直接观察的粒
子的实验。例如，两个虚光子相遇，转化成一个电子及其反物质对应物，即一个正电子。

20. 在 QED 里，阿尔法可以用光速 c，普朗克量子常数 h 和电荷量 e 来表示。借此，它以一种意义深远
的方式把带电粒子的动力学与 20 世纪的伟大理论——狭义相对论(通过 c)和量子理论(通过 h)
联系起来。撩拨人心之处在于，这些物理量的特定组合即阿尔法，仅是一个数字。

21. 阿瑟·爱丁顿构建了包含基本常数的一组 16 个方程，他希望借此建立一个宇宙理论。然后他宣
称，阿尔法是从(16×16 - 16)/2 + 16 而来，等于 136。当实验数据确认阿尔法的值更接近 137 时，
爱丁顿宣布，他忘记把阿尔法本身纳入他的公式了，于是给 136 加上了 1。今天我们知道"1 除以
阿尔法"并不正好是 137，其大小也没有神秘的意义。但在 1928 年，当狄拉克首先写出他的有关
电子的方程，然后将其扩展，纳入电子和电磁场之间的相互作用，这一切并不是显而易见的。伦敦
杂志《笨拙画报》把爱丁顿戏称为"阿瑟·加一爵士"。

22. Crease and Mann, p. 112，脚注 4。

23. Crease and Mann p. 140 提到了施温格的车牌。

24. P. Varlaki, L. Nadai, J. Bokor (2009). "*Number Archetypes and Background Control Theory
Concerning the Fine Structure Constant*". *Acta Polytechnica Hungarica* 5(2). http://bmf. hu/
journal/Varlaki_Nadai_Boker_14. pdf

25. Richard P. Feynman (1985), *QED：The Strange Theory of Light and Matter*, Princeton
University Press，p. 129.

26. 参见 Frank Close, *The Void* (Oxford)，or in paperback：*Nothing-A Very Short Introduction*。

27. 这个说明同样适用于被磁场包围的磁铁。爱因斯坦相对论的一个含义是，电场和磁场是密切相关

的。在观察者感知到一个不伴有磁场的电场的情况下,相对于这个观察者运动的人将会发现磁场也存在。相对论意味着,电场和磁场结合成了"电磁"场,所有的观察者对其性质都具有一致的看法。

28. 引力总是吸引的,正电荷与负电荷引起了吸引和排斥。在宏观物体上,正负电荷的效应倾向于互相抵消,只剩下引力作为占主导地位的长程力,不过情况并不总是如此——例如,地球的磁场范围达数千公里,可以被小小的指南针感受到。

29. 它的质量大约是 10^{-30} kgm。你或我包含了 1 000 万亿的万亿个电子,并且即便我们是胖子,我们所包含的电子数也绝对不是无穷多。早在量子理论发明之前,人们从 19 世纪就知道并驳回了这个谜团:只要电子有大小,自能就是有限的。然而,在狄拉克的理论中,电子没有大小,于是这个悖论又冒了出来。(我们的质量主要是来自组成我们身体原子的原子核,原子核比电子要重好几千倍。)

30. 德国人沃纳·海森堡发现了量子力学的一条基本原理,即"不确定"或"不可知"原理:人们不可能同时完全精确地知道粒子的位置和运动。这两者之一,或者两者,必然具有不确定性。位置不确定性乘以运动不确定性的结果(或现代术语所说的"动量")不能小于已知的普朗克常数 h 除以 4π。h 的量值十分微不足道,在我们人类熟悉的大距离尺度上犹若无物。作为其结果,它对我们日常生活中确定事物运动的能力并没有实际的限制。因此,如果我知道弹子球的位置,相应地对其一击,我可以肯定地保证它将朝着预想的目标滚去,或者一定会朝着预想的目标滚去,如果我的技术更为娴熟的话。相比之下,对于原子"台球",哪怕是冠军也无法确定击打弹子球的结果。对位置知道得越清楚,对运动就越不确定。不可能同时对原子的大小和动量进行绝对精确的测量,原因不是因为我们测量手段的缺乏,也不是因为观测行为本身在一定程度上干扰了原子从而对其状态的随后测量中引入了事后误差。相反,这是大自然的固有属性,是事物运行的原理。尤其,它限制了我们能够了解的场的量值的精确度,比如空间中从一点至另一点的电磁场。我们所能知道的是某个时间平均值。在我们试图更精确地测量任意一点物理量的值时,与之相关的物理量就会出现更大和更多的不可控,成为随机的波动。一个后果就是,能量守恒在极短的时间跨度内可以暂停。

31. 趋于无穷大的能量在波的力学里对应着趋于零的时间间隔。QED 中的无穷大总和因此相当于假设这个理论全程逐一适用直到一个点为止。这实际上是非常激进的,如果在我们目前的视野范围之外,没有潜藏在短距离的新结构或新现象,这的确会是不同寻常的。然而,QED 的建立采用了一个假设:如电子和正电子之类的基本粒子,加上必需的光子,被认为是粒子菜单的全部。重整化的另一个思想是,新的物理现象在短距离上发生,能够被高能实验揭示;于是,一直进行到无穷大的求和可以在新物理的阈值被截断。在这种情况下,引起麻烦的无穷大的物理量就会变得有限,尽管还是十分大,它们的值取决于切断的点。在这个说法中,重整化程序消除了所有被计算的物理量对截断点的依赖性,而不是"消除了无穷大"。这使得重整化理论十分诱人(尽管在经验上并不必然成立!),因为它们对在极短距离上发生的未知物理现象不敏感。(感谢 Ian Aitchison 与笔者就此进行的长时间讨论。)

32. J. R. Oppenheimer, *Physical Review*, 35, 461, 1930.

33. Quoted in Crease and Mann, p. 96.

第 2 章

1. CMP. 125;Gleick p. 233.

2. 当一个电子在最低能量状态(即"基态")下,它的波包围了原子的中心,具有完美的球状对称性,在所有方向看起来都一样。在这个球状的"S"态,电子具有能量,但平均而言,没有净的旋转运动,即没有"角动量"。在能量阶梯向上移动,狄拉克的方程预言,在下一个能级会存在能量相同的两个态。一个态也是球状对称的(被称为 2S,以区别于基态的"1S"),而在另一个态(被表示为"P"),电子带着角动量环绕中心运动。根据狄拉克的理论,$2S_{1/2}$ 和 $2P_{1/2}$ 能级的能量是等同的(下标表示角动量和电子内禀自旋的总和)。

3. 1948 年 3 月 8 日戴森给他父母的信;quoted in JG p. 3.

4. 贝特后来因解释恒星中的核反应过程获得了诺贝尔奖。

5. NAS(National Academy of Sciences),Biographical notes by P. C. Martin and S. L. Glashow:http://www. nasonline. org/site/PageServer? pagename = MEMOIRS_S

6. CM,P. 130.

7. 奥本海默早期就职于苏黎世、加州理工学院、伯克利大学与洛斯阿拉莫斯实验室。参见 APJO 第 4 章。

8. NAS biographical notes,p. 336.

9. 作用量与普朗克常数 h 的量纲相同。当作用量的大小小于或等于 h 时,量子力学占支配地位。当作用量远大于 h 时,量子"民主"让位于我们称为经典力学的更为严格的现象。因此,当作用量比普朗克常数 h 大时,从基本粒子力学中就出现了经典力学。

10. 在试图极其轻微地改变路径的情况下作用量保持不变(我们称其为作用量的"不变值")的那条路径,就是大自然选择的实际路径。这往往是作用量的最小值,但并非总是如此。例如,当你看到一个物体在镜子中的映像时,与直接从物体进入你的眼睛的光线相比,从镜子反射的光线走的路线更长,具有更大的作用量;然而,不变值的限制给出了入射角等于反射角的规则。

11. 有一个简单的例子可以说明拉格朗日的思想和牛顿的标准方法。假设我们有一块光滑的冰,它可以在平整的冰层上自由滑动。由于摩擦力可以忽略不计,根据牛顿的运动定律,这块冰会以匀速作直线运动。拉格朗日如何解释这个现象呢? 势能总是一样的,所以让我们将其完全忽略——把冰层定义为"地平面"。接着,拉格朗日的规则认为,在给定时间从一点滑到另一点的过程中,动能一定是最小的。实际上这也意味着,它一定以匀速运动。我们可以看到,通过想象在冰块不以匀速运动(速度有时快有时慢,为使总的时间一样)的情况下所发生的情形,动能也一定是最小。动能随速度的平方而变化。偏离平均值的数的平方总是大于平均值的平方。比如,假设一半单位时间的速度为 1 而剩下一半的单位时间的速度为 3,这段单位时间的平均速度就是 2。在匀速情况下,动能与 2 的平方即 4 成正比;在不匀速的情况下,1 的平方得 1 但 3 的平方得到了巨大的 9,这证实了匀速情况下的动能最小。没有人会真的在这个特定的例子中使用拉格朗日的思想而不是牛顿定律来确定冰块的运动,但是在许多现实问题中,比如在移动中的机器上旋转的陀螺仪,拉格朗日的技术要更胜一筹。

12. G. 法米罗所著《最奇怪的人》第 216 页讲述了狄拉克如何最先发展了这类思想,并且在很大程度上被忽略了。

13. 如果我们用 S 表示某个路径作用量的大小,那么振幅就与 $e^{iS/h}$ 成正比,其中 i 是 -1 的平方根,h 是普朗克量子除以 2π。

14. 有些现象通过光线最容易理解,而有些现象则通过波最容易理解。衍射是后者的一个例子。光表现出的性质对于观察过水面涟漪的人们来说都很熟悉。在堤坝壁上的开口处,波在其边缘会发生弯曲即衍射,扩散到港口的水面。如果壁上有两个狭窄的开口,波在两个开口都会产生衍射。当这些衍射的波相遇,它们的波峰和波谷会混合在一起,产生交替的大水花(在两个波峰重叠的地方)、低谷(在两个波谷相遇的情况下),或平坦的水面(一个波谷遇到一个波峰的情况下)。所导致的峰谷之网被称为衍射模式。当光波通过一个屏幕上的窄缝时,会出现类似的现象。在屏幕的远端,会出现交替的明暗线条模式。如果没有洞察到光由波构成,两束光的结合可以造成黑暗的这个现象会着实令人费解。

15. 最初,古埃及学者亚历山大的希罗认为,最短路径就是规则。然而,这不能解释折射现象,比如说光从空气进入水中时,会使一根部分浸没在水中的杆子看起来是弯曲的。但是,最短时间的规则完美描述了折射现象。"作用量"是纳入了这些规则的现代普适理论。

16. 光决定"光路"的方法,是通过对附近的路径进行抽样并且对它们进行比较。几何光学并未包括的一个特征是波长,并且是波长决定了光抽样的距离。如果光受到限制,比如通过一条大小与波长相似的窄缝时,抽样的过程会被打乱并且波产生衍射,导致有趣的干涉现象,就像水通过堤坝壁上开口的情况一样。

    See for example Feynman's *Lectures on Physics*, *vol 1*, pp. 26 - 28 for an illustrated example, and also his excellent *QED*: *The strange theory of light and matter*.

17. A. Pais, APIB, p. 452.

18. 20 世纪 30 年代,在对 QED 的信仰受到了无穷大祸患的毁灭性威胁时,荷兰物理学家亨德里克·克拉默斯深思了一个经典问题,即在磁铁附近的电子会如何表现其行为。乍看起来,这个问题似乎很简单:磁力会使电子运动,磁力与加速度的比率界定了电子的惯性,或质量。然而,电子本身会在其周围空间产生一个电磁场。在电子开始运动的时候,它一道拖拽着自己的静电场。因此,对加速度的阻力不仅包含电子的物质质量,而且还包含它的电场里的惯性。克拉默斯的想法是进行一个实用主义的权衡取舍。在方程中使用实验测出的电子质量,忽略有关的电效应,而不是试图既计算一个物质电子的行为又计算它的静电场的行为。他的观点是,实验测出的惯性已经包括了这个"自能"。

    他的想法并不是量子力学的,与相对论也不一致,尽管如此,这个想法仍是直接和直观的,并且现在我们认识到,这就是现代量子场论处理无穷大方式的精髓。

19. 贝塔斜率的符号将在后面——第 13 章——成为故事情节的关键。

20. QED 是可重整化理论的一个原因是,电子、正电子和光子如同气泡般此起彼伏地冒出和消失,整体的图象就像一个分形——没有任何方法能够识别你的显微镜是在什么分辨率下进行操作的。在量子场论中,作用力的范围(即力程)与作用力传递者的质量相关。电磁作用力的力程是无穷大,根据 QED,这是因为光子的质量为零。一个力程为无穷大的作用力在所有显微镜下显示的图象都是一样的,即无穷大的范围,这是 QED 可以重整化的一个原因。这与力程有限的作用力形成了鲜明对比,比如第 7 章至第 11 章说到的弱相互作用力,其在所有的显微镜尺度下看起来都不一样。高分辨率(一小段距离充满整个图象的情况)比较低分辨率(观察距离更大一些的情况),力程看起来将填满图象的更多部分。力程有限的弱相互作用力是由有质量的 W 玻色子传递的。正是 W 玻色子的质量,以及有限的力程距离,破坏了显微镜图象的不变性,造成了难以构建弱相互作用力的可重整化理论。这个类比的详情参见 GHIS, p. 67.

21. 短暂的光子会占用能量,这意味着电子的运动和其开始时的状态不一样。与快速运动的电子相比,缓慢运动的电子感受到的磁力更小。因此,电子运动的变化意味着它的磁性也会发生细微的变化。这就是电子"反常"磁性的来源——反常是指相对于狄拉克方程的暗示而言。

22. 施温格的计算给出了 alpha/2π,即 0.001 16。今天对这个数字的计算结果精确到了万亿分之一的程度,是 0.001 159 652 181(1),其中的实验不确定性是 0.000 000 000 000(7)。参见:physics. nist. gov/cgi-bin/cuu/Value? ae。

23. Quoted by P. Martin and S. Glashow in Biographical Memoirs of the US National Academy of Sciences: http://www. nap. edu/openbook. php? record_id = 12562&page = 33

24. AIP interviews, quoted in Gleick p. 252.

25. 1949 年伯克利大学发现的第一个粒子是介子的电中性形式。之后不久又发现了新形式的奇异粒子和短寿命的"共振子"（比如 Delta），见第 13 章。

26. Pais APIB，p. 458，记载施温格的报告时间是在"第一天"；而 Gleick，p. 256，记载施温格的报告时间是"第二天上午"。

27. p. 1055 in vol 6 *Historical Development of Quantum Theory*，J. Mehra and H. Rechenberg，Springer 2001.

28. Pais APIB，p. 459；Gleick，p. 258.

29. 他的同事是 Edward Teller 和 Gregor Wentzel。

第 3 章

1. 这是 William Henry Bragg 在 24 岁被任命为教授的百年庆典。他和他的儿子 William Lawrence Bragg，因为 X 射线晶体学的工作共享了 1915 年的诺贝尔奖。

2. Gleick，p. 262.

3. See F. Dyson，*Physical Review* vol. 75，p. 486(1949) and ibid.，p. 1736(1949).

4. F. Dyson，p. 116 in FDGE.

5. 引自费恩曼的 1965 年诺贝尔物理学奖报告。关于费恩曼这段经历的更多版本参见：James Gleick，*Genius*，p. 271；B. Feldman，*The Nobel Prize*（Arcade Publishing 2001），p. 121；or Tony Hey，http://www. youtube. com/watch? v = 9miKIWIYi4w

6. B. Feldman，*The Nobel Prize*（Arcade Publishing 2001），p. 121.

7. 斯洛特尼克计算的对象是从中子上发生散射而没有偏转的电子。更加不一般的是，费恩曼计算的是从任意角度散射的电子，斯洛特尼克耗时 6 个月的探索只不过是其中包含的一个特例而已。

8. Quoted from Feynman's Nobel Lecture in Physics，1965.

9. 这两个物理量足以使 QED 成为可行理论，这一点还需要归功于沃德，我们将在第 6 章遇到他。

10. 这实际上是在概率方面。量子振幅与 alpha$^{3/2}$ 成正比。

11. R. P. Feynman，Nobel Lecture in Physics，1965；Gleick，p. 378.

第 4 章

1. 1949 年对电中性介子的发现使介子三种形式的成员都到齐了。

2. Crease and Mann，CM P. 234. Dyson's paper is *Physical Review* 75，1736(1949). 沃德在他的论文中证明，交叠无穷大是无害的；这篇论文包含了与他同名的沃德恒等式：Physical Review 78，182 (1950)。

3. Abdus Salam，*Physical Review* 82，217(1951).

4. 萨拉姆给戴森寄去了他关于交叠发散的论文（见注释 3）的样稿，戴森在 1950 年 9 月 11 日回复道："我认为这是正确并且有用的工作，(但是)你没有在任何地方作出关于你的减法过程会成功的严格数学证明。一切都得到了描述，但并没有得到证明。"他敦促萨拉姆继续去解决介子-核子理论是否可以重整化的问题，并且作出了决定命运的那个推介："你得联系牛津大学克莱兰顿实验室的沃德，并且了解他的工作。"沃德已经发现 QED 里的物理量彼此等同，这些"沃德恒等式"是完成 QED 可重整化证明的关键：*Physical Review* 78，182(1950)。我们将在第 6 章遇到沃德，并且看到萨拉姆和沃德的职业生涯如何交织在一起达四分之一个世纪。显然萨拉姆作出了回应，因为戴森在 9 月 28 日兴奋地听到，萨拉姆已"基本完成了(对介子-核子理论的)重整化"，戴森将其描述为"一个重大事件，如果你真的完成了这项工作"。（这项研究成果最终发表于 1952 年，*Physical Review* 86，715，与马修斯合著。）他们进行了更多的书信来往，在 1950 年 11 月 8 日，戴森邀请萨拉姆到普林斯顿工作。来源：ICTP archives。

5. 戴森给萨拉姆的信,1950 年 11 月 8 日,ICTP archives。

6. 萨拉姆似乎花了很多时间重写他的论文,因为关于标量电动力学的两篇论文,即戴森信中提到的工作,最终发表于 1952 年。分别在 *Proc of the Royal Society*（London），A211，p. 276，和 *Physical Review* 86，p. 731.

7. 艾沙姆 2007 年 11 月有关萨拉姆的文章;2010 年 11 月 2 日给笔者的电子邮件和 2010 年 11 月 4 日的访谈。

8. N. Seiberg 确认了时间,2010 年 11 月 30 日给法米罗的电子邮件。

9. 这是一个被归到费恩曼名下的民间故事。据 Gleick(p. 378)记述,这个回答是《时代周刊》的记者向费恩曼提出的建议,以此作为回避问题的手段。

10. 1859 年,查尔斯·布朗丁成为第一个从绷紧的绳索上横跨尼亚加拉大瀑布的人。

11. 假设 x 指的是一个大的数字。无论 x 有多大,x + 3 和 x + 2 的差都是 1。如果 x 本身是无穷大,x + 3 和 x + 2 也分别都是无穷大,但它们的差仍然是有限的:等于 1。它们的比值也仍然是有限的,当 x 非常大的时候趋近于 1。将此与 x + 3 和 2x + 2 进行对比。在 x 是无穷大的情况下,x + 3 和 2x + 2 分别是无穷大,它们的差也是无穷大。在可重整化的理论中,只有那些(无穷大的)x 相消从而不起作用的组合项能够存在,尽管它们通常比这些简单的例子要复杂得多。组合项包括诸如对数和幂指数之类的函数与复杂的数。无穷大互相抵消这个事实意义极为深远。大多数场论是不可重整化的。

第 5 章

1. 引自 2010 年 7 月 10 日、7 月 13 日和 8 月 3 日肖与笔者往来的电子邮件,以及网页 http://www. hull. ac. uk/php/masrs/reminiscences. html

2. 肖 2010 年 8 月 3 日给笔者的电子邮件。

3. 肖 1995 年 12 月 8 日给施温格的信;2010 年 7 月 13 日给笔者的信。

4. 这就是"规范不变性",我们会在后面详述。

5. 施温格的方程在数学上是阿贝尔 SO_2;肖将其重构为非阿贝尔 SU_2。

6. 2010 年 7 月 8 日波尔金霍恩给笔者的电子邮件;肖的回忆与此不同:"极有可能我以一种漫不经心的方式提出了这个想法,因为所必需的零质量粒子在自然中并不存在,于是我们转而讨论其他东西去了。"2010 年 7 月 12 日给笔者的电子邮件。

7. 谁在何时做了什么的时间顺序在后面会更清楚。

8. Quoted in Crease and Mann CM, p. 120.

9. 光子没有质量,在真空里以大自然的速度上限(即光速)传播。然而根据 QED,真空并非空无一物,光子浸没在虚电子和虚正电子的海洋里,它们会困住光子,打断光子的飞行。作为与这些虚粒子发生相互作用的结果,电子会获得无穷大的自能,那么光子是如何设法避免了相似的命运呢?施温格证明 QED 里的规范不变性为解释这个现象提供了基础。

10. G. 特霍夫特所著 *In search of the ultimate building blocks*,第 60 页有一个很好的例子,即如果他在插座的两个孔施加 100 000 伏特的电压,他的洗碗机会发出同样的噪声。

11. 想象一道沿钟面反向运动的波,12 点对应着波峰,6 点对应着波谷,接着回到 12 点。你无需作出这样的选择。相反,你可以设置——比如说——波峰在 3 点开始,在 9 点达到波谷,在 3 点完成一个回路。沿钟面的角度或时间被称为波的"相位"。

12. 大多数粒子发生自旋,自旋的速度与普朗克量子数 h(更准确地,h 除以 2π)成正比。在量子力学中,自旋要么是这个物理量的整数倍数,要么是半整数倍数。自旋为半整数的粒子被称为费米子;自旋为整数的粒子被称为玻色子。还有一些粒子根本就没有自旋,它们被称为标量玻色子。带有一个单位自旋的粒子被称为矢量玻色子。

13. CM，p. 193.

14. 用数学术语,质子和中子被称为核子的两个"同位旋"状态。数学上同位旋守恒是核子还有介子强相互作用的基础。实验观测到的核作用力性质显示,同位旋是一个在粒子发生相互作用期间守恒的物理量。费米在 1952 年对此予以了证实,他的实验证明,核子与介子之间的相互作用强度对它们的电荷毫不关心,与同位旋的预言一致。尽管在此之前同位旋的概念尚未对物理学界产生重要影响,但费米的实验改变了一切。杨振宁是费米的学生,因此他对认识同位旋的重要性做好了充分的准备。

15. CM，p. 194.

16. CM，p. 195.

17. 1988 年 10 月 1 日萨拉姆给肖的信。

18. 在我看来,肖在这件事情上过于慷慨了。直到 1954 年 2 月杨振宁才作了一个公开报告,他的报告招致了泡利的怒火,而这个时候肖已经把他的计算结果告诉了萨拉姆。考虑到后来关于优先权的争论,如同第 16 章里萨拉姆-温伯格的诺贝尔奖,第 10 章和第 11 章的"希格斯机制",肖拥有合法的权利成为杨-米尔斯-肖理论中的第三个名字。

第 6 章

1. 2010 年 3 月 1 日对古拉尔尼克的采访。

2. H. Burkhardt 2010 年 1 月 5 日的电子邮件。

3. 引自 J. C. Ward, *Memoirs of a Theoretical Physicist*, *Optics Journal*, 2004, accessible via http://www.opticsjournal.com/ward.html

4. 在牛津大学,博士论文需要两个评审人。一个是来自独立研究机构的主要专家,或称"外部评审人"。另一个"内部评审人"是未曾指导过候选人或与候选人有过合作的牛津大学成员。因此凯默(Kemmer)是"外部评审人"的最初选择。

5. J. C. Ward, *Some Properties of the Elementary Particles*, Bodleian Library, Oxford University, 1 Feb 1949; revised 30 May 1949. 这篇博士论文实质上对所发生的事情提供了一个比较乏味的解释。他于 1949 年 2 月 1 日完成的最初博士论文,必须进行扩展,后来的补充内容阐明了初稿中的一些观点。初稿很有可能如坊间流传的一样短,因为最后在 4 月重新提交的博士论文最终版本中包含了一个"后记——于 3 月 30 日"。即便如此,这篇论文也只有 3 000 来字,以及各种方程。评审人发现一篇博士论文不合乎规定,但建议在补充或修改后可以通过,这种情况并不罕见。如果这些仅仅是对已做工作的扩充和解释,不同于实质性的更正和修改,那么将由牛津大学校方来决定修改后的版本是否达到了特定要求,而无需再次征求外部评审人的意见。因此在 2 月的答辩上,派尔斯(Peierls)应该提出反对意见,例如针对过于简洁的论据或不清楚的证明,这促使他要求沃德"补充一些注释和段落"(引自沃德日期为 1949 年 3 月 30 日的后记)。随后,沃德应派尔斯的要求作出的修改令牛津大学校方感到满意。沃德关于派尔斯"在比赛中受伤退场"的说法是一个坊间趣谈,但或许也就仅此而已。

6. 沃德恒等式依赖于规范不变性。因此重整化和规范不变性是密切相关的。

7. J. C. Ward, *Memoirs of a Theoretical Physicist*, *Optics Journal*, 2004, p. 11.

8. 沃德发挥的作用和重要性备受争议。本书的版本依据是沃德自己的叙述,以及 Norman Dombey 和 E. Grove 所做的调查,见 *London Review of Books*: http://www.lrb.co.uk/v14/n20/norman-dombey/britains-thermonuclear-bluff。尽管沃德的思想最初没有被付诸实践,但官方版本是英国在 1957 年 6 月进行了第一次氢弹试爆。按照 Dombey 和 Grove 的说法,这只不过是一个威力强大的原子弹,官方为了政治利益批准将其宣传为氢弹。Dombey 和 Grove 认为:"有非常充分的证据表明,直到 1958 年 4 月 28 日格林尼治时间 19:05,英国才第一次进行了真正的包含乌拉姆-特纳构型的氢弹实验。"沃德独立地发现了氢弹的构型设计,所以是沃德的洞见最终导致了英国氢弹的产生。Norman Dombey 和 Eric Grove 写的"Britain's Thermonuclear Bluff"一文,发表在 London Review of Books, Vol. 14,No. 20,22 October 1992。"在丘吉尔决定启动英国氢弹计划的四年内,英国首要的政治目标——与美国特殊的核关系——成功实现。这个目标的达成看上去主要是由于物理学家约翰·沃德的贡献。美英密切的核武器特殊关系,源自于虚张声势与沃德天才的结合,这成了一个严加保守的秘密。"然而,Peter Knight 和其他人认为沃德不过是一个参与研发的普通理论物理学家,并没有起到攸关成败的决定性作用,沃德的说辞还有其他的不准确之处。一些问题即使在 50 年后,仍旧属于机密。令人遗憾的是,我们无法通过比对沃德关于自己所发挥作用的说法与普遍认可的档案记录,从而来评价他的说法的可信度。

9. 在第 5 章我们遇到了由大小界定的标量与由大小和方向界定的矢量。张量是取决于不止一个方向的量,例如一片橡胶中的剪切力。镜像对称的作用——在空间反映下的量的行为——对弱相互作用理论具有特殊意义。标量比如海拔高度,在镜子里看起来一样;量子理论中,有的量会在镜子映像中发生变化,这种量被称为赝标量,简写为:P。具有方向的量在镜子映像中保持不变;这种量被称为赝矢量,或者更传统地称为轴矢量,简写为:A。

10. 马沙克论文的合作者是 E. C. G. Sudarshan: *Phys Rev* 109,1860(1958)。

11. *Memoirs of a Theoretical Physicist* 中描述的沃德的叙述。

12. 这是沃德的叙述。ICTP 的萨拉姆档案里并没有这封信的副本。

13. Crease and Mann CM, p. 124.

第 7 章

1. W 玻色子以"弱(weak)"而得名。粒子物理学中的命名方法各种各样,有的甚至显得很可笑。一些粒子的命名显而易见,其他粒子的命名依据不太明显,有些粒子的命名则由于没有明显的缘由而显得很古怪。在这一章我们遇到作为作用力传递者的粒子。光子是电磁相互作用的量子传递者,它是由爱因斯坦引入的,但这个命名似乎是 Gilbert Lewis 在 1926 年首创的,参见 http://www.nobeliefs.com/photon.html。

   W 玻色子是施温格命名的,基于对其在弱相互作用力所发挥作用的认识。W 玻色子可以携带正电荷或负电荷,分别表示为 W^+ 或 W^-。对 W 玻色子的电荷为零的有质量同胞的预言产生了 Z 玻色子。传统上写作 Z^0,就像《纽约,纽约》那部电影的名字一样,零是如此之好,他们将其重复两次作为这个玻色子的名字。后面我们会遇到胶子——强相互作用力的传递者,它把质子和中子的组分"粘合"在一起。这些组分被称为夸克,后面会详细说到。

2. 在 QED 里,某个结果发生的概率受一个数的支配,即阿尔法——1/137。在费米的弱相互作用模型里,类似于阿尔法的物理量与质量平方的倒数成正比。如果用质子或中子的质量来设定质量尺度的话,这个量的大小约为 1/100 000。相对于 1/137,这个量的值很小,导致这个作用力被命名为"弱"相互作用力。如果我们将这个量改写为 $R^2/100\,000$,其中 R 是某个质量与质子质量的比值,那么如果 R 是大约中子或质子质量的 27 倍的话,$R^2/100\,000 = 1/137$。在施温格更为明确的计算中,有一个 2 的平方根的因子,这把 27 倍提升到了 40 倍。现代理论考虑了弱相互作用破坏宇称的经验事实(这不同于 QED 的情况),还有出现在 $SU_2 \times U_1$ 模型里的温伯格角(将会在本章的后面说到)。这些效应将把 R 所需的值提高到质子质量的大约 90 倍。我们现在知道 W 玻色子即弱相互作用力的传递者,正具有这样的质量,参见第 16 章。

3. Crease and Mann CM, p. 218.

4. S. Glashow, SG (1959)，p. 15.

5. S. Glashow, The Renormalisability of Vector Meson Interactions，*Nuclear Physics* 10，107 (1959)；received 24 November 1958.

6. "Weak and Electromagnetic Interactions"，*Il Nuovo Cimento* vol. XI，16 Feb 1959.

7. Crease and Mann CM，p. 224.

8. S. Glashow, "Unification Then and Now"，talk at CERN，4 Dec 2009.

9. 这些论文后来发表了：A. Salam, *Nuclear Physics* 18，p. 681(1960)和 Kamefuchi, ibid.，p. 691，Salam and Komar, *Nuclear Physics* 21，p. 624，1960。后来，萨拉姆在为诺贝尔奖提名人每年更新的履历中引用了这些论文，以此证明格拉肖有关可重整化主张权利是错误的。Salam archive ICTP.

10. Crease and Mann CM，p. 224.

11. 2010 年 12 月 15 日对格拉肖的采访和 *Interactions*，op. cit.，p. 144.

12. 2010 年 12 月 15 日对格拉肖的采访。

13. S. Bludman (Nuovo Cimento 9，443(1958))也提出了一个模型，模型中包含了宇称破坏，一个中性流，电子和中微子作为 SU_2 双重态，并且他注意到了带电荷有质量的矢量玻色子具有不可重整化的电磁相互作用。

14. 对于 N 的任何其他值，规范玻色子的数量是 $N^2 - 1$，因此在 SU_2 的情况下，规范玻色子的数量是 3 个，例如 W^+、W^- 和一个中性同胞。我们将在第 13 章中看到，大自然使用了 SU_3。夸克是强子（质子、中子和其他能感受到强相互作用的粒子）的基本构成粒子，它们通过交换 8 种($3 \times 3 - 1$)胶子发生相互作用。

15. 更准确地说，光子是 SU_2 和 U_1 中性成员的混合态；新的中性 Z 玻色子则是 SU_2 家族和 U_1 家族中性成员的"正交"组合态。在量子力学中，如果光子是一个家族中性成员的 a 量加上另一个家族中性成员的 b 量，那么"正交"组合态是第一个家族中性成员的 b 量，减去第二个家族中性成员的量。量子力学意味着，a 和 b 的平方之和等于 1，所以我们可以把这种情况想象为一个边长为 a 和 b 的直角三角形。底边平方的大小代表了第一种选择的概率(U_1 家族中性成员)，而直角边平方的大小代表了第二种选择的概率(SU_2 家族中性成员)。由于二中取一的概率必须是 100%，斜边的长度将被界定为 1。图示表明，这个数学关系可以总结为夹角 θ。根据基本的三角原理，$\cos θ$ 和 $\sin θ$ 因此分别等于 a 和 b。(见图)这个夹角 θ 总结了分别有多

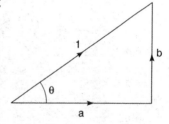

直角三角形，其底边和直角边分别为 a 和 b，其中 $a^2 + b^2 = 1$。角 θ 是底边和斜边的夹角。

少 SU_2 群(W_3)的中性部分和 U_1 群的中性部分混合构成了光子和 Z 玻色子。在 20 世纪 70 年代，这个角被称为温伯格角。这个 $SU_2 \times U_1$ 的基本参数实际上是格拉肖在几年前最先引入的，并且更确切地被称为"弱混合角"。

16. S. Glashow, Partial Symmetries of Weak Interactions，*Nuclear Physics* 22，579(1961).

17. 如果光子本身是 U_1 家族的独生子，而 Z^0 是 SU_2 家族三胞胎的中性成员，那么弱相互作用(SU_2 部分)与电磁相互作用(U_1)之间没有任何联系。在这种情况下，W^+ 和 W^- 的中性同伴将意味着，必须存在一种完全与电磁无关的新的中性弱作用力。

18. 萨拉姆和沃德在 1959 年考虑了 3 个费米子：带负电荷的电子、它的带正电荷的反粒子即正电子和中性的中微子。于是，3 个"光子"与这 3 个费米子之间的相互作用就变成了电子和正电子标准

的电磁相互作用,还有使电子或正电子与中微子相关联的弱相互作用(如在贝塔衰变中)。这实际上是一个 SU_3 模型,因此没有混合角。关于重整化的评论,参见他们的论文第 572 页,Weak and Electromagnetic Interactions, *Il Nuovo Cimento* vol XI, 16 Feb 1959.

19. 2010 年 12 月 10 日格拉肖给笔者的电子邮件。

20. 对强子奇异性交换弱衰变的标准描述,在那时(今天仍然如此)被编码为卡比玻(Cabibbo)理论。韦尔特曼在 MVFM(pp. 98ff)中给出了一个通俗和简洁的描述。萨拉姆和沃德在他们结合弱相互作用与电磁相互作用的论文(*Physics Letters* 13, November 1964, p. 171)中评论道,"(卡比玻)旋转的观点与现有理论不兼容"。

21. 格拉肖在 1971 年证明,"粲"粒子的存在解决了不受欢迎的奇异性交换弱过程之谜,见第 13 章。

第 8 章

1. "Doorways for giants", page viii in the Introduction to *The Pillars of the Earth*, Ken Follett; Pan Books 2007.

2. R. Laughlin, *A Different Universe*, Basic Books 2005.

3. 布里丹没有提出这个悖论,在讨论时也没有选择一头驴,然而这被普遍称为布里丹的毛驴悖论或布里丹的驴子。亚里士多德考虑了一个处于这种情形的饥饿的人的悖论。布里丹在讨论这个悖论的时候,选择了一条狗;模仿布里丹的其他人,则选择了一头驴。

4. 我第一次听到这个例子是在萨拉姆 1980 年的一个报告里,见 *The Nature of Matter* p. 111, edited by J. Mulvey, Oxford, 1981.

5. 在这个比喻中,发生这个现象是因为客人们都近视。用术语来说,他们感受到短程相互作用。对于长程相互作用(远视)的情况,戈德斯通玻色子会消失;见第 9 章。

6. W. Heisenberg, Z. Physik 49,619(1928).

7. 今天,超导体独特的电磁性质在技术上有着巨大的意义,它被用于威力强大的电磁铁(比如医院的核磁共振扫描仪就使用了这种电磁铁),被用于高速运输的磁悬浮系统,还被用于世界上最大的低温装置——大型强子对撞机(位于日内瓦 CERN 的粒子加速器)长达 27 公里的超导磁铁环。

8. 参见第 6 章注释 12。库珀对像玻色子一样行为,但它们不传递作用力。

9. 这个比喻为学生们所熟悉并被广泛使用。如同所有的比喻一样,这个比喻有其局限性。参见 D. Langenberg, R. J. Soulen Jr. and M. Osofsky, *McGraw-Hill Encyclopaedia of Science*, 10th edition, 2007. 这本科学百科的"超导性"词条给出了这个比喻的一个版本,连同对超导性和规范不变性微妙之处的详细阐释。

10. Profile of Nambu in *Scientific American*, Feb 1995.

11. 南部发现,干扰核子与反核子的手征性分布会产生一道波,类似于在铁磁体中发生的情形。这道波中的能量为零,在量子理论中对应着一个零质量的粒子。Y. Nambu, *Physical Review* 117,648 (1960).

12. 见第 6 章注释 9。

13. 介子质量不为零的原因在于它是由夸克构成的(见第 12 章),而夸克本身具有很小的质量。

14. 由于我重点讲述的是一个特定主题,我将不会介绍这个时代粒子物理学以及其他研究课题发展的详细历史,对部分守恒的轴矢量流(PCAC)、Goldberger-Treiman 关系、Adler-Weisberger 关系诸如此类的研究课题感兴趣的读者,可通过 Google 自行搜索了解。更完整的历史可参见 *The Second Creation*, by Crease and Mann.

15. J. Goldstone, *Il Nuovo Cimento* 19,154(1961).

16. 在格拉肖的软磨硬泡之后,戈德斯通似乎只发表了这篇开创性论文强有力的结论。戈德斯通承认,他在 1960 年时还没有证明,但坚信他的定理是成立的,见 Crease and Mann, p. 240。格拉肖是他那时在 CERN 的同事,对他说,"不管怎样,去发表吧"。

17. 介子传统上被看作是来自强相互作用手征对称性破缺的"南部-戈德斯通玻色子",更为普遍地被命名为戈德斯通玻色子。然而,这两种名称都出现在文献中。没有一定之规。

18. 人们的关注点随后集中到了那个不受欢迎的无质量玻色子上。那个有质量的玻色子出现在(上面的注释 15)第 162 页他论文图 7 下面的第三行,我们会在第 10 章再次讲述。参见第 10 章注释 53。

19. SW email to FEC 24/9/10。温伯格不记得萨拉姆是否参加了那次会议,但萨拉姆叙述说自己在场(见 Crease and Mann, p. 239):"他们一见如故……与戈德斯通的一系列谈话让他们感到既兴奋又震惊。"无论如何,毫无疑问的是温伯格和萨拉姆那年晚些时候在帝国理工学院进行了合作。

20. 基于温伯格寄给萨拉姆的一封航空信,收到的日期是苏黎世 1961 年 12 月 16 日,现存于 ICTP 的萨拉姆档案。电报的引文是从萨拉姆档案中的电报抄录的。这三个人的最终论文发表在 *Physical Review* 127,965(1962).

21. 2010 年 5 月 6 日对温伯格的采访。

22. 温伯格给戈德斯通的信,ICTP archives。

23. CM, P. 240.

24. P. Anderson, *Physical Review* 130,439(1963); received by the editor November 1962.

25. 从古代到量子物理学所描述的真空的性质,参见 *The Void*, F. Close.

26. 金属不是等离子体,因为它的正离子形成了网格,使金属呈现为固体,但是导电的电子任意流动,并且和真正等离子体中的电子一样对进入的电磁波产生影响。

27. 一个物体可以有任意数量的动能,随着物体的运动越来越慢趋于静止,动能的量变得越来越小。在静止的点上,粒子具有最低能量;根据爱因斯坦著名的质能方程 $E = mc^2$,能量的数量 E 对应于质量 m。对于一个无质量的物体,最低能量原则上可以为零。

28. 一道纵波包含其路径上的压缩和稀疏部分。一道横波在其方向上具有恒定的密度。对于以光速传播的波,相对论的限制要求沿其轨迹的不变性,即没有一点会优先于另一点,纵向的密度变化从而被禁止了。一道波撞击一个等离子体的教学实例并不满足相对论的限制——静止的等离子体界定了特定的参照系。因此这个论据是否可以延伸到量子场论的相对论情况并不是显而易见的,我们后面将会看到,这引发了一些粒子物理学家对安德森实例的反应。

29. 这个现象为试图实现商业上可行的核聚变的人们所熟知。他们的实验涉及在非常高的温度下利用等离子体。当一道电磁波撞击这个等离子体时,它经历了核聚变科学家们所说的"OX 转化":O(普通的)电磁波转化成"X"(非凡的)波,X 波的光子会表现得像具有质量一样。(致谢 A. Kirk.)

30. 准确地说:依赖于微扰理论。由于这个相互作用的强度(概括为数字阿尔法,即 1/137)实际上非常小,这在实践中是一个合理的假设,在计算费恩曼图时被作为一系列近似得到广泛使用。然而,如果阿尔法很大,这个被称为微扰理论的近似方案将会失败,在这种情况下,施温格将不会有把规范不变性和无质量光子联系起来的一般性论据。

31. BCS 理论和安德森的实例是非相对论的。关注于相对论场论的粒子物理学界,对此没有予以重视。戈德斯通研究了遵守狭义相对论的理论,BCS 理论并不在其中。这并非他们关于超导性解释的失败,而是因为其条件是非相对论的——超导体或等离子体是一个特定的参照系。因此,超导性没有无质量的戈德斯通玻色子这个事实和粒子物理学家们的兴趣没有显而易见的关联。在他们看来,核心的挑战是在完全的相对论理论中找到规避这个定理的方法。

2010 年 3 月 17 日对基布尔的采访;2010 年 5 月 6 日对温伯格的采访。另见 2009 年基布尔有关 Englert-Brout-Higgs-Guralnik-Hagen-Kibble 机制由来的学者百科文章。

32. Y. Nambu and G. Jona-Lasinio, *Physical Review* 122,345,1961. 这个评论在第 346 页,左栏下方的中间位置。

第 9 章

1. *The Guardian* 13/4/10. [5,5]表示答案由两个单词组成,每个单词有 5 个字母。"Gosh! Big's no"就是"Higgs Boson"颠倒字母构成的词句。

2. CERN 的预算是以瑞士法郎计;美元的金额与此相仿。

3. See for example the BBC's week-long extravaganza:http://www.bbc.co.uk/radio4/bigbang/programmes.shtml

4. Letter to CERN Courier. The offending article on Sept 8 2008 is at:http://cerncourier.com/cws/article/cern/35887 The letter from GHK is on 8 Dec 2008 at:http://cerncourier.com/cws/article/cern/36683

5. 当时网络上充斥着诺贝尔奖更青睐欧洲人的偏见言论。这种言论在 2010 年重新抬头,见 *Nature*, 4 August 2010:http://www.nature.com/news/2010/100804/full/news.2010.390.html

6. http://news.bbc.co.uk/1/hi/sci/tech/7567926.stm accessed 6 March 2010

7. 布劳特和恩格勒的确引入了现在所称的希格斯场。一个场将产生粒子的表现形式只是一小步。粒子物理的关键点在于,作为对整个机制的验证,所产生的有质量玻色子具有可观测的后果,在其中有质量玻色子与不同粒子的关系和它们的质量成正比。希格斯的论文首先阐明了这一点,见 P. Higgs, *Phys Rev*, 145,1156(1966), section 3i, equation 17.

8. 樱井奖颁奖典礼上使用了"六人组"的名称。

9. 完整的表彰如下:"因为阐明了在 4 维相对论规范理论中自发对称性破缺的性质,以及阐明了矢量玻色子质量持续产生的机制。"[PWH letter to FEC 1/9/10; email FE to FEC 24/9/10.]沃尔夫奖的表彰如下:"因为他们的开拓性工作导致了在亚原子粒子世界中局域规范对称性不对称地发生的情况下质量产生的洞见。"

10. 扼要重述一下:戈德斯通玻色子没有自旋:它是"标量"玻色子。传递作用力的规范玻色子有一个单位的自旋,它们是矢量玻色子。

11. 今天这些思想与 W 和 Z 玻色子联系在一起,这是我利用后见之明在本章中提到它们的原因。然而,1964 年的最初研究比较笼统,直到 1967 年(第 10 章)将这些思想应用于弱相互作用的具体模型才得以诞生。

12. 希格斯在 1984 年 6 月威斯康辛州温斯布雷德举行的弱相互作用理论 50 年会议上提到了"ABEGHHK'tH 机制"。(2010 年 9 月 1 日希格斯给笔者的信)特霍夫特在 1970 年重新发现了这个机制,第 12 章。

13. P. W. Anderson, Book review *Nature* vol. 405, p.726(2000). 安德森在这篇书评中作出了这些评论,他评介的是我写的一本书(*Lucifer's Legacy, the Meaning of asymmetry*, OUP 2000),安德森认为我在书中把质量产生机制归到希格斯名下的做法欠妥。

14. 2010 年 8 月 28 日希格斯的访谈和 2010 年 9 月 1 日的信件。

15. Philip Pullman, *Northern Lights*, Scholastic 1995.

16. 不过能够在瞬间从一处到达另一远处会引起其他的谜团。如果我们满足相对论,这只猫将需要用至少几毫秒来完成这趟旅行,在此期间不是"整体守恒的"。

17. J. Schwinger *Physical Review* 125,397,1962.

18. A. Migdal: http://alexandermigdal.com/prose/paradise1.shtml

19. 2010 年 9 月 17 日波尔雅科夫给笔者的电子邮件。

20. A. Migdal and A. Polyakov, Nov 1965, English version published in *Soviet Physics* 24, 91(1967). 他们的论文没有提到希格斯或本章中的其他人。

21. 古拉尔尼克 2010 年 11 月 16 日的电子邮件。吉尔伯特的论文是 D. G. Boulware and W. Gilbert, *Physical Review* 126, 1563(1962).

22. Guralnik's memoire is in http://en. wikipedia. org/wiki/Higgs_mechanism and Gerald S. Guralnik (2009). "The History of the Guralnik, Hagen and Kibble development of the Theory of Spontaneous Symmetry Breaking and Gauge Particles": http://arxiv. org/abs/0907. 3466 *International Journal of Modern Physics* A24: 2601 - 27. Quotes are from this and the letter to the CERN Courier, Dec 8 2008, http://cerncourier. com/cws/article/cern/36683

23. 尽管人们广泛提到戈德斯通定理，但戈德斯通在 1961 年只是提出了例子；正式的证明实际上来自他与萨拉姆和温伯格一起发表的那篇论文，确认了他的理论成为一个定理的资格。

24. G. Guralnik, Sakurai ceremony, 17 Feb 2010: http://il. youtube. com/watch? v = cagfWJFtv84&feature = related

25. 2010 年 3 月 1 日对古拉尔尼克和哈根的采访。

26. 2010 年 9 月 24 日对查拉普的采访。

27. 特别是，在戈德斯通玻色子被"吞噬"，赋予这个矢量玻色子质量的情况下，存在一个问题，即是什么构成了这种物理自由度。GHK 明确讨论了这个问题。古拉尔尼克（2010 年 11 月 16 日给笔者的电子邮件）提到，BE 和 H 的论文里缺乏对这个问题的明确处理，这是"为什么当基布尔发现这些论文的时候，我们没有予以重视"的一个原因。

28. 一个奇异的巧合是，在 10 月 5 日星期一，正好是《物理评论快报》在纽约的编辑收到 GHK 论文的前一周，因而大约是这篇论文投稿之时，彼得·希格斯在帝国理工学院以他的机制为主题作了一个报告。古拉尔尼克和基布尔都对这个报告毫无印象，我们之间的大量通信也未能提供任何相关线索。希格斯的日程簿记录着，他在帝国理工学院的报告被安排在 10 月 5 日下午 2:30。（2010 年 9 月 23 日希格斯给笔者的信，附有日程簿复印件）希格斯记得，他从爱丁堡起飞的飞机晚点了两个小时，所以推迟了报告的开始时间。他还记得，他安排了牙医预约门诊（尽管希格斯在 1959 年从伦敦搬到了爱丁堡，但他登记的牙医依然在伦敦的瑞士小屋附近，并且一直持续到 1975 年），他的日程簿上记录了牙医预约门诊的两个时间选择，分别是 10 月 5 日和第二天 10 月 6 日。他收到这两个门诊预约选择大概是在他接受了最初的邀请之后，但在他决定旅行计划之前。他选择了星期二的预约，在南肯辛顿的克罗夫顿酒店住了一晚。他日程簿里的这些事项排除了一个假设，即：由于 GHK 的论文和他们发现了希格斯工作的情况，希格斯在 10 月 5 日收到了作报告的邀请，报告的时间是在这之后的日期，并且他在日程簿里在收到邀请的那一天日期下面做了记录。其他人记得希格斯作过报告但不能确定报告日期。我询问基布尔，有没有可能在 GHK 将要把论文投稿的时候，他们获悉希格斯工作的方式是参加了希格斯的报告而不是看到了希格斯的论文。但基布尔明确记得，希格斯论文的出现"大概就在那个时候"（2010 年 12 月 10 日基布尔告诉笔者）。在 50 年后，人们的记忆可能并不可靠。希格斯的日程簿是一份难得的、现存的同时期文件记录。欢迎读者提供任何关于这个事件的其他信息，这有助于完善"这个机制"的历史。

29. 发表于 *Physical Review Letters* 13, 585(1964) 的 GHK 论文在第 586 页底部中间的方程提到了这种玻色子，但在他们的工作里这种玻色子具有零质量。回想一下，正是不受欢迎的无质量戈德斯通玻色子的存在开启了这方面的研究。GHK 消除了一个这种玻色子，并且在此过程中发现了规范玻色子的质量机制。这就是总的结果，也是 1964 年的主要研究兴趣。他们的模型里没有明确的势场，他们没有讨论对称性破缺的动力学，并且第二个玻色子保持无质量。乍看上去这似乎毁掉了一切——大自然在经验上排斥任何无质量的标量玻色子——但是 GHK 指出无质量的玻色子仅仅是一个消极的旁观者,与其余分离,"并且与戈德斯通定理无关"。如果他们把 SSB 势纳入模型——例如在戈德斯通 1961 年的论文中那样——这第二个玻色子就会变得有质量。这实际上就是现在所称的希格斯的有质量玻色子,这个玻色子出现在希格斯论文的方程 2b 里,见 *Physical Review Letters* 13,508(1964)。然而,戈德斯通定理以及对这个定理的规避,并没有对这个玻色子的质量施加任何限制。它的质量、存在和动力学取决于进一步模型相关的假设。

30. 归功于海森堡,1932 年。

31. 布劳特和恩格勒对安德森贡献的评价是:"他的研究工作没有纳入相对论的限制。事后看来,这就是赋予规范矢量玻色子质量的机制。安德森有了这些想法。他提出了一个电磁波在等离子体中传播的模型。安德森的模型基本上是正确的,但没有延伸至相对论(场论)。"(2010 年 1 月 2 日对布劳特和恩格勒的采访)恩格勒今天对这项研究的评价是:"矢量玻色子能够从对称性破缺得到质量,看出这一点很容易,但保持规范不变性却比较棘手。"

32. 这个部分的引文来自对希格斯的采访(2000 年 4 月 11 日和 2010 年 8 月 28 日)和他的信函(2010 年 9 月 1 日)。

33. 爱丁堡大学在 1958 年有一个永久教职空缺。然而,希格斯申请了伦敦大学学院的一个临时职位,部分是因为他的女朋友在伦敦,也因为他以为爱丁堡大学的职位会有强大的竞争者。希格斯请凯默为他申请伦敦大学学院的职位写一封推荐信,甚至对凯默可能聘任谁加以建议。希格斯提议的那个人没有申请爱丁堡的职位。在没有合适申请者的情况下,凯默依建议把这个职位提供给希格斯提名的那个候选人。在 1959 年时,基布尔来到帝国理工学院,希望能稳定下来获得一个永久职位。希格斯申请了伦敦国王学院的一个职位,但这个职位的研究方向是凝聚态物理而不是粒子物理,他并不确定自己真的愿意接受被迫改换研究方向。而且,"工资很低"。然后突然之间,在 1960 年爱丁堡大学登出了另一个粒子物理学研究职位的招聘广告。如同希格斯回忆的:"凯默想让基布尔回来,于是策划了这个职位。"在此期间,基布尔在帝国理工安定了下来。

希格斯和基布尔对如何各得其所进行了讨论。国王学院给了希格斯最后答复的期限。他对我说:"我告诉基布尔,我得强迫凯默表态,我知道如果凯默不能聘到我们中的任何一个的话,他也不会有更强的候选人了。于是我就照此行事了。"

34. 在这次暑期班上我自己的职业生涯幸运地开始有了转机,这得益于红酒。我遇到了以色列理论物理学家哈侬姆·哈拉里,并和他成为朋友,他后来当了魏兹曼科学研究所所长。他只比我年长 5 岁,已经是一颗冉冉升起的新星和出色的授课者。他的妻子滴酒不沾,他们的两个小孩也和我们坐在同一张餐桌上,这意味着我们可以喝到更多的红酒。红酒使得我——一个紧张的年轻学生——在谈论物理时去除了顾虑,并且确保我在那一年晚些时候在斯坦福大学开始我的第一个博士后工作时,得到了哈拉里的帮助,他那时在斯坦福度学术假。(我们将在第 12 章和第 13 章看到,斯坦福那时的研究气氛十分狂热,哈拉里帮我指出了正确的方向。)

35. 2010 年 9 月 1 日希格斯给笔者的信。

36. A. Klein and B. W. Lee, *Physical Review Letters* 12,266(1964).

37. 在这一连串的对照中,吉尔伯特还成了古拉尔尼克的导师。

38. D. G. Boulware and W. Gilbert *Physical Review* 126,1563(1962).

39. W. Gilbert *Physical Review Letters* 12,713(1964),received 30 March, published 22 June 1964. His publications are listed at http://garfield. library. upenn. edu/histcomp/gilbert-w_auth/index-tl. html

40. 日期来自希格斯的日程簿;2010 年 9 月 1 日希格斯给笔者的信。

41. 日期来自希格斯的日程簿。CERN 的编辑于 7 月 27 日收到。1964 年 9 月 15 日发表于 *Physics Letters* 12,132(1964)。

42. 编辑的评论和希格斯与 *Il Nuovo Cimento* 的经历见 http://www.lnf.infn.it/theory/delduca/higgsintreview.pdf 第 9 页。

43. P. W. Higgs, *Physical Review Letters* 13,508(1964). 这篇论文在方程 2b 中描述了"希格斯"玻色子的动力学。其本质上与戈德斯通 1961 年论文的描述一样(图 7 正下方)。在"当人们考虑……"(方程 4 之后 10 行)之后的大部分内容是在最初的拒稿之后补充的。2010 年 8 月 28 日对希格斯的采访。

44. 古拉尔尼克回忆,这是在"仲夏——可能是 7 月"。2010 年 9 月 9 日给笔者的电子邮件。

45. 见古拉尔尼克的备忘录,注释 22 中的引用。

46. 2010 年 8 月 28 日对希格斯的采访,以及 1964 年他的大学日记记录。其他记述可参见 I. Sample, *Massive* (Virgin 2010), p. 62.

47. 古拉尔尼克 2010 年 9 月 9 日给笔者的电子邮件。

48. D. G. Boulware and W. Gilbert *Physical Review* 126,1563(1962).

49. 古拉尔尼克 2010 年 9 月 9 日给笔者的电子邮件。

50. 古拉尔尼克在夏末与罗伯特·兰格在牛津进行了讨论。兰格后来发表了"Goldstone Theorem in non-relativistic theories" in *Physical Review Letters*,14,3(1965),收于 1964 年 11 月 12 日。

51. 吉尔伯特于哈佛大学写给希格斯的信,写于 1964 年 8 月 27 日;希格斯于 2000 年将信件复印后交给笔者。希格斯在 http://www.lnf.infn.it/theory/delduca/higgsinterview.pdf 第 11—12 页进行了讨论。

52. 2010 年 2 月 2 日对恩格勒的采访。

53. P. W. Higgs, *Physical Review* 145,1156(1966).

54. 即使是对整体对称性的情况,"希格斯玻色子"也会出现——例如,铁磁体磁化率的波动。在第 162 页戈德斯通原来论文的图 7 下方三行,他给出了运动方程,这个方程在形式上与希格斯的方程 2b(见注释 43)是一样的。在第 163 页,戈德斯通写道:"有质量的粒子 phi_1 对应着(径向)方向上的振荡。"这看上去和后来以希格斯名字命名的那个玻色子完全相同。基布尔(2010 年 3 月 17 日访谈)和希格斯(2010 年 8 月 28 日访谈)都对我的评价表示同意。戈德斯通证实,在第 163 页有质量模式对应着希格斯玻色子,但强调他"当然最关注的是无质量的模式。"(2010 年 12 月 9 日戈德斯通的电子邮件)希格斯独一无二地把一个有质量的标量玻色子与在规范不变性情况下产生一个矢量玻色子质量的机制联系了起来,并且考虑了这个玻色子转化成这些矢量玻色子的衰变。虽然戈德斯通得出了有质量的"径向"激发,但他的模型与在自发对称性破缺情况下标量和矢量玻色子结合的理论无关,他的研究重点是无质量标量玻色子谜一般的出现。

55. 对此希格斯回应道:"我同意!"(希格斯 2010 年 8 月 28 日对笔者的回复)。

56. 严格地说,标量场期望值。

57. 严格地说,有序参数的波动。

58. 2010 年 3 月 1 日对古拉尔尼克和哈根的采访。

59. 2010 年 2 月基布尔给笔者的电子邮件。

60. P. W. Higgs, *Physical Review* 145,1156(1966).

61. 或者甚至夸克(强子的基本构成粒子),我们将在第 12 章讲到。存在不同味的夸克,从轻的上夸克和下夸克到重的顶夸克,粲夸克和底夸克的质量处于中间。

62. 希格斯玻色子或更为复杂的粒子家族实际包含的任何粒子。衰变的速度取决于量子力学的"振幅"平方,以及可用的"位相空间"。位相空间更倾向于轻的衰变产物而不是重的衰变产物;而在希格斯玻色子衰变的情况下,振幅更倾向于重的粒子,这赋予了其衰变产物不同寻常的特征。

63. 2010 年 2 月 2 日对恩格勒的采访和 2010 年 3 月 8 日的电子邮件。

64. 2010 年 11 月 16 日古拉尔尼克给笔者的电子邮件。

65. S. Weinberg, *Physical Review Letters*, 19, 1264(1967).

第 10 章

1. 2010 年 3 月 17 日基布尔的访谈和 2010 年 3 月 23 日的电子邮件。

2. 萨拉姆的日程簿对此记录的时间是 1967 年 3 月;见后文。

3. 2010 年 5 月 6 日对温伯格的采访。

4. 对于对自旋敏感的现象,$SU_2 \times SU_2$ 对称性是破缺的,但在自旋无关紧要的情况下,对称性好极了。

5. 在 2010 年 12 月 9 日,希格斯发现了一封他在 1967 年 8 月 29 日(这天是他妻子的生日)从罗切斯特写给他妻子的信。信里说到了他的旅程,他在星期五访问布鲁克海文,以及星期六参观纽约现代艺术美术馆。信中没有直接提到和温伯格的会面,但这封信引起的鲜活回忆,使希格斯对他在早些时候(2010 年 2 月 25 日)向我讲述的当年往事更加肯定。(希格斯 2010 年 12 月 9 日致笔者的信,2010 年 12 月 14 日收到。)

6. 2010 年 2 月 25 日给笔者的信。

7. 温伯格(2010 年 9 月 24 日的电子邮件)确认他对此没有记忆。他那年夏天离开剑桥度假,在 8 月回家,他对自己访问过布鲁克海文"深表怀疑"。温伯格的确在 1968 年访问过布鲁克海文,但希格斯那一年则没有。希格斯的日程簿(2010 年 2 月 25 日)和随后找到的给他妻子的信(2010 年 12 月 14 日)确认了他在 1967 年访问布鲁克海文的日期。他记得,他询问温伯格是否要参加罗切斯特会议,温伯格回答说不,如果希格斯的回忆正确的话,这将证明此事件属实,而不是与别处发生的事情混为一谈。没有其他的参与者能回忆起这个事件。

8. 温伯格 2010 年 4 月 13 日给笔者的电子邮件和 2010 年 5 月 6 日的电话交谈。基于温伯格最初发表于 *George* 杂志,后来被 *Facing Up* (Harvard University Press 2001)一书转载的一篇短文"The Red Camaro",这个日期经常被错误地认为是 10 月 2 日。*George* 杂志的编辑希望温伯格提供一个明确的日期,于是他查看了《物理评论快报》收到他论文的日期,推测了论文写作所需的时日。在 *Facing up* 第 185 页,他写道,10 月 2 日是"我能记得的最接近的日期"。然而,这一天他在布鲁塞尔。温伯格同意我的观点,真正的日期应该在 9 月中旬——MIT 的学期大约始于劳动节(美国的劳动节为 9 月的第一个星期一)。

9. 至少对于轻子而言。

10. S. Weinberg, *Physical Review Letters* 19, 1264(1967).

11. 然而,温伯格对这些作者的引用顺序带来了意料之外的历史后果,通过把希格斯放到布劳特和恩格勒的前面,他不经意地把希格斯的名字推到了公众赞誉名单的最前面。布劳特和恩格勒发表在 *Phys Rev Letter* vol. 13 的论文在时间顺序上早于希格斯的论文(其发表在另一份期刊 *Phys Rev Letters* vol. 12)。在温伯格 1971 年的论文中(*Phys. Rev. Letters* 27, 1688),同发表于 *Phys Rev Letters* vol. 12 的那篇论文一样,这个引用顺序得到了保持,在参考文献 2 的位置不正确地引用了希格斯的论文。*Phys Rev Letters* 的编辑在科学家中素以不轻易放过参考文献和时间顺序的细致要求而闻名,但似乎在这件事上有所忽略。这个参考文献排列上的小错误在文献中传播了 40 年,最近一次出现是在 2010 年 Particle Data Group 的一篇评论里,其把希格斯的论文引作 *Phys Rev Letters* vol. 12。另一个常见的错误是正确引用希格斯的论文(*Physics Letters* vol. 12),而把布劳特-恩格勒的论文引作 *Physics Letters*(原文如此)。

12. 2010 年 5 月 6 日对温伯格的采访。

13. 《索尔维会议论文集》,第 18 页。

14. 2010 年 2 月 2 日对恩格勒的采访和 2010 年 9 月 24 日的电子邮件。

15. 2010 年 5 月 6 日对温伯格的采访。

16. 他们相信规范不变性是正确的,因为在他们的方程里这个传播子看起来和 QED 里已被重整化的传播子类似。这包含了一个额外的贡献,由于与有质量的玻色子相关的第三个——纵向的——模式。这个额外的项在能量变大时大致保持不变。整体上对能量的依赖性似乎"在无穷大时表现良好"。

17. 2010 年 2 月 2 日对布劳特的采访。

18. 2010 年 2 月 5 日与恩格勒和布劳特的电子邮件。

19. 严格地说,这个"传播子"包含了与 $q_i q_j / m^2$ 成正比的一项,其中 q 对应于规范玻色子三维动量的组成部分有 4 个可能的值。

20. 温伯格手稿的复印件是韦尔特曼寄给我的,他在 1999 年获得诺贝尔奖的时候从汉斯-彼得·迪尔那里得到了手稿的一份复印件。

21. 基布尔,物理评论,155,1554,1967。

22. 引自科尔曼,科学,第 1290 页,1979 年 12 月 4 日。

第 11 章

1. 除非另有说明,对特霍夫特的引述皆来自笔者在 2000 年 4 月 11 日对他的采访,以及 2010 年 9 月 10 日和 2010 年 9 月 13 日的电子邮件。

2. 这表明了在这个问题尚未解决时人们的看法,特霍夫特的研究成果被人们知晓时的震惊反应体现出了这一点(见序言)。然而,虽然特霍夫特和韦尔特曼的工作十分杰出,但他们技术上的成就并不能真正与怀尔斯相提并论,怀尔斯需要建立全新的数学方法,并且是独自一人。关于怀尔斯成就的故事,请参见 Simon Singh 的著作:*Fermat's Last Theorem*。

3. 韦尔特曼,诺贝尔奖获奖演讲,第 384 页。

4. "Escape to the computer centre", M. Veltman, *Facts and Mysteries in Elementary Particle Physics*, p. 299.

5. 韦尔特曼,诺贝尔奖获奖演讲,第 384 页。

6. 引自韦尔特曼的 1999 年诺贝尔奖演说。在 1971 年成功推出他的学生特霍夫特的那个场合,他给李政道分配了一个暖场的角色作为回报。

7. "Remained in my memory",诺贝尔奖获奖演讲,第 384 页。

8. 正如我们在第 5 章看到的,杨振宁和米尔斯最初试图把他们的理论应用于强相互作用。然而,在弱相互作用里,贝塔衰变现象把一个中子转化成一个质子,这将是后续发展的关键。人们已经知道贝塔衰变的其他例子,比如一个介子衰变成一个中微子和一个电子,或一个 μ 子——像电子的带电荷粒子但是比电子重。μ 子本身也可以衰变成一个电子和一对中微子。所有这些过程表明,把中子转化成质子的基本相互作用和把电子或 μ 子转化成中微子的基本相互作用具有同样的强度。这种"普适性"在理解引发粒子转化的弱相互作用中起到了关键作用。它为一个基本思想提供了基础,即物质粒子形成"对":中子和质子;电子和中微子;μ 子和(另一类)中微子。这些粒子对形成了 SU_2 杨-米尔斯理论的基础模板;于是,产生自杨-米尔斯方程的电荷为中性,电荷为正和电荷为负的矢量玻色子传递着弱相互作用力。

9. 没有无质量的带电荷矢量玻色子就是一个例子。

10. G. t' Hooft ISOTBBB, p. 67.

11. "Get mass into the equations somehow", G. t' Hooft ISOTBBB, p. 63.

12. See G. t' Hooft ISOTBBB, p. 65.

13. G. t' Hooft ISOTBBB, p. 63.

14. R. P. Feynman, *Acta Physica Polonica*, 1962.

15. S. Adler, *Phys Rev* 177,2426(1969)；J. Bell and R. Jackiw, *Il Nuovo Cimento* A60,47(1969).

16. "Dusting an old deserted corner of physics", G. t' Hooft ISOTBBB, p. 58.

17. 引自 2000 年的采访和 2010 年 9 月 11 日特霍夫特给笔者的电子邮件。

18. 2010 年 5 月 6 日对温伯格的采访。

19. 引自 2000 年 4 月 11 日对特霍夫特的采访。

20. 这个西格玛模型并不是一个规范理论。

21. 在量子场论里，场的行为也服从量子规则。标准方法是，从一个经典理论着手，将其进行调整以表现出量子效应。这样做的方法是在 20 世纪 20 年代发展起来的；在接下来的 40 年间，这种"正则"方法成了物理学家训练的主要内容。

22. 2010 年 5 月 6 日对温伯格的采访。

23. 这些段落里对韦尔特曼的引用来自他的诺贝尔奖演讲，第 390 页。

24. Abdus Salam archive, ICTP Trieste；index University of Bath.

25. G. t' Hooft ISOTBBB, p. 78 - 79.

26. G. t' Hooft ISOTBBB, p. 65.

27. 2010 年 9 月 27 日韦尔特曼给笔者的电子邮件。韦尔特曼的最初尝试是假设无质量的理论是可重整化的，接着他试着写出一个尽可能接近无质量情况的有质量理论（SU$_2$ 模型）。在 1970 年岁末至 1971 年初，他们讨论了特霍夫特关于无质量杨-米尔斯理论的第一篇论文。

28. G. t H. remark quoted in Crease and Mann, p. 324.

29. 他证明了一阶量子修正（涉及粒子仅形成一个闭合圈——没有"交叠无穷大"——的情况的费恩曼图）没有反常。他在证明中使用了一个数学手段，即引入了一个第 5 维。只有利用 4 + ε 维度才能证明修正在所有的闭合圈都行之有效，然后令 ε 趋于零，以此恢复 3 维空间和 1 维时间的"真实世界"。

30. 特霍夫特证明无质量的杨-米尔斯理论可重整化的论文发表在：*Nuclear Physics* B33,173(1971).

31. As reported in Crease and Mann p. 325, and Pickering *Constructing Quarks* p. 178. 细微的差别是基于韦尔特曼的回忆，出自 2010 年 9 月 27 日给笔者的电子邮件。

32. 韦尔特曼和特霍夫特的回忆在细节上有差别。我同时列出了他们的回忆，主要是为了说明人们的理解在多年以后会各不相同。对于本书的其他实例，这一点是我们需要牢记的。如同韦尔特曼也写道(2010 年 9 月 11 日的电子邮件)："不管怎样，这并不那么重要；这个叙述的大意是对的。"

33. 2010 年 9 月 27 日韦尔特曼给笔者的电子邮件。

34. 2000 年 4 月 11 日对特霍夫特的采访。

35. 他使用了幺正规范，在其中可以检查无穷大，并且显示如何在规范之间进行转换。

36. 2010 年 9 月 11 日特霍夫特给笔者的电子邮件中的回忆。

37. 这是特霍夫特的说法。然而，也请参见后面韦尔特曼的回忆。特霍夫特也评论道："有几个这样的因子(实际上是 1/4 或者 1/2)；它们的出现是由于希格斯场具有 1/2 的同位旋，而鬼项表现为具有 1 的同位旋，所以韦尔特曼认为我在这里出了错。"(2010 年 9 月 11 日的电子邮件)

38. 2010 年 9 月 11 日韦尔特曼给笔者的电子邮件。

39. MV, *Nucl Phys* B21,286(1970), and with J. Reiff, *Nucl Phys* B13,545(1969).

40. 特霍夫特然后在 *Nucl Phys* B33(1971)的第 7 部分、第 180 页加上了一个脚注。2010 年 9 月 11 日韦尔特曼给笔者的电子邮件。

41. 令人难过的是，在我完成本书手稿之后，布劳特于 2011 年 5 月逝世。

第 12 章

1. 2010 年 10 月 1 日比约肯给笔者的电子邮件。

2. 关于比约肯的另一种个人观点，参见 Quantum Diaries http://qd. typepad. com/17/2005/05/got_bjorken. html。

3. 来自杜伦大学(Durham University)的同事 Bob Johnson 是 6 英尺 10 英寸。他和比约肯有一次背靠背地对比了身高，得出的结论是"比约肯大约矮 10 厘米"(Bob Johnson at CERN Theory Group Introductions 1973)。

4. 茨威格 2010 年 10 月 3 日给笔者的电子邮件和 *Memories of Murray and the Quark Model*。演讲发表于 "Conference in Honor of Murray Gell-Mann's 80th Birthday"，Nanyang Technical University，Singapore，24 Feb 2010.

5. 要记住，在 20 世纪 60 年代弱相互作用依然是一个谜团。$SU_2 \times U_1$ 模型是在 1961—1967 年期间才出现的，这类模型的可行性直到 1971 年才得以确立。

6. 其他领先的研究者包括以色列魏斯曼研究所 H. J. Lipkin 的研究组，意大利热那亚的 G. Morpurgo 和莫斯科的一个研究组。如温伯格回忆，在世界其他地方，夸克模型在很大程度上被忽视了。夸克模型的发展史请参见 Andrew Pickering 所著 *Constructing Quarks*。

7. 在 SU_3 里，存在 8 类和 10 类家族群。它们的实例到 1963 年得到确认。以色列理论物理学家 Yuval Ne'eman 在伦敦帝国理工学院萨拉姆的研究组工作时，独立发现了 SU_3 作为强子组织体系的重要性。

8. R. Serber, with R. P. Crease, *Peace and War*, Columbia University Press p. 199. Gell-Mann's version is at www. webofstories. com/play/10658

9. 引自茨威格于 2010 年 9 月 22 日和 2010 年 10 月 1 日给笔者的电子邮件。

10. 2010 年 10 月 19 日茨威格的电子邮件。

11. 第一篇论文的预印本比较短，不如第二篇论文完整。茨威格得选择其中一篇让他的妻子重新打出来，于是他选择了第二篇论文。2010 年 10 月 19 日茨威格的电子邮件。

12. G. Zweig, "An SU_3 Model for Strong Interaction Symmetry and its Breaking Ⅱ", *CERN Report 8419/TH. 412*, 21 Feb 1964, published in *Developments in the Quark Theory of Hadrons*, A *Reprint Collection*, *Volume Ⅰ : 1964 - 1978*, eds D. B. Lichtenberg and S. P. Rosen, Hadronic Press, Inc. , Nonamtum, Mass. , pp. 22 - 101 (1980) http://cdsweb. cern. ch/record/570109? In = en

13. 参见 J. J. J. Kokkedee, *The Quark Model* (Benjamin 1969).

14. 这说明了导致"色"这个命名的比喻。如同红、绿、蓝三原色结合成为白色，分别带有不同"原"色荷的三个夸克结合形成一个不具有净色的(比方说)质子或中子。色荷之间吸引和排斥的规则与电荷一样：相同的色荷互相排斥，不同的色荷互相吸引(对于那些希望知道更多量子细则的读者，如果在交换任何一对色荷的情况下色荷的量子态都是反对称的，它们就会互相吸引)。因此，如果三个色荷彼此不同(整体上是反对称的)，那么在色荷之间就会产生互相吸引。因此就有了红黄蓝三原色的例子(SU_3 里独特的整体反对称组合对应于一个"色单态"，或用术语来说，对应于无色)。

15. M. Gell-Mann, p. 182 in *The Quark and the Jaguar*, Little Brown, 1994.

16. M. Gell-Mann, *Physica* 1,63(1963).

17. 流代数的基本思想是假设夸克存在，夸克的运动产生了流，比如电流。这些流决定夸克如何吸收或发射诸如光子、W^+、W^-、Z^0 之类的量子。在流代数中，夸克流对这些不同量子的反应是相关的，实际的相互关系形成了一套规则或"代数"。在某些情况下，可以把这些关系从基本夸克层次提升到由夸克构成的强子层次，而无需对这些夸克在形成强子的过程中彼此相互作用的实际细节作出假设。这产生了一些非常强大并且可以通过实验进行检验的预言。然后,这些预言的成功引发了一个问题:这些结果是否意味着真实夸克的存在,还是说夸克更主要是由流代数推导而来,尽管流代数得到的"发现"是通过假设夸克的存在,但并不必然要求夸克存在——用盖尔曼的比喻,把小牛肉扔掉。50 年后,海量的实验数据考察了夸克本身的作用,揭示了它们的动力学,这远远超过了流代数较为泛泛的结果。

18. S. Adler, *Phys Rev Lett* 14,1051(1965);S. Adler and F. J. Gilman, *Phys Rev* 156,1598(1967).

19. 一个电子从某个角度发生散射并且向目标靶释放出它的部分能量。这两个物理量——实际上转移到目标靶上的能量和动量的数量——在实验中可以被单独改变。比约肯预言,实验数据并不单独依赖于这两个物理量,而是以一种相互关联的方式仅仅依赖于能量与"能量和动量结合"的比值。这个比值通常表示为 X_{bj},并且实验数据依赖于这个单一变量的关系被称为比约肯标度无关性。

20. 弹性碰撞中的动能守恒;非弹性碰撞中动能会转化成其他形式的能量。一团泥土摔到墙上,或者一辆车撞到沉重的路障,这都是非弹性碰撞的例子。在粒子物理中,一个电子从一个质子上弹开没有其他的粒子产生,这是弹性碰撞的一个例子;而在非弹性碰撞的情况下,某些动能会通过质能方程($E = mc^2$)被转化成一个或一个以上的新粒子。"深度"非弹指的是一种极端情况,即电子探入到目标质子内部深处,同时产生粒子的漩涡,电子随之失去大量的动能和动量。实验的思想是仅仅记录电子从目标靶上发生散射后的能量和动量,而不是试图探测所有的碎片。

21. 比约肯记得(2010 年 10 月 1 日给笔者的电子邮件),当时的实验计划包括了几个方面的测量:弹性散射,质子共振产生,深度非弹,对比散射的电子与正电子,这个排列顺序差不多就是测量的优先顺序。"我当然强烈要求人们对深度非弹予以重视,我最引以为豪的就是我这次起到的有力推动作用。与泰勒交谈时,我问他如果没有我的推动,他们是否还会测量深度非弹。他说'那当然——当你斥巨资建造了这样一个大型实验装置,你不会放过任何你可能进行的测量。'我相信事情如此,但还是觉得我对他们的推动产生了重要的影响。"

22. 参与这个实验的实验物理学家埃利奥特·布鲁姆的工作日志(于 2009 年 7 月 31 日查阅)记录着,一个委员会成员评论道:"这也许足以使非弹电子实验变得不可能。"

23. 比约肯在 2010 年 10 月 1 日的电子邮件里写道:"我从许多角度考虑了这个问题;点状组分是唯一的出路(却是一个诱人的出路,尽管相当幼稚,即便是对我而言)。"

24. 2009 年 7 月 10 日对泰勒的采访。

25. 使用电子束的 SLAC 实验结果与使用中微子的 CERN 的类似实验结果结合起来,证实了这些点状组分就是夸克。

26. 2010 年 10 月 1 日的电子邮件。

27. 肯德尔在他的诺贝尔奖演讲中回忆了自己当时的震惊之情;比约肯引自 2009 年 8 月 4 日接受笔者的采访。

28. 派斯乔斯 2010 年 10 月给笔者的电子邮件。

29. 2009 年 7 月 31 日对布鲁姆的采访。

30. 弗里德曼保留了一页费恩曼笔记的副本。原件存于加州理工档案馆。

31. 2010 年 10 月 14 日弗里德曼的电子邮件。

32. 2010 年 9 月和 10 月赖尔登回复的电子邮件。

33. M. Riordan, *The Hunting of the Quark*, p.150;2010 年 9 月和 10 月回复笔者的电子邮件。

34. R. P. Feynman, recorded in 1985;Crease and Mann, p.305.

35. Caltech archives; see also MR, p.149.

36. 2009 年 8 月 3 日对布罗德斯基的采访。

37. 2009 年 8 月 4 日对比约肯的采访。

38. 2009 年 8 月 4 日对比约肯的采访和加州理工档案中有关纪念费恩曼的资料。

39. J. D. Bjorken and E. A. Paschos, *Physical Review* 185,1975(1969).

40. 2009 年 7 月 10 日对泰勒的采访。

41. Crease and Mann，p. 306.

42. W. Panofsky, Proceedings of the XIV International Conference on High Energy Physics, Vienna, 1968，p. 37.

43. Footnote 34 in Bjorken, *Physical Review* 148,1467(1966).

44. 2010 年 5 月 6 日对温伯格的采访。

45. 这些强子的奇异之处在于,它们在强相互作用的肆虐之下幸存下来,最终因弱相互作用的影响而发生衰变,即便是强相互作用使它们得以产生。这种奇异的性质导致它们被以"奇异"命名。对这种行为的解释超出了本书范围。关于奇异粒子和奇异夸克的详情,请参见 *The New Cosmic Onion*,或 *Particle Physics*，*A Very Short Introduction*.

46. 今天我们知道了带有 - 1/3 和 + 2/3 电荷的第三组夸克对。它们实际上是奇异夸克和粲夸克或下夸克和上夸克的较重版本。这组夸克对的名字再次反映了互补性:"底夸克和顶夸克"。

47. 1974 年粲夸克被发现。比约肯关于电子 - 正电子湮灭的洞见在其中发挥了重大作用。参见 Pickering APCQ 和 Frank Close, FCCO,第 9 章。

第 13 章

1. 这个理论现在被称为量子味动力学,但并不是所有的人都对此感到满意,一些人更喜欢将其称为"量子电弱动力学"。量子味动力学提法的依据是,费恩曼,施温格,朝永振一郎和戴森创建了量子电动力学的可行完备理论,而特霍夫特和韦尔特曼也在量子电弱动力学方面取得了同样的成就。诺贝尔奖对特霍夫特和韦尔特曼的表彰说道:"因其解释了电弱相互作用的量子结构"。这里的关键词是"量子"(即,包括了虚过程与辐射修正)。(感谢 Ian Aitchison 与笔者就此进行的讨论。)

2. 引自格罗斯的诺贝尔奖演讲;*Rev Mod Phys* vol. 77, July 2005.

3. 科尔曼在获得哈佛大学的职位之前是在加州理工大学工作,盖尔曼和费恩曼给他写了推荐信。有一个可能是杜撰的故事说,盖尔曼声称"科尔曼比费恩曼更加聪明",而费恩曼表示"科尔曼比盖尔曼更加聪明"。即便这个故事不是真的,它也说明了科尔曼所受到的推崇。

4. 2010 年 8 月 10 日戈德曼的电子邮件和 2010 年 8 月 9 日对他的采访。

5. 2010 年 10 月 28 日对托尼·齐的采访。

6. H. Fritzsch and M. Gell-Mann, Proceedings of the XVI Conference on High Energy Physics, 1972 vol. 2, p. 135；today available on arXiv：hep-ph/020801

7. 夸克的色被明确假定为遵循 SU₃ 的数学,在这种情况下强子是"色单态"。参见第 12 章注释 14。胶子被假定为 SU₃ 的八重态,尽管盖尔曼某种程度上谨慎地说:"它们可能形成遵循杨-米尔斯方程的 8 个色的中性矢量场。"

8. 弗里切和盖尔曼将"J. Wess, private communication to B. Zumino"作为第 5 项参考文献加以引用。

9. 弗里切 2010 年 10 月 7 日给笔者的电子邮件。

10. 在提出这个想法之后,盖尔曼的报告忽视了这种可能性。

11. 例如,波利泽的诺贝尔奖报告(第 89 页)提到了"民间传说"和"不同的版本",韦尔切克对在事件发生很久之后根据记忆作出叙述的可靠性进行了评论(第 123 页)。在参考文献的最后一段,波利泽提到了"对于所发生事情彼此矛盾的看法,也许会随着时间的推移而改变"。

12. 这与他在 GHIS 一书中第 86 页中的描述一样。在笔者对他的采访（2000 年 4 月 11 日）中，他说自己并未意识到这种现象。

13. G. 't Hooft "moved on" pp. 86 - 88 in GHIS，以及 2000 年 4 月 11 日的采访。

14. 2000 年 4 月 11 日的采访。

15. 2000 年 4 月 11 日对特霍夫特的采访

16. GHIS p. 88，以及 2000 年 4 月 11 日笔者对他的采访。

17. 这与他（2000 年 4 月 11 日）告诉笔者的一样。在他所著的 GHIS 一书第 88 页，他更为戏剧化地写道："西曼齐克几乎是强迫我站了起来……我在黑板上写出了计算结果。"

18. 2010 年 10 月 8 日对科泰尔斯-阿尔特斯的采访。

19. 2010 年 10 月 8 日对科泰尔斯-阿尔特斯的采访。特霍夫特已完成了朗道规范中的计算，并且认为这也许是朗道规范的一个特性。

20. 2010 年 10 月 8 日对科泰尔斯-阿尔特斯的采访。

21. 韦尔切克感兴趣的是量子场论的基础和新电弱理论的一致性。他与格罗斯讨论了几个可能的想法，贝塔函数的符号"得到了热烈的讨论，因为这与格罗斯证明比约肯标度无关性不可能在量子场论中实现的研究项目正好符合。"2010 年 10 月 8 日韦尔切克的电子邮件。

22. 阿佩尔奎斯特 2010 年 10 月 26 日的电子邮件。

23. K. Zymanzik, *On theories with massless particles*, DESY report 72/73 December 1972.

24. 这领先了波利泽、格罗斯或韦尔切克两年。

25. 2000 年 4 月 11 日与笔者的访谈。他还担心夸克看上去并不像自由粒子，因此场论的一些基本原则对他而言似乎很有问题："你得到了碰撞之前和之后的态，对这些态你没有真正理解。我认为这个物理不是非常干净，在作出若干假设的情况下，我不认为这个物理是干净的。在当时我觉得这看上去相当丑陋。"

26. 2010 年 8 月 4 日对帕里西的采访。

27. "半小时"引自 2010 年 8 月 4 日访谈中帕里西对笔者所言。

28. Noted by Bryan Webber, *Asymptotic Freedom*, 3 Nov 2004, available at hep. phy. cam. ac. uk/ webber/asymf. pdf see p. 21; see also I. B. Khriplovich, *Soviet Journal of Nuclear Physics*, "Green functions in Theories with a Non-Abelian Gauge Group", Vol. 10, p. 235, Feb 1970; submitted 21 Dec 1968.

29. 波利泽诺贝尔奖演讲，第 89 页。

30. 他感兴趣的一个物理问题是"朗道幽灵"。他意识到朗道证明了 QED 的逻辑结构是有缺陷的——我们在第 4 章遇到的"柴郡猫的微笑"现象。朗道幽灵的出现是因为 QED 中的电荷随着分辨率的提高浓缩到最小的像素里——用术语来说"贝塔"为正。QCD 中贝塔为负的发现，与 QED 和 QCD 在远远小于目前所能分辨尺度上融合成一个大统一作用力的可能性，可以改善这个问题。

31. 这些技术涉及重整化群。在 C. Callan［*Physical Review* D2, 1541（1970）］、K. Symanzik［*Communications in Mathematical Physics* 18, 227（1970）］和 K. Wilson 的两篇论文［*Physical Review* B4, 3174（1971）, and 3184（1971）］发表之后，兴起了这方面的研究热潮。

32. 2010 年 11 月 1 日对韦尔切克的采访。

33. 2010 年 10 月 28 日对托尼·齐的采访。

34. 引自波利泽诺贝尔奖演讲，第 88 页。

35. 波利泽诺贝尔奖演讲，第 89 页。

36. 格罗斯诺贝尔奖演讲，第 70 页。

37. 格罗斯诺贝尔奖演讲，第 71 页。

38. 2010 年 9 月 24 日和 2010 年 11 月 11 日波利泽的电子邮件。

39. 2010 年 10 月 28 日对埃里克·温伯格的采访。

40. 韦尔切克核实了这个理论满足可重整化,他的核实方式是检查只有胶子出现的费恩曼图——"胶子自耦合",并且将这些图中的有效色荷("耦合")的重整化与一个胶子和其他场耦合的情况进行比较,尤其是费米子和幽灵粒子以及标量粒子,所有这些粒子应该具有相同的有效耦合常数并且以相同的方式可重整化。(2010 年 11 月 1 日对韦尔切克的采访)。

41. 2010 年 11 月 29 日对韦尔切克的采访。他在所著的 *Longing for the Harmonies* 一书第 212 页中披露了关于这个错误的细节,他写道:"我在恐慌和困惑之中浪费了许多个小时,仅仅是因为我过于轻信,偷了一点懒,没有花上 5 分钟去检查这个参数。"

42. 格罗斯诺贝尔奖演讲。

43. 2010 年 8 月 4 日埃里克·温伯格的电子邮件。

44. 在方程 6.68,他证明了对于一个 SU_2 杨-米尔斯理论,贝塔的符号为负。波利泽研究的是 SU_3 的情况。埃里克·温伯格认为他的贝塔函数计算是"一件相对简单的事",并不觉得仅凭这一点值得居功。"重要的事情(波利泽做到了而我没有)是,在我们开始计算的时候,我们是否认识到了负号对于强相互作用可能的重要意义。"(2010 年 10 月 28 日对埃里克·温伯格的采访)

45. 波利泽诺贝尔奖演讲。

46. 在 2010 至 2012 年,哈佛大学的春假包含了 3 月 16 日;在 2007 至 2009 年春假是 3 月的最后一周,这是温伯格记忆中历来的放假时间。

47. 波利泽 2010 年 12 月 3 日的电子邮件。

48. 这最有可能发生在 4 月中间或最后的那个星期。温伯格博士论文的时间安排(在 4 月中提交,在 5 月 11 日答辩)意味着贝塔函数的符号最迟在 4 月中旬得到了确认,至少在温伯格的心目中是如此。波利泽的论文被 *Physical Review Letters* 的编辑收到是在 1973 年 5 月 3 日;格罗斯-韦尔切克的论文被收到是在 1973 年 4 月 27 日。

49. 2010 年 11 月 14 日波利泽给笔者的电子邮件。

50. 2010 年 12 月 1 日对罗曼·杰基的访谈和电子邮件。

51. 格罗斯在他的诺贝尔奖演讲中提及"至多是同时,波利泽完成了他的计算,我们对比了结果。我们的计算结果是一致的,这很令人满意。"波利泽并不记得与格罗斯一起检查过他的任何计算结果。(2010 年 12 月波利泽给笔者的电子邮件。)

52. 令人难过的是,科尔曼于 2007 年逝世了。

53. 引自 2010 年 8 月 4 日与埃里克·温伯格的往来电子邮件,以及 2010 年 10 月 28 日对他的采访。

54. 2010 年 11 月 1 日和 2010 年 11 月 29 日对韦尔切克的采访。

55. 2010 年 11 月 1 日韦尔切克的访谈证实了波利泽在 2010 年 11 月 12 日电子邮件的内容。这或许也解释了格罗斯的诺贝尔奖陈述与波利泽否认同格罗斯一起检查计算(注释 51)之间的明显分歧。"我们检查了"指的是那次会议上的所有人,并不特指格罗斯。

56. 尽管这在笔者看来是一个可能的时间顺序,但仍存在一种尚未解决的可能性,即这次会议是后来发生的。因为事关重大,把论文投稿到学术期刊具有紧迫性,原因是期刊编辑会给论文盖上投稿日期,从而确认其优先权。即使是投到 *Physical Review Letters* 的论文,也可以有充裕的时间予以撤回或修改,相比作出有趣工作和赢得赞扬的益处,这种做法利大于弊。沃德把这种态度比作克朗代克淘金热,这种情况在 20 世纪 60 年代并不罕见。波利泽是否访问了普林斯顿大学,计算结果的对比是在向期刊寄出论文之后,还是在论文手稿投出之前,这些疑问只有当事人才知道,并且如同我们在许多时隔多年的错误记忆的例子中所看到的,当事人很可能连这些都不知道。例如,波利泽最初是否曾向另一个期刊投稿,这个问题仍未解决。

57. 这些论文是指 D. Gross and F. Wilczek, *Physical Review Letters* 30,1343(1973); D. Politzer, *Physical Review Letters* 30,1346(1973).

58. 在宇宙射线撞击大气层时也会产生这样的粒子。然而,除了在地球上加速器里的定制实验中,真正被探测到的新物质粒子寥寥无几。

59. 这是"比约肯标度无关性"的标准缩写,认可了比约肯的别名。

60. 完整的故事要复杂得多;见 Pickering APCQ。威胁的最初迹象来自哈佛大学的电子-正电子对撞机即剑桥电子加速器的实验数据,这个威胁后来转变成了一个机遇。这个机器被新的 SPEAR 即"斯坦福正电子电子加速环"所超越,SPEAR 最初确认了这个异常现象,然后在 1974 年发现这个异常现象是由于一个至今未认识到的粒子即 J - φ 的存在引起的,从而解决了这个问题。在此之后,SPEAR 于 1976 年发现了粲介子,还有一个"重轻子"即 τ 粒子(电子和 μ 介子的较重同胞),Martin Perl 因此在 1995 年获得了诺贝尔奖。

61. J - φ 的发现可能是 20 世纪后半叶实验粒子物理学最为奇异的事件。它来得出人意料,宣告了粲粒子的发现,被证明在电弱理论和 QCD 的建立方面意义重大。这个时期被称为 11 月革命,成为论文的主题,在书本中得到重点介绍。详情参见 M. Riordan MR and A. Pickering APCQ, also F. Close, *The New Cosmic Onion* FCCO and CERN *Courier*, p. 25, Dec 2004。也请参见笔者在本书后记中的相关评论。

62. 在 QED 中,一个电子和一个正电子形成了一个被称为电子偶素的不稳定原子。依此类推,QCD 中的强相互作用力产生了粲夸克和反粲夸克构成的类似"原子",被称为粲偶素。由于原子中的电子可以占据不同能级(见第 2 章),粲偶素的组分也是如此。这导致了带有不同的能量(质量)的粲偶素态的一个集合,产生了伽马射线的特征条形码,这与在常规原子上发现的条形码(见第 1 章)类似。

第 14 章

1. B. W. Lee, *Physical Review* D5 823(1972) and D6 1188(1972).

2. 希格斯的同事是肯·皮奇,他现在是笔者在牛津大学的同事。这个故事见 http://www.lnf.infn.it/theory/delduca/higgsinterview. pdf 第 13 页,并得到了 Ken Peach 的确认。

3. FEC, "The Light at the End of the Tunnel", *The Guardian* 21 July 1983, p. 19.

4. 中微子的能量使其能够感受到引力,但这个引力过于微弱而无法测量。

5. 更多细节和论文的参考文献,见 CM 第 17 章。

6. S. 布卢德曼在 1958 年预言了一个中性弱相互作用,*Nuovo Cimento* ser. 10, IX,433(1958)。在萨拉姆被授予诺贝尔奖的几天之前,布卢德曼于 1979 年 10 月 12 日写信告诉了萨拉姆这个预言。

7. 这个参数决定了碰撞到一个质子的中微子可能转化为一个电子(涉及交换一个带电 W 玻色子的弱相互作用常规形式)或者仍然保持为一个中微子(交换 Z^0)的相对概率。温伯格角的定义参见第 7 章注释 15。

8. FEC, "Iliopoulos Wins his Bet", *Nature*, 262,12 Aug 1976, p. 537.

9. Abdus Salam, *Proceedings of the 8th Nobel Symposium*, ed. N. Svartholm (Almquvist and Wiksell, Stockholm 1968).

10. 关于这一系列实验和科学界如何达成共识的讨论,参见 A Pickering pp. 459 - 69 in *Proceedings of the Biennial Meeting of the Philosophy of Science Association* Vol. 1990, Volume Two: Symposia and Invited Papers (1990), Published by: The University of Chicago Press on behalf of the Philosophy of Science Association.

11. FEC, "Parity Violation in Atoms", *Nature* 264,9 Dec 1976, p. 505.

12. 在这个实验之前,实验物理学家们测量了温伯格角,这对于实验结果的最终阐释而言至关重要。确定了温伯格角的值,接下来就能够预言电子散射中存在对左旋电子的偏好,其概率是每 1 万次碰撞中大约多出 1 次相互作用。

13. C. Prescott *et al.*, *Physics Letters* 77B, 347(1978), received 14 July.

14. FEC, "New Source of Parity Violation", *Nature* 274, 11(1978).

15. FEC, "A massive particle conference", *Nature* 275, 28 Sept 1978, p. 267.

16. 温伯格给萨拉姆的回信,1978 年 10 月 19 日收到,Salam archives, ICTP Trieste. 温伯格同意笔者报道中某些(未详细说明的)方面"令人不安"。

17. S. Glashow, SG, p. 269.

18. SG, pp. 267 and 270.

19. SG, p. 270.

20. SG, p. 270,以及 2010 年 12 月 15 日与笔者的访读。

21. 萨拉姆与伊瓦尔·沃勒之间的信函,ICTP archives,日期包括 1965 年 1 月 18 日和 1965 年 2 月 15 日;1966 年 11 月 14 日;1969 年 10 月 1 日和 1969 年 11 月 4 日;1969 年 11 月 16 日和 1969 年 11 月 27 日;1970 年 9 月 23 日。这些信函所涉及的方面包括萨拉姆工作的报告;萨拉姆邀请沃勒访问 ICTP、帝国理工学院或巴基斯坦,以及沃勒邀请萨拉姆互访瑞典。

22. SG, p. 270.

23. 2000 年 4 月 11 日笔者对特霍夫特的采访。

24. 1978 年的诺贝尔物理学奖由 Arnold Penzias、Robert Wilson(以表彰他们发现微波背景辐射)和 Pyotr Kapitsa(以表彰其在低温物理方面的工作)分享。

第 15 章

1. A. Salam, *Il Nuovo Cimento*, 5, 299(1957).

2. 狄拉克、基布尔和马修斯的诺贝尔奖提名中提到了萨拉姆在中微子方面的工作;ICTP archives。

3. 引用自基布尔写给诺贝尔奖委员会的物理学奖提名信,日期为 1979 年 1 月 12 日。

4. 派尔斯在 1982 年 1 月 3 日写信给萨拉姆:"我并不记得在你的博士论文答辩中问到了中微子的质量,尽管这个提问也许出现过。然而,我们在很久之后重新考虑了这个问题……"他们后来的这次会面讨论是为了解决其他的问题——诸如如何定义单个无质量光子的状态,这引出了关于无质量中微子的类似问题——"我们得出结论,如果中微子的质量为零……那么必须存在(能够从中微子集合中界定单个中微子的)某种守恒法则"。萨拉姆和派尔斯之后再次会面讨论,萨拉姆提出,"γ-5不变性"可以给出所需的守恒量。派尔斯然后指出:"一目了然,这可能涉及宇称破坏。"

5. 1969 年 10 月 1 日致沃勒的信,ICTP 档案。

6. 埃里克·胡尔特恩在 1958 年到 1962 年之间担任诺贝尔物理委员会主席。

7. ICTP 档案里的这封信没有注明日期,但是包含了关于萨拉姆"在今年获得了奥本海默奖,还被推举为苏联科学院院士"的陈述。这两项荣誉都是在 1971 年被授予的。

8. S. Weinberg, *Physical Review Letters* 19, 1264(1967).

9. S. Coleman, *Science* p. 1290, 14 Dec 1979.

10. *Proceedings of the 8th Nobel Symposium*, ed. N. Svartholm (Almquvist and Wiksell, Stockholm 1968).

11. 提问的有三个物理学家:Pais, Sudarshan 和 Stech。Pais 和 Sudarshan 主要关注的是传播子的技术性质(鉴于现代的认识,他们的提问相当令人困惑),Stech 的提问是关于 W 玻色子的质量,这在某种程度上是一个外围问题。后来成为"存在的理由"的自发对称性破缺根本没有得到讨论。

12. 当时的研究生和博士后研究人员（其中有几位成了这个领域的一流专家），正沉浸在 20 世纪 60 年代初百花齐放的那些新理论中，但是当我询问他们是否记得萨拉姆关于弱电统一的讲座时，典型的回应是："我不记得任何类似的讲座。"

13. 基布尔的论文没有明确提到 $SU_2 \times U_1$，但从基布尔的一般性讨论中提取出这个具体实例，只需微不足道的一步。这个三月的日期来自萨拉姆的个人记事簿，参见第 10 章注释 2。

14. 2009 年 12 月 18 日基布尔给笔者的电子邮件。

15. 2010 年 11 月 10 日对艾沙姆的采访。多年后，萨拉姆询问艾沙姆是否对这些讲座做了笔记，因为萨拉姆想找到关于他的讲座的书面记录。但他什么也没有。

16. 德尔布戈 2009 年 12 月 1 日的电子邮件，2010 年 4 月 19 日的采访。

17. 那一年他有 9 篇论文的共同作者是 John Strathdee；他 1966 年的工作效率与此类似，并延续到 1968 年。这些论文的研究都集中在强相互作用和引力上，并不是尝试统一电磁和弱相互作用。

18. 萨拉姆的 350 箱论文中包括许多他已发表文章的草稿，以及他给过或听过的报告的笔记，我在其中没有找到他 1967 年讲座的记录。他的哥德堡报告的手稿留存了下来，看起来与发表的版本一致。

19. 沃德本人提出的一个观点，参见下面的注释 47。

20. 这出现在他自己的书面报告中，尽管不清楚他是否在当时的讨论中作出了这些评论。韦尔特曼 2010 年 9 月 11 日的电子邮件。

21. 巴斯大学（University of Bath）的档案索引包含了一个条目"论文 A98：马修斯写了一封信支持萨拉姆的诺贝尔奖候选人资格，证实他在 1967 年参加了萨拉姆描述统一规范理论的一个讲座：1976 年 7 月 26 日"。引用来自现存于 ICTP 的这封信的副本，2010 年 7 月 27 日。

22. Anne Barrett, IC archives email 22/10/10.

23. 萨拉姆的妻子露易丝（Louise Johnson）在给笔者的电子邮件（2010 年 12 月 5 日和 11 日）中友情提供了萨拉姆日程记事簿的信息。萨拉姆的日程安排并未提到他作的任何讲座，但这并不反常。萨拉姆的诺贝尔讲座仅提到了 1967 年秋天。

24. 德尔布戈的电子邮件（2010 年 10 月 23 日）证实，他很肯定萨拉姆的讲座完成于他在 11 月从图书馆看到温伯格的论文之前。

25. 艾沙姆 2010 年 12 月 12 日的电子邮件。

26. 萨拉姆妻子露易丝 2010 年 12 月 12 日的电子邮件。

27. 这次会议参加者们的回忆参见 www. mth. kcl. ac. uk/～streater/salam. html。

28. 2010 年 7 月 8 日对波尔金霍恩的采访。

29. 记载了萨拉姆重要研究工作并且被提交到诺贝尔奖委员会的备忘录在 1971 年之前都没有提到这个工作。另参见本章注释 7 和萨拉姆给马修斯的信。

30. 在萨拉姆的简历里并没有他与这些定期访问者发表的任何重要研究工作的记录。他与诺贝尔奖物理委员会中的瑞典科学院院士们的来往信函数量，只有他与他的一些研究合作者的通信数量或者他与因引用而发生冲突的那些人的通信数量可以媲美。

31. S. Weinberg, *Physical Review Letters* 27,1688(1971). 如同在 *Physical Review Letters* vol. 12（而非 Physics Letters）中发表的那样，这篇论文在这份期刊的第 13 卷错误地首先引用了希格斯，然后是布劳特和恩格勒，因此给予了希格斯明显的时间顺序上的优先权。对希格斯 1964 年论文的这项错误引用四十年来通过文献传播开来，就像某种达尔文式的突变，给予了希格斯位于布劳特和恩格勒之前明显的时间顺序上的优先权。

32. S. Weinberg, *Physical Review* D5,1412,15 Mar 1972.

33. A. Klein and B. W. Lee, *Physical Review Letters* 12,713(1964), published 9 Mar 1964.

34. B. Lee, Proceedings of XIII International Conference on High Energy Physics, Berkeley, 1966.

35. 萨拉姆(1972 年 6 月 27 日)与本·李(未标日期)之间的信件往来,ICTP 档案。

36. 李逝世于 1977 年。他的合作者 Mary Gailard 没有找到他与萨拉姆的这封信件。2010 年 1 月 21 日和 2 月 5 日与 M. K. Gaillard、J. D. Johnson 和 C. Quigg 的电子邮件。

37. 他的观点在今天可能具有新的现实意义,针对"六人组"对于质量产生机制的独立发现——古拉尔尼克、哈根和基布尔在布劳特、恩格勒和希格斯的研究工作发表之后才完成了他们的独立工作。而米盖尔和波利雅科夫则预先考虑到了这些思想的一部分。

38. D. Bailin and N. Dombey, *Nature* 271,20 - 23(5 January 1978),"SU$(_2)$ × U$(_1)$:A gauge theory of weak interactions.".

39. 这个预言依赖于被广泛称为温伯格角的物理量。

40. 2009 年 12 月 11 日对诺曼·多姆贝的采访。

41. 2010 年 11 月 23 日多姆贝和贝林的电子邮件。

42. 2009 年 12 月 17 日对韦尔特曼的采访。

43. 当韦尔特曼最终在 1999 年获得诺贝尔奖时,他甚至就温伯格在这种偏向中扮演的角色向其提出了质问(M. Veltman interview 17/12/2009 and p. 274 in MVFM;"某些解释我发现难以接受")。温伯格出席了颁奖典礼,由于他是那一年诺贝尔物理学奖的评委,因此他本人进行了评审并赞成把奖项颁给特霍夫特和韦尔特曼。他向笔者明确表示,他从未对韦尔特曼怀有任何敌意(2010 年 5 月 6 日对温伯格的采访)。至于对特霍夫特的引用,一些开创性的论文是特霍夫特单独署名的,因此对他突出表彰情有可原。

44. 基布尔提名授予萨拉姆 1979 年诺贝尔奖的提名信,ICTP 档案。

45. 2010 年 4 月 13 日对弗雷泽的采访。

46. 盖尔曼起到的作用和他对萨拉姆与沃德的看法保存于 www.webofstories.com/play/52253。

47. 引自沃德于 1974 年 8 月 14 日写给 *Scientific American* 编辑的信,这封信抄送给萨拉姆,ICTP 档案。

48. 温伯格 1971 年 11 月 24 日给萨拉姆的信,ICTP 档案。

49. 这是多姆贝于 1978 年 4 月 3 日回应萨拉姆对贝林和多姆贝关于功劳分配的异议时所提出的相同观点。2009 年 12 月 11 日对多姆贝的采访。

50. 其他人宣称沃德的版本夸大了他的作用。支持沃德言论的版本请参见 N. Dombey and E. Grove, op. cit., chapter 7, note 8. 相反的版本请参见 Lorna Arnold, *Britain and the H-Bomb*, Palgrave Macmillan 2001. 沃德在 20 世纪 50 年代参与了英国的原子研究项目,这是毫无疑问的;他关于这个事件的说法是否准确,笔者无法分辨,这很令人遗憾,因为这并不是我们必须依赖于沃德的说法的唯一之处。如我们先前看到的,他对自己博士毕业答辩中关于派尔斯的记载似乎有些添油加醋;他关于启发了萨拉姆开始从事电弱统一研究工作的说辞似乎也无从考证,因为尽管 ICTP 保管的萨拉姆档案包含了沃德和萨拉姆之间的通信,并且早在 1950 年戴森写给萨拉姆的一封信里就提及了沃德,但是并没有第 7 章提到的沃德宣称写于 1957 年的那封信的迹象。他们 1964 年论文的草稿似乎是由萨拉姆促成的(原始手稿存在于露易丝·约翰逊处,笔者于 2010 年 12 月 12 日查阅),草稿摘录见图 10.2。

51. 至少,在他成为一个宗教的放逐者之前。参阅 G. Fraser *Cosmic Anger* p. 272。

52. 沃德在 2000 年 5 月 6 日逝世于加拿大。

53. 沃德回忆录,第 18 页。

第 16 章

1. 束流对撞并不新鲜——电子-正电子在低能湮灭，CERN 的交叉储存环(ISR)在 20 世纪 70 年代期间对撞质子，但其所在能量区域并不能产生 W 或 Z 玻色子。

2. Intersecting Storage Accelerator + "belle"的字母组合而成。

3. 鉴于电子-正电子湮灭可以产生一个 Z^0，电荷守恒要求 W^+ 和 W^- 成对出现，因此必须有足够的能量产生这两个玻色子，而不是一个玻色子。

4. 约翰·亚当斯的生平和工作详见 *John Bertram Adams, Engineer Extraordinary* by M. C. Crowley-Milling, Gordon and Breach, 1993.

5. J. B. Adams, biographical notes by G. Stafford, Royal Society, London.

6. 2010 年 3 月 11 日对卢埃林·史密斯的采访。

7. UA 是"Underground Area"的缩写。鲁比亚是 UA_1 的负责人。法国人 Pierre Darriulat 负责 UA_2。关于这个时期的故事，参见 *Nobel Dreams* by Gary Taubes 一书。

8. 严格来说，W^- 产生了一个电子和反中微子。

9. 温伯格的论文明确了这一点；格拉肖、萨拉姆和沃德没有给出 Z 和 W 玻色子质量的明确量值。

10. 这个学生是 Gunnar Ingelman。

11. C. H. Llewellyn Smith, *Nature* 448, 281(2007). 本节引自这篇文章，以及 2010 年 3 月 11 日和 2010 年 10 月 28 日对他的采访。

12. 1 TeV 等于 1 000 GeV，锁在一个静止质子中的能量(mc²)差不多是 1 GeV。1 GeV 大约是体温能量的 400 亿倍。

13. F. Gilman 2010 年 10 月 10 日的访谈和 2010 年 10 月 17 日、2010 年 11 月 10 日的电子邮件。

14. 1992 年 1 月 8 日老乔治·布什在日本，准备同意进口日本的汽车配件到美国作为让步，以换取日本人对 SSC 的捐款。由于这个对撞机的选址位于他的家乡，他无疑对这个机会表现出了热情。至于接下来发生的事情，*Houston Chronicle* 于 2008 年(10 月 1 日)列出了"十大旅行错误"。在这个排行榜的第一位是"呕吐在东道主身上"。在一场网球赛或食物中毒之后(取决于你更喜欢哪一个政治杜撰的版本)，布什生病了。不管怎样，他病了，滑倒在国宴的地板上，导致了形容这类公众意外事故的一个日本俚语"bushusuru"，意指在公众场合呕吐。

国宴的第二天本来应该有一个会议，但会议由于布什总统仍然身体不适而取消了。SSC 在会议议程上，美国科学家们把这看作是充满希望的信号。然而，日本人并没有忘记早先他们希望在项目创立阶段加入时的被拒。后来，当卢埃林·史密斯本人与日本人就加入 CERN 的 LHC 进行谈判时，他获悉了许多在 SSC 谈判时发生的事情。他告诉笔者，这次经验使他相信日本人是在拖延，并且他们永不会在 20 亿美元的层面上加入合作。

首先，他们的高能物理学界相对较小，尽管在提案草案上出现了 100 个人的名字，但并非所有的人都是物理学家。在 SSC 时期担任科技厅副厅长的 Wataru Mori，多年后在 LHC 谈判中告诉卢埃林·史密斯，当时的日本首相说："美国人为了这个得克萨斯的(SSC)项目向我提出了资助 20 亿美元的请求。请走访整个科学界——生物学家、化学家、其他物理学家——征询他们关于从日本的科研预算里拿出 20 亿美元投入这个得克萨斯项目的意见。"按照卢埃林·史密斯的说法，Mori 回答道："我无需走访科学界征询意见，我现在就能告诉你答案——将会是'不！'"对此，首相给了一个老谋深算的回答："如果是那样，就慢慢去征询意见吧。"于是日本人从未对美国人直接说"不"，但结果很清楚。(2010 年 3 月 11 日和 2010 年 10 月 28 日对卢埃林·史密斯的采访。)

14. 大爆炸产生的能量数十亿年来一直被锁在物质之中，我们今天工业社会的挑战是释放这个能量为人类所用。化学与核反应可以释放这个总量的百分之一；这个极限是大自然法则不可避免的结果，而不是因为我们效率低下。然而，如果我们能够使哪怕是几克的物质与反物质发生湮灭，这将会释放出它们所有潜在的能量——足以为纽约这样的大城市提供一天的电力。这令科幻作家们兴奋不已,他们把反物质想象为电视剧《星舰迷航记》中的燃料,或者启发了丹·布朗天马行空的小说《天使与魔鬼》中的反物质炸弹。在实践中这是不可能的,因为不存在不受限制的反物质来点燃爆炸的火花。然而,电子与它们的反粒子对应物——正电子束流的湮灭被证明是科研上的绝妙工具,正负电子湮灭所导致的能量集中释放模拟了大爆炸的后果本身。关于暗物质的事实与虚构,请参阅 Frank Close, *Antimatter*, Oxford 2009。

15. 1989 年 CERN 的科学家 Tim Berners-Lee 发明了万维网。其最初的目的是为了在世界各地不同大学和研究所工作的科学家之间共享信息。

16. 在夸克的四个种类(下夸克和上夸克,奇异夸克和粲夸克)得到确认之后,1977 年人们发现了第五种夸克。这种夸克带有 −1/3 的电荷,比下夸克和奇异夸克要重。它被称为底夸克,物理学家充满信心地预言了底夸克的带有 +2/3 电荷的同伴,将它命名为顶夸克。

17. 引自 CM, pp. 326 – 27.

18. 2010 年 3 月 11 日对卢埃林·史密斯的采访。

第 17 章

1. 仿色理论发展于 20 世纪 70 年代中期。关于这个理论的描述和参考书目,参见:http://en.wikipedia. org/wiki/Technicolor_%28physics%29♯Refenrences。

2. 笔者用希格斯玻色子作为大自然可能呈现给我们这个场的任何表现形式的简称。

3. 作为一个电子加速器。在 20 世纪 70 年代,SLAC 为 SPEAR 提供了束流,SPEAR 实验在电子-正电子湮灭领域带来了新的突破,最为有名的是粲粒子和 τ 轻子的发现。在 20 世纪 90 年代,在 SLAC 的非常高能量的电子-正电子对撞使 Z^0 的研究成为可能。

4. 例如,参见 *Dreams of a Final Theory*, S. Weinberg.

5. B. Greene, *Elegant Universe* (Norton, New York, 1999)描述了弦理论的思想。

6. CERN *Bulletin*, Sept 2009.

尾声：无穷大的篝火盛宴

1. 戈登·弗雷泽和迈克尔·赖尔登在 2012 年 8 月号的《物理世界》期刊上建议希格斯玻色子发现以后应该使用"类希格斯粒子"作为对与之伴随的这类无所不在的场的一般性称谓。有可能这个家族的粒子只有 2012 年 7 月发现的希格斯玻色子这样一个成员,或者包含许多类似的粒子。这是将来 LHC 有可能揭示的问题之一。为纪念希格斯玻色子的发现,最后一章中我尽量在提到这次发现的 125 千兆电子伏特粒子时使用"希格斯玻色子"或者"类希格斯粒子(标识为大写的 H)",而用小写的 h 一般性地表达其他类希格斯粒子。这与戈登·弗雷泽和迈克尔·赖尔登的建议一致。

2. 彼得·希格斯于 2012 年 6 月 26 日发给克洛斯的信息

3. 5 倍西格玛对大家的心理压力在 2012 年 7 月 4 日 CERN 公布发现希格斯玻色子的时候得到了体现。当报告人说出了"5 倍西格玛"时,整个会场爆发出热烈的掌声,而不是在展示包含了信号的实际数据的时候。

4. 《卫报》2011 年 8 月 22 日报道。

5. 提供消息的人士极为可靠,但是匿名。既不是彼得·希格斯,也不是约翰·艾里斯。

6. 彼得·希格斯于 2012 年 6 月 30 日东部时间 21:55 发给克洛斯的信息。

7. 2012 年 7 月 2 日费米实验室在一个特殊的会议上报告了这个衰变道的证据。证据信号不显著,不足以独立宣称发现了一个质量为 125 千兆电子伏特的粒子,更别说希格斯玻色子了。但是,与两天以后 LHC 发布的实验结果合起来的话,这个结果对于确立 125 千兆电子伏特的粒子与大质量的基本粒子之间的密切联系变得非常显著,这与对希格斯玻色子的预期一致。因此尽管 7 月 4 日普遍被认为是希格斯玻色子发现的消息首次正式向全世界发布的时间,事后看来,7 月 2 日是其首次亮相,——或者回过头看更早的 2011 年 12 月 13 日也可以宣称是一个重要的时间。

8. 在双光子衰变道中观测到这个玻色子基本上暗示它的自旋是 0,这与理论预期一致。自旋为 1 的玻色子不可能衰变到两个实光子,只有自旋为 0 或者 2 的玻色子可以。事实上衰变产物的角分布可以区别哪一个自旋是正确的,不过考虑到粒子物理中还没有例子表明自旋为 2 的粒子会比自旋为 0 的粒子轻(除了引力子有这种可能性),我会预期这个玻色子的自旋为 0。

9. 从本章注释 8 可以看出这个衰变过程有可能是通向更多的发现的途径:类希格斯粒子衰变到双光子是通过中间的虚态粒子实现的,这是量子场论效应。由于顶夸克中间态的作用,理论预言类希格斯粒子的产生将是主导性的。参见 F. Wilczek *Physical Review Letters 39*,1304 (1977).

类希格斯粒子的衰变率是虚态顶夸克和 W 玻色子这两个贡献精细平衡的结果。有可能 W 玻色子和夸克衰变道之间的相对关系与现有理论的预期存在一点差别,在量子力学中两者合起来会显著地改变衰变产额。一个令人兴奋的可能性是除了 W 和顶夸克而外还存在第三个重要的贡献,它来源于未知的大质量粒子。任何这样的贡献都会伴随着顶夸克和 W 的贡献被平等地计入对产额,它们相对于已经包含的部分并不必然仅仅是"微扰修正"。

关于希格斯玻色子的研究还远没有结束,仍然存在许多吸引人的可能性。接下来数月甚至数年的数据积累将能精确测量它的一些衰变分支比,这有可能展示新的虚粒子存在的迹象。

10. 参见:www. economist. com/node/21548911

11. 参见:http://www. theatlanticwire. com/global/2012/07/now-higgs-has-been-found—who-will-win-nobel-prize/54392/#

12. 参见注释 1。

13. 参见例如:J. Gasser and H. Leutwyler, Nuclear Physics B250,465 (1985).

14. 或者甚至是新颖的缪子对撞机:《物理世界》,2012 年 8 月号。

人名中英对照表

Adams，Renie	亚当斯,蕾妮
Adams，John	亚当斯,约翰
Adler，Stephen	阿德勒,斯蒂芬
Anderson，Philip	安德森,菲利普
Appelquist，Tom	阿佩尔奎斯特,汤姆
Atiyah，Michael	阿蒂亚,迈克尔
Bailin，David	贝林,戴维
Balmer，Johann	巴耳末,约翰
Bardeen，John	巴丁,约翰
Bell，John	贝尔,约翰
Bethe，Hans	贝特,汉斯
Bjorken，James	比约肯,詹姆斯
Bloom，Elliott	布鲁姆,埃利奥特
Bohr，Niels	玻尔,尼尔斯
Boulware，D. G.	博尔韦尔,D. G.
Brodsky，Stan	布罗德斯基,斯坦
Brout，Robert	布劳特,罗伯特
Buridan，John	布里丹,约翰
Bush，George H. W.	布什,乔治·H. W
Cabibbo，Nicola	卡比玻,尼古拉
Carrazone，Jim	卡拉宗,吉姆
Cartan，Elie	嘉当,埃利

Franklin, Rosalind	富兰克林,罗莎琳德
Fraser, Gordon	弗雷泽,戈登
Friedman, Jerome	弗里德曼,杰罗姆
Fritzsch, Harald	弗里切,哈拉尔德
Gilbert, Walter	吉尔伯特,沃尔特
Ginzburg, Vitaly	金兹伯格,维塔利
Glashaw, Shelly	格拉肖,谢利
Glashow, Sheldon	格拉肖,谢尔登
Goldman, Terry	戈德曼,特里
Goldstone, Jeffrey	戈德斯通,杰弗里
Gribov, Vladimir	格里波夫,弗拉基米尔
Gross, David	格罗斯,戴维
Guralnik, Gerry	古拉尔尼克,格里
Hagen, Dick (Carl)	哈根,迪克(卡尔)
Haggar, Reginald	哈格,雷金纳德
Harris, Townsend	哈里斯,汤森德
Heisenberg, Werner	海森堡,沃纳
Heuer, Rolf	豪厄尔,罗尔夫
Hey, Tony	海伊,托尼
Higgs, Peter	希格斯,彼得
Hulthen, Erik	胡尔特恩,埃里克
Iliopoulos, John	伊利奥珀洛斯,约翰
Isham, Chris	艾沙姆,克里斯
Jackiw, Roman	杰基,罗曼
Jackson, Dave	杰克逊,戴夫
Jona-Lasinio, Giovanni	乔纳-拉希尼欧,乔瓦尼
Jung, Carl	荣格,卡尔
Kamerlingh Onnes, Heike	卡末林·昂尼斯,海克
Karl, Gabriel	卡尔,加布里埃尔
Kemmer, Nick	凯默,尼克

Mott, Neville	莫特，内维尔
Murray Gell-Mann	盖尔曼，默里
Myers, Steve	梅尔斯，史蒂夫
Nambu, Yoichiro	南部阳一郎
Ne'eman, Yuval	尼曼，尤瓦尔
Newton, Isaac	牛顿，艾萨克
Okun, Lev	奥肯，列夫
Oppenheimer, J. Robert	奥本海默，J·罗伯特
Pais, Abraham	派斯，阿布拉姆
Panofsky, Wolfgang "Pief"	潘诺夫斯基，沃尔夫冈·"皮夫"
Parisi, Giorgio	帕里西，乔杰奥
Paschos, Manny	派斯乔斯，曼尼
Pauli, Wolfgang	泡利，沃尔夫冈
Peierls, Rudolf	派尔斯，鲁道夫
Pekins, Don	佩金斯，唐
Phillips, Roger	菲利普斯，罗杰
Politzer, David	波利泽，戴维
Polkinghorne, John	波尔金霍恩，约翰
Polyakov, Sacha	波尔雅科夫，萨夏
Popov, Victor	波波夫，维克多
Powell, Cecil	鲍威尔，塞西尔
Prentki, Jacques	普兰特基，雅克
Proust, Marcel	普鲁斯特，马塞尔
Pryce, Maurice	普莱斯，莫里斯
Pullman, Philip	普尔曼，菲利普
Rabi, Isador	拉比，伊萨多
Richter, Burton (Burt)	里克特，伯顿(伯特)
Riordan, Michael	赖尔登，迈克尔
Rubbia, Carlo	鲁比亚，卡洛
Sakharov, Andrei	萨哈罗夫，安德烈

Walker, Alan	沃克, 阿兰
Waller, Ivar	沃勒, 伊瓦尔
Ward, John Clive	沃德, 约翰·克莱夫
Watson, James (Jim)	沃森, 詹姆期(吉姆)
Weinberg, Erick	温伯格, 埃里克
Weinberg, Steven	温伯格, 史蒂文
Wells, H. G.	韦尔斯, H·G
Wenninger, Horst	文宁格, 霍斯特
Wess, Julius	韦斯, 朱利叶斯
Wheeler, John	惠勒, 约翰
Wick, Gian Carlo	威克, 吉安·卡罗
Wilczek, Frank	韦尔切克, 弗朗克
Wiles, Andrew	怀尔斯, 安德鲁
Wilkins, Maurice	威尔金斯, 莫里斯
Witten, Ed	威滕, 埃德
Yang, C. N. "Frank"	杨振宁
Yukawa, Hideki	汤川秀树
Zee, Tony	齐, 托尼
Zichichi, Antonino	齐基基, 安东尼诺
Zumino, Bruno	朱米诺, 布鲁诺
Zweig, George	茨威格, 乔治

图书在版编目(CIP)数据

无穷大谜题/(美)弗兰克·克洛斯著;赵强译. —上海:华东师范大学出版社,2018
ISBN 978 - 7 - 5675 - 7754 - 1

Ⅰ.①无…　Ⅱ.①弗…②赵…　Ⅲ.①量子论—普及读物
Ⅳ.①O413 - 49

中国版本图书馆 CIP 数据核字(2018)第 101825 号

无穷大谜题

著　　著　[美]弗兰克·克洛斯
策划编辑　王　焰
项目编辑　庞　坚
审读编辑　程云琦
封面设计　卢晓红
版式设计　刘怡霖

出版发行　华东师范大学出版社
社　　址　上海市中山北路 3663 号　邮编 200062
网　　址　www.ecnupress.com.cn
电　　话　021 - 60821666　行政传真 021 - 62572105
客服电话　021 - 62865537　门市(邮购)电话 021 - 62869887
地　　址　上海市中山北路 3663 号华东师范大学校内先锋路口
网　　店　http://hdsdcbs.tmall.com

印 刷 者　苏州美柯乐制版印务有限公司
开　　本　787×1092　16 开
印　　张　21.5
字　　数　377 千字
版　　次　2018 年 9 月第 1 版
印　　次　2018 年 9 月第 1 次
书　　号　ISBN 978 - 7 - 5675 - 7754 - 1/O · 284
定　　价　85.00 元

出 版 人　王　焰

(如发现本版图书有印订质量问题,请寄回本社客服中心调换或电话 021 - 62865537 联系)